工程造价软件应用

（第3版）

主　编　陈文建　曾祥容　季秋媛
副主编　杨艳梅　徐晓苡　王　燕　张嫒琳
参　编　王一斐　张兴莲　苏其龙　姚　锐
　　　　罗钧航　唐益粒　王　红　李　金

北京理工大学出版社
BEIJING INSTITUTE OF TECHNOLOGY PRESS

内 容 提 要

本书主要讲解工程计量软件——斯维尔的三维算量3DA 2022版，计价软件——四川宏业清单计价专家。斯维尔的三维算量3DA 2022版软件对工程图纸进行三维建模，对模型中的构件进行清单、定额挂接，根据清单、定额的计算规则并结合22G101钢筋图集，对工程量进行分析统计，从而得到各类工程量。宏业清单计价专家是根据《建设工程工程工程量清单计价规范》(GB 50500)、2020年版《四川省建设工程工程量清单计价定额》的颁布实施而专门开发的软件。全书分3篇共34章内容，第1篇为土建三维算量软件应用（1～12章）、第2篇为安装三维算量软件应用（13～23章）、第3篇为清单计价软件应用（24～34章）。

本书主要针对高等院校工程造价专业教学要求编写，可作为工程造价建筑类相关专业的教材，也可供从事土建专业设计和施工的人员以及成人教育的师生参考。

版权专有　侵权必究

图书在版编目(CIP)数据

工程造价软件应用／陈文建，曾祥容，季秋媛主编.--3版.--北京:北京理工大学出版社，2023.1

ISBN 978-7-5763-1910-1

Ⅰ.①工…　Ⅱ.①陈…　②曾…　③季…　Ⅲ.①建筑工程－工程造价－应用软件－高等学校－教材　Ⅳ.①TU723.3-39

中国版本图书馆CIP数据核字（2022）第235597号

出版发行／北京理工大学出版社有限责任公司

社　　址／北京市海淀区中关村南大街5号

邮　　编／100081

电　　话／(010)68914775(总编室)

(010)82562903(教材售后服务热线)

(010)68944723(其他图书服务热线)

网　　址／http://www.bitpress.com.cn

经　　销／全国各地新华书店

印　　刷／北京紫瑞利印刷有限公司

开　　本／787毫米×1092毫米　1/16

印　　张／18

字　　数／482千字

版　　次／2023年1月第3版　2023年1月第1次印刷

定　　价／78.00元

责任编辑／封　雪

文案编辑／毛慧佳

责任校对／周瑞红

责任印制／王美丽

图书出现印装质量问题，请拨打售后服务热线，本社负责调换

前言

随着不断发展，建筑行业对从业者的职业素质要求越来越高，掌握工程造价软件的使用方法成为从业者的必备技能。工程造价软件应用的方便性、灵活性、快捷性大大提高了工程造价从业者的效率，推进了行业的快速发展，工程造价软件的使用和推广成为当今工程造价的发展方向。

本书主要讲解工程计量软件——斯维尔的三维算量3DA 2022版，计价软件——四川宏业清单计价专家。斯维尔的三维算量3DA 2022版软件可对工程图纸进行三维建模，对模型中的构件进行清单、定额挂接，根据清单、定额的计算规则并结合22G101钢筋图集,对工程量进行分析统计，从而得出各类工程量。宏业清单计价专家软件是根据《建设工程工程量清单计价规范》(GB 50500—2013)和2020年版《四川省建设工程工程量清单计价定额》的颁布实施而专门开发的软件。

本书结合学生实际水平编写，便于学生学习和掌握。本书由四川职业技术学院陈文建、曾祥容、季秋媛担任主编；由四川省宏业建设软件有限责任公司杨艳梅、四川电力职业技术学院徐晓苡、四川省宏业建设软件有限责任公司王燕、四川职业技术学院张媛琳担任副主编；四川职业技术学院王一斐，四川省宏业建设软件有限责任公司张兴莲、苏其龙、姚锐、罗钧航、唐益粒、王红、李金参与编写。具体编写分工：第1～4章由徐晓苡编写，第5～6章由王一斐编写，第7～8章由张媛琳编写，第9章由季秋媛编写，第10～12章由曾祥容编写，第13～14章由唐益粒、张兴莲、罗钧航共同编写，第15～17章由杨艳梅编写，第18～23章由王燕编写，第24～28章由陈文建编写，第29～34章由苏其龙、姚锐、王红、李金共同编写。

在本书的编写过程中，四川省宏业建设软件有限责任公司、深圳市斯维尔科技股份有限公司给予了技术支持和帮助，国内一些高等院校老师也提出了很多宝贵建议，使本书的体系和内容更符合教学需要。在此一并表示诚挚的感谢。

由于编者水平有限，书中难免存在不妥之处，恳请广大读者批评指正。

编　者

目录

第1篇　土建三维算量软件应用

第1章　软件快速入门 …………………… 1

第2章　工程管理 …………………… 2

2.1　新建工程 …………………… 2
2.2　打开工程 …………………… 3
2.3　保存工程 …………………… 3
2.4　另存工程 …………………… 3
2.5　恢复楼层 …………………… 4
2.6　工程设置 …………………… 5

第3章　轴网 …………………… 11

第4章　基础 …………………… 14

4.1　独基承台 …………………… 14
4.2　条基、基础梁布置 …………………… 17
4.3　筏板布置 …………………… 19
4.4　井坑及桩基布置 …………………… 21
4.5　基坑土方 …………………… 26
4.6　建筑范围 …………………… 27
4.7　场区布置 …………………… 28
4.8　布等高线 …………………… 28
4.9　网格土方 …………………… 28

第5章　结构 …………………… 31

5.1　柱体布置 …………………… 31
5.2　柱帽布置 …………………… 32
5.3　梁体布置 …………………… 33
5.4　墙体布置 …………………… 36
5.5　板体布置 …………………… 40

第6章　建筑一 …………………… 41

6.1　砌体墙布置 …………………… 41
6.2　构造柱 …………………… 42
6.3　圈梁布置 …………………… 44
6.4　过梁布置 …………………… 47
6.5　门窗布置 …………………… 49
6.6　洞口边框 …………………… 52
6.7　悬挑板 …………………… 52
6.8　竖悬板 …………………… 53
6.9　腰线布置 …………………… 54
6.10　脚手架 …………………… 54

第7章　建筑二 …………………… 55

7.1　台阶布置 …………………… 55
7.2　坡道布置 …………………… 55
7.3　散水布置 …………………… 56
7.4　防水反坎及地沟布置 …………………… 56
7.5　悬挑梁布置 …………………… 57
7.6　梯段布置 …………………… 57
7.7　楼梯 …………………… 57
7.8　建筑面积 …………………… 64

第8章　装饰 ………………………… 65

8.1　做法表 ……………………………65
8.2　做法组合表 …………………………67
8.3　房间布置 ……………………………68
8.4　地面布置 ……………………………69
8.5　天棚布置 ……………………………69
8.6　踢脚布置 ……………………………69
8.7　墙裙布置 ……………………………70
8.8　墙面布置 ……………………………70
8.9　墙体保温布置 ………………………70
8.10　其他面布置 ………………………71
8.11　屋面布置 …………………………71
8.12　生成立面 …………………………73
8.13　立面展开 …………………………75
8.14　立面切割 …………………………76

第9章　钢筋 ………………………… 78

9.1　钢筋布置 ……………………………78
9.2　柱筋平法 ……………………………84
9.3　梁筋布置 ……………………………87
9.4　板筋布置 ……………………………91
9.5　人防墙及楼层板带钢筋布置 ………95
9.6　基础板带钢筋布置 …………………95
9.7　后浇带钢筋 …………………………95
9.8　条形基础钢筋 ………………………99
9.9　屋面钢筋 ……………………………99
9.10　地面钢筋 …………………………99
9.11　表格钢筋 …………………………99
9.12　自动钢筋 ………………………… 106
9.13　钢筋显隐 ………………………… 109
9.14　钢筋三维 ………………………… 109
9.15　钢筋复制 ………………………… 110
9.16　钢筋删除 ………………………… 110
9.17　钢筋选项 ………………………… 110
9.18　钢筋维护 ………………………… 120

第10章　识别 ……………………… 123

10.1　导入设计图 ……………………… 123
10.2　识别轴网 ………………………… 124
10.3　识别独基 ………………………… 125
10.4　识别条基基础梁 ………………… 126
10.5　识别桩基 ………………………… 127
10.6　识别柱、暗柱 …………………… 127
10.7　识别混凝土墙 …………………… 128
10.8　识别梁体 ………………………… 129
10.9　识别砌体墙 ……………………… 130
10.10　识别门窗表 …………………… 130
10.11　识别门窗 ……………………… 131
10.12　识别内外及截面 ……………… 132
10.13　识别柱筋 ……………………… 132
10.14　识别梁筋 ……………………… 132
10.15　识别板筋 ……………………… 133
10.16　识别大样 ……………………… 133
10.17　描述转换 ……………………… 134

第11章　报表 ……………………… 135

11.1　图形检查 ………………………… 135
11.2　报表 ……………………………… 137
11.3　查量 ……………………………… 141
11.4　查看工程量 ……………………… 145
11.5　核对钢筋 ………………………… 146
11.6　核对单筋 ………………………… 147

第12章　帮助 ……………………… 151

第2篇　安装三维算量软件应用

第13章　安装三维算量软件概述 … 152

13.1　入门知识 ………………………… 152
13.2　用户界面 ………………………… 152
13.3　图档组织 ………………………… 158

13.4 定义编号 ………………………… 159

第14章 电子图纸 ………………… 168

第15章 电气系统 ………………… 169

15.1 电线创建和识别 ………………… 169
15.2 系统编号创建和编辑 …………… 170
15.3 CAD系统图 ………………………… 171
15.4 线槽创建和编辑 ………………… 173
15.5 跨层桥架 ………………………… 174
15.6 电缆沟土方 ……………………… 174
15.7 设备 ……………………………… 175
15.8 线槽支吊架 ……………………… 176
15.9 桥架支吊架 ……………………… 177
15.10 接线盒 ………………………… 177

第16章 水系统 ………………… 179

16.1 水泵 ……………………………… 179
16.2 管道阀门 ………………………… 181
16.3 管道法兰 ………………………… 182
16.4 套管 ……………………………… 183
16.5 管道支架 ………………………… 184
16.6 交叉立管 ………………………… 184
16.7 交线断开 ………………………… 185
16.8 喷淋管径 ………………………… 185
16.9 转换上下喷头 …………………… 186
16.10 增加接口 ……………………… 187
16.11 沟槽卡箍设置 ………………… 188
16.12 消连管道 ……………………… 190

第17章 风系统 ………………… 192

第18章 采暖系统 ………………… 193

18.1 地热盘管的创建和编辑 ………… 193
18.2 散热器 …………………………… 193
18.3 散热器阀门 ……………………… 194

第19章 构件管理 ………………… 195

第20章 系统设置 ………………… 196

第21章 报表 ……………………… 197

21.1 图形检查 ………………………… 197
21.2 回路核查 ………………………… 199
21.3 快速核量 ………………………… 201
21.4 漏项检查 ………………………… 201
21.5 分析、统计 ……………………… 201
21.6 预览统计 ………………………… 202
21.7 报表 ……………………………… 208
21.8 自动套做法 ……………………… 212

第22章 图量对比 ………………… 215

第23章 碰撞检查 ………………… 216

第3篇 清单计价软件应用

第24章 操作界面介绍 …………… 218

24.1 工程窗口 ………………………… 218
24.2 工程项目子窗口 ………………… 219
24.3 单项工程子窗口 ………………… 220
24.4 单位工程子窗口 ………………… 220
24.5 资料库窗口 ……………………… 223

第25章 工程及文件管理 ………… 224

25.1 新建工程 ………………………… 224
25.2 工程信息及编制说明 …………… 226

25.3 编辑计价表 …… 229
25.4 调整组价 …… 235
25.5 编辑措施费用 …… 239
25.6 其他项目及签证索赔 …… 241
25.7 工料机汇总表 …… 242
25.8 按实计算费用表 …… 245
25.9 费用汇总表 …… 246
25.10 其他辅助功能 …… 247

第26章 大清单 …… 251

26.1 创建大清单 …… 251
26.2 母版编制 …… 252
26.3 工程量填写任务分发 …… 252
26.4 汇总工程量 …… 253
26.5 拆分大清单 …… 253

第27章 协同 …… 255

27.1 负责人创建协同任务 …… 255
27.2 编制人下载、编辑、上传任务 …… 255
27.3 负责人下载更新工程 …… 256
27.4 各角色权限说明 …… 257

第28章 概算 …… 258

28.1 建立概算工程 …… 258
28.2 编辑工程费用（Ⅰ类） …… 259
28.3 编辑工程建设其他费用 …… 259
28.4 概算其他费用编辑 …… 261

第29章 审核 …… 262

29.1 新建审核工程 …… 262
29.2 编辑审结工程数据 …… 263
29.3 导出审结工程 …… 263
29.4 导入审结工程 …… 263

第30章 质控 …… 264

30.1 自检 …… 264
30.2 段落检查 …… 264
30.3 云检查 …… 264

第31章 指标 …… 265

31.1 新建、修改、删除指标 …… 265
31.2 编辑指标 …… 267
31.3 指标对比 …… 268
31.4 导出 …… 270

第32章 云应用 …… 271

32.1 云存储 …… 271
32.2 云应用 …… 271

第33章 电子标 …… 276

33.1 招标 …… 276
33.2 投标 …… 277

第34章 报表 …… 279

34.1 报表组 …… 279
34.2 修改报表 …… 279
34.3 报表参数 …… 280
34.4 输出 …… 280

第1篇　土建三维算量软件应用

第1章　软件快速入门

本章内容

软件的启动与退出、主界面介绍、定义编号、快速操作流程、术语解释、常用的操作方法。

本章主要阐述三维算量软件快速入门的方法，包括软件的启动、退出与正常的操作流程。手册用到的术语和约定也在本章讲解。在这之前大家可能从来没有接触过三维算量软件，本章“软件快速入门”对掌握和理解三维算量软件的操作起到关键作用，对帮助大家正确操作软件也至关重要。具体内容扫描下方二维码。

软件快速入门

第2章 工程管理

本章内容

新建工程、打开工程、保存工程、另存工程、恢复楼层、工程设置、工程合并、设立密码、退出软件。

本章主要阐述在软件中怎样进行一个工程文件的新建、打开、保存和恢复等功能，另外说明工程设置信息和工程文件的组成结构等。

2.1 新建工程

功能说明：创建一个新的工程。

菜单位置：【文件】→【新建】。

命令代号：tnew。

操作说明：本命令用于创建新的工程。如果当前工程已作修改，程序会先询问是否保存当前工程(图 2-1)。

图 2-1 工程保存提示框

当单击【是】按钮后，弹出“新建工程”对话框(图 2-2)，要求输入新工程名称。在文件名中输入新工程名称，单击【打开】按钮，新工程就建立成功了。一个工程由一个文件夹表示，“某某工程 1”文件夹里由图 2-3所示文件组成。

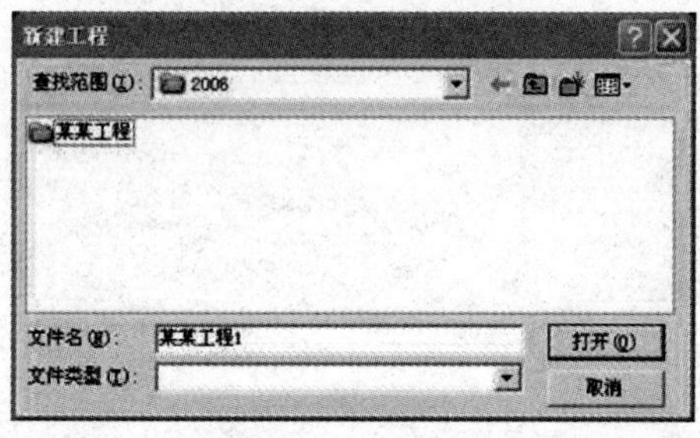

图 2-2 “新建工程”对话框

名称	大小	类型
某某工程1_0.dwg	11 KB	AutoCAD 图形
某某工程1_1.dwg	11 KB	AutoCAD 图形
某某工程1_0.bak	41 KB	BAK 文件
某某工程1_1.bak	41 KB	BAK 文件
某某工程1_1.dwl	1 KB	DWL 文件
某某工程1.jgk	2,044 KB	JGK 文件
某某工程1.ldb	1 KB	Microsoft Office Access
某某工程1.mdb	2,908 KB	Microsoft Office Access
某某工程1_bak.mdb	2,828 KB	Microsoft Office Access

图 2-3 工程文件夹中的文件

一个工程主要由图形文件 *.dwg 和数据库文件 *.mdb 组成。其中，一个楼层对应一个图形文件，有 N 个楼层就会有 N 个图形文件，对于哪个楼层对应哪个图形文件可参看工程设置命令中的楼层设置一页。另外，工程文件夹里有很多临时文件，*.jgk 用于存放工程统计后的临时数据；*_bak.mdb 是工程数据库文件的备份；*.bak 是所有楼层图形文件的备份；*.tmp 是保存最近打开楼层的记录文件，以上所有临时文件都是可以删除的。

2.2 打开工程

功能说明：打开已有的工程。

菜单位置：【文件】→【打开】。

命令代号：topen。

操作说明：本命令与新建工程操作相同，如果当前工程已经做过修改，程序会询问是否保存原有工程。当单击【是】按钮后，弹出“打开工程”对话框(图 2-4)。

在对话框中有很多已做过的工程文件夹，双击需要打开的文件夹即可(图 2-5)。

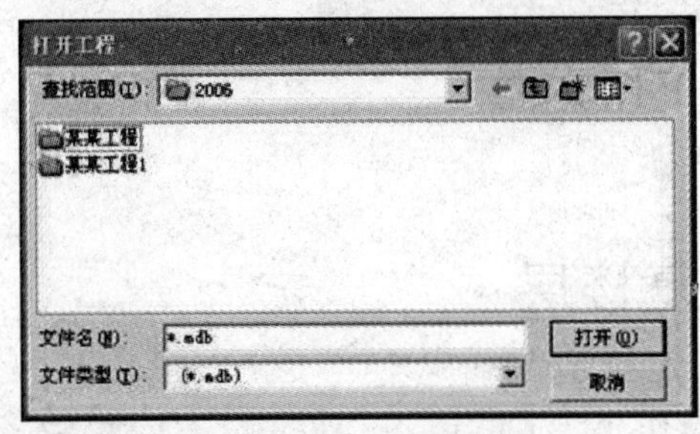

图 2-4 “打开工程”对话框 1

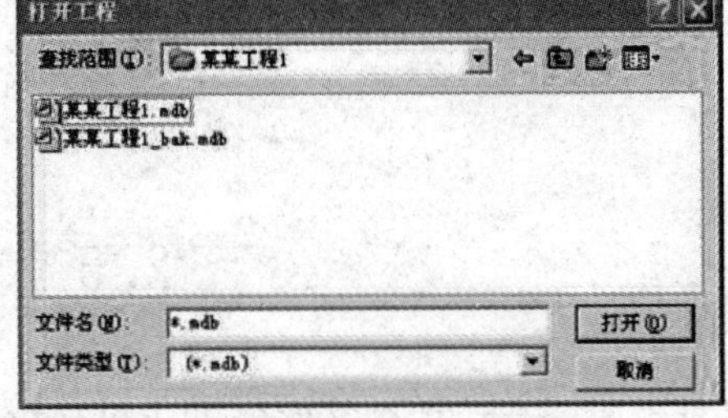

图 2-5 “打开工程”对话框 2

选择“＊. mdb”文件，单击【打开】按钮，就可以打开一个新的工程，注意不要选择备份文件“＊_bak. mdb”来作为需要打开的工程。

小技巧：

双击“＊. mdb”文件名，也可以打开工程。

2.3 保存工程

功能说明：保存当前工程。

菜单位置：【文件】→【保存】。

命令代号：tsave。

本命令用于保存当前工程。

2.4 另存工程

功能说明：将当前工程另外保存一份。

菜单位置：【工程】→【另存为】。

工具图标：无。

命令代号：tsaveas。

操作说明：执行命令后，弹出“另存工程为”对话框，在文件名填写栏中指定一个新的工程文件名，单击【保存】按钮，当前工程就被另存为一个工程文件了，如图 2-6 所示。

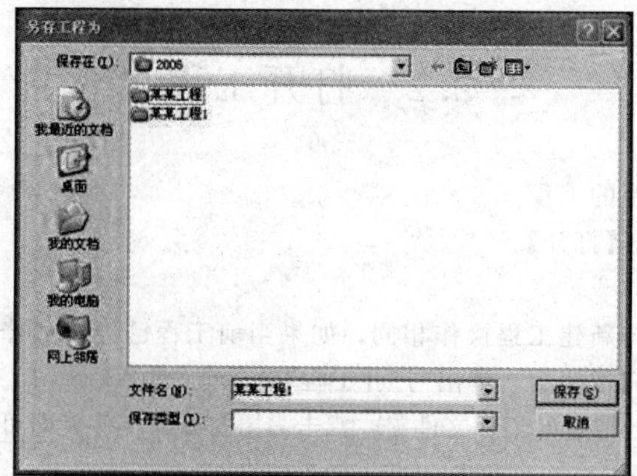

图 2-6 “另存工程为”对话框

2.5 恢复楼层

功能说明：当计算机突然停电或出现意外操作死机，可以用恢复工程命令来恢复最近自动保存过的楼层图形文件。

菜单位置：【文件】→【恢复楼层】。

命令代号：hflc。

操作说明：执行命令后，弹出“打开工程”对话框(图 2-7)。

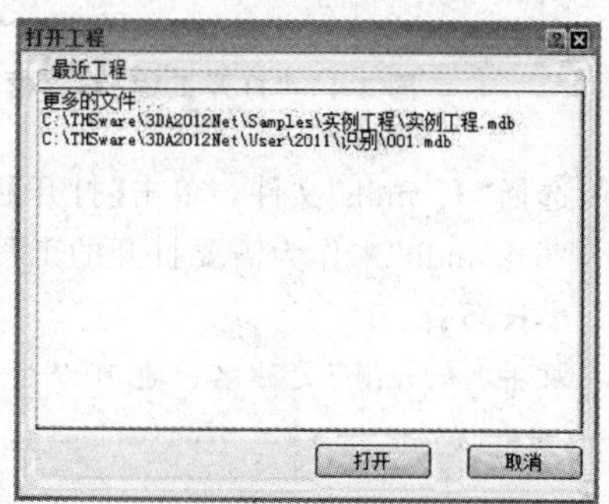

图 2-7 “打开工程”对话框

在对话框中选择要打开的工程文件夹下的“＊.mdb”文件，单击【打开】按钮，弹出“工程恢复”对话框(图 2-8)。

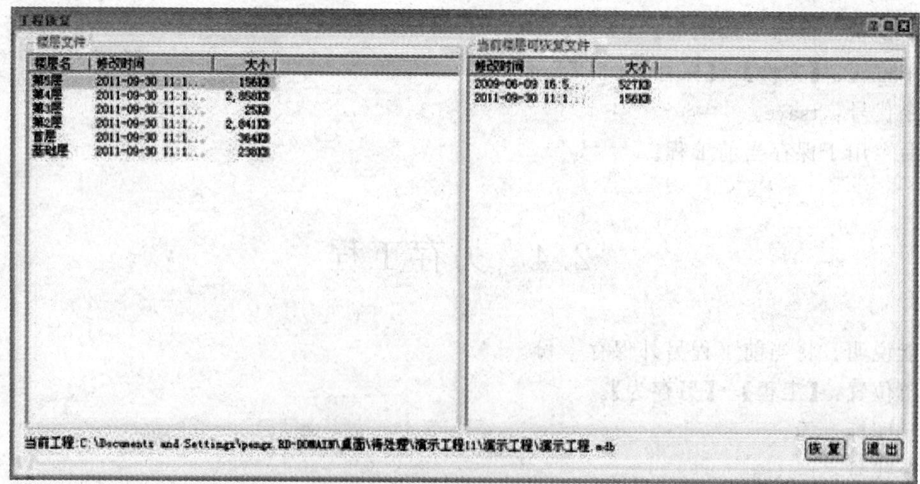

图 2-8 “工程恢复”对话框

选择要恢复的楼层名称，单击【确定】按钮或双击楼层名称，即可成功恢复该楼层最近自动保存的图形文件。关于自动保存设置请参照【工具】→【系统选项】。如果找不到自动备份文件，右边可选文件为空。

注意事项：

如果要恢复某个楼层的图形文件，请确认此楼层当前处于未被打开状态。

2.6　工程设置

功能说明：设置所做工程的一些基本信息。

菜单位置：【快捷菜单】→【工程设置】。

命令代号：gcsz。

操作说明：执行命令后，弹出"工程设置"对话框，共有 6 个项目页面，单击【上一步】或【下一步】按钮，或直接单击左边选项栏中的项目名，就可以在各页面之间进行切换。

1. 计量模式

"计量模式"页面如图 2-9 所示。

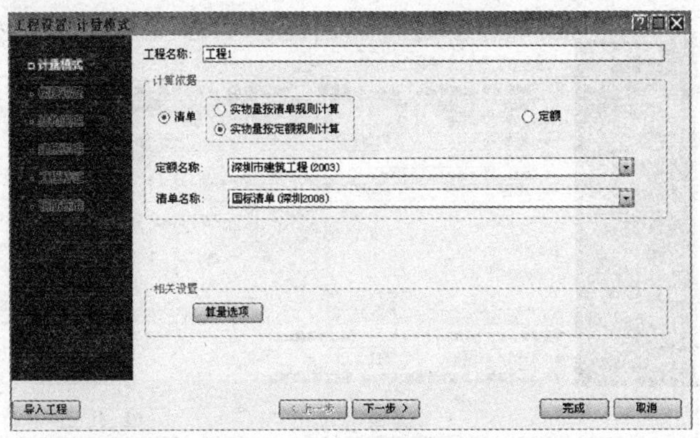

图 2-9　"计量模式"页面

选项：

【工程名称】　指定本工程的名称。

【计算依据】　选择清单库与定额库，也是确定用什么地区本地化设置的选择；对于清单、定额模式的选择，清单模式下可以对构件进行清单与定额条目的挂接；定额模式下只可对构件进行定额条目的挂接；界面中的构件不挂清单或定额时，以实物量方式输出工程量，清单模式下其实物量有按清单规则和定额规则输出工程量的选项，定额模式下实物量按定额规则输出实物量。

【导入工程】　用于导入其工程的设置内容，单击按钮，弹出"导入工程设置"对话框（图 2-10），使用此功能可导入的设置内容如下：

※ 钢筋选项：导入钢筋选项的设置内容，包括基本设置、接头类型等。

※ 算量选项：导入算量选项的设置内容，包括计算规则、工程量输出设置等。

※ 结构说明：导入工程设置中结构说明的设置内容。

※ 工程特征：导入工程设置中工程特征的设置内容。

※ 零星计算表：导入工程量零星量部分的工程量。

※ 做法：导入其他工程中已保存的做法组合。

单击“选择工程”栏后的[...]按钮，弹出“打开工程”对话框，在对话框中选取已有工程的“＊.mdb”数据库文件，在导入设置中勾选要导入的内容，单击【确定】按钮，就可将源工程中相应的设置导入当前工程了。

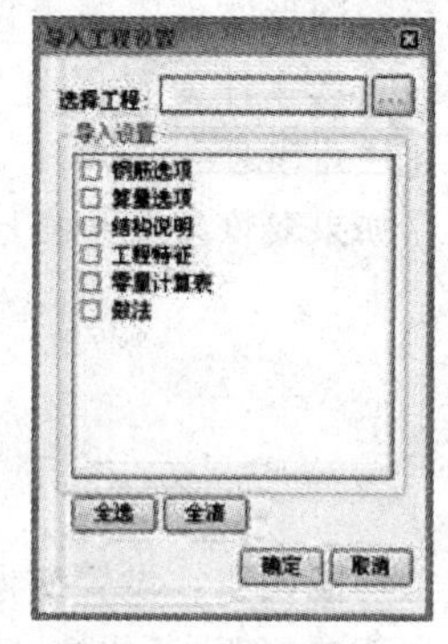

图 2-10 “导入工程设置”对话框

注意事项：

(1)导入工程时，不可选择本工程来导入。

(2)导入工程之前最好先设置计算依据。如果源工程和本工程计算依据不同，系统按本工程设置的计算依据为准。

(3)导入结构说明时要注意：源工程结构说明中设置的楼层名称和本工程的楼层名称可能不同，在导入后需要调整结构说明中的楼层设置。

(4)导入工程功能使用后将覆盖原先的设置，因此建议在新建工程时使用此功能。

2. 楼层设置

“楼层设置”页面如图 2-11 所示。

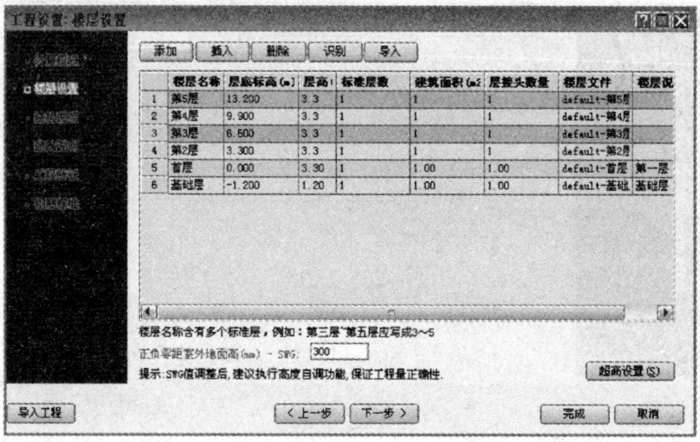

图 2-11 “楼层设置”页面

按钮：

【添加】 添加一个新楼层。

【插入】 在栏内当前选中楼层前插入一个新的楼层。

【删除】 删除栏中当前选中层。

【识别】 用于识别电子图档内的楼层表。

【导入】 用于导入其他工程的楼层设置，方便用户进行楼层设置。

选项：

【正负零距室外地面高】 设置正负零距室外地面的高差值，此值用于挖基础土方的深度控制，不填写时挖土方为基础深度。

设置楼层时要注意：

(1)首层是软件的系统，名称是不能修改的。

(2)层底标高是指当前层的绝对底标高。

(3)层接头数量如果为 0，则这层不计算竖向钢筋搭接接头数量，机械连接接头正常计。

(4)标准层数不能设置为 0，否则该层工程量统计结果为 0。

温馨提示：

在三维算量的各对话框中，有些提示文字是蓝颜色的，说明该栏中的内容为必须注明内容，否则会影响工程量计算。

【超高设置】 单击该按钮，弹出“超高设置”对话框(图 2-12)。

用于设置定额规定的柱、梁、板、墙标准高度，界面中构件的高度或水平高度超过了此处定义的标准高度，其超出部分就是超高高度。

图 2-12 “超高设置”对话框

小技巧：

当楼层栏中当前选中行为首行时，可以通过键盘的向上键(↑)迅速在最前面插入一行；当选中行为最后一行时，可以通过键盘的向下键(↓)迅速在最后添加一行。向上键(↑)不能在首层行使用。

3. 结构说明

“结构说明”页面如图 2-13 所示。

本页面包含混凝土材料设置、抗震等级设置、保护层设置及结构类型设置四个子页面，分别针对整个工程结构类构件的混凝土强度等级、抗震等级、钢筋保护层及结构类型代号进行设置。

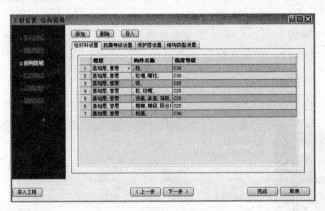

图 2-13 “结构说明”页面

【混凝土材料设置】 本页面包含楼层、构件名称、强度等级三列内容，按设计要求一一对应设置即可。

【楼层】 单击楼层单元格后的▾，弹出“楼层选择”对话框(图 2-14)，在楼层名前面的“□”内打“√”来选取楼层，单击对话框底部的【全选】【全清】【反选】按钮，可以一次性对所有楼层进行全选、全清、反选操作，选择完毕单击【确定】按钮即可。

【构件名称】 单击构件名称单元格后的▾，弹出“构件选择”对话框(图 2-15)，操作方法同楼层选择。

【强度等级】 单击单元格后的▾，弹出强度等级选择列表(图 2-16)，可以在其中选择，也可以手动输入，地下室基础等构件采用抗渗混凝土的，将抗渗等级加注在强度等级后面，以空格隔开，如 C30。

【抗震等级设置】 设置方法与混凝土材料设置基本一样。其结构类型只有在选定某个构件的时候才有用，抗震等级能在可选范围内进行修改。

【保护层设置】 用户可以在构件保护层设置值栏进行修改，在这里修改的保护层值，将沿用到钢筋计算设置中的保护层设置上，影响构件保护层厚度属性的默认取值。

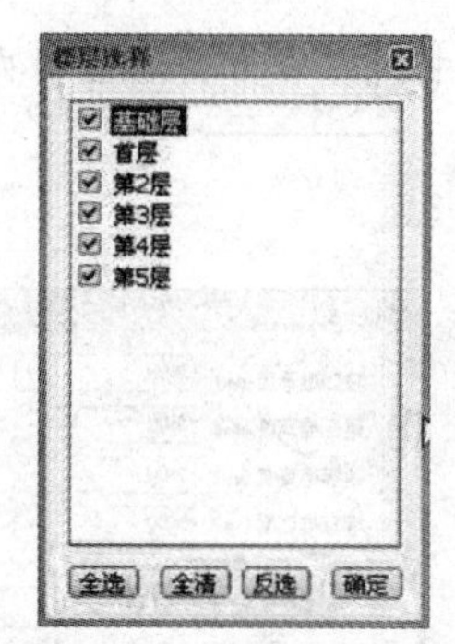

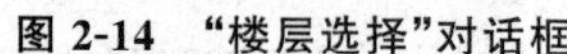

图 2-14 “楼层选择”对话框

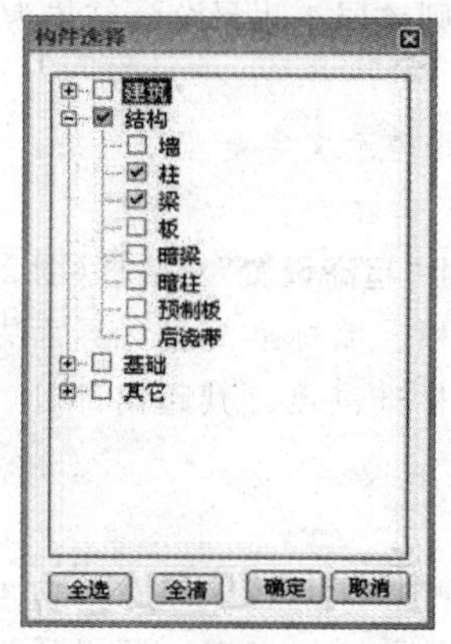

图 2-15 “构件选择”对话框

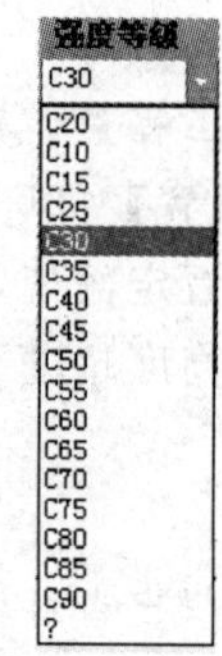

图 2-16 强度等级选择项

【结构类型设置】 用户可以在类型代号栏里进行修改，其结构类型只有在定义某个构件的时候才有用，结构类型能在可选范围内进行修改。

温馨提示：

(1)设置结构总说明时可以打开结构总说明电子图，找到有关材料、抗震等级等进行对应的设置。

(2)结构说明内设置的内容，在定义构件编号时系统将自动提取这些设置内容，如果在定义构件编号时修改了这些内容，则以修改的内容为准。

4. 建筑说明

“建筑说明”页面如图 2-17 所示。

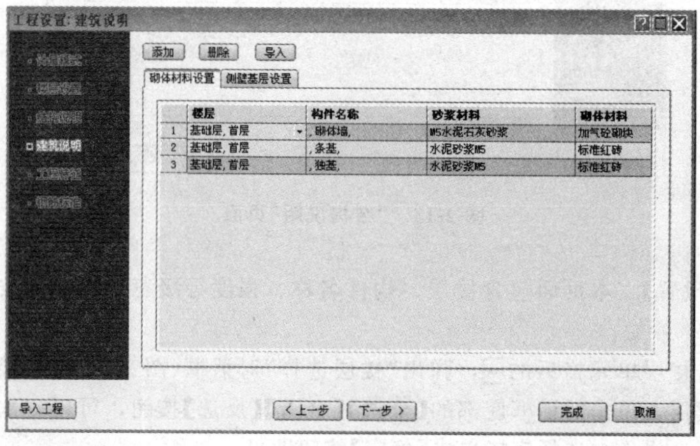

图 2-17 “建筑说明”页面

本页面包含砌体材料设置、侧壁基层设置两个子页面，分别针对整个工程同类构件的砌体材料、侧壁基层进行设置。

【砌体材料设置】 操作方法和混凝土材料设置基本一样。

【侧壁基层设置】 含有墙体保温非混凝土基层，以及墙面、踢脚、墙裙、其他面的非混凝土墙材料的设置，如图 2-18 所示。

进行侧壁基层设置的目的，是在不分解墙体保温或墙面等构件的情况下，能够按照定额或清单对做法基层划分的要求归并出量。如除混凝土墙之外，工程中非混凝土墙采用标准红砖、烧结空心砖、混凝土加气块和GRC轻质墙板四种材料。当地定额按基层材料将墙面划分为砖墙面、混凝土墙面、砌块墙面和轻质墙面，则可把标准红砖、烧结空心砖归在砖墙面做法的设为非混凝土墙一，混凝土加气块属于砌块墙面做法的设为非混凝土墙二，GRC轻质墙板既不是砖也不是砌块实际却又用到的软件会归在非混凝土墙三里出量。如果当地定额墙面做法不按基层分列子目计算，则不必做此设置，软件会把非混凝土墙面做法都按非混凝土墙一出量。针对墙体保温的设置，只是为区分基层找平处理，保温层上的饰面做法与此无关。

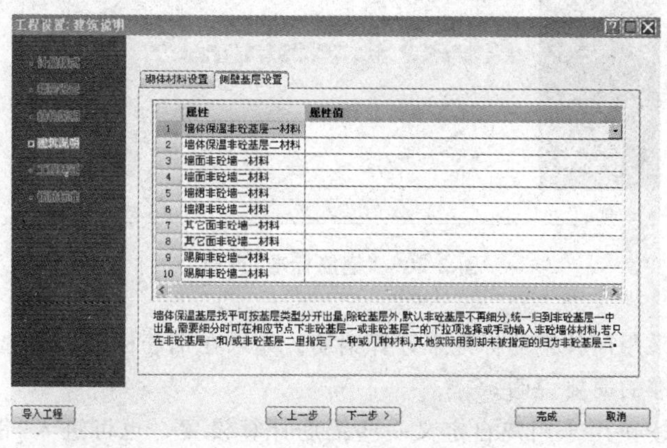

图 2-18 “侧壁基层设置”子页面

5. 工程特征

“工程特征”页面如图2-19所示。

工程设置：工程特征

⊙ 工程概况　○ 计算定义　○ 土方定义

	属性	属性值
1	建筑面积(m2)-[JZMJ]	3.00
2	结构特征-[STC]	框架
3	塔楼层高(m)-[TFH]	
4	裙楼层高(m)-[AFH]	
5	地下室楼层高(m)-[CFH]	
6	正负零上总高(m)-[HAZ]	
7	正负零下总高(m)-[HBZ]	
8	塔楼层数(层)-[TFN]	
9	裙楼层数(层)-[AFN]	
10	地下室楼层数(层)-[CFN]	
11	总楼层数量(层)-[FN]	

* 蓝色标识的项为必填项

导入工程　＜上一步　下一步＞　完成　取消

图 2-19 “工程特征”页面

本页面包含工程的一些全局特征设置。填写栏中的内容可以从下拉选择列表中选择也可手动填写合适的值。在这些属性中，用蓝颜色标识属性值为必填内容，其中地下室水位深是用于计算挖土方时的湿土体积。其他蓝色属性是用于生成清单的项目特征，作为清单归并统计条件。

栏目顶上的【工程概况】【计算定义】【土方定义】用于翻页用。

【工程概况】 含有工程的建筑面积、结构特征、楼层数量等内容。

【计算定义】 含有梁的计算方式、是否计算墙面铺挂防裂钢丝网等的设置选项。

【土方定义】 含有土方类别的设置、土方开挖的方式、孔桩地层分类的设置等。

在对应的设置栏内将内容设置或指定好，之后系统将按此设置进行相应项目的工程量计算。

6. 钢筋标准

“钢筋标准”页面如图 2-20 所示。

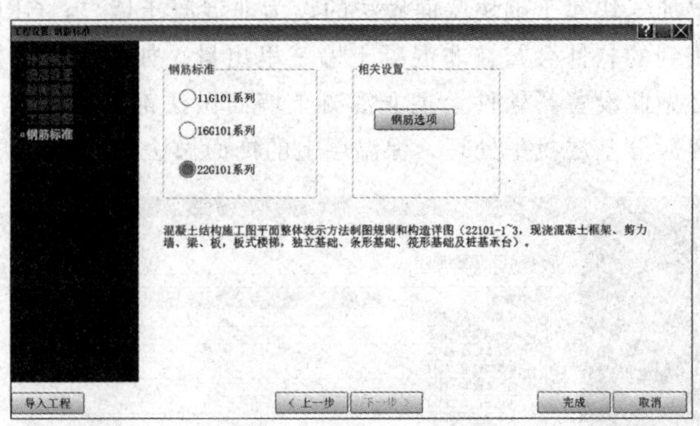

图 2-20 “钢筋标准”页面

本页面用于选择采用何种钢筋标准来计算钢筋。如果在钢筋标准栏内选择了某种钢筋标准，栏目下方会显示该标准的简要说明。

【钢筋选项】 该按钮用于用户自定义一些钢筋计算设置，也可进入“钢筋选项”对话框查看软件对钢筋计算所设置的一些默认值，具体内容见“钢筋选项”章节。

设立密码

温馨提示：

用户可以给当前工程设置密码，以便于在多人共用的计算机上安全打开文件。

第 3 章　轴网

本章内容

绘制轴网、修改轴网、合并轴网、隐显轴网、上锁轴网、选排轴号、自排轴号、轴号变位、轴号刷新、删除轴号、删除尺寸标注、绘制辅轴、弧形辅轴、平行辅轴、转角辅轴、选线成轴、线性标注、角度标注、对齐标注。

轴网用于建筑物各构件的定位。轴网线从形状上分为直形轴线和弧形轴线，两者可以交互出现；从定位的范围来看可以归类为主轴线和辅轴线，主轴线一般跨层不变，用于主框架构件的定位线，辅轴线用于临时定位局部的建筑构件；软件虽在每个楼层都有独立的轴网且各楼层轴网没有联动关系，但可以通过楼层复制功能进行跨层复制其他楼层的轴网。

本章是在没有电子图文档的情况下，通过软件提供的轴网编辑功能在界面中创建、删除和编辑各种类型轴网。

轴网功能拓展

本章主要介绍绘制轴网的操作方法，其他内容请参见二维码。

功能说明：绘制直线轴网与圆弧轴网。

菜单位置：【轴网】→【新建轴网】。

命令代号：hzzw。

操作说明：本命令用于创建直线轴网与圆弧轴网。其中直线轴网包括正交轴网与斜交轴网。执行命令后弹出“绘制轴网”对话框，如图 3-1 所示。

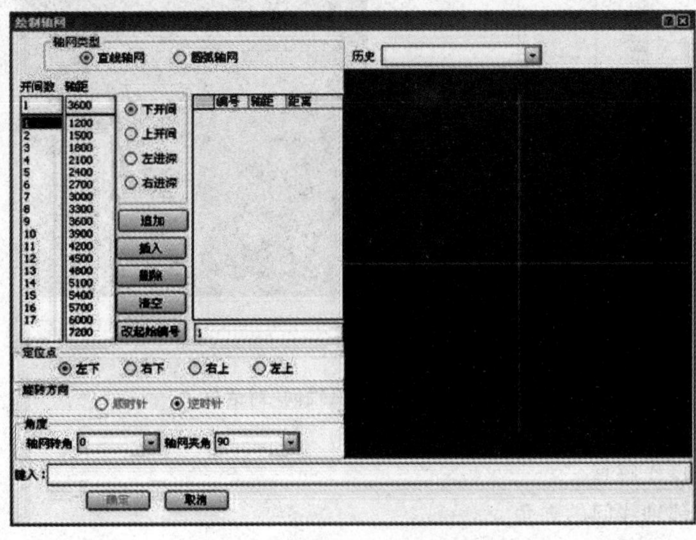

图 3-1　“绘制轴网”对话框

对话框选项和操作解释：

【直线轴网】　选择绘制直线轴网。

【圆弧轴网】 选择绘制圆弧轴网。

【开间数】 相同轴距的数量，可以输入一个数值，也可以用光标从常用值中选择。

【轴距】 轴线之间的距离，可以输入一个数值，也可以用光标从常用值中选择。

【下开间】 选择输入下开间数据。

【上开间】 选择输入上开间数据。

【左进深】 选择输入左进深数据。

【右进深】 选择输入右进深数据。

【编号/轴距/距离】 编号是指轴号信息；轴距是开间距或进深距；距离是当前轴线到起始轴线的距离。可以在这里修改轴距。

【改起始编号】 修改起始轴线的编号，其他轴线会自动排序。

【定位点】 指定轴网的定位点位置。软件以定位点为基点将轴网放置到图面上。

【旋转方向】 轴网的旋转方向，只作用于圆弧轴网。

【角度】 轴网转角设置直线轴网的转角；轴网夹角设置轴线之间的夹角，用于绘制斜交轴网。

【键入】 用来编辑轴网，修改后，回车或切换焦点时生效，更新轴网数据。

注意事项：

选择输入左进深或右进深数时，开间数将变成进深数。

【历史】 用户所定义的轴网，会以历史的方式保存在用户数据库中。单击栏目后面的▾下拉按钮，做过的轴网图层名称会在栏目中显示出来，选择一个名称，其定义的数据会再次显示在对话框中，用户可以对所有数据进行修改再进行布置。

当轴网类型为【圆弧轴网】时，对话框内容有所不同，如图 3-2 所示。

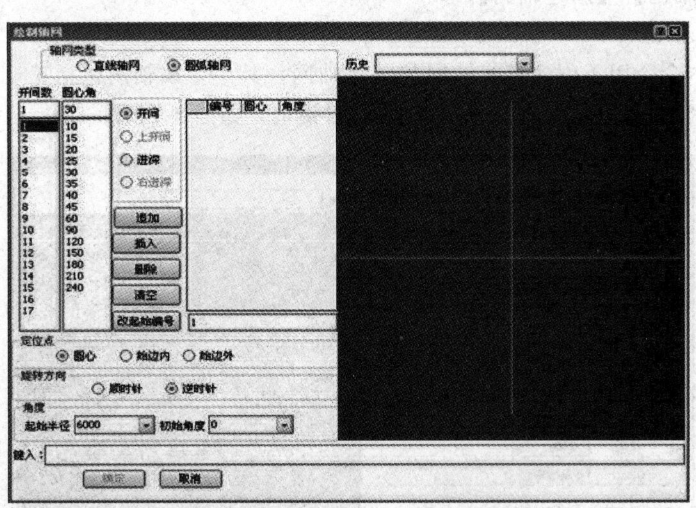

图 3-2 绘制“圆弧轴网”对话框

对话框选项和操作解释：

【圆心角】 相邻轴线间的夹角。

【起始半径】 最小圆弧轴网的半径，可以直接输入数值，也可以在常用选项中选择。

【初始角度】 圆弧轴网的初始旋转角。

按钮：

【追加】 在轴网数据栏中增加数据。

【插入】 在轴网数据栏已有数据的选中行后面插入一条数据。

【删除】 删除轴网数据栏被选中的一条数据。

【清空】 清空轴网数据栏中所有数据。

操作说明：

现参考表 3-1 的直线轴网数据，介绍如何利用对话框输入轴网数据。

表 3-1 直线轴网数据

上开间	3 600、3 600、3 300、4 200
左进深	2 400、3 600、1 500、150

首先以输入【上开间】的数据为例说明在对话框中使用的数据输入方法。

选择【上开间】。因为前两个开间轴距相同，所以在【开间数】中选择数字 2，在【轴距】中选择数字 3 600，单击【追加】按钮或双击轴距的 3 600 数据，都可以添加 2 个 3 600 开间。

在【开间数】中选择 1，在【轴距】中选择 3 300，单击【追加】按钮。

在轴距中输入 4 200，单击【追加】按钮。

上开间绘制完毕。选择【左进深】，重复类似的操作，输入进深的数据。

输入所有数据后，单击【确定】按钮，对话框消失。

命令栏提示：

请输入插入点：

光标在界上点取一点，指定放置轴网的位置，轴网就绘制好了，如图 3-3 所示。

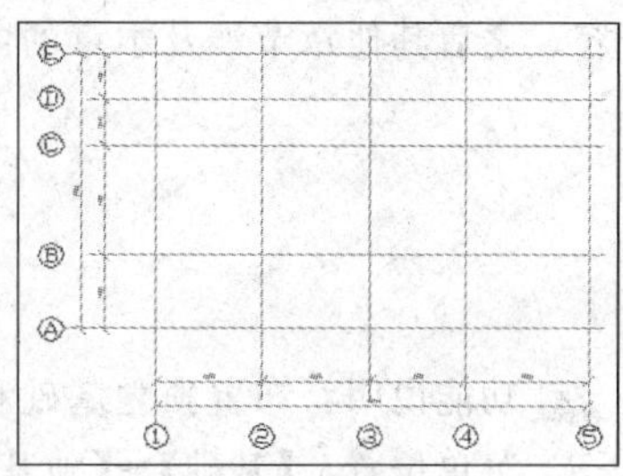

图 3-3 轴网

温馨提示：

绘制轴网时，系统会将当前绘制的轴网信息存储下来，编号会放入历史信息库中，之后调用历史信息可以直接生成相应轴网。

第4章　基础

本章内容

独基承台、条形基础、筏板布置、井坑布置、桩基布置、基坑土方、建筑范围、场区布置、布等高线、网格土方。

本章主要讲述在界面中如何定义和布置基础构件。由于三维算量版本的一些定义和布置功能是集成的，本章介绍的一些内容在后面各章节可能也会用到，在此建议读者详细阅读本章内容，之后其他章节涉及本章的内容将会略过。

4.1　独基承台

功能说明：布置独立基础和独立柱承台。

菜单位置：【基础】→【独基承台】。

命令代号：djbz。

执行命令后，弹出“导航器”对话框，有关导航器的概念及操作内容详见该节说明。

单击“导航器”对话框中【编号】按钮，弹出“定义编号”对话框，有关编号定义的概念及操作内容参见本书第1章。

编号定义完后回到主界面，这时界面上弹出“布置方式选择栏”对话框。在三维算量版本中的各类构件，由于布置方式不同，界面上弹出“布置方式选择栏”对话框的内容会有所不同，独基布置方式选择栏的形式如图4-1所示。

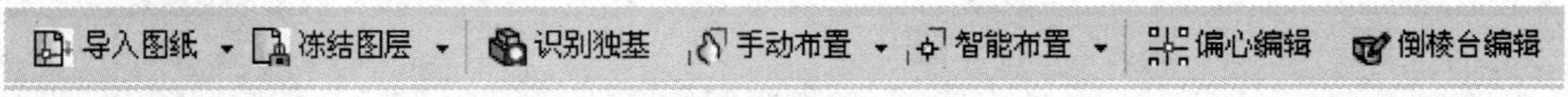

导入图纸 ▾ | 冻结图层 ▾ | 识别独基 | 手动布置 ▾ | 智能布置 ▾ | 偏心编辑 | 倒棱台编辑

图4-1　独基布置方式选择栏

选择栏中各按钮解释：

【识别独基】　将插入的电子图上的独基图形识别成独基构件。

【手动布置】

※ 单点布置：在导航器内确定好独基布置的插入点，在需要布置独基的位置单击鼠标布置。

※ 角度布置：单击布置按钮后按一定角度旋转定位布置独基。

【智能布置】

※ 轴网交点：在框选范围内的轴网交点上布置构件。

※ 沿弧布置：在弧形轴网上布置向心方向的独基。

※ 选柱布置：以柱子的位置作为参照，布置独基。

【倒棱台编辑】 另有章节详述。

对应导航器上的【构件布置定位栏】解释：

【转角】 以截面的插入点逆时针旋转为正、顺时针旋转为负，可从定位图中看到效果。

【X 镜像】 对非对称形作 X 镜像，可从定位图中看到效果。

【Y 镜像】 对非对称形作 Y 镜像，可从定位图中看到效果。

对应导航器上的【属性列表栏】解释：

【顶标高】 基础的顶标高，修改这个值自动修改底标高。

【底标高】 基础的底标高，修改这个值自动修改顶标高。

一旦用户在栏目中输入顶标高(或底标高)，对应的底标高(或顶标高)会自动计算出来。新定义的基础在此确定标高。

操作说明如下。

1. 单点布置

执行【单点布置】命令后，命令栏提示：

点布置<退出>或 | 角度布置(J) | 框选轴网交点(K) | 沿弧布置(Y) | 选柱布置(S) |

命令行按钮与布置工具条联动，切换布置方式时，单击命令行上按钮或输入对应的字母，与单击布置工具条上的按钮等效。

这时在光标上可以看到生成了一个定义的独基图形，图形的式样与定义的独基形状一样。对于垂直高度定位不一样的独基，可以在【属性列表栏内】的【顶标高】【底标高】单元格内输入定位标高值。如果平面定位点与布置的插入点偏移，可在【定位简图】内输入构件边线到插入点的尺寸值，需旋转布置的可在【转角】栏内输入角度值。如果没有具体尺寸和角度可供输入，可以单击栏目后面的按钮，在界面中根据命令栏提示量取。对于定位点的确定：当构件的某一端点与插入点平齐时，可用 Tab 键切换，切换效果在定位简图中实时变动。

定位点和高度位置都设置好后，在界面上找到需要布置独基的插入点，可以通过 CAD 的捕捉功能设定所需要的定位方式，单击就会在选定位置处布上独基。

2. 角度布置

执行【角度布置】命令后，命令栏提示：

角度布置<退出>或 | 点布置(D) | 框选轴网交点(K) | 沿弧布置(Y) | 选柱布置(S) | 撤销(H) |

角度布置最好将独基的“定位点”设为“端点”，在界面上找到布置独基的第一点，单击后，命令栏提示请输入角度:，界面上从单击的第一点处扯出一根随光标移动构件跟着旋转的白色线条，俗称“橡筋线”。在命令栏内输入对应第一点的角度或移动光标使橡筋线与需要布置的角度线重合，再次单击，一个按角度布置的独基就布置成功了。

3. 框选轴网交点

切换到框选布置方式，命令栏提示：

选轴网交点布置<退出>或 | 点布置(D) | 角度布置(J) | 沿弧布置(Y) | 选柱布置(S) |

在界面中框选需要布置独基范围的轴网，框选到的轴网交点处就会布置上独基。

4. 沿弧布置

进行沿弧布置时，命令栏提示：

输入圆心点<退出>或 | 点布置(D) | 角度布置(J) | 框选轴网交点(K) | 选柱布置(S) |

在界面上选择作为弧形圆心的点，命令栏又提示：

请输入布置点:

选择界面上的布置点单击，布置点上就有了独基，独基沿弧形圆心环向排布，基宽、基长方向与弧形的径向、切向顺平。

5. 选柱布置

选柱布置的前提是要界面上有柱子构件，执行命令后命令栏提示：

选柱布置<退出>或	点布置(D)	角度布置(J)	框选轴网交点(K)	沿弧布置(Y)

根据命令栏提示，在界面上点选或框选柱子构件，再右击，有柱子的位置就生成了独基。

对于矩形锥台独基，遇到非平面注写方式表达，基础平面图只有柱截面示意，未标柱编号，基础详图中基础大样和基础表都不标柱子尺寸，底层柱又分开表达在柱图上的设计，由于确定独基顶面平台尺寸用到的柱截面参数要在柱图上去找，采用以往的定义方法就非常麻烦，如今软件可以智能处理，具体操作如下：

在矩形锥台独立基础定义编号界面，将尺寸参数编辑栏内的“柱截宽”由下拉列表置为“同柱尺寸”，如图 4-2 所示。

属性	属性值
- 物理属性	
构件编号 - BH	DJ3
属性类型 - SXLX	砼结构
结构类型 - JGLX	独立基础
基础名称 - JMXZ	矩形锥台
- 施工属性	
材料名称 - CLMC	混凝土
砼强度等级 - C	C25 P6

参数	参数值
基宽(mm) - B	1000
基宽1(mm) - B1	?
柱截宽(mm) - B0	同柱尺寸
基宽2(mm) - B2	?
基长(mm) - H	1000
基长1(mm) - H1	?
柱截高(mm) - H0	同柱尺寸
基长2(mm) - H2	?

图 4-2　柱截宽设置

参数尺寸编辑栏内的“柱截高”随之也同“柱尺寸”，表达柱边到独基边距离的基宽 1、基宽 2 和基长 1、基长 2 都成待定状态，显示为“?”，继续将其他参数定义完成后，单击【布置】按钮弹出“独基选柱布置”对话框，根据工程需要区别“单柱独基(一柱一基)”“多柱独基(多柱一基)”两种情况选择要布置独基的柱子，单柱独基布置的多选柱子可以一次布置多个独基，多柱独基布置的立于同一独基上的多个柱子只能一次布置一个独基，单柱独基上的柱子与多柱独基上的柱子不能一起混选，右击确认选定，独基就布置上去了，效果如图 4-3 所示。

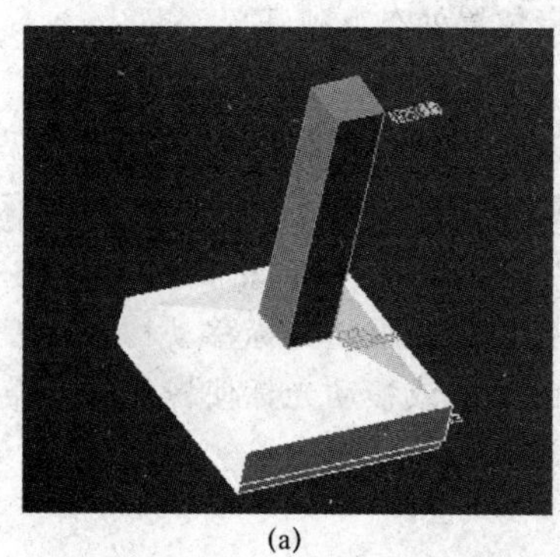

(a)

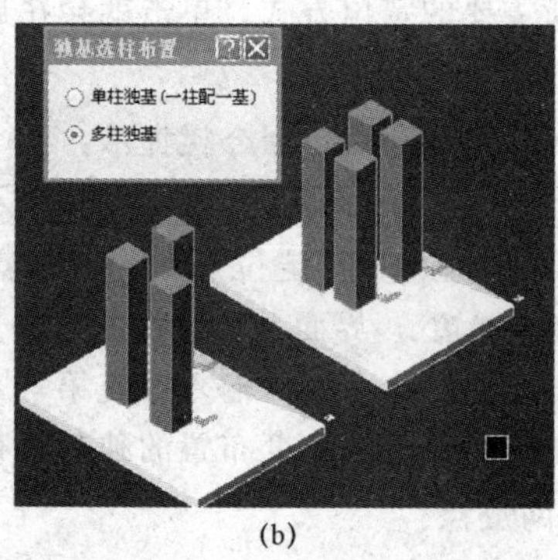

(b)

图 4-3　单柱独基(一柱一基)和多柱独基(多柱一基)

(a)单柱独基(一柱一基)；(b)多柱独基(多柱一基)

识别独基、钢筋布置、核对构件、核对单筋等参见有关章节。

温馨提示：

(1)软件的绝对高度是指离正负零平面的高度，相对高度是指离当前楼地面的高度，基础的顶标高、底标高都是针对绝对高度，其他构件的底高度和顶高度都是按相对高度取值。

(2)正交轴网上的独基默认不旋转布置。

(3)下文中其他构件与独基布置方式一样的内容，将不再赘述。

(4)如果在布置操作前没有定义构件编号，应该先进入定义编号界面，定义构件的一些相关内容，如构件的材料、类型及尺寸等，定义好构件编号退出就可看到布置对话框。也可以参照本书第1章中的快捷创建构件编号方法来定义构件编号。

(5)独基布置也可以单击【基础】→【独基布置】命令进行独基布置。

4.2 条基、基础梁布置

功能说明：绘制条形基础。

菜单位置：【基础】→【条形基础】。

命令代号：tjbz。

条基定义方式同独基，这里不再赘述。

条基布置方式选择栏如图 4-4 所示。

导入图纸 · 冻结图层 · 识别条基 · 手动布置 · 智能布置 · 梁跨编辑 · 条基变斜 条基加腋 标高参照 截面编辑 钢筋调整

图 4-4 条基布置方式选择栏

选项和操作解释：

选择栏中各按钮解释：

【识别条基】【识别截面】 另见有关章节。

【手动布置】

※ 直线画梁：在界面上选择一个条基的始端作为起点，直线延伸至条基的末端单击，在界面上就生成了一个条基。

※ 三点弧梁：在界面上选择一个条基的始端作为起点，延伸选择条基的第二个点，然后弧线延伸至条基的末端单击，在界面上就生成了一条弧形条基。

【智能布置】

※ 框选轴网：框选界面上的轴网来布置条基。

※ 选轴画梁：对选到的轴线，计算出这条轴线与其他轴线的交点。在交点的最大范围内生成条基。

※ 选墙布置：选择墙体来布置条基，条基的长度同墙体的长度。

※ 选线布置：选直线、圆弧、圆、多义线和椭圆来生成条基。

【跨段组合】【条基变斜】 另见有关章节。

【条基加腋】【标高参照】 另见有关章节。

【截面编辑】【钢筋调整】 另见有关章节。

对应导航器上的【构件布置定位栏】解释：

同独基说明基本一致。

对应导航器上的【属性列表栏】解释：

同独基说明一致。

操作说明如下。

1. 手动布置

执行【手动布置】命令后，命令栏提示：

手动布置<退出>或 | 框选轴网(K) | 点选轴线(D) | 选墙布置(N) | 选线布置(Y)

在界面上选择一个条基的始端作为起点，单击，命令栏提示：

请输入下一点或 | 圆弧(A) | 平行(P)

移至条基的终端单击，在界面上就生成了一个条基。如果布置的是弧形条基，当单击条基的起点后接着用光标单击命令栏【圆弧(A)】按钮或在命令栏输入“A”字母，回车，命令栏提示 请输入弧线上的点 ，将光标移至圆弧条基弧线上一点单击，命令栏又提示 请输入弧线的端点 ，将光标移至条基的末端单击，一条圆弧形的条基就布置上了。

2. 框选轴网

执行【框选轴网】命令后，命令栏提示：

框选轴网<退出>或 | 手动布置(E) | 点选轴线(D) | 选墙布置(N) | 选线布置(Y)

这时光标成动态的选择状态，拖动光标，在界面框选需要布置条基的轴网范围，被选中的轴网线上就会布置上条基。

3. 点选轴线

执行【点选轴线】命令后，命令栏提示：

点选轴线<退出>或 | 手动布置(E) | 框选轴网(K) | 选墙布置(N) | 选线布置(Y)

在需要布置条基轴网的附近单击鼠标，系统算出这根轴线与其他轴线的交点。在交点的最大范围内生成条基，如图 4-5 中的Ⓑ、Ⓒ、Ⓓ、Ⓔ轴线与其他轴线的交点不同时，生成不同的条基。在弧形轴网处单击，将生成弧形条基。

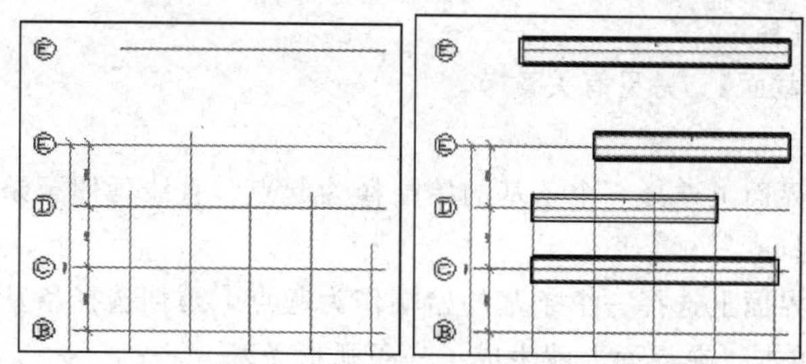

图 4-5　不同轴线交点情形生成不同条基

4. 选墙布置

执行【选墙布置】命令后，命令栏提示：

选墙布置<退出>或 | 手动布置(E) | 框选轴网(K) | 点选轴线(D) | 选线布置(Y)

光标选取面上的墙体，就会在墙底生成条基。

5. 选线布置

执行【选线布置】命令后，命令栏提示：

请选直线，圆弧，圆，多义线<退出>或 | 手动布置(E) | 框选轴网(K) | 点选轴线(D) | 选墙布置(N)

选取界面上的线条，就会生成条基(图 4-6 和图 4-7)。

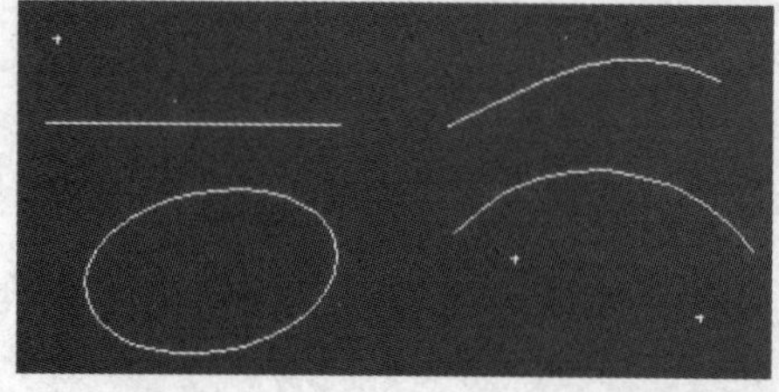

图 4-6　直线、圆、多义线、弧和椭圆

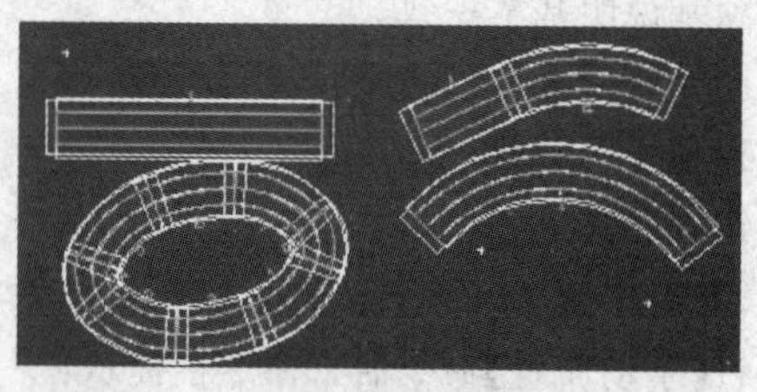

图 4-7　由直线、圆、多义线、弧和椭圆生成的条基

温馨提示：

软件允许条基、梁和圈梁及构造柱等构件编号相同、截面尺寸不同，可以通过截面修改来改变截面尺寸。

小技巧：

对于定位点有“上边、下边”选择的条形构件，布置操作过程，单击起点后按 Tab 键可切换正在布置的构件定位位置，方便快捷。

4.3 筏板布置

功能说明：绘制筏板基础。

菜单位置：【基础】→【筏板基础】。

命令代号：fbbz。

筏板定义方式同独基，这里不再赘述。

筏板布置方式选择栏如图 4-8 所示。

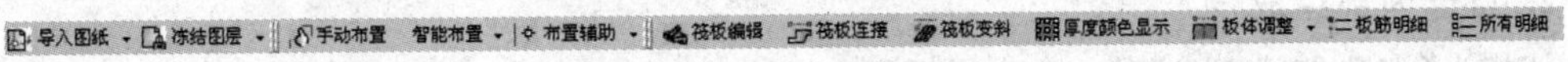

图 4-8 筏板布置方式选择栏

选项和操作解释：

【手动布置】 用手工沿筏板轮廓绘制筏板。

【智能布置】

※ 点选内部生成：三维算量系统搜索由相关构件形成的内部区域来生成筏板，可与 CAD 搜索布置切换使用。

※ 矩形布置：在界面中框选区域，于绘制的矩形框内生成筏板。

※ 实体外围：在构件外围用多义线绘制封闭区域，系统自动捕捉构件的外围轮廓生成筏板。

※ 实体内部：框选方式布置筏板，在界面中框选一块被构件包围的区域，在此区域内部生成筏板。如果大小区域套在一起，则只在最小区域生成筏板。

【布置辅助】

※ 隐藏构件：将界面上影响布置筏板的构件进行隐藏。

※ 恢复构件：隐藏的构件恢复显示。

※ 条基变中线：将选择的条基变为一条中心线，再次单击则将变为中心线的条基复原。

※ 隐藏非系统图层：将用 CAD 功能绘制的图形进行隐藏。

【筏板编辑】【筏板变斜】 另见有关章节。

【板体调整(合并拆分、区域延伸、调整夹点)】 另见有关章节。

对应导航器上的【属性列表栏】解释：

【延长误差】 当区域不封闭时，根据此误差值来延长条构件的长度，顺利生成封闭区域。

【封闭误差】 当使用延长误差仍然无法布置筏板时，可尝试使用封闭误差值来补充细微缺口，形成封闭区域。封闭误差不能过大。

筏板构件【导航器】中没有布置定位栏。

操作说明如下。

1. 手动布置

执行【手动布置】命令后，命令栏提示：

手动布置<退出>或 [点选内部生成(J)][矩形布置(O)][实体外围(E)][实体内部(N)][撤销(H)]

在界面中筏板的起点处单击第一点，命令栏又提示：

请输入下一点<退出>或[圆弧上点(A)][半径(R)][平行(P)]

按照提示，如果是直形边，将光标移至下一点单击；如果是弧形边，则光标单击命令栏[圆弧上点(A)]按钮或在命令栏内输入 A 回车，命令栏再提示：

请输入弧线上的点<退出>或[直线(L)][半径(R)]

将光标移至弧形线上的一点单击，命令栏接着提示：

请输入圆弧的终点<退出>或[直线(L)][圆弧上点(A)][半径(R)]

将光标移至弧线的端点单击，命令栏再次提示：

请输入圆弧的终点<退出>或[直线(L)][圆弧上点(A)][半径(R)][撤销(U)]

刚单击了点之后，如果仍为弧形继续单击下一点，如果变为直形，则光标单击命令栏[直线(L)]按钮或在命令栏内输入 L 回车，依次连续绘制轮廓线直至封闭，右击，一块筏板就绘制成功了。

2. 点选内部生成

切换为【点选内部生成】时，命令栏提示：

点选内部生成<退出>或 [手动布置(D)][矩形布置(O)][实体外围(E)][实体内部(N)][撤销(H)]

根据命令栏提示，单击封闭区域的内部，就会在这个区域生成筏板。如果区域因有小的误差而未封闭，可通过调整对话框上误差设置来达到封闭的效果。

3. 矩形布置

切换为【矩形布置】时，命令栏提示：

矩形布置<退出>或 [手动布置(D)][点选内部生成(J)][实体外围(E)][实体内部(N)][撤销(H)]

根据命令栏提示，光标框选界面中需要布置筏板区域，之后在这矩形区域生成筏板。

4. 实体外围

切换为【实体外围】时，命令栏提示：

选实体外侧布置<退出>或 [手动布置(D)][点选内部生成(J)][矩形布置(O)][实体内部(N)][撤销(H)]

根据命令栏提示，在界面上绘制多义线来选中被包围在内的实体，程序会计算出这些实体组成的最大外边界来生成筏板。

5. 实体内部

切换为【实体内部】时，命令栏提示：

选实体内侧布置<退出>或 [手动布置(D)][点选内部生成(J)][矩形布置(O)][实体外围(E)][撤销(H)]

根据命令栏提示，光标框选界面中需要布置筏板、能构成封闭区域的构件，在封闭区域的内部生成筏板。封闭区域大套小的，只在最小的内部生成。

6. 隐藏构件

执行【隐藏构件】时，命令栏提示：

选择构件来隐藏！

此操作需要按照当前正在操作的内容进行单击操作，如果当前没有进行布置操作，应单击按钮两次，第一次表示进入布置操作，第二次才表示执行【隐藏构件】命令。根据命令栏提示，光标在界面中选择需要隐藏的构件，可框选也可单选，之后右击就将选中的构件隐藏。

7. 恢复构件

执行【恢复构件】命令，即将隐藏的构件恢复显示在界面上。

8. 条基变中线

执行【条基变中线】命令，会将界面上的条基构件变为一根单线条，用于筏板布置到条基中线的方式。之后再次执行此命令，则将变为中线的条基复原。

9. 隐藏非系统层

执行【隐藏非系统层】命令，会将界面中用CAD功能绘制的图形线条进行隐藏，以避免在【点选内部生成】筏板时，误将这些图形线条当作边界。

4.4 井坑及桩基布置

功能说明：绘制桩基。

菜单位置：【基础】→【桩基】。

命令代号：zjbz。

井坑布置

在软件提供的10多种桩基构件中，挖孔桩的成孔受地层类别影响，护壁设置考虑地层变化因素，计算内容最多。下面侧重介绍挖孔桩的布置及相关问题，其他桩基与独基布置类似，这里不再赘述。

桩基布置方式选择栏的形式如图4-9所示。

导入图纸 ▾ 冻结图层 ▾ 识别桩基 手动布置 ▾ 智能布置 ▾

图 4-9　桩基布置方式选择栏

选项和操作解释：

选项和操作解释及操作说明、对话框内容及操作参看“独基布置”章节。

1. 编号定义

单击导航器中【编号】按钮，弹出“定义编号”对话框，新建一个桩基编号，点开【基础名称】属性中的下拉按钮双击【圆形挖孔桩】后，如图4-10所示，可对挖孔桩进行定义，操作方法参见4.3节说明。

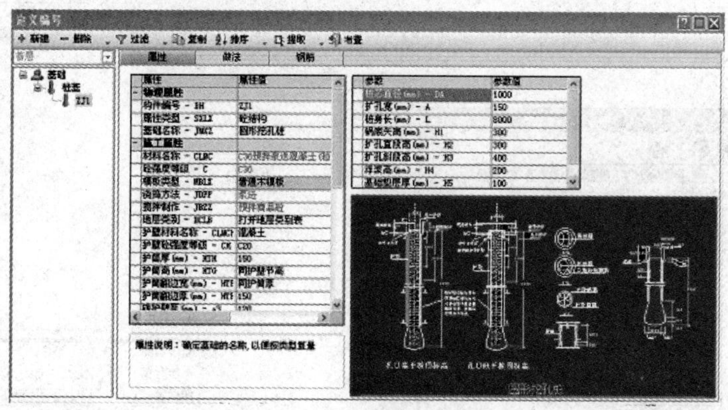

图 4-10　桩基定义编号页面

挖孔桩以桩截面形状命名。老工程已采用挖孔桩(砖护壁)、斜护壁挖孔桩做的，版本升级后依然保留，对新建工程不再提供已经淘汰的桩种。像独基布置一样，属性页面右上方的参数栏与右下方的jit图对应联动，用户可按个人习惯任输其一，效果相同。有别于独基的挖孔桩专用钢筋属性含义及用法，详见属性说明，或对照jit图理解。挖孔桩的专用施工属性将在下面详细介绍。

2. 地层设置

单击施工属性项下【地层类别】属性中的下拉按钮，弹出“地层类别表”对话框，可对同编号挖孔桩成孔所遇地层及各地层是否需要护壁进行设置。同编号不同桩位挖孔桩，因桩顶标高、孔口标高或持力岩深不同而影响孔深，至于各个桩上实际地层的层名、层厚及是否护壁情况再通过构件查询编辑。孔口标高、孔深与桩顶标高一样，都属于布置确定的构件属性；而地层类别是编号和布置都能确定的构件属性。把地层类别放在编号上定义，可让用户在做预算时按相对统一的地层类别预估成孔挖凿量；而以布置确定或修改确定后的孔口标高、孔深以及地层类别设置计算的才是最终成孔挖凿量。软件的同编号原则同样适用挖孔桩，只要截面形状、尺寸相同，配筋也相同，就可按设计桩号进行编号定义，不同桩位的地层、护壁计算区别由桩位号管理，不需要另起构件编号。有关地层设置的操作将在“5. 构件查询”的地层类别中详解。

3. 护壁关联

各地定额划分工程地层类别（地层分类及土壤岩石级别）粗细不一、称谓不同，软件已经按当地定额套价需要对应好地层类别名称。桩孔内在何地层区段设置护壁以及护壁配筋与否，可以在地层类别表中勾选，如图4-11所示。软件对岩石层默认不设置护壁，实际遇稳定性较差的强风化岩需要护壁时可以手动勾选。对扩底挖孔桩，软件默认扩孔斜段不设置护壁，即勾选有护壁地层处于桩身与扩底交界区段，护壁只算至扩大头顶面；具体工程确实在扩孔斜段设置护壁的，可将桩基参数规则【扩孔斜段是否计算护壁】的选项改为【是】。定义护壁（护筒）的属性含义及用法详见属性说明，这里不再赘述。

4. 桩顶定位

挖孔桩编号定义好后回到桩基布置界面。软件支持桩顶嵌入承台或桩筏底一定深度的竖向定位方法，从导航器的【构件布置定位栏】里可看到桩基顶标高的相应选项。对大直径桩基可选【顶同基础底＋0.10】，小直径桩基可选【顶同基础底＋0.05】，具体设计要求不同的还可以在加号后边输入实际要求值，需要留意输入值的单位为“m”，要与属性定义统一。用户也可以在此定义孔口标高，如图4-12所示。

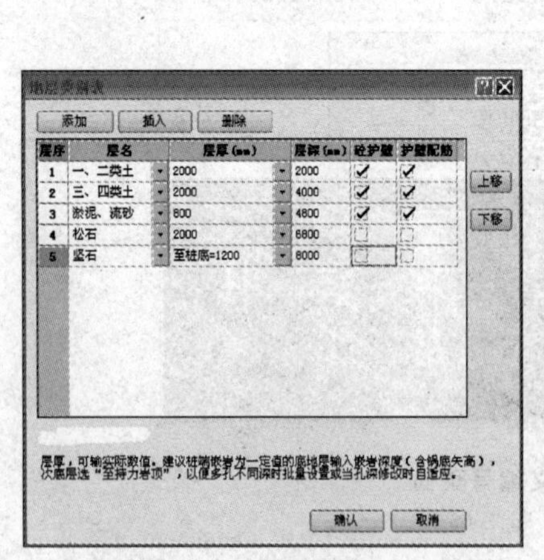

层序	层名	层厚(mm)	层深(mm)	砼护壁	护壁配筋
1	一、二类土	2000	2000	✓	✓
2	三、四类土	2000	4000	✓	✓
3	淤泥、流砂	800	4800	✓	✓
4	松石	2000	6800		
5	坚石	至桩底=1200	8000		

图4-11 挖孔桩地层类别表

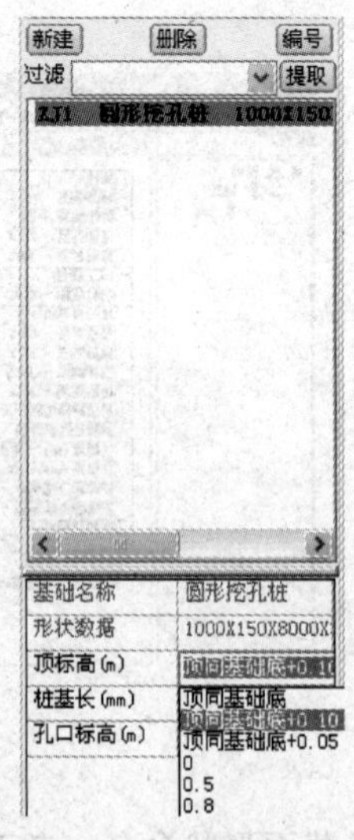

图4-12 桩基布置顶标高选项

5. 构件查询

孔桩布置就位后，通过构件查询不仅可以对具体桩位上的桩顶标高、孔口标高、孔深、桩长等进行核查、修改和在每根桩上进行桩位编号，还可以对桩顶高出孔口时桩身段采用何种支护方式、孔顶是否采用锁口构造进行选择，特别是可进行针对具体桩位的地层、护壁设置，如图 4-13 所示。

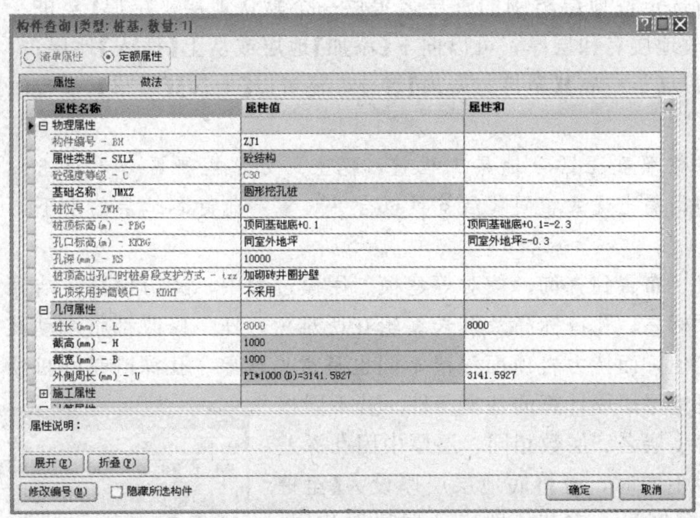

图 4-13　桩基构件查询

(1)【孔口标高】 孔口标高一般取自然标高，默认同室外地坪，用户可设置为桩基施工时的工作面标高。相对于桩顶标高，有无高差关联孔深进而影响地层、护壁的计算范围；正负高差决定有无空桩芯、是否计算凿护壁量，也决定桩顶高出孔口时桩身段支护方式选择的有效性。

(2)【孔深】 孔深是指孔口到桩底的深度，由桩顶标高、孔口标高及桩长属性自动计算。如果手动修改孔深，则在既定桩顶标高、孔口标高条件下改变桩长。提供孔深属性的意义，正是便于用户按实际孔深最终确定桩长。

温馨提示：

在手动修改孔深前，应确认桩顶标高、孔口标高设置到位，因为桩长与再者中任一变动都会影响孔深。如果孔深修改之后再调整两者，将成无谓循环。

(3)【桩位号】 桩位号即有别于设计桩编号的桩基施工自编号，也称孔号，按施工编号手动输入即可。

(4)【桩顶高出孔口时桩身段支护方式】 系统会根据桩顶标高、孔口标高自动判定再者的高低关系，选择加砌砖井圈护壁时即按照施工属性中的砖护壁厚计算砖护壁体积；选择采用木(钢)模板时则计算桩身模板面积。系统默认为加砌砖井圈护壁。

(5)【桩顶采用护筒锁口】 属于不利地面挖孔桩施工的加强措施。采用锁口构造的，即按照施工属性中的护筒厚等属性为实计算并入混凝土护壁体积、护壁模板面积内，护筒以下再接续桩孔护壁；不采用锁口构造的，桩孔护壁按孔口顶平计算。默认不采用。

(6)【地层类别】 当定义编号里设置的地层不符合实际时，可用构件查询来调整；如果定义编号时未关注地层，可直接在此设置。除通过“构件查询”对话框中的施工属性打开地层类别表的方法外，右键命令也可以进入地层类别表，如图 4-14 所示。定义编号里的地层设置，涉及同一编号；而在构件上设置的地层类别，只涉及当前构件，两者不一致的以构件上的取值优先。

针对构件的地层设置或调整，其对象可以是某个孔桩、同编号孔桩、位于局部平面内不同编号孔桩乃至所有能选到的孔桩。

图 4-14　桩基右键命令

桩孔内所设地层宜自上而下顺序排列，既方便与竣工资料对应，也可以由地下水水位线自动判定干湿土界线；定额要求按土层与岩石不同深度计算成孔工程量时必须上下有序，否则智能获取“层深”无从实现。地层类别表中，系统已经按所选定额地层类别的首层名提供一个默认地层，层厚【至桩底】。用户可以修改地层名和层厚，可以向下【添加】地层或从上【插入】地层；多个地层时，除层厚【至桩底】【至持力岩顶】者外，还可以【上移】【下移】。

温馨提示：

如果定额要求按照孔深区分地层工程量，挖土部分不需要区分干湿土方，那在同桩孔内间隔出现的相同地层就可以合并设置，此时各地层的上下顺序也无关紧要。

挖孔桩从定义、布置到查询、核对等建模、用模过程中，经历预算、结算乃至审计等几个计量阶段，对桩顶标高、孔口标高及桩长编辑在所难免，任一修改都将牵动孔深；嵌岩挖孔桩的嵌岩深度为一定值，而持力岩顶面深浅不同也是常见现象。孔深既是孔桩所遇层层名、层数的特征反映，也是地层层厚计算的基本条件。若不同桩位孔桩地层的层序、层名、层数相同，层厚中因孔深差异而使底地层层厚不同时，可将底地层层厚设为【至桩底】；嵌岩桩入岩深度为一定值，即底地层层厚相同，因孔深差异而使次底地层层厚不同时，可将次底地层层厚设为【至持力岩顶】，软件会自动计算。

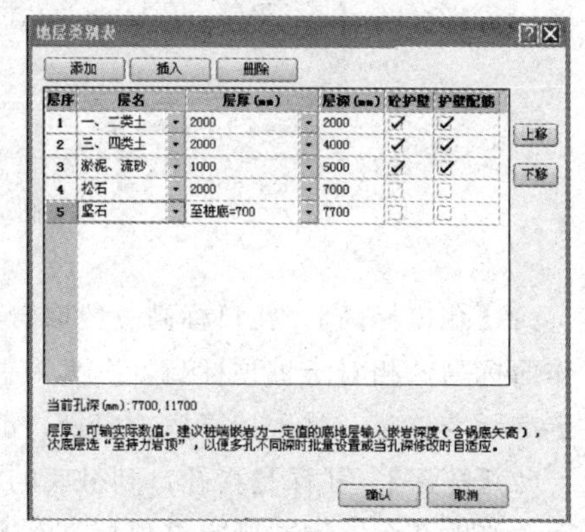

图 4-15　查询地层类别

构件上的地层类别表下方显示的【当前孔深】，反映的是按桩顶标高、孔口标高与桩长计算的结果。同时选择多桩(孔)而深度不同时，【当前孔深】会分别显示出来，但【层厚】【层深】两列仅显示按最浅孔深计算的值，如图 4-15 所示。

如果因不同桩位孔深差距较大而影响地层层名、层数不同时，可以将孔深作为筛选条件把一个孔深范围段过滤出来再进行地层设置。

小技巧：

除结算或审计阶段孔桩各地层厚度已经确定者外，地层层厚尽量不要全输成具体数字，应为底地层【至桩底】或次底地层【至持力岩顶】其中之一，以免孔深变化时地层挖凿量计算错误。

层深是孔口到当前地层层底的深度，由程序自动计算，既是用户设置地层的参照，也是定额要求按土层与岩石不同深度计算成孔工程量的依据。

挖孔桩只考虑在桩孔内采用混凝土护壁(包括护筒锁口)，只有在桩顶高出孔口时桩身才考虑加砌砖井圈护壁，即孔口标高影响护壁结构。桩孔内在哪个地层设置混凝土护壁及配筋与否可以按需勾选，也即地层变化情况影响混凝土护壁有无配筋。

【确认】　即本次操作确认并退出。

【取消】　即本次操作无效退出。

注意事项：

同时选择多个孔桩构件查询地层类别时，如果出现不同孔深且原设置地层层名、层数也不一致，地层类别表中仅显示孔深最浅的层名、层数设置情况，此时要特别谨慎，单击【确认】就是将所选不同深的孔桩统一为能看到的层名、层数上来，单击【取消】则表示只查询而不改变原设置。

6. 地层归并

对于挖孔桩，由于有的定额要求对有土有石的孔桩成孔工程量按土层与岩石不同深度分别计算，导致地层算量归并的计算对象不再是孔桩的特定构件属性，而是成为比构件属性低一级的地层类别；计算载体不再是工程模型中布置出来的构件，而是成为孔桩构件上设置出来的地层，反映为地层挖凿工程量的区分条件之一的深度，不能仅取构件的孔深属性，而应按具体要求选取地层深度。为兼顾不同地区的孔桩算量需要，针对成孔工程量从定义、设置、分析、统计到输出，软件设计了专用处理方法，包括以下内容：

(1)以参数规则来控制挖孔桩地层深度确定方法。如图 4-16 所示，在算量设置/计算规则/参数规则下面的“桩基”构件上设有【挖孔桩地层深度确定方法】参数规则，除方法 1、方法 2 用于个别地区外，大都适用方法 3 不考虑地层深度，即定额规定有深度条件时取自构件的孔深属性。

(2)由工程特征的土方定义设置地层工程量区分条件。如图 4-17 所示，在工程设置/工程特征/土方定义下面设有“地层工程量区分条件”。从打开的对话框里可以看到地层工程量的区分条件，除深度之外，还有“直径”(应理解为孔径或边长)和“干湿土”。单击对话框下方的【帮助】按钮，可以看到区分条件的设置说明。

规则解释	规则列表
挖孔桩地层深度确定方法	3不考虑地层深度
挖孔桩护壁计算方法	1以土层与岩石不同深度为准
挖孔桩无护壁区段桩芯计	2以当前地层深度为准
	3不考虑地层深度

图 4-16　地层计参数规则

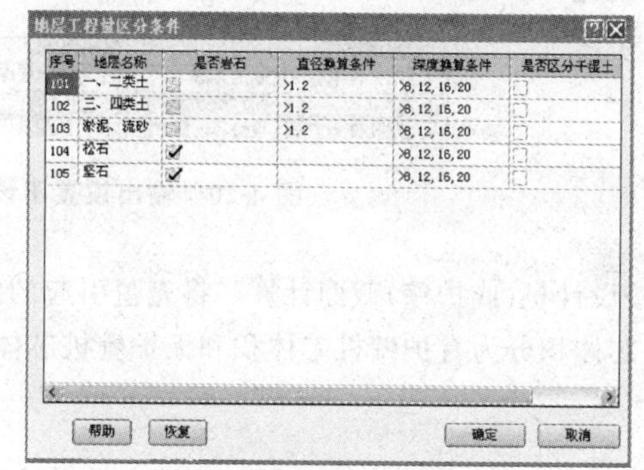

地层工程量区分条件

序号	地层名称	是否岩石	直径换算条件	深度换算条件	是否区分干湿土
101	一、二类土		>1.2	>8,12,16,20	
102	三、四类土		>1.2	>8,12,16,20	
103	淤泥、流砂		>1.2	>8,12,16,20	
104	松石	✓		>8,12,16,20	
105	坚石	✓		>8,12,16,20	

帮助　恢复　确定　取消

图 4-17　“地层计算区分条件”对话框

(3)在构件核对界面所见即所得。如图 4-18 所示，挖孔桩由原来的参数法处理改为图形法处理后，用户核对工程量时看到了什么，就意味着软件算成了什么。

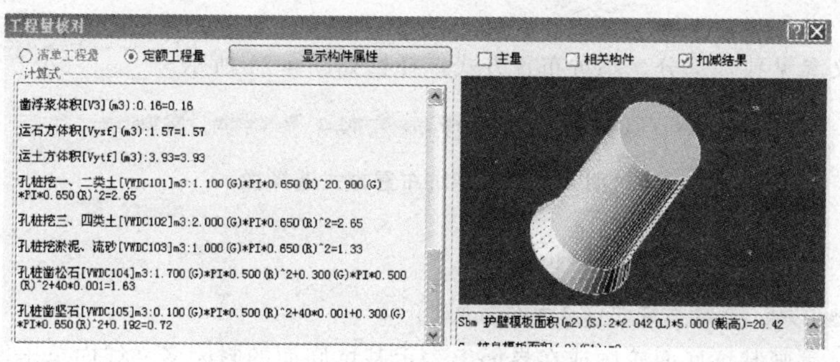

图 4-18　地层计算所见即所得

(4)工程量输出中不设地层挖凿量项目。如图 4-19 所示，对挖孔桩的地层挖凿量项目不再像孔桩的其他输出项目一样，在算量设置/工程量输出页面中设置。因此，用户从编号或构件上对成孔工程量挂接做法的习惯需要改变，只能从统计预览界面结果上挂接做法或得到实物量结果后再挂接做法。

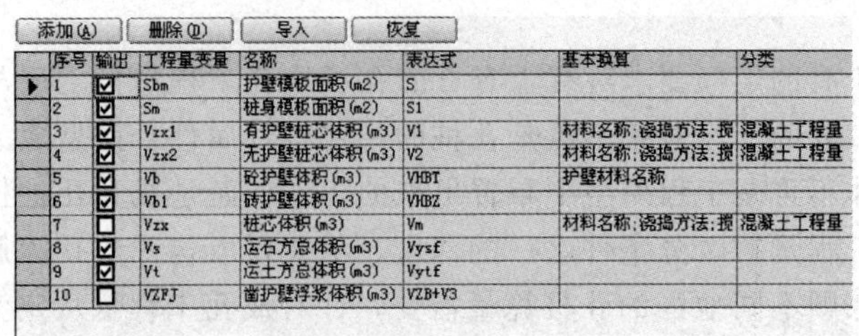

添加(A) 删除(D) 导入 恢复

序号	输出	工程量变量	名称	表达式	基本换算	分类
1	☑	Sbm	护壁模板面积(m2)	S		
2	☑	Sm	桩身模板面积(m2)	S1		
3	☑	Vzx1	有护壁桩芯体积(m3)	V1	材料名称;浇捣方法;搅	混凝土工程量
4	☑	Vzx2	无护壁桩芯体积(m3)	V2	材料名称;浇捣方法;搅	混凝土工程量
5	☑	Vb	砼护壁体积(m3)	VHBT	护壁材料名称	
6	☑	Vb1	砖护壁体积(m3)	VHBZ		
7	☐	Vzx	桩芯体积(m3)	Vm	材料名称;浇捣方法;搅	混凝土工程量
8	☑	Vs	运石方总体积(m3)	Vysf		
9	☑	Vt	运土方总体积(m3)	Vytf		
10	☐	VZFJ	凿护壁浮浆体积(m3)	VZB+V3		

图 4-19 输出设置不设地层挖凿量项目

7. 充盈处理

各地定额对挖孔桩灌注工程量的充盈问题，处理方法可以归纳为两类：

(1)按设计桩(或护壁)截面外扩一定尺寸计算，将充盈增加的体积体现在工程量里。对此，软件在算量设置/计算规则/参数规则下面的“桩基”构件上提供【挖孔桩护壁计算方法】【挖孔桩无护壁区段桩芯计算方法】两条参数规则，以便进行区别性计算，如图 4-20 所示。既往孔桩参数【充盈扩大值】即属此类。

规则解释	规则列表	阈值(Y)	参数(X)
挖孔桩地层深度确定方法	3不考虑地层深度	0	0
挖孔桩护壁计算方法	1按设计图示尺寸周边加x(mm)计算	0	0
挖孔桩无护壁区段桩芯计算方法	1按设计图示尺寸周边加x(mm)计算	0	0

图 4-20 输出设置不设地层挖凿项目

(2)按设计桩(或护壁)截面计算，将充盈引起的灌注物料量加大体现在定额消耗量里。对此，软件把桩芯体积分为有护壁桩芯体积和无护壁桩芯体积，以便通过定额换算补偿充盈扩大消耗。

4.5 基坑土方

功能说明：计算大开挖土方。

菜单位置：【土方】→【基坑土方】。

命令代号：jktf。

基坑的定义参见独基部分。基坑布置方式选择栏如图 4-21 所示。

导入图纸 ▾ 冻结图层 ▾ | 手动布置 点内部生成 矩形布置 | 基坑放坡

图 4-21 大基坑布置方式选择栏

执行【基坑土方】命令后，命令栏提示：

矩形布置<退出>或 [手动布置(D)] 点内部生成(J)

根据提示，手画基坑底面轮廓或在界面上表示基坑底面的封闭多义线内单击即可。

大基坑土方分多阶进行开挖时，如果平面各边、上下各阶的放坡不相同，上下各阶的阶高不相等，甚至在平面各边、上下各阶的走道宽也有变化的，都可以用【基坑放坡】命令进行编辑。

选项和操作解释：

【基坑放坡】 用于基坑边缘的放坡设置，防止边坡塌方。

操作说明：

执行【基坑放坡】命令，命令栏提示：

选择修改的大基坑：

根据命令栏提示，选择需要放坡或改变阶高、走道宽的大基坑，选择后弹出“修改大基坑”对话框，如图 4-22 所示。

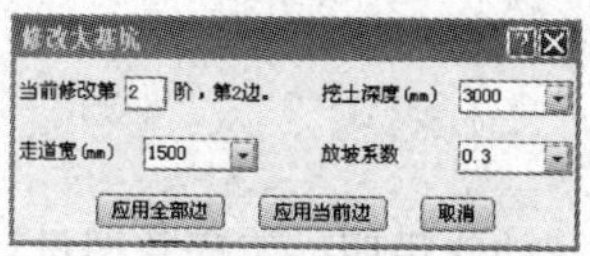

图 4-22 “修改大基坑”对话框

对话框选项和操作：

【当前修改第□阶】 当基坑放有多阶走道时，在“□”中指明当前修改的为第几阶，自下往上数起。

【挖土深度】 指定当前阶的阶高。

【走道宽】 指定当前阶顶面当前边的走道宽度，指定阶为顶阶时灰显以示无可编辑。

【放坡系数】 指定当前阶当前边的放坡系数。

执行基坑放坡功能后，根据命令栏提示在大基图形上选择需要放坡或修改阶高、走道宽的边缘线。系统内部已将基坑的边缘线按方向编排了序号，点开的对话框中显示的就是选中的边缘序号。如果在定义基坑编号时定义了基坑走道阶数和走道宽，则在对话框中相应的栏目中可看到对应的数据。默认走道阶数为 1，即单阶大基坑没有走道，走道阶数不小于 2 的大基坑，方可在对应的栏目中编辑修改。

对话框中【挖土深度】【走道宽】【放坡系数】三个内容，均可按需修改。

【应用全部边】 单击该按钮，会将对话框中设置的参数匹配到基坑的所有边序上。

【应用当前边】 单击该按钮，只对选中的边序进行修改。

【取消】 对基坑什么都不做，回到原状态。

4.6 建筑范围

功能说明：建筑范围主要用于地下室大基坑开挖后的回填扣减。因为地下室是一个空间体，大基坑回填土方若沿用普通扣减构件的方式，只将墙、梁、板、柱等构件的实体扣减掉而不扣减空间部分，相当于把地下室填实，所得结果错误。建筑范围是将地下室外边线以内区域范围看作一个构件来考虑扣减，以便处理有地下室大基坑的回填计算问题。

菜单位置：【土方】→【建筑范围】。

命令代号：jzfw。

定义方式同脚手架说明。

建筑范围布置方式选择栏如图 4-23 所示。

导入图纸 · 冻结图层 · 手动布置 | 实体外围 | 智能布置 | 实体内部 | 选线布置 | 矩形布置 | 调整夹点

图 4-23 建筑范围布置方式选择栏

选项和操作解释：

同板相关说明。

对应导航器上的【构件布置定位栏】解释：

无。

对应导航器上的【属性列表栏】解释：

同脚手架说明。

操作说明：

同板布置相关说明。

4.7 场区布置

场区布置

功能说明：工程总图设计或大面积土地整治项目中，改造场地自然地形时，根据场地平面布局中每个因素(厂库房、货场、楼宇、道路、排水、灌溉等)在地面标高线上的相互位置不同而划分的区域称为场区。布置场区的目的，是通过设置场区设计标高进而实现自动匹配网格土方的网点设计标高。场区布置是网格土方计算的辅助功能。

4.8 布等高线

布等高线

功能说明：对以等高线表达自然地形的场地改造工程，通过识别(或手画)等高线方式进而实现自动采集网格土方的网点自然标高。布等高线也是网格土方计算的辅助功能。

4.9 网格土方

功能说明：对工程总图设计或大面积土地整治项目进行网格布置，用于大型场地土石方挖填计算。

菜单位置：【土方】→【网格土方】。

工具图标：。

命令代号：wgbz。

操作说明：

执行命令后，命令栏提示：选择已经画好的多义线或场区：，同时光标变为“口”字形，提示用户到界面中选取插入的电子图或用多义线手工绘制的网格土方的轮廓边界封闭线。

温馨提示：

做网格土方计算，先在界面中用 CAD 的多义线将需要计算的网格土方轮廓或场区绘制出来，并且应是封闭的轮廓或场区。

根据命令栏提示，在界面中光标选取边界封闭的多义线，这时命令栏又提示：输入方格网边长X(m):<10>:，根据提示在命令栏内输入 X 方向的网格间距，如输入“5”后回车，命令栏又提示：输入方格网边长Y(m):<5>:，在命令栏输入 Y 方向的网格间距，如果 Y 方向的间距同 X 方向一样时，可以直接回车。命令栏又提示：在网格边线或内部选择一点做为划分起点:，将光标置于需要画线的网格线的起点单击。命令栏又提示：请输入方格倾角或[与指定线平行(L)]<0>:输入倾角后这时系统就会以单击的位置做原点向倾角方向将网格线按设定的间距布置上，同时每个单元格内对应地生成了角点编号和方格编号(图 4-24)。

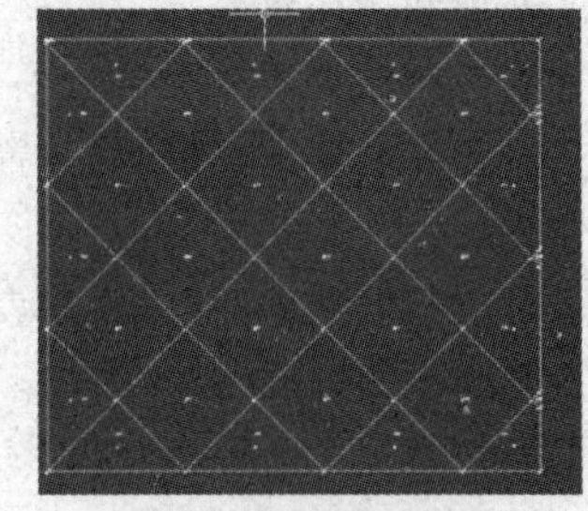

图 4-24 方格网布置图

网格区域设置好后，执行【土方】→【网格土方】→【网点设高】命令，如图 4-25 所示。

图 4-25　网点设高命令位置

执行【网点设高】命令后，光标会变为十字形，命令栏提示：

指定要修改自然标高的点[指定自然标高(Z)]指定设计标高(S)]自动采集自然标高(A)]

光标选择要修改标高的点后，这时有一个红色圆圈定位显示在方格网上我们选择的点，之后会出现提示：**输入自然标高(m)：**，输入自然标高，可以完成对该点的设高。

也可选取其他的修改标高法：

(1)自然采集：选择这个方法时，必须先布置等高线，软件会根据等高线自行算出每一点的自然标高。

(2)表格输入：框选需要设高的网点，该点的提示：**第一角点**，光标框选单元网格的第一个点位，拖动鼠标，将设置好的方格网框选，则会跳出表输入对话框，如图 4-26 所示。

修改一个保存一个　确定退出时保存　导出到Excel　从Excel导入

A	B	C	D	E	F	G	H	I	J
0	1	2	3	4	5	6	7		8
2	0	0	0	0	0	0	0		0
9			10		11		12		13
0			0		0		0		0
		14		15		16		17	18
		0		0		0		0	0
19			20		21		22		23
0			0		0		0		0
		24		25		26		27	28
		0		0		0		0	0
29			30		31		32		33
0			0		0		0		0
		34		35		36		37	38
		0		0		0		0	0
39			40		41		42		43
0			0		0		0		0

确认　取消

图 4-26　网点设高表格输入对话框

输入各点的标高值，单击【确认】按钮，就可以完成对网点的设高。

(3)指定设计标高：这是将切换到对网点进行设计标高设置界面。单击【指定设计标高】按钮或输入 S，按回车键，会出现命令栏提示：

指定要修改设计标高的点[指定自然标高(Z)]指定设计标高(S)]自动采集自然标高(A)]

对网点设置设计标高的操作参考设置自然标高。对一个网格土方设置自然标高和设置标高后，如图 4-27 所示。

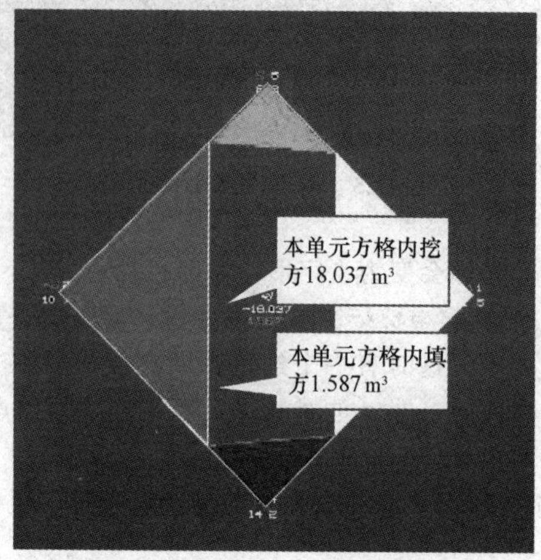

图 4-27　单元格内的挖填土方结果

图 4-27 中数据带“—”号的为挖方。红色的为填方区域，蓝色的为挖方区域。

第 5 章　结构

本章内容

柱体布置、柱帽布置、梁体布置、墙体布置、暗柱布置、暗梁布置、板体布置、预制板、后浇带、预埋铁件。

本章主要讲述如何在预算图中布置结构部分的构件。

5.1　柱体布置

功能说明：柱体布置。

菜单位置：【柱体】→【柱体】。

命令代号：ztbz。

柱体定义方式同独基，这里不再赘述。

柱体布置方式选择栏如图 5-1 所示。

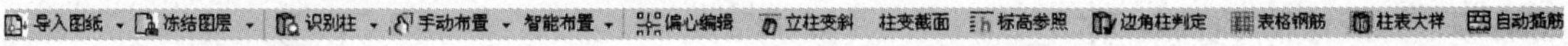

图 5-1　柱体布置方式选择栏

选项和操作解释：

选择栏中各按钮解释：

【识别柱体】【识别柱筋】　另见有关章节。

【手动布置】【智能布置】　详见独基章节相关说明。

【选独基布置】　以独基的位置作为参照，布置柱体。

【偏心编辑】【立柱变斜】　另见有关章节。

【标高参照】　另见有关章节。

【边角柱判定】　另见有关章节。

【自动插筋】【表格钢筋】【柱表大样】　另见有关章节。

对应导航器上的【构件布置定位栏】解释：

同独基说明一致。

对应导航器上的【属性列表栏】解释：

【底高】　柱子的底部高度，当柱子的高度设置为【同层底】时，可以在同层底高的基础上“±”一个数值来调整柱子的底高。如“同层底＋300”表示柱子底高高出当前层底 300，反之如“同层底－300”表示低于当前层底 300。其他文字选项用法类似。

【高度】　柱子的高度，默认为【同层高】，也可以在同层高的基础上“±”一个数值来调整柱子的高度，解释同【底高】。

操作说明：同独基说明一致。

5.2 柱帽布置

功能说明：柱帽布置。

菜单位置：【柱体】→【柱帽】。

命令代号：zmbz。

柱帽定义方式同独基，这里不再赘述。

柱帽布置方式选择栏如图 5-2 所示。

选项和操作解释：

【选柱布置】 以柱子位置作为参照，布置柱帽。

※ 核对构件、核对单筋：另见有关章节。

选柱布置 智能布置 柱帽切割 柱帽偏心 柱帽扭转

图 5-2 柱帽布置方式选择栏

【智能布置】

※ 选实体布置：选择柱、暗柱、短肢墙获得边线，布置单倾角异形柱帽。

※ 任意边线布置：画闭合多义线布置单倾角异形柱帽。

※ 选线布置：选择密闭多义线布置单倾角异形柱帽。

※ 矩形边线布置：画矩形多义线布置单倾角异形柱帽。

【柱帽切割】 布置在楼盖边角上或无梁楼盖与有梁交界处的缺边少角柱帽，可以按正常柱帽定义并布置到位，再用本命令将多余部分切掉。

【柱帽偏心】 当柱支撑楼盖连接着建筑高度悬殊的其他结构而柱帽位于附近时，可能设计为偏心构造，待柱帽正常定义并布置到位后用此命令进行偏心，只能对托板方柱帽、倾角托板方柱帽、二阶托板方柱帽操作。

【柱帽扭转】 当柱帽布置在柱、板轴线非正交时，因其托板部分应与板轴线同向，会出现柱帽扭转情况，待柱帽正常定义并布置到位后用此命令进行扭转，只能对托板方柱帽、倾角托板方柱帽、二阶托板方柱帽操作。

操作说明：

将柱帽定义好后，根据命令栏提示 选柱布置‹退出› 在界面中单选或框选对应的柱子，就可将柱帽布置到柱顶上。

1. 柱帽切割

执行【柱帽切割】命令后，命令栏提示：

以梁、墙外边线作为切割参考线，请选择需要切割柱帽内部一点 [画切割参考线(P)]：

当需要以梁、墙外边线作为切割参考线时，可直接单击在柱帽准备切掉的部分内一点，切割效果如图 5-3 所示。

也可以自画参考线：单击【画切割参考线】按钮或输入 P，回车，命令栏提示：

请画切割柱帽的起点 [以梁、墙外边线作为切割参考线，请选择需要切割柱帽内部一点(Q)]

选择切割参考线的起点后，命令栏又出现提示：

请输入下一点‹退出›或 [圆弧上点(A)] [半径(R)] [平行(P)]

按照提示画好参考线(图 5-4)。

命令行又提示： 请指出柱帽需要切割的部分内部点 ，单击内部一点，会切割柱帽(图 5-5)。

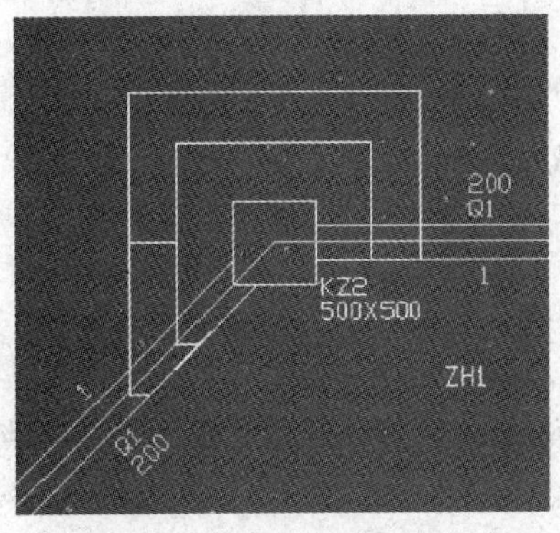

图 5-3　柱帽切割效果

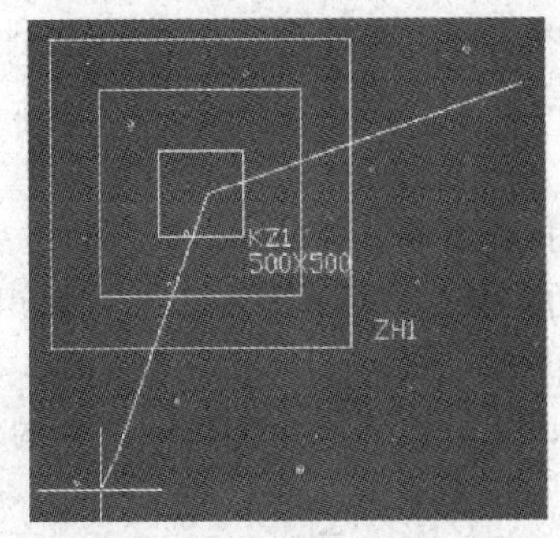

图 5-4　自画柱帽切割参考线

2. 柱帽偏心

执行【柱帽偏心】命令后，命令栏提示：**选择柱帽**：，选择要偏心的柱帽后，命令栏又提示：**请输入柱帽要偏心的位置(以柱帽的中心点为基点)**：，选择要偏心的位置，执行偏心操作，结果如图 5-6 所示。

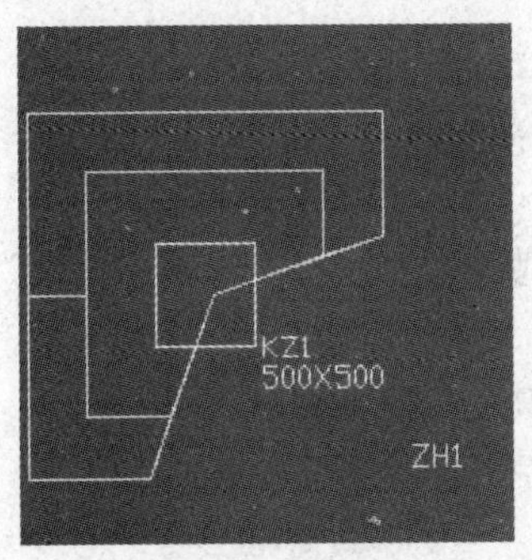

图 5-5　画参考线切割柱帽后的结果

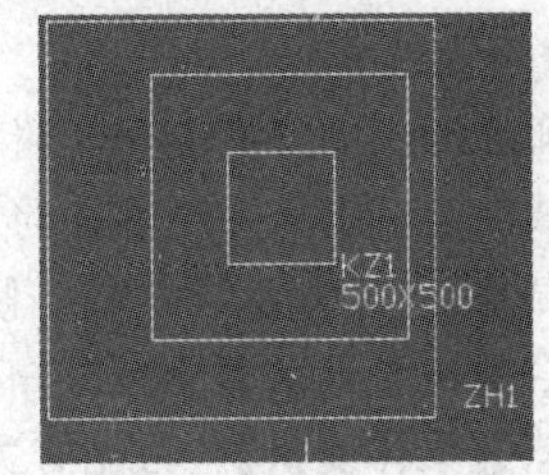

图 5-6　柱帽偏心后的结果

3. 柱帽扭转

执行【柱帽扭转】命令后，命令栏提示：**选择柱帽**：，选择要偏心的柱帽后，命令栏又提示：**请输入柱帽要扭转的角度<0>**：，输入柱帽扭转的角度后会对柱帽进行扭转(图 5-7)。

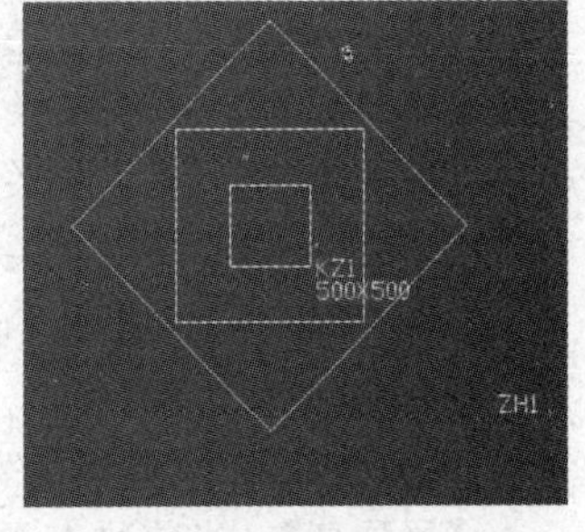

图 5-7　柱帽扭转后的结果

温馨提示：

经切割处理的不规则柱帽，软件不仅能准确计算混凝土、模板等构件工程量，还能按实际图形配置钢筋，并提供钢筋三维显示。柱帽切割，灵活高效。

5.3　梁体布置

功能说明：梁布置。

菜单位置：【梁体】→【梁体】。

命令代号：ltbz。

梁定义方式同独基，这里不再赘述。

梁布置方式选择栏如图 5-8 所示。

导入图纸 冻结图层 提取边线 提取标注 单选识别 识别检查 手动布置 智能布置 悬挑端 梁跨编辑 斜拱梁 梁腋 高度调整 原位编辑 截面编辑

图 5-8　梁布置方式选择栏

选项和操作解释：

【提取边线】【提取标注】【单选识别】【识别检查】【识别截面】　另见【识别梁体】章节。

【手动布置】

※直线画梁：在界面上选择一条梁的端部作为起点，直线延伸，置于梁的末点单击，在界面上就生成了一个梁。

※ 三点弧梁：在界面上选择一条梁的端部作为起点，延伸选择梁的第二个点，然后弧线延伸，置于梁的末点单击，在界面上就生成了一条弧形梁。

※ 绘制折梁：根据设计要求，在界面上布置水平或垂直的折形梁段。

【智能布置】

※ 框选轴网：框选界面上的轴网来布置梁。

※ 选轴画梁：对选到的轴线，计算出这轴线与其他轴线的交点。在交点的最大范围内生成梁。

※ 选墙布置：选择墙体来布置梁，梁的长度同墙体的长度。

※ 选线布置：选直线、圆弧、圆和多义线、椭圆来生成梁。

【悬挑端】

※ 选梁画悬挑：单击梁端头，端支座外侧生成悬挑梁。

※ 画纯悬挑梁：用于手绘梁长的方法布置悬挑梁。

【悬挑变截面】　选择悬挑梁端，修改梁的端部截高生成变截面悬挑梁。

【跨段组合】【组合开关】【梁跨反序】　另见有关章节。

【梁体变斜】【梁体变拱】　另见有关章节。

【梁体加腋】　另见有关章节。

【高度调整】【标高参照】　另见有关章节。

【截面编辑】　另见有关章节。

【腰筋吊筋】　另见有关章节。

【附加箍筋】　另见有关章节。

【梁表钢筋】　另见有关章节。

对应导航器上的【构件布置定位栏】解释：

同独基说明一致。

对应导航器上的【属性列表栏】解释：

【梁顶高】　当前梁布置的顶高度，可以在梁顶高【同层高】属性值的基础上“±”一个数值来调整梁的顶高。如“同层高＋300”表示在梁顶同层高的基础上将梁提高 300 mm，反之如“同层高－300”表示降低 300 mm。其他文字选项表示将梁顶调整到同其他构件的相应高度位置。

操作说明：

(1)【手动布置】　同条基说明。

(2)【框选轴网】　同条基说明。

(3)【点选轴线】　同条基说明。

(4)【选墙布置】　同条基说明，只是选择墙后生成的梁在墙的顶上。

(5)【选线布置】 同条基说明。

(6)【绘制折梁】 折梁是指在一跨内平面弯折或立面弯折的梁。执行【绘制折梁】命令后，命令栏提示：

绘制折梁<退出>或【直线画梁(V12)】三点弧梁(V13)】框选轴网(K)】选轴画梁(D)】选墙布置(N)】选线布置(Y)】选梁画悬挑(J)】画纯悬挑梁(Q)】

用光标在折梁的起端单击，命令栏又提示：

请输入直线终点<退出>或【弧线(A)】平行(P)】撤销(H)】

如果是弧形折梁，则执行圆弧绘制方法(参见手动布置条基部分)，直形折梁就将光标移至折点依次单击，到终点后，右击或回车，命令栏提示：

请选择需要输入高度的点：

界面上离光标最近的点出现圆圈引导选择，如图 5-9 所示。

选择需要输入高度的点单击，命令栏提示：

请输入该点的高度(mm)<3 300>：

提示文字尖括号中显示的是该点当前高度，需要修改的在命令栏内输入，不需要修改的右击，依次为各点指定高度，直到完成右击确定，一条折梁就会生成，如图 5-10 所示。

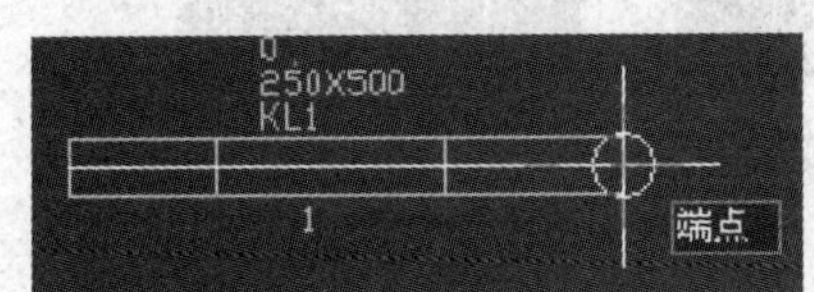

图 5-9 圈示选择点

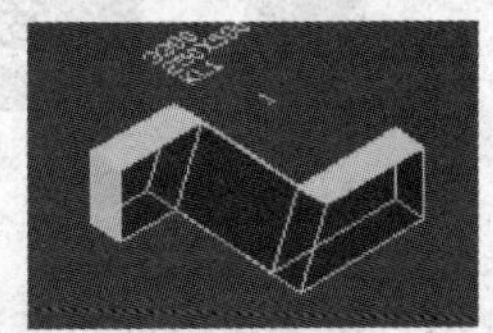

图 5-10 立面折梁三维效果

平面折梁的操作更简单，选完折点、终点后命令栏提示选择需要输入高度的点时，直接右击即可，如图 5-11 所示。

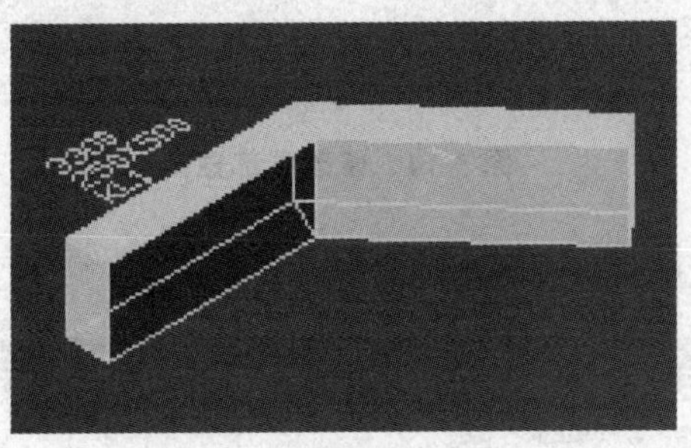

图 5-11 平面折梁三维效果

(7)选梁画悬挑。当悬挑梁由跨内梁延伸外挑时，执行【选梁画悬挑】命令后，命令栏提示：

选梁画悬挑<退出>或【直线画梁(V12)】三点弧梁(V13)】绘制折梁(O)】框选轴网(K)】选轴画梁(D)】选墙布置(N)】选线布置(Y)】画纯悬挑梁(Q)】

同时在界面的左上角弹出“请输入梁的悬挑长度”对话框(图 5-12)。在对话框中输入梁的悬挑长度(伸出支座外的净长)后，用光标到界面上选择需要伸出悬挑端的梁。注意，选择点要靠近外伸悬挑一端，单击，即会由所选梁伸出悬挑端。

图 5-12 “请输入梁的悬挑长度”对话框

(8)画纯悬挑梁。若为柱、墙支座上伸出的纯悬挑梁，执行【画纯悬挑梁】命令后，命令栏提示：

画纯悬挑梁<退出>或【直线画梁(V12)】三点弧梁(V13)】绘制折梁(O)】框选轴网(K)】选轴画梁(D)】选墙布置(N)】选线布置(Y)】选梁画悬挑(J)】

在悬挑梁的起端单击，再将光标移至悬挑梁的末端单击，就会生成纯悬挑梁。

小技巧：

画纯悬挑梁时，选取起端根据读取尺寸的方便，可以起自轴线或柱墙支座构件中线，也可以起自支座构件边线，选定单击，将光标向末端移动，不点鼠标，而在命令栏内输入悬挑长度，回车，悬挑梁即按输入长度生成。

(9)悬挑梁变截面。当延伸悬挑梁或纯悬挑梁的端部截面与根部不同时(俗称大小头，如图 5-13 所示)，可用以下两种方式处理：

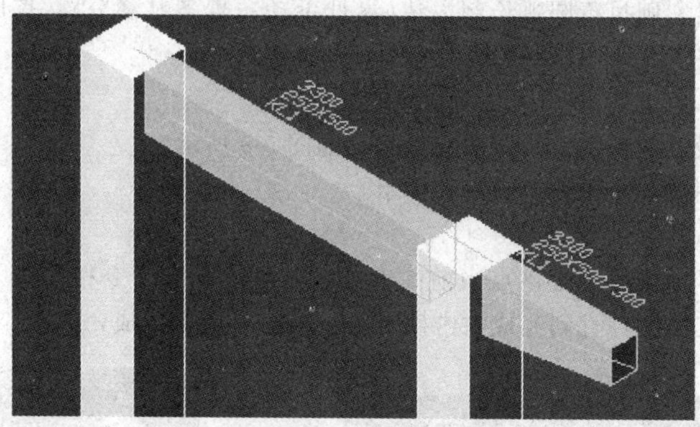

图 5-13　变截面悬挑梁

1)选择悬挑跨，在属性查询对话框中修改【端部截高】，如图 5-14 所示。

构件查询 [类型：梁，数量：1]

○ 清单属性　◉ 定额属性

属性

属性名称	属性值	属性和
梁段净长(mm) - L	3350-250=3100	3100
截宽(mm) - B	250	
截高(mm) - H	500	
端部截高(mm) - Hd	300.000	
截面尺寸描述 - YXMS	250X500	

图 5-14　修改端部截高

2)在“梁筋布置”对话框中，修改悬挑跨截面尺寸，如图 5-15 所示。

梁筋布置 KL1(250x500)

梁跨	箍筋	面筋	底筋	左支座筋	右支座筋	腰筋	拉筋	加强筋	其它筋	标高(m)	截面(mm)
集中标注	A8@100/200	2B20	2B20							0	250x500
1				4B20	4B20						250x500
右悬挑				4B20							250x500/300

图 5-15　修改截面尺寸

5.4　墙体布置

功能说明：混凝土墙布置。

菜单位置：【墙体】→【混凝土墙】。

命令代号：qtbz。

墙体定义方式同独基，这里不再赘述。

墙布置方式选择栏如图 5-16 所示。

导入图纸 · 冻结图层 · 识别砼墙 · 手动布置 · 智能布置 · 填充暗柱 · 组合布置 · 识别内外 · 墙体加腋 · 标高参照 · 底层墙插筋 · 墙表钢筋 · 墙体变斜

图 5-16　墙布置方式选择栏

选项和操作解释：

【识别墙体】【识别内外】　另见有关章节。

【手动布置】

※ 直线画墙：在界面上选择一道墙的端部作为起点，直线延伸，止于墙的末点单击鼠标，在界面上就生成了一道墙。

※ 三点弧墙：在界面上选择一道墙的端部作为起点，延伸选择墙的第二个点，然后弧线延伸，止于墙的末点单击鼠标，在界面上就生成了一道弧形墙。

【智能布置】

※ 框选轴网：框选界面上的轴网来布置墙。

※ 选轴画墙：对选到的轴线，计算出该轴线与其他轴线的交点。在交点的最大范围内生成墙。

※ 选梁画墙：选择梁体来布置墙，墙的长度同梁体的长度。

※ 选条基画墙：选择条基来布置墙，墙的长度同条基的长度。

※ 选线布墙：选直线、圆弧、圆和多义线、椭圆来生成墙。

【平墙变斜】　选择需要变斜的墙体并输入各点的高度，将平底平顶墙变为斜底斜顶墙。

【墙体倾斜】　选择需要倾斜的墙体，按调整方式(倾斜角度、倾斜距、倾斜坡度)输入相应的参数，将墙向平面外倾斜。

【墙体加腋】【标高参照】　另见有关章节。

【底层墙插筋】【墙表钢筋】　另见有关章节。

对应导航器的【构件布置定位栏】解释：

同独基说明基本一致。

操作说明：

(1)【手动布置】　同条基说明。

(2)【框选轴网】　同条基说明。

(3)【点选轴线】　同条基说明。

(4)【选梁布置】　同条基说明，只是选择梁后生成的墙在梁底。

(5)【选线布置】　同条基说明。

(6)【平墙变斜】　分为起止点变斜和山墙变斜两种方式。命令代号：qtbx。

1)起止点变斜。单击【墙体变斜】→【平墙变斜】命令，或输入 qtbx 命令回车，命令栏提示：

选取要修改的墙：

选择要变斜的墙右击确认，弹出“墙构件变斜”对话框(图 5-17)。

同时选中的墙轮廓线变为亮显，如图 5-18 所示。

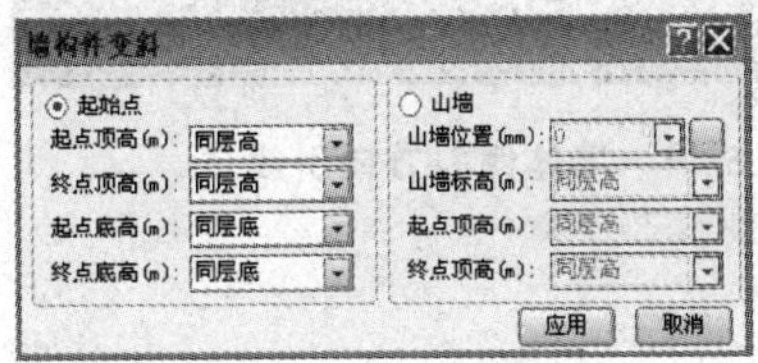

图 5-17　“墙构件变斜”对话框

图 5-18　当前修改的墙亮显

在“墙构件变斜”对话框中按需要输入起点、终点的顶高、底高(图 5-19)，单击【应用】按钮就可以看到墙体变斜了(图 5-20)。

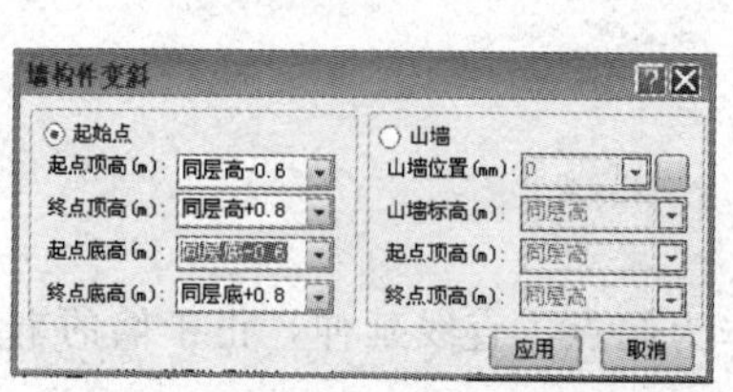

图 5-19　起止点参数输入示意

图 5-20　起止点变斜效果

2)山墙变斜。执行【平墙变斜】命令，选取要修改的山墙后，在弹出的“墙构件变斜”对话框里选择【山墙】单选框，如图 5-21 所示。

【山墙位置】　指墙体凸起点距离起始点的距离。

【山墙标高】　指墙体凸起点相对楼层的高度。

通过调整起止点和山墙的高度，将墙体起山变斜处理，输入山墙位置和山墙标高以及起点和终点标高(图 5-22)，然后单击【应用】按钮就可以看到山墙变斜了(图 5-23)。

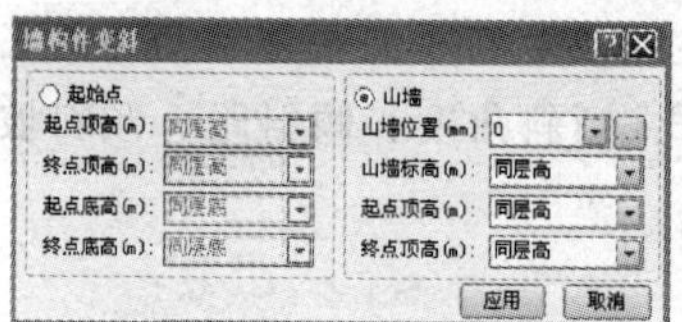

图 5-21　【墙构件变斜】对话框

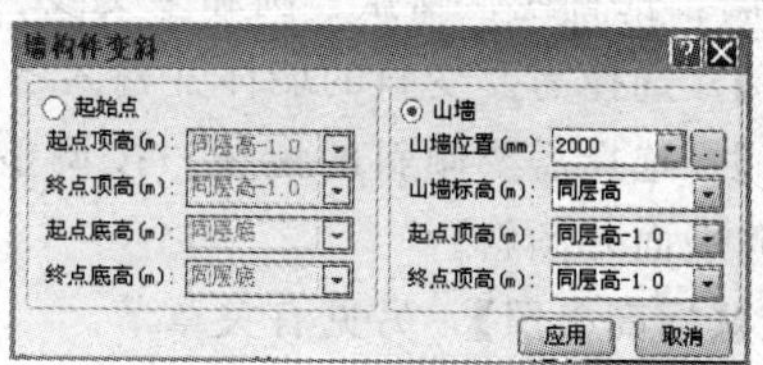

图 5-22　山墙参数输入示意

(7)【墙体倾斜】　墙体倾斜是对墙体进行与竖向垂直方向产生夹角的操作。命令代号：qtqx。

执行【墙体倾斜】命令后，命令栏提示：

选择一个要变斜的<墙>：

用光标选择界面中需要变斜的墙时，选中的墙轮廓线变为亮显，右击，从墙体侧面会有一条直线引出，用户可以选择倾斜的方向，如图 5-24 所示。

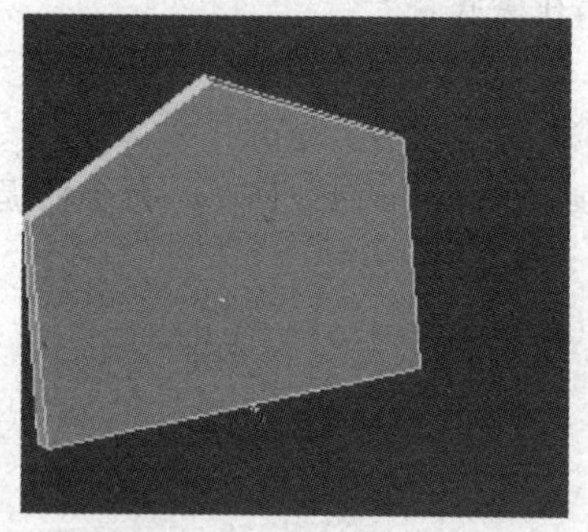

图 5-23　山墙变斜效果

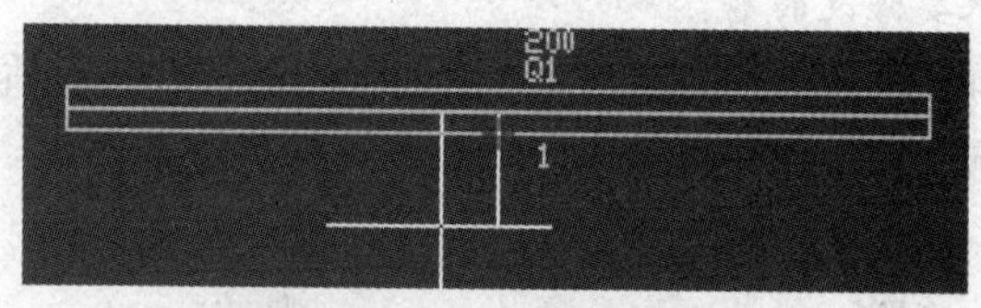

图 5-24　墙体倾斜方向引线

同时命令栏提示：

请指定墙倾斜的方向：

用光标在界面上确定方向后，弹出“墙体倾斜”对话框。

对话框选项和操作解释：

“墙体倾斜”对话框上有以下三种调整方式：

(1)【按倾斜角度倾斜】 用户可以在【坡角】输入框输入倾斜角度，或单击按钮在界面中提取倾斜角度，单击【确定】按钮后即可生成需要的斜墙(图 5-25)。

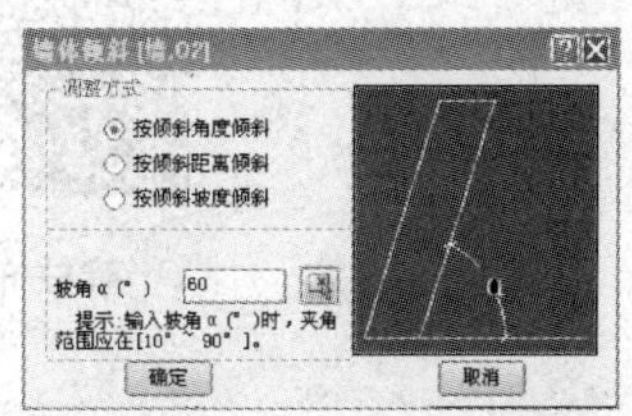

图 5-25 按倾斜角度倾斜方式

(2)【按倾斜距离倾斜】 用户可以在【倾斜距】输入框输入倾斜距，或单击按钮在界面中提取倾斜距，单击【确定】按钮后即可生成需要的斜墙(图 5-26)。

(3)【按倾斜坡度倾斜】 用户可以根据读取方便在【坡比】输入框输入分数型或小数型坡比值，单击【确定】按钮后即可生成需要的斜墙(图 5-27)。

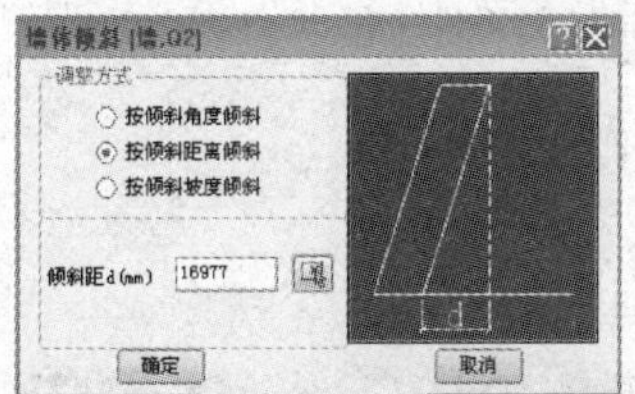

图 5-26 按倾斜距离倾斜方式

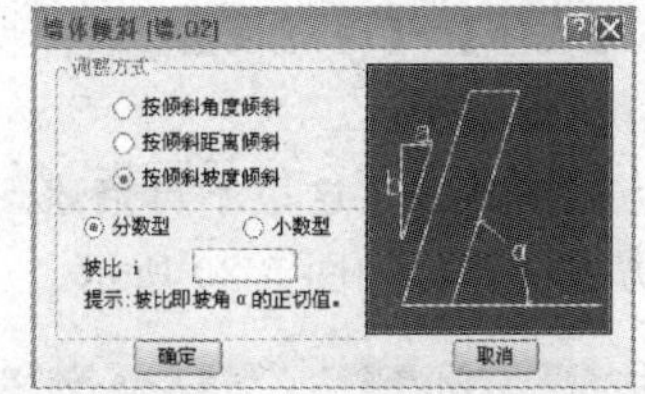

图 5-27 按倾斜坡度倾斜方式

墙体倾斜效果如图 5-28 所示。

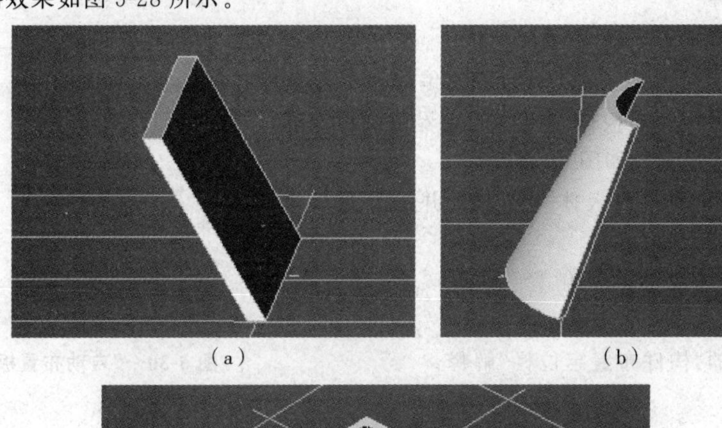

(a) (b)

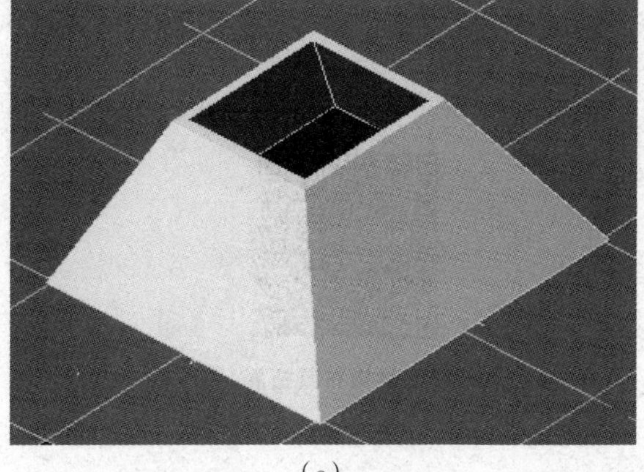

(c)

(a) 直形墙倾斜；(b) 弧形墙倾斜；(c) 倾斜墙倒角

图 5-28 墙体倾斜效果

暗柱布置

暗梁布置

5.5　板体布置

功能说明：板体布置。

菜单位置：【板体】→【现浇板】。

命令代号：btbz(a)。

板体定义方式同独基，这里不再赘述。

板体布置方式选择栏如图 5-29 所示。

导入图纸 · 冻结图层 · 识别板筋 · 手动布置 · 智能布置 · 自动布置 · 布置辅助 · 显示方式 · 板体变拱 · 板体变斜 · 板体调整

图 5-29　板体布置方式选择栏

选项和操作解释：

内容基本同筏板。

【自动布置】　通过提取 CAD 中的板的编号和厚度文字图层，自动识别生成相应的板体，板体的边界位置可以通过对话框中的条件进行设置，如图 5-30 所示。

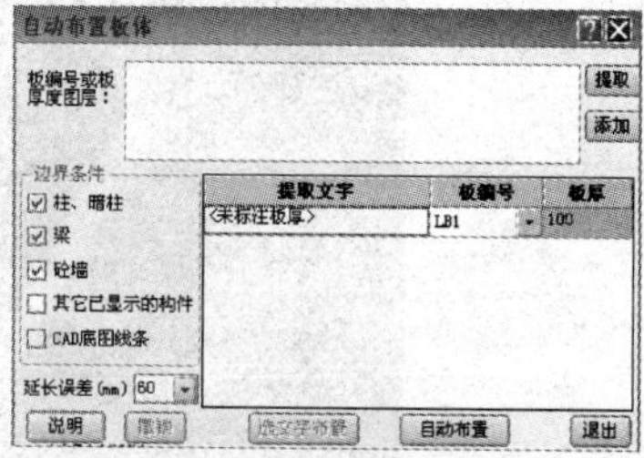

图 5-30　“自动布置板体”对话框

【显示方式】【板体变斜】【板体变拱】【合并拆分】【板体延伸】【调整夹点】　另见有关章节。

对应导航上的【属性列表栏】解释：

说明同筏板。

对应导航器上的“构件布置定位栏”解释：

说明同筏板。

操作说明：

说明同筏板。

其他结构布置拓展

第 6 章　建筑一

本章内容

砌体墙布置、构造柱、圈梁布置、过梁布置、标准过梁、门窗布置、洞口边框、板洞布置、飘窗布置、老虎窗、悬挑板、竖悬板、阳台生成、栏板布置、压顶布置、栏杆布置、扶手布置、挑檐天沟、腰线布置、脚手架。

本章主要讲述如何在预算图中布置部分建筑的构件。

6.1　砌体墙布置

功能说明：砌体墙布置。

菜单位置：【墙体】→【砖墙】。

命令号：qqbz。

砌体墙定义方式同独基，这里不再赘述。

砌体墙布置方式选择栏的形式如图 6-1 所示。

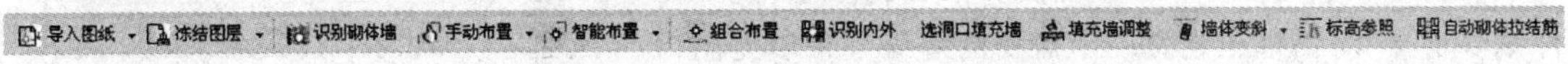

导入图纸 ▾ 冻结图层 ▾ 识别砌体墙 手动布置 ▾ 智能布置 ▾ 组合布置 识别内外 选洞口填充墙 填充墙调整 墙体变斜 ▾ 标高参照 自动砌体拉结筋

图 6-1　砌体墙布置方式选择栏

选项和操作解释：

选择栏中各按钮解释：

【识别砌体墙】【识别内外】 另见相关章节。

【手动布置】

※ 直线画墙：在界面上选择一条墙的端部作为起点，直线延伸，置于条基的末点单击，在界面上就生成了一条墙。

※ 三点弧墙：在界面上选择一条墙的端部作为起点，延伸选择墙的第二个点，然后弧线延伸，置于墙的末点单击，在界面上就生成了一条弧形墙。

【智能布置】

※ 框选轴网：框选界面上的轴网来布置墙。

※ 选轴画墙：对找到的轴线，计算出这轴线与其他轴线的交点。在交点的最大范围内生成墙。

※ 选梁画墙：选择梁体来布置墙，墙的长度同梁体的长度。

※ 选条基画墙：选择条基来布置墙，墙的长度同条基的长度。

※ 选线布墙：选直线、圆弧、圆和多义线、椭圆来生成墙。

※ 选支座布置：单击柱、墙支座构件，在构件上生成墙。

【墙体变斜】

※ 平墙变斜：选择需要变斜的墙体并输入相应点的高度。

※ 墙体倾斜：选择需要倾斜的墙体，选择调整方式(倾斜角度、倾斜距、倾斜坡度)，输入相应的值。

【选洞口填充墙】 选择墙体中的洞口布置墙，用于洞口中填充墙。

【填充墙调整】 对界面上洞口填充墙进行调整，使之与需要的形状和尺寸一致。

【标高参照】 另见有关章节。

【自动砌体拉结筋】 另见有关章节。

对应导航器上的【构件布置定位式输入栏】解释：

同独基说明基本一致。

操作说明：

(1)【手动布置】 同条基说明。

(2)【框选轴网】 同条基说明。

(3)【点选轴线】 同条基说明。

(4)【选梁布置】 同条基说明，是选择梁后成的墙在梁底。

(5)【选线布置】 同条基说明。

(6)【选洞布置】 执行【选洞口填充墙】命令后，命令栏提示：请选择墙洞<退出>:，根据命令栏提示，光标到界面上选取需要填充布置墙体的洞口，右击，这时弹出“选墙洞布置填充墙”对话框，如图 6-2 所示。

对话框选项和操作解释：

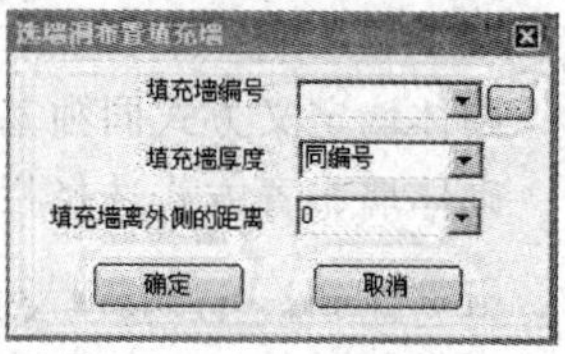

【填充墙编号】 在栏目中设置填充墙的编号。有两种方式确定填充墙的编号：①在栏内单击▾按钮，在展开的已有墙编号中选择一个墙编号来填充洞口；②单击栏目后面的...按钮，在弹出的“构件编号定义”对话框中定义一个需要的墙编号来填充洞口。

图 6-2 “选墙洞布置填充墙”对话框

温馨提示：

定义填充墙的编号时，一定要选择结构类型为“填充墙”，否则将布置不上。

【填充墙厚度】 在栏目中设置填充墙的厚度。三维算量软件内的墙体允许墙体同编号而不同厚度，在【填充墙编号】栏内设置的墙编号不一定需要定义的厚度，还可以对填充墙进一步指定墙厚。只有在选择了【同编号】，其墙厚才与号定义的墙同厚度。

【填充墙离外侧的距离】 有时洞口填充墙厚不一定与主墙同厚度，这时需要指定填充墙在洞中的平面位置，以便装饰时增加洞口侧边的工程量。单击栏目内的▾按钮有默认选项，也可以直接在栏目内输入值。

【确定】 一切内容设置完毕后，单击【确定】按钮就将洞口填充墙布上了。

(7)其他功能参照墙体相应说明。

6.2 构造柱

功能说明：构造柱布置。

菜单位置：【柱体】→【构造柱】。

命令代号：gzz。

构造柱定义方式同柱说明，这里不再赘述。

构造柱布置方式选择栏如图 6-3 所示。

导入图纸 · 冻结图层 · 识别构造柱 自由布置 自动布置 墙上布置 匹配墙宽布置 构件转换 表格钢筋

图 6-3　构造柱布置方式选择栏

选项和操作解释：

【自由布置】 指定定位点布置构造柱，但不会将定义的截面尺寸随墙厚度变化。

【墙上布置】 指定定位点布置构造柱墙宽不小于构造柱顺墙宽 H 时自动调整构造柱的顺墙宽为墙宽。

【匹配墙宽布置】 指定定位点布置构造柱，会自动调整构造柱的顺墙宽 H 为墙宽。

【自动布置】 按照用户定义条件，自动在墙上对符合条件的位置进行布置。

对应导航器上的【构件布置定位方式输入栏】解释：

同柱说明。

对应导航器的【属性列表栏】解释：

同柱说明。

操作说明如下。

1. 自由布置

执行【自由布置】命令后，命令栏提示：

点布置<退出>或 | 墙上布置(D) | 匹配墙厚布置(E) | 自动布置(Z) |

根据提示光标移至界面上需要布置构造柱的位置单击，构造柱就布置上了。注意：点布置的构造柱截面尺寸不会随着墙的厚度改变。

2. 墙上布置

执行【墙上布置】命令后，命令栏提示：

墙上布置<退出>或 | 点布置(o) | 匹配墙厚布置(E) | 自动布置(Z) |

根据提示光标移至界面上需要布置构造柱的位置单击，构造柱就布置上了。注意：当构造柱的顺墙宽 H 小于墙宽时，根据插入点的位置自动地匹配构造柱的位置，当构造柱的顺墙宽不小于墙宽时，自动调整构造柱的顺墙宽为墙宽。

3. 匹配墙宽布置

执行【匹配墙宽布置】命令后，命令栏提示：

匹配墙宽布置<退出>或 | 点布置(o) | 墙上布置(D) | 自动布置(Z) |

根据提示光标移至界面上需要布置构造柱的位置单击，构造柱就布置上了。注意：无论构造柱的顺墙宽为多少，自动调整构造柱的顺墙宽为墙宽。

4. 自动布置

执行【自动布置】命令后，命令栏提示：

匹配墙宽布置<退出>或 [点布置(o)/墙上布置(D)/自动布置(Z)]

同时弹出“设置自动布置的参数”对话框，如图 6-4 所示。

对话框选项和操作解释：

生成规则说明：

构造柱自动布置时将按照软件生成规则排序的顺序进行位置判定：

(1)墙相交处指的是墙与墙的转角处、丁字相交处、十字相交处、斜交处等连接部位。如果勾选“1.”生成规则，则在墙与墙的连接部位生成构造柱。

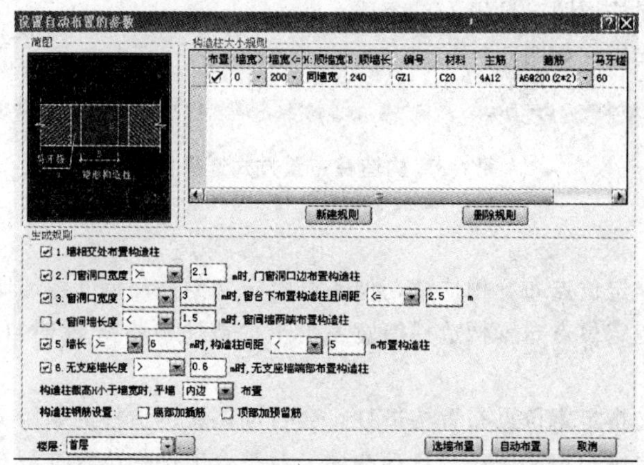

图 6-4 “设置自动布置的参数”对话框

(2)如果勾选“2.”生成规则，当门、窗、洞口宽度大于指定数值时，会在门、窗、洞口两侧部位生成构造柱。

(3)如果勾选“3.”生成规则，当窗、墙洞宽度大于指定数值时，会在窗、墙洞下布置构造柱，构造柱的顶高到窗、墙洞底部，且构造柱按照本规则指定间距生成。

(4)如果勾选“4.”生成规则，当窗与窗之间的墙体长度小于指定数值时，会在窗与窗之间的墙体两端生成构造柱。

(5)当墙长大于“5.”生成规则指定数值时，墙体才生成构造柱，生成的构造柱与构造柱之间的间距为本规则指定的数值。

(6)无支座墙指的是一端或两端没有支座构件的墙体。如果勾选“6.”生成规则，当墙体长度大于指定数值时，会在无支座墙的端部生成构造柱。

将对话框中的内容设置完后，单击【自动布置】按钮，就会按设置的条件，自动将构造柱布置到墙体上。

温馨提示：

自动布置的构造柱，可能有些位置布置得不正确，布置完后最好对界面上的构造柱进行检查，将错误的构造柱纠正过来。

6.3 圈梁布置

功能说明：圈梁布置。

菜单位置：【梁体】→【圈梁】。

命令代号：qlbz。

圈梁定义方式同梁说明，这里不再赘述。

圈梁布置方式选择栏如图 6-5 所示。

导入图纸 · 冻结图层 · 手动布置 选墙布置 选线布置 选条基布置 自动布置 构件转换 组合布置 圈梁变斜

图 6-5 圈梁布置方式选择栏

选项和操作解释：

【手动布置】【选墙布置】【选线布置】 均同梁说明。

【选条基布置】 在砌体条基的顶部布置一道圈梁，并且圈梁的顶高和条基的顶高相同。

【自动布置】 按照用户定义的条件，自动在墙上对符合条件的位置进行布置。

【组合布置】 按照用户定义的条件，和其他的条状构件一起进行布置。

【圈梁变斜】 另见有关章节。

【构件转换】 另见有关章节。

操作说明如下

1. 选条基布置

执行【选条基布置】命令后，命令栏提示：

请选择砌体条基<退出>或 |手动布置(S)|选墙布置(N)|选线布置(Y)|自动布置(Z)|

根据选择的砌体条基，在条基的顶部布置一道圈梁。注意：选择的条基一定要是砌体条基。

2. 自动布置

执行【自动布置】命令后，命令栏提示：

手动布置<退出>或 [选墙布置(N)][选线布置(Y)][选条基布置(D)][自动布置(Z)]

同时弹出“自动布置圈梁设置”对话框(图 6-6)。

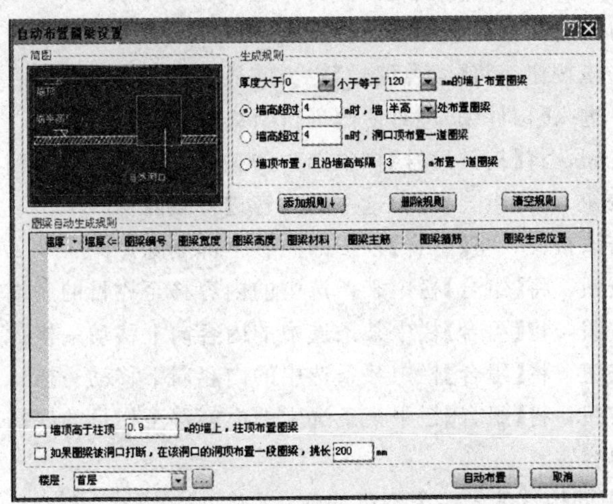

图 6-6 “自动布置圈梁设置”对话框

对话框选项和操作解释：

【生成规则】 先选择墙厚，再设置该墙厚下的规则(注意规则和简图是对应的)，最后添加规则。

【圈梁自动生成规则】 单击【自动布置】按钮，系统就会按照设置的条件，自动将圈梁布设到符合条件的墙体上。

3. 组合布置

执行【组合布置】命令后，命令栏提示：

请输入起点<退出>或 撤销(U) :

同时弹出“组合布置”对话框，如图 6-7 所示。

对话框选项和操作解释：

组合布置功能用于将构件组在一起进行布置，本对话框用于将多个构件组在一起形成一个

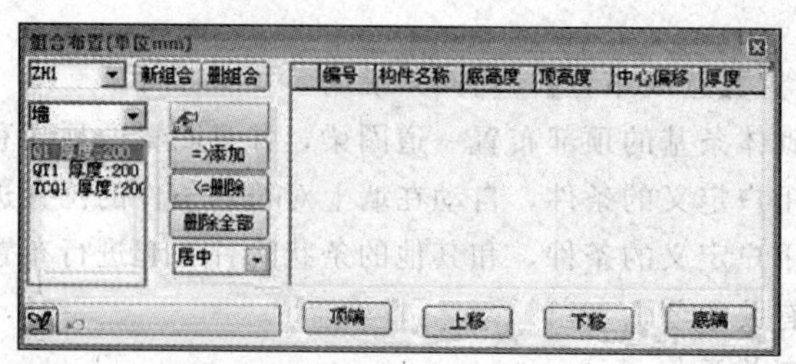

图 6-7 “组合布置”对话框

组合编号。组合构件布置到界面中后其构件会自动分解，还是各自的编号。

【组合编号】 位于对话框的左上角，用于在栏目中选择已组合的编号。

【构件名称选项】 位于【组合编号】栏的下方，用于在栏目中选择要组合的构件名称。栏目中没有选择的构件，表示不可组合。

【构件编号】 位于【构件名称选项】栏的下方，当选中“构件名称”后，该栏目内就显示对应的构件编号。

【定位选择】 位于【删除全部】按钮的下方，该栏目用于设置布置构件的定位点。

【新组合】 单击该按钮，【组合编号】栏内会产生一个新的编号。可以直接在【组合编号】栏内输入一个编号，也可以对产生的新编号进行修改。

【删除组合】 单击该按钮，将【组合编号】栏当前显示的编号删除。

：单击该按钮，进入【构件编号】对话框进行新编号定义。

【添加】 单击该按钮，将【构件编号】栏中选中的编号内容增加到右侧的组合栏中。

【删除】 单击该按钮，将【组合】栏中选中的内容进行删除。

【删除全部】 单击该按钮，将【组合】栏中的内容全部删除。

【顶端】 单击该按钮，将【组合】栏中某条选中的内容移至栏目的底端。

【上移】 单击该按钮，将【组合】栏中某条选中的内容向上移动一格。

【下移】 单击该按钮，将【组合】栏中某条选中的内容向下移动一格。

【底端】 单击该按钮，将【组合】栏中某条选中的内容移至栏目的底端。

【组合】 栏中的内容：

※ 编号：当前选中的构件编号，为不可编辑。

※ 构件名称：当前选中的构件名称，为不可编辑。

※ 底高度：当前选中的构件的底高度，为可编辑，调整构件的底高度，布置到界面中的构件就是定义的高度。

※ 顶高：当前选中的构件的顶高度，为可编辑，调整构件的顶高度，布置到界面中的构件就是定义的高度。

※ 中心偏移：当前选中的构件的中心偏移值，为可编辑，调整构件的中心偏移值，布置到界面中的构件就是定义的偏移值。

※ 厚度：当前选中的构件的厚度，为可编辑，调整构件的中心偏移值，布置到界面中的构件就是定义的偏移值。

：布置按钮，单击该按钮，到界面上布置组合构件。

操作说明：

现在用墙与圈梁组合一个同时布置的构件：

单击【新组合】按钮，在【组合编号】栏内创建一个组合编号“ZH2”；单击【构件名称选项】栏后的，在展开的构件名称列表内选择“墙”，这时【构件编号】栏内会显示墙构件定义过的【构件编号】，如果没有，可以单击按钮，进入【构件编号】对话框定义一个墙编号。回到【组合布置】对话框中就可以看到新编号在【构件编号】栏内；单击【添加】按钮，将选中的墙编号选到右边的【组合】栏中。回到上述开始，将圈梁的编号选到【组合】栏中。在组合栏中将圈梁的高度位置设置为 2 000 mm。如果有布置定位要求，可在【定位选择】栏内将布置定位点设置好，之后单击按钮，将光标置于需要布置构件的位置，依据命令栏提示：

请输入起点<退出>或[撤销(U)]:

光标单击墙的起点，命令栏又提示：

请输入下一点<退出>或[圆弧(A)]:

将墙线布置到墙的终点单击，一段墙带圈梁的组合构件就布置上了，如图 6-8 所示。

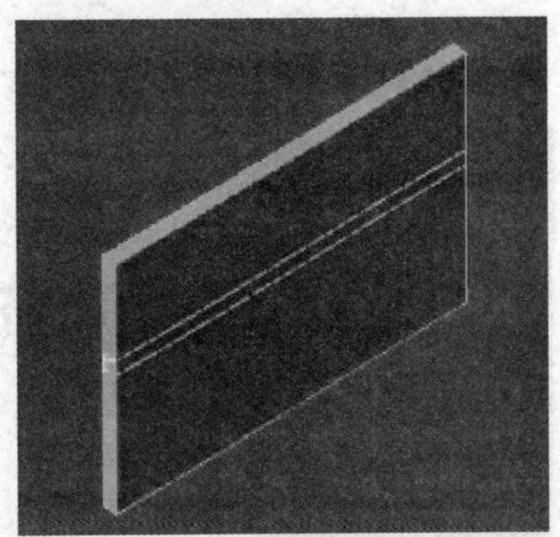

图 6-8 墙和圈梁组合布置的结果

温馨提示：

(1)软件默认圈梁截宽、截高均为同墙宽，梁顶高为同墙顶。

(2)如果用户要布置圈梁的钢筋，则在此处选墙布置圈梁时需要逐个选取墙体来布置圈梁，否则会影响后面圈梁的钢筋计算结果。

(3)手绘圈梁，一般用于圈梁与墙段不同长度的布置，如带悬挑梁的圈梁。

小技巧：

如果要布置弧形圈梁，用选墙布置的方法，布的圈梁就会随着弧形墙弯曲。

6.4 过梁布置

功能说明：绘制过梁。

菜单位置：【梁体】→【过梁】。

命令代号：glbz。

过梁定义方式同梁说明，这里不再赘述。

过梁布置方式选择栏如图 6-9 所示。

导入图纸 · 冻结图层 · 直线画梁 选洞口布置 选线布置 自动布置 构件转换 组合布置

图 6-9 过梁布置方式选择栏

选项和操作解释：

【直线画梁】【选线布置】【组合布置】 同前同类说明。

【选洞口布置】 选择已经布置的门窗洞口进行过梁布置。

【自动布置】 按照用户定义的条件，自动在墙上对符合条件的洞口进行过梁布置。

对应导航器上的【属性列表栏】解释：

【拱洞口布拱过梁】 将过梁布置到拱形洞口上。

【左挑长】【右挑长】 过梁搁置在洞口左右侧墙上的长度。

操作说明如下。

1. 选洞口布置

执行【选洞口布置】命令后，命令栏提示：

选洞口布置<退出>或 | 手动布置(E) | 自动布置(Z) |，

光标选择界面中需要布置过梁的洞口单击，就将过梁布置上了。如果是拱形洞口，则在【属性列表栏】内【拱洞口布拱过梁】属性值内打上“√”，再用光标单击洞口，拱形洞口上就布置了一条拱形过梁，如图 6-10 所示。

2. 自动布置

执行【自动布置】命令后，弹出“过梁表”对话框，如图 6-11 所示。

图 6-10 拱形洞口上布置的拱形过梁

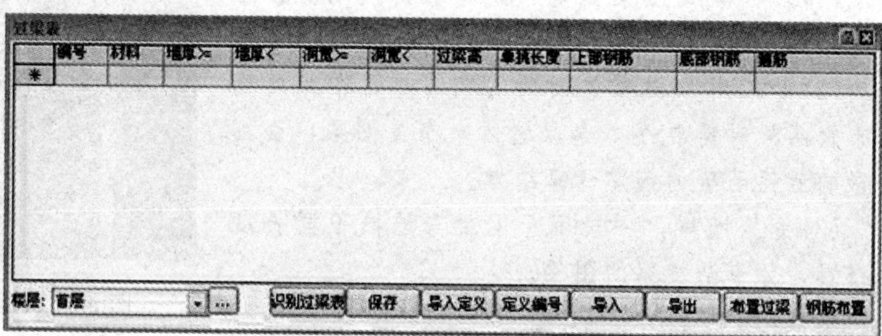

图 6-11 “过梁表”对话框

对话框选项和操作解释：

【识别过梁表】 识别电子图上的过梁表。

【保存】 对识别成功的过梁表数据进行存储。

【导入定义】 导入已经定义过的过梁编号来产生过梁表。

【定义编号】 根据过梁表创建过梁编号到各个楼层。

【导入】 在 Excel 中选中过梁数据(不要选标头)，导入表格中。

【导出】 将数据导出到 Excel 中进行编辑后再导入表格中。

【布置过梁】 自动布置过梁到各个楼层。

【钢筋布置】 将过梁布置后，单击该按钮进行钢筋布置。

【楼层】 自动布置过梁到哪些楼层。

栏目中的内容：

【编号】 一条过梁的编号。

【材料】 对应过梁编号的材料。

【墙宽＞＝】 墙宽范围的起点条件。

【墙宽＜】 墙宽范围的终止条件。

【洞宽＞＝】 洞宽范围的起点条件。

【洞宽＜】 洞宽范围的终止条件。

【过梁高】 过梁的截高定义。

【单挑长度】 过梁搁置在洞口侧墙上的长度，此处只需对单边挑出长度进行设置。

【上部钢筋】 对应本条过梁编号的上部钢筋描述。

【底部钢筋】 对应本条过梁编号的下部钢筋描述。

【箍筋】 对应本条过梁编号的箍筋钢筋描述。

操作说明：

自动布置过梁，必须先将布置过梁洞口匹配条件设置好，如多宽的洞口和墙厚布置什么编号的过梁，在该过梁内布置什么规格型号的钢筋等。

定义过梁编号有两种方法：一种是手工输入；另一种是当有电子图时，对电子图进行识别。手工输入又分为两种方法：一种是直接将数据输入“过梁表”对话框内；另一种是将数据输入Excel表中，再经过【导入】功能将数据导入“过梁表”中。

过梁识别方法和表格的编辑参见【柱表】识别相关内容。

当过梁表定义好后就可以进行布置了。

单击【布置过梁】按钮，弹出“自动布置过梁设置”对话框，如图6-12所示。

对话框中有两个栏目：

【过梁截高大于洞顶至梁底的距离时】 当过梁的截面高度大于门窗洞顶至梁底的高度时，处理方法有两种选择，一是【不布置过梁】；二是将【过梁变薄布置】。选择其中的一种方式进行处理。

【过梁截高大于洞顶至圈梁底的距离时】 当梁的截面高度大于门窗洞顶至圈梁底的高度时，处理方法有三种选择，一是【不布置过梁】；二是将【过梁变薄布置】；三是将【过梁变厚布置】，将过梁变厚就是在圈梁与过梁同长度的段将圈梁与过梁合计为过梁截高。选择其中的一种方式进行处理。

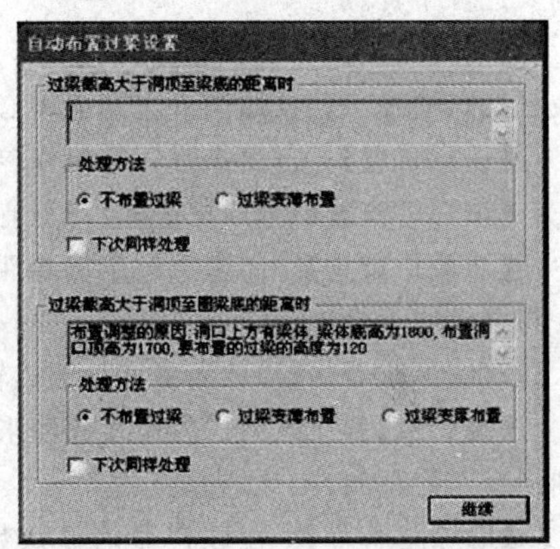

图6-12 “自动布置过梁设置”对话框

【下次同样处理】 勾选此复选框，在“□”内打“√”，则工程中碰到该种情况同样处理。

设置好后，单击【继续】按钮，系统就会根据设置内容到界面中搜寻符合条件的门窗洞口，自动将过梁布置上。

自动过梁布置完后，弹出对话框，如图6-13所示。

图6-13 过梁自动布置完成对话框

温馨提示：

(1)软件默认过梁截宽为同墙宽，梁底高为同洞口顶。

(2)自动布置过梁会将现浇过梁和预制过梁结合起来进行布置，即当预制过梁放不下的时候，系统会自动转为现浇过梁。

(3)一般预制过梁的编号是标准图集上的编号。

(4)遇到不能布置过梁时，如洞口端头的搁置长度不满足（挑头长）时，程序会自动转换为布置现浇过梁，但过梁表内一定要有现浇过梁的编号定义，否则系统找不到相匹配的现浇过梁，就不会布置过梁了。

标准过梁

6.5 门窗布置

功能说明：门窗布置包括门、窗、墙洞、门联窗的布置。

菜单位置：【门窗洞】→【门窗】。

命令代号：mcbz。

在“构件编号”对话框中新建编号时，注意将光标选择到对应的门、窗、墙洞、门联构件名称上，再进行新建操作，否则对应的构件类型不对，会影响计算结果。其余定义方式同独基说明，这里不再赘述。

门窗布置方式选择栏如图 6-14 所示。

导入图纸 · 冻结图层 · 墙上布置 墙端点布置 轴网端点布置 自由布置 墙垛距布置 选洞布墙 填充墙调整

图 6-14　门窗布置方式选择栏

选项和操作解释：

【墙上布置】 在墙上选择任意点布置门窗等，适合不算钢筋的任何墙体。

【精确布置】 门窗边位于墙端点布置，对于 L、T、十字交点的墙，系统将找到墙体的中线端头进行布置。

【轴网端点】 同墙端点方式一样，只是确定门布置距离的基准为点附近的轴线交点，如果没有找到轴线，就按照洞口边到墙中心线端头的距离。

【任意布置】 自由布置，可以在界面中任意位置布置，就是没有墙也可以布置。

【识别门窗】【识别门窗表】 另见有关章节。

【墙垛距布置】 门窗边位于墙垛距离点布置，对于有墙垛的墙，系统将找到墙体的中线端头与墙垛的距离进行布置。

对应导航器的【构件布置定位方式输入栏】解释：

【端头距】 在该栏目内输入数值来确定用【墙端点】【轴网端点】方式布置的门窗洞口离墙或轴网交点的距离。

【墙垛距布置】 在该栏目内输入数值来确定用【墙垛距布置】方式布置的门窗洞口离墙垛距离。

其他内容同独基说明。

对应导航器上的【属性列表栏】解释：

【顶高度】 门窗洞口的洞顶在墙体内的高度，相对于当前楼层的楼地面而言。

【离楼地面高】 门窗洞口的底部高度，相对于当前楼层的楼地面而言。

温馨提示：

修改顶高度或者离楼地面高任意一项，其另一项的值会联动变化。

其他内容同独基说明。

操作说明如下。

门窗编号定义中的属性说明

墙洞、门、窗、门联窗的布置方式一样，这里以墙洞来说明。先定义好墙洞的编号。

1. 墙上布置

执行【墙上布置】命令后，命令栏提示：

|墙上布置<退出>或 |墙端点(Q)|轴网端点(T)|点布置(D)|墙垛距布置(J)|

根据提示在需要布置洞口的墙上点取插入点，就会在插入位置生成洞口。

2. 墙端点

执行【墙端点布置】命令后，命令栏提示：

|墙端点布置<退出>或 |墙上布置(O)|轴网端点(T)|点布置(D)|墙垛距布置(J)|

通过改变端头来确定洞口在墙上的位置。点取插入点后，就会在动态洞口图形的位置处生成洞口。

3. 墙垛距布置

执行【墙垛距布置】命令后，命令栏提示：

墙垛距布置<退出>或 | 墙上布置(O) | 墙端点(Q) | 轴网端点(T) | 点布置(D) |

通过改变墙垛距来确定洞口在墙上的位置。点取插入点后，就会在动态洞口图形的位置处生成洞口。

4. 轴网端点

执行【轴网端点】命令后，命令栏提示：

轴网端点布置<退出>或 | 墙上布置(O) | 墙端点(Q) | 点布置(D) | 墙垛距布置(J) |

同【墙端点】类似，不同的是洞口位置计算方式，墙端点是洞口边离墙端头距离，本项是洞口离轴线交点距离。如当端头距都设置为370时，从图6-15可看到两种布置方式的不同。

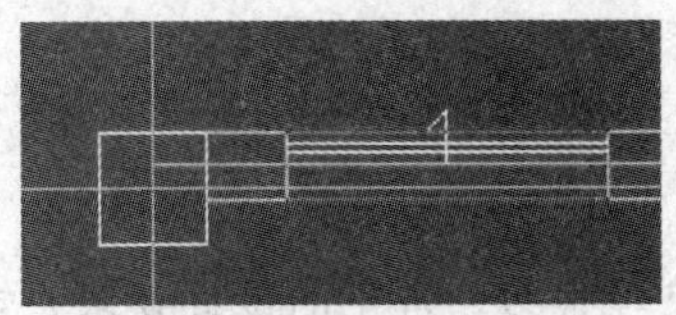

墙端距离布置效果图

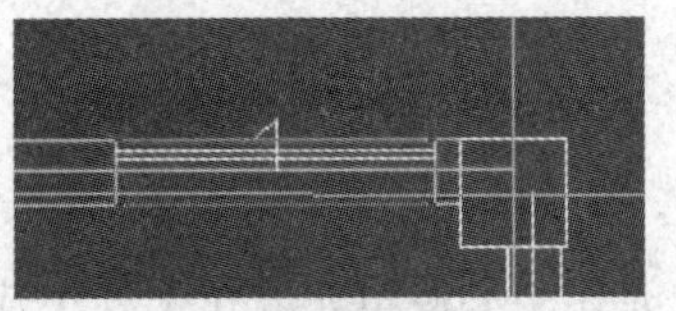

轴线交点距离布置效果图

图 6-15　洞口布置效果图

5. 精确布置

执行【精确布置】命令后，命令栏提示：

自由布置<退出>或 | 墙上布置(O) | 墙端点(Q) | 轴网端点(T) | 墙垛距布置(J) |

光标在界面中任意位置单击，就会在单击的位置生成一个门窗洞口。

温馨提示：

(1)定位方式输入栏里的端头距指的是门窗边离墙端头的距离；轴线交点端距离布置方式里的端头距指的是门窗边离相邻轴线交点的距离。

(2)立樘外侧距涉及装饰里的侧壁工程量计算，因此要准确设置。

(3)门窗上的箭头表示门窗洞口外侧装饰面的方向，布置时，光标点取墙中线的内外侧，生成门窗或洞口的方向也会随着改变，注意按正确的外侧装饰方向布置门窗，否则会影响装饰工程量计算。

关于带窗的操作说明：

定义窗编号时，在截面形状选项内有个"带形"的选项。选择该类型的窗表示在墙上布置的是带形窗。定义带形窗时其窗子的宽度不需要定义，在界面上的墙上画多长，窗子就是多宽。将窗子的高度指定后回到布置界面。

这时看到【属性列表栏】内显示的窗截面形状是"带形"(图6-16)。

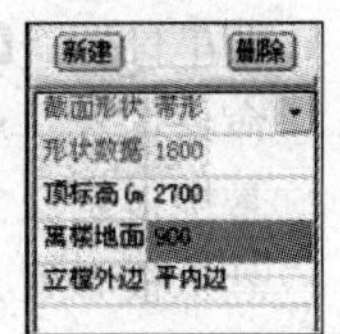

图 6-16　显示窗的1截面形状

这时【布置方式选择】也有变化，如多了一个 布置带形窗 按钮。

命令栏提示：

输入带形窗的起点<退出>或 | 墙上布置(O) | 墙端点(Q) | 轴网端点(T) | 点布置(D) |

根据命令栏提示，光标移至界面上需要布置带窗的墙上点取带窗的第一点，接着命令栏又提示：请输入带形窗的终点:，根据提示将光标移至带窗的终点单击，一个带窗就生成了(图6-17)。

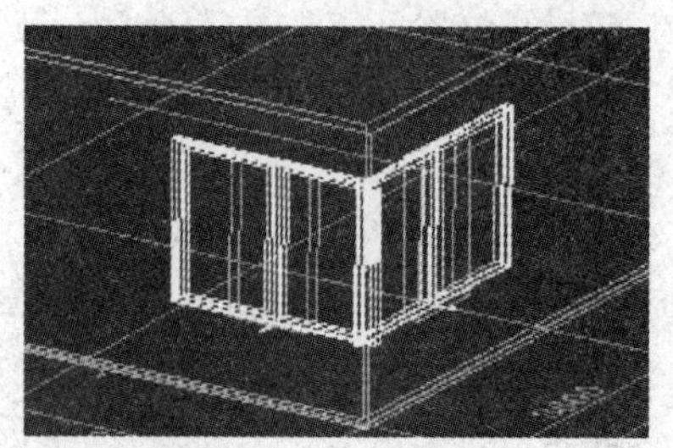

图 6-17　带窗布置效果

温馨提示：

带窗每回只能在一墙上布置，跨过墙段将不能生成连通的窗子。弧形带窗也是单击带窗的起点和终点进行布置。

6.6　洞口边框

功能说明：烧结空心砖填充墙在工程中应用已经很多，常见的设计要求是在轻质填充墙的洞口两侧设置有别于构造柱的钢筋混凝土边框。洞口边框与既有构造柱功能，在洞口两侧适用的条件是防震设防烈度和洞口宽度。设防烈度高的、洞宽的，用构造柱，反之用洞口边框。在设计明确具体工程设防烈度的情况下，用户按设计要求正常布置洞边构造柱后，不符合设置构造柱条件的较宽洞口可以设置洞口边框。

洞口边框　　墙洞布置　　板洞布置　　飘窗布置　　老虎窗

6.7　悬挑板

功能说明：悬挑板布置。

菜单位置：【板体】→【悬挑板】。

命令代号：xtb。

悬挑板定义方式同板说明，这里不再赘述。

悬挑板布置方式选择栏如图 6-18 所示。

导入图纸 · 冻结图层 · 墙梁边布置　矩形布置　点选内部　异形悬挑板　布置辅助 · 翻边编辑　调整夹点

图 6-18　悬挑板布置方式选择栏

选项和操作解释：

【墙梁边布置】　将鼠标移到墙边单击进行布置。

【翻边编辑】 选中悬挑板，通过调整要修改的边，选择翻边方式进行翻边编辑。

其余内容同板说明。

【板厚】 悬挑板的厚度。

【板长】 悬挑板的长度。

【外悬宽】 悬挑板的挑出宽度。

其余同板说明。

操作说明如下。

1. 墙梁边布置

执行【墙梁边布置】命令后，命令行提示：

墙梁上布置<退出>或 | 手动布置(D) | CAD搜索布置(J)

根据提示在需要布置悬挑板的墙或梁边缘点取插入点，就会在插入位置生成挑板。

其余布置方法均同板布置的相关说明。

2. 翻边编辑

选中悬挑板，通过调整要修改的边，选择翻边方式进行翻边编辑，如图 6-19 所示。其余内容同板说明。

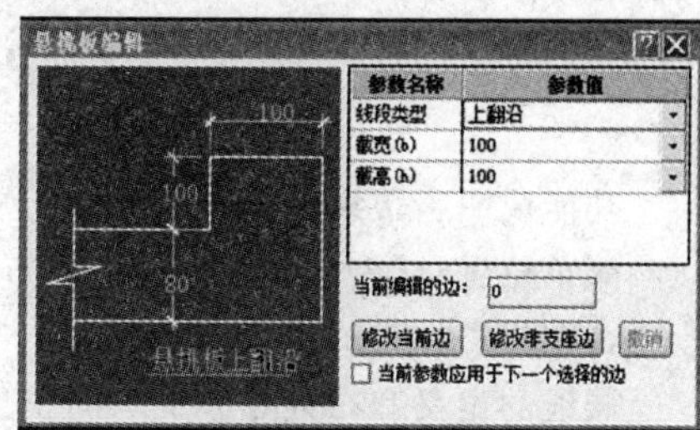

图 6-19 "悬挑板编辑"对话框

6.8 竖悬板

功能说明：竖悬板布置。

菜单位置：【板体】→【竖悬板】。

命令代号：sxb。

竖悬板定义方式同板说明，这里不再赘述。

竖悬板布置方式选择栏如图 6-20 所示。

导入图纸 ▾ | 冻结图层 ▾ | 手动布置 | 墙上布置 | 选线布置 | 墙端点布置

图 6-20 竖悬板布置方式选择栏

【厚】 竖悬板的厚度。

【高度】 竖悬板的高度。

【外悬宽】 竖悬板的挑出宽度。

【底高度】 竖悬板的底高度，相对于当前楼层的楼地面高度。

操作说明：

布置方法同门窗和悬挑板相关布置说明。

阳台生成

栏板布置

压顶布置

栏杆布置

扶手布置

挑檐天沟

6.9 腰线布置

功能说明：腰线布置。

菜单位置：【零星构件】→【腰线布置】。

命令代号：yxbz。

腰线的定义和布置等方式均同压顶、挑檐天沟的说明，这里不再赘述。

6.10 脚手架

功能说明：布置脚手架。脚手架分为平面和立面两种形式，两种形式都用脚手架功能布置。

菜单位置：【零星构件】→【脚手架】。

命令代号：jsj。

脚手架定义方式同板说明，这里不再赘述。

脚手架布置方式选择栏如图 6-21 所示。

导入图纸 · 冻结图层 · 手动布置 · 智能布置 · 布置辅助 · 区域延伸 调整夹点

图 6-21 脚手架布置方式选择栏

选项和操作解释：

同板说明。

对应导航器上的【构件布置定位方式输入栏】解释：

无。

对应导航器上的【属性列表栏】解释：

【底高度】 输入脚手架的底高度，底高度如果是负值，则会将此值加入搭设高度内；如果是正值，则会在搭设高度内扣除。

【搭设高度】 对于平面计算的脚手架，本项可以不予理睬，对于计算立面的脚手架，则应在此确定脚手架的搭设高度。

节点构件

门垛

操作说明：

布置方式参照板的布置说明。

温馨提示：

对于单段的脚手架，直接画线布置，不需要将轮廓绘制封闭。

第 7 章　建筑二

本章内容

台阶布置、台阶调整、坡道布置、散水布置、防水反坎、沟槽布置、悬挑梁布置、高度调整框、楼段布置、组合楼梯、建筑面积。

本章主要讲述如何在预算图中布置部分建筑的构件。

7.1　台阶布置

功能说明：台阶布置。

菜单位置：【零星构件】→【台阶布置】。

命令代号：tjbz。

台阶定义方式同扶手说明，这里不再赘述。

台阶布置方式选择栏如图 7-1 所示。

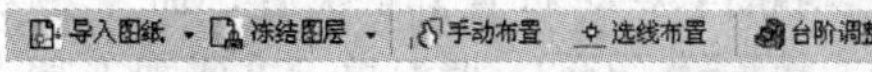

导入图纸 · 冻结图层 · 手动布置　选线布置　台阶调整

图 7-1　台阶布置方式选择栏

选项和操作解释：

同条基说明。

操作说明：

布置方式同条基说明。

台阶调整：

第一步：执行命令 tjtz，命令栏提示 选择一个路径封闭的台阶: 。

第二步：选取路径封闭的台阶，右击确认，命令栏提示 选择起始边: 。

第三步：CAD 界面中，在台阶上选择一边，命令栏提示：

选择终止边，沿路逆时针走过的边将行成台阶，内部形成台阶芯.:

第四步：选取另一边作为终止边，就会形成具有台阶芯的台阶。

7.2　坡道布置

功能说明：坡道布置。

菜单位置：【零星构件】→【坡道布置】。

命令代号：pdbz。

坡道定义方式同条基说明，这里不再赘述。

坡道布置方式选择栏如图 7-2 所示。

导入图纸 · 冻结图层 · 手动布置

图 7-2　坡道布置方式选择栏

【坡顶高度】　指定坡顶高度。

【坡底高度】 指定坡底高度，用于布置坡道垂直高度定位。

操作说明：

执行命令后，命令栏提示：请输入坡道的边框(第一条边为顶边)<退出>，根据命令栏提示，光标置于界面中需要布置坡道的位置绘制坡道的顶边线，注意：坡道轮廓的第一条线必须是坡道的顶边线。接下来，根据命令栏提示将坡道的轮廓绘制完成，轮廓封闭，一个坡道就形成了。

温馨提示：

绘制坡道的轮廓边线只能是四条边，可以是梯形、弯曲等平面形状，但边线不能少于和多于四条边。

7.3 散水布置

功能说明：散水布置。

菜单位置：【零星构件】→【散水布置】。

命令代号：ssbz。

散水定义方式同扶手说明，这里不再赘述。

散水布置方式选择栏如图 7-3 所示。

导入图纸 · 冻结图层 · 手动布置 选线布置 调整夹点

图 7-3 散水布置方式选择栏

操作说明：

以手动布置为例进行操作说明。

执行【手动布置】命令后，命令栏提示：手动布置<退出>，根据提示在需要布置散水的墙边点取散水的起点；之后，光标移至墙边缘的下一点，碰到弧形墙段就用前面讲述的弧形绘制方法，依次绘制到散水的终点；右击，散水就在墙边室外地坪生成了，如图 7-4 所示。

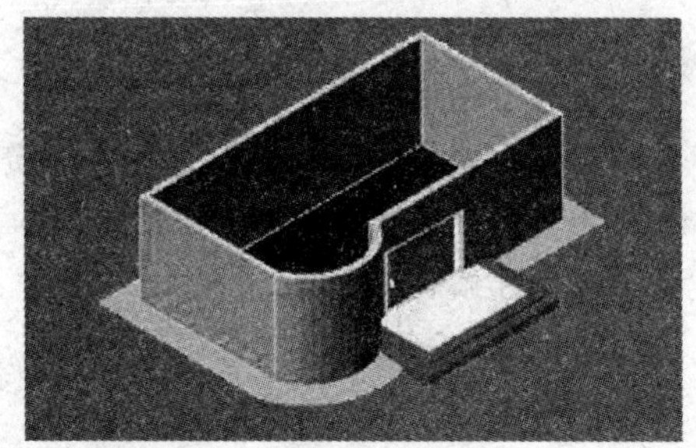

图 7-4 散水布置效果

7.4 防水反坎及地沟布置

防水反坎及地沟布置内容扫描下方二维码。

防水反坎

地沟布置

温馨提示：

(1)防水反坎构件的主要属性参照墙体构件属性设置，【选墙布置】和【楼地面布置】只能在非混凝土墙上生成，遇到门窗洞口时会自动打断。

(2)防水反坎的工程量需要输出防水反坎体积、防水反坎侧模面积。其中，体积根据混凝土强度等级换算，侧模面积根据模板型换算。

(3)工程量的扣减关系中，砌墙的体积、面积计算项下添加扣防水反坎，防水反坎的体积、侧面积项下设扣构造柱，且均为已选中项目。

7.5　悬挑梁布置

功能说明：悬挑梁布置。此悬挑梁构件与梁布置章节内的基于混凝土支座构件伸出的纯悬挑梁或延伸悬挑端不同，此悬挑梁是在砌体墙上布置的悬挑梁，应注意区别。

菜单位置：【梁体】→【挑梁】。

命令代号：xtl。

悬挑梁定义方式同相关构件说明，这里不再赘述。

悬挑梁布置方式选择栏如图 7-5 所示。

【挑头长】　设置挑头长度。

【挑头截高】　设置挑头端部的截面高度。

图 7-5　悬挑梁布置方式选择栏

操作说明：

悬挑梁在定义内没有长度的定义，由用户在布置的时候绘制梁线长度确定。挑头长度布置时在属性栏内确定，挑头始终是顺构件向外伸长。

手动布置，执行命令后，命令栏提示：手动布置〈退出〉，光标置于需要布置悬挑梁的墙体上点取悬挑梁的根部起点。注意：必须是悬挑梁在墙体内的根部，再将光标移至墙体的挑头边缘单击，悬挑梁就生成了。

7.6　梯段布置

功能说明：梯段布置。软件中有两种楼梯的布置方式：一种是本梯布置，不考虑楼梯梁、换步平台的因素，这种方式适合复杂楼梯布置；另一种布置方式见“组合楼梯”布置。

菜单位置：【楼梯】→【梯段】。

命令代号：lthz。

梯段定义方式同独基说明，这里不再赘述。

梯段布置方式选择栏如图 7-6 所示。

图 7-6　梯段布置方式选择栏

7.7　楼梯

功能说明：楼梯，如果工程是简单的双跑楼梯，可以用本功能布置楼梯。楼梯的内容包括楼梯梁、平台板楼梯段、栏杆、扶手。其工程量会按照计算规则，将所述构件统一地输出为平面投影面积；同时，还可以得到楼梯的踢脚线、顶面、底面的展开面积，可以得到栏杆扶手的相关工程量。

菜单位置：【楼梯】→【楼梯】。

命令代号：zhlt。

楼梯由于是将梁、板、梯段等构件组合而来的构件，布置楼梯之前一定要将这些分构件先定义好，之后才能进行楼梯组合。分构件的定义方式除可以在各构件编号定义内定义外，遇到组合栏目中没有选择的编号时，也可以在组合编号定义栏内临时增加分构件编号，分构件定义方法同各构件说明。

楼梯组合操作说明：

在导航器中单击【编号】按钮，进入“构件编号”对话框，如图 7-7 所示。

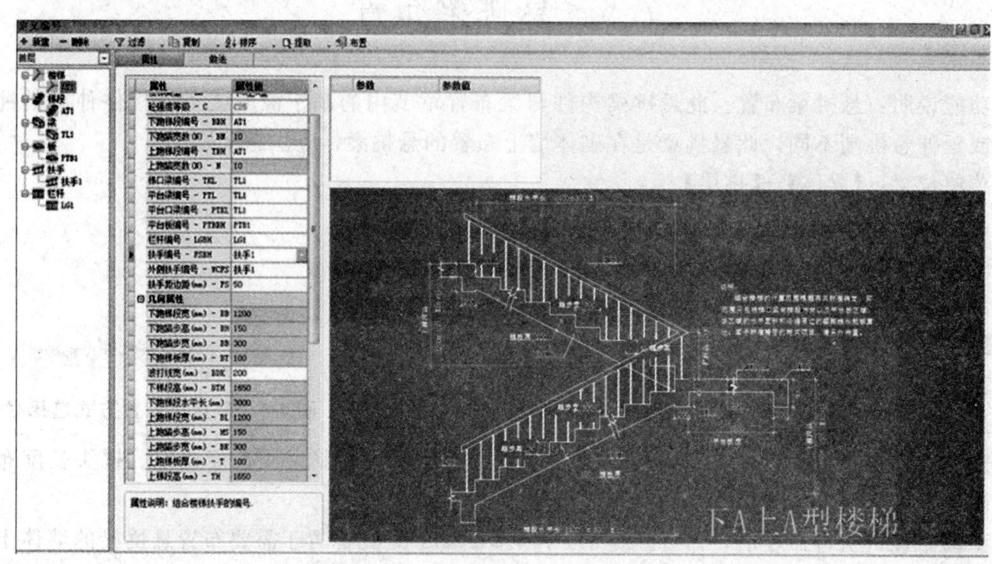

图 7-7 组合楼梯编号定义对话框

在【构件编号】列表栏中，看到有预置的楼梯梁、平台板、楼梯段、栏杆、扶手编号，最顶上一条是“楼梯”名称，将光标置于楼梯名称上单击【新建】按钮，就会自动产生一个组合楼梯编号。接着，右边的属性栏会展开，在【楼梯类型】栏内单击▾按钮，在展开的选项栏(图 7-8)中选择对应梯段类型。

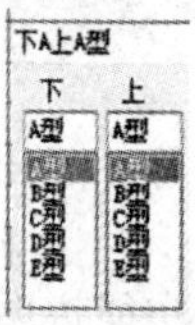

图 7-8 梯段类型选择栏

选前组合的梯段类型，如“下 A 上 A”，表示楼梯的下跑是 A 型梯段，上跑也是 A 型梯段。软件内梯段类型是按照《混凝土结构施工图平面整体表示方法制图规则和构造详图(现浇混凝土板式楼梯)》(22G101－2)所列类型取定。楼梯段共有 5 个基本类型，下跑组合共计可以组合出 25 种双跑楼梯。

依次在属性栏中将对应的构件编号选择好。如果没有编号可供组合选择，可将光标移至构件编号列表栏对应的构件名称上新建一个需要的编号，再到属性表内进行选择组合。

温馨提示：

梯段类型的选择，如选择了下 B 型上 A 型这个楼梯类型组合，必须在构件编号中有 A、B 两种梯段类型的定义，否则将会没有可选项目。定义对话框中组合构件是按照楼梯的全部内容默认的，如果实际工程中某类构件没有，组合时可以将该条内容为空。

依次将组合楼构件选择好单击【布置】按钮，回到布置界面，就可进行楼梯布置了。

组合楼梯布置方式选择栏如图 7-9 所示。

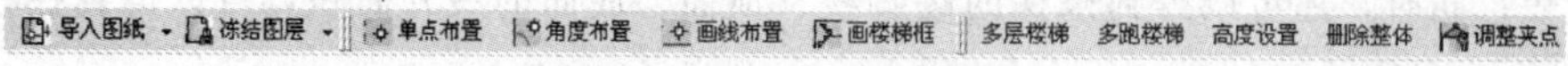

图 7-9 楼梯布置方式选择栏

选项和操作解释：

【画线布置】 单击画线的起点和线的终点，在这段线的长度范围就生成双跑楼梯。无论线多短，生成的楼梯保持两梯段宽上定义的梯井宽；无论线多长，其梯段宽度保持不变，只改变梯井的宽度，如图 7-10 所示。

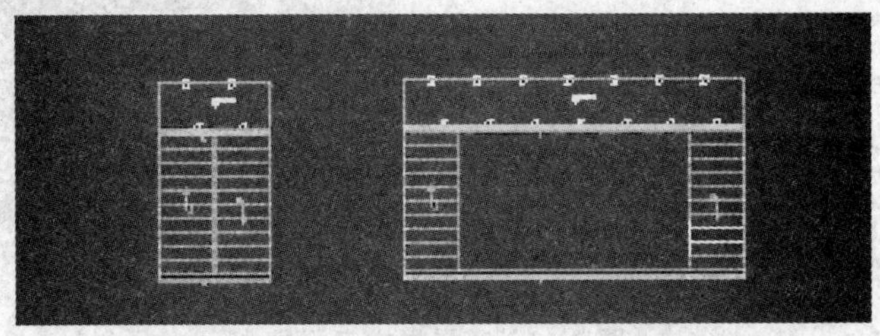

图 7-10　双跑楼梯画线布置结果

【画楼梯框】　能够输出楼梯框里面各个组合构件的实物量。

定义一个双跑楼梯，定义一些楼梯的组构件，如图 7-11 所示。

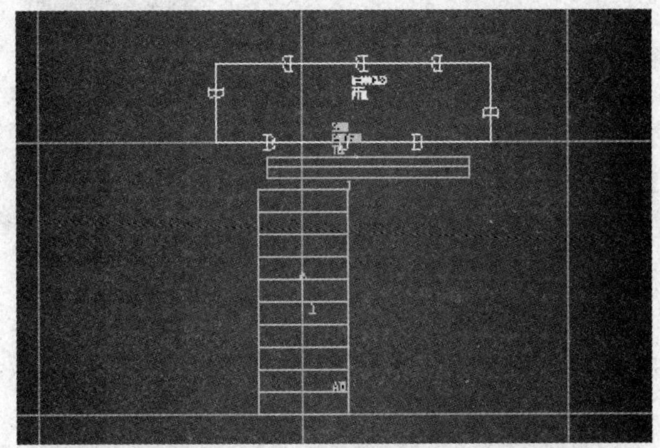

图 7-11　楼梯组构件

单击【画楼梯框】按钮，画出图 7-12 所示的楼梯框。

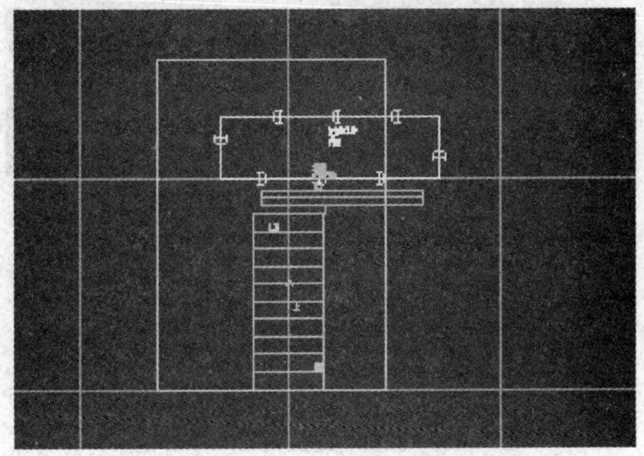

图 7-12　画楼梯框

构件查询楼梯框，核对构件可以看到各个组合构件的工程量，如图 7-13 所示。

【多层楼梯】　一次定义布置同一楼梯间当前楼层及其他楼层的多层楼梯，提高楼梯的布置效率。

(1)单击屏幕左侧菜单【楼梯】→【多层楼梯】，弹出“楼梯间定义”对话框，如图 7-14 所示。

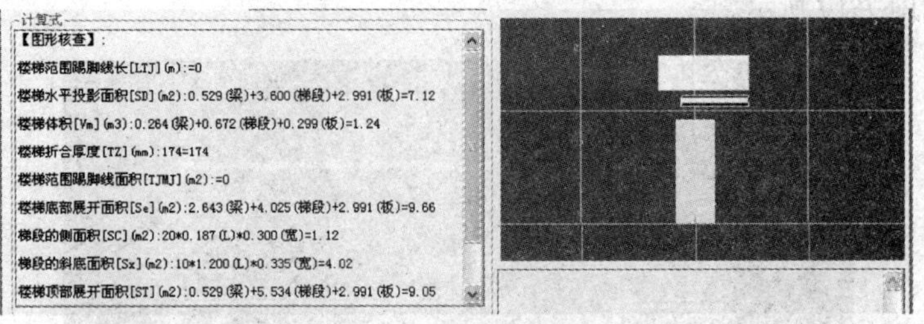

图 7-13　查看楼梯工程量

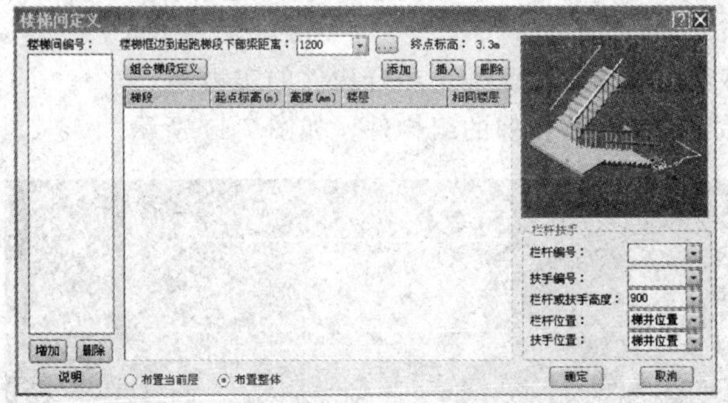

图 7-14　“楼梯间定义”对话框

(2)在上述对话框中，可以看到“楼梯间编号”编辑框，在这里可以定义楼梯间的编号以及选择楼梯的梯段类型，单击【增加】按钮，弹出楼梯“类型选择”对话框，如图 7-15 所示。

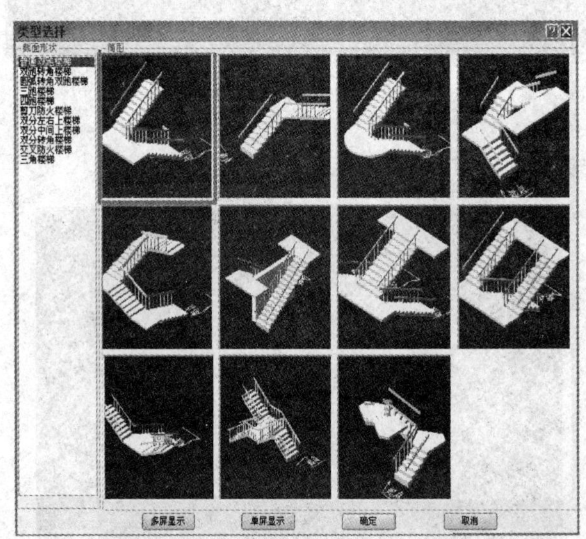

图 7-15　楼梯“类型选择”对话框

(3)在“楼梯间定义”对话框中单击【组合楼梯定义】按钮，弹出图 7-16 所示对话框。

(4)在这里可以定义组合楼梯的每一跑的梯段类型，定义其各项尺寸，同时编辑梯梁、梯板、板外梁的构件信息。定义好各项信息后，单击【确定】按钮回到“楼梯间定义”对话框。在对话框中，可以通过【添加】【插入】【删除】按钮，将这些定义好的梯段分配到各个楼层的对应标高位置，极大地方便了楼梯的建模。

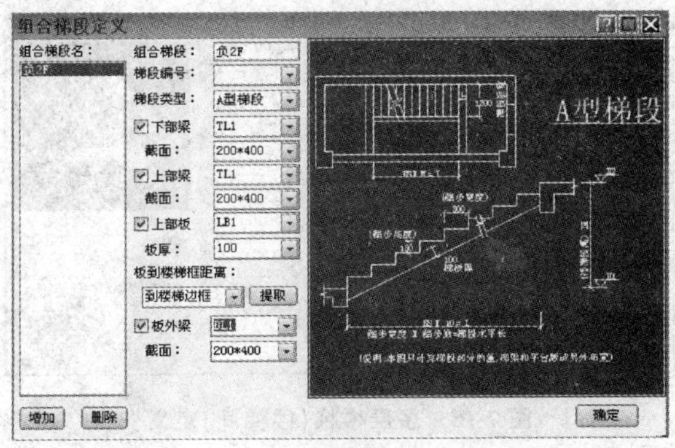

图 7-16 “组合梯段定义”对话框

(5)同时，在对话框右下角有【栏杆扶手】的属性栏，以及对话框上部的楼梯框到梯段下部梁的距离输入栏，这样一个对话框就将整个楼梯的实体信息全部包含了。我们只要将楼梯信息数据设置好，移动鼠标光标，在平面设计图上的楼梯对应位置画上闭合的楼梯框，就可以将楼梯布置在当前层或整个楼层了。

下面，以例子中的楼梯设计图来做软件的操作，如图 7-17 所示。

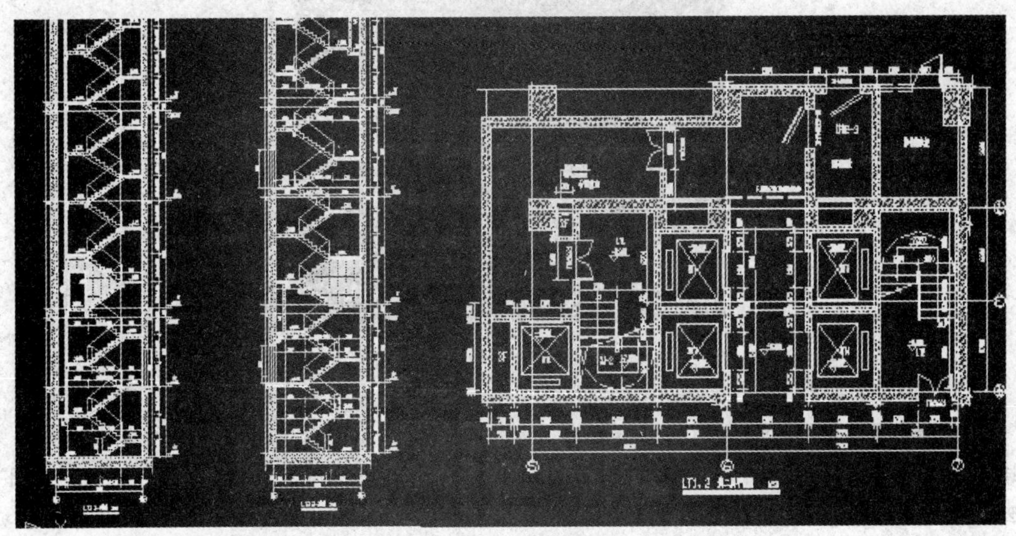

图 7-17 楼梯设计图

(1)单击左侧屏幕菜单【楼梯】→【多层楼梯】，弹出“楼梯间定义”对话框，定义好整体楼梯编号后，首先选择需要的“普通双跑楼梯”类型，然后单击【组合楼梯定义】按钮，设置好每一个梯段的数据。单击【确定】按钮，组合楼梯的数据就定义好了。

(2)单击【确定】按钮，回到“楼梯间定义”对话框，单击【添加】按钮，从最底层开始添加梯段类型，通过之前定义好的楼梯各个梯段，只要定义好起跑的第一个梯段，软件会自己判断梯段踏步数，自动判断各个梯段的标高。这样，一层层地定义，在相同层，可以输入相同层的数量，这样标准层的楼梯就可以只定义一个，即完成楼梯布置。如图 7-18 所示为在各层定义好的楼梯示意。

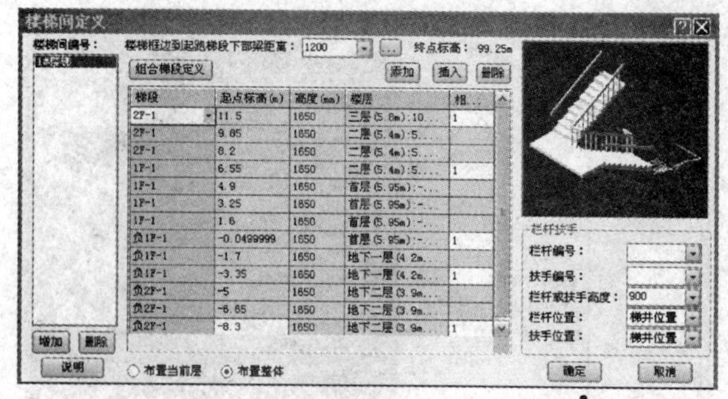

图 7-18　多层楼梯(楼梯间)定义

(3)定义完数据后，我们回到模型界面，移动鼠标光标，在楼梯间平面图上直接画上楼梯框，闭合，整体楼梯就形成了，如图 7-19 所示。

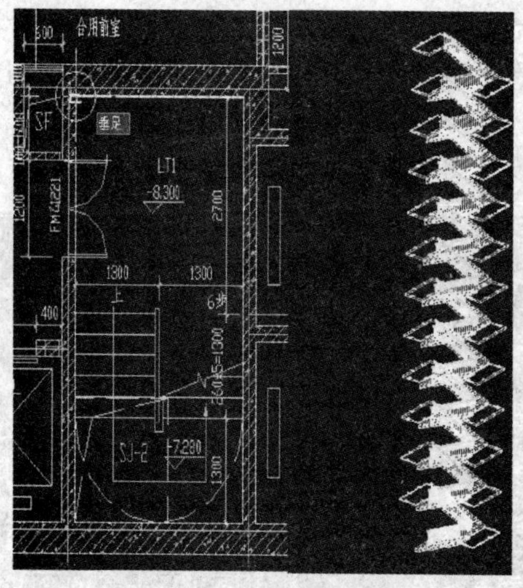

图 7-19　多层楼盖布置效果

【多跑楼梯】 对层高较高的单层地下室多跑楼梯，软件还可以快速地将这种楼梯“画”出来。因其以平面图为主、剖面图为辅来读取楼梯所需参数，顺楼梯平面图转圈来画，称之为描平面图法。

(1)单击屏幕左侧菜单【楼梯】→【多跑楼梯】，弹出图 7-20 所示对话框。

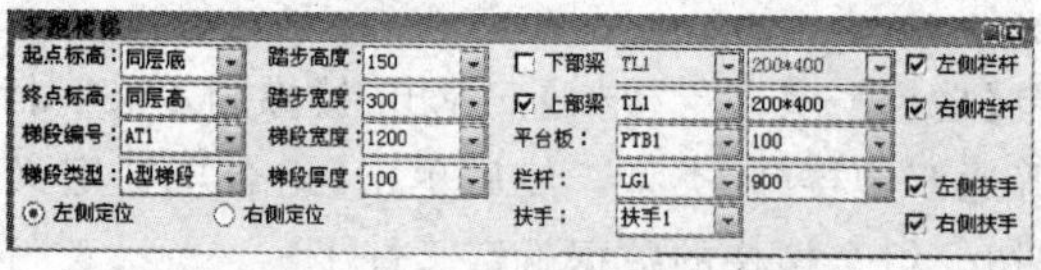

多跑楼梯
起点标高：同层底　踏步高度：150　下部梁 TL1 200*400　左侧栏杆
终点标高：同层高　踏步宽度：300　上部梁 TL1 200*400　右侧栏杆
梯段编号：AT1　梯段宽度：1200　平台板：PTB1 100
梯段类型：A型梯段　梯段厚度：100　栏杆：LG1 900　左侧扶手
左侧定位　右侧定位　扶手：扶手1　右侧扶手

图 7-20　“多跑楼梯”设置对话框

在上述“多跑楼梯”对话框里面，可以定义每一个梯段及相应的梯板、梯梁的尺寸信息。同时，在对话框里，可以选择左侧或右侧定位且能为梯段布置栏杆。

(2)在完成一个梯段的数据设置后，我们回到软件模型界面，移动鼠标光标到起跑点，然后指定梯段的方向，如图 7-21 所示。

光标第二点确定梯段的长度，确定好第一梯段长后，继续移动光标。指定一点，这样就确定好梯板的宽度，如图 7-22 所示。

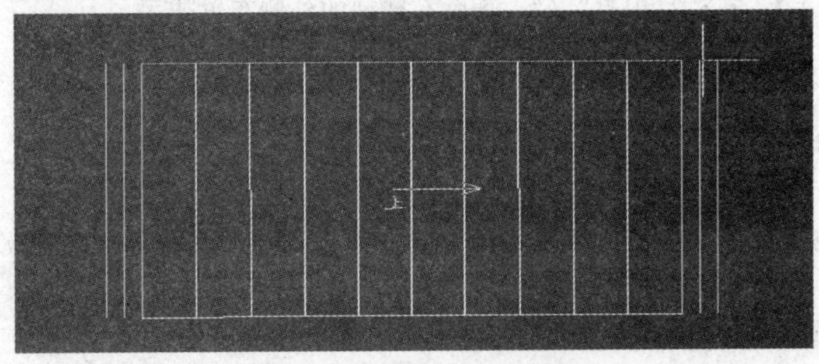

图 7-21　指定梯段方面示意

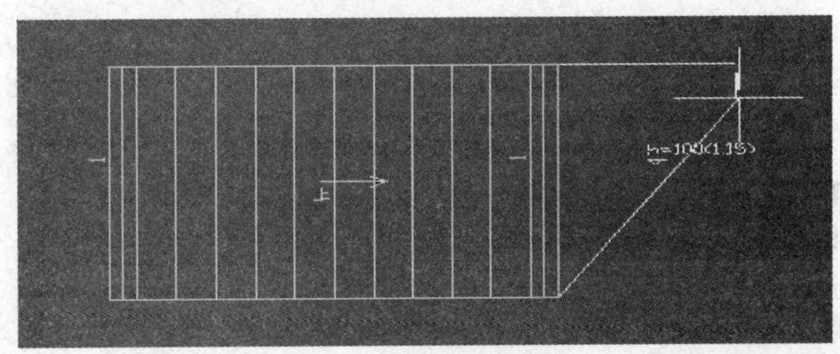

图 7-22　指定梯板宽度

确定好梯板宽度后，转角然后指定梯板的梯间长度，单击【确认】按钮后，梯板就形成了；然后，依次再次定义梯段、梯板，依次循环，可任意绘制，方便快捷，这样就可以生产任意的多跑楼梯，如图 7-23 所示。

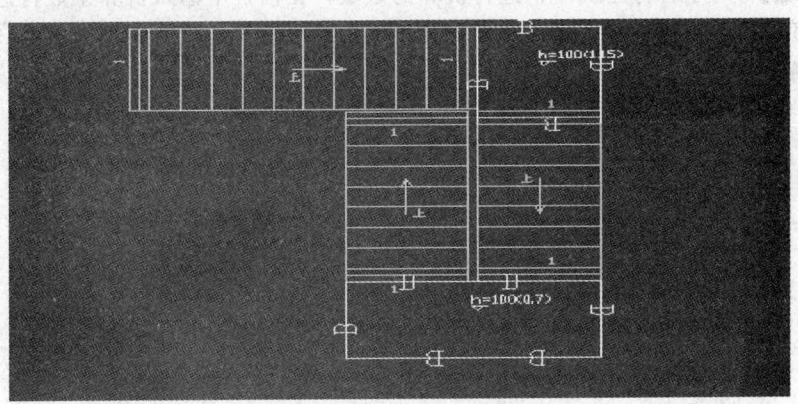

图 7-23　生成任意多跑楼梯

关键知识点：在鼠标光标移动画多跑楼梯时，一个休息平台完成后，如果梯段有变化要在对话框中选择新的梯段编号，重新定义数据。而且，这时候不能右击确认，如果右击，软件会认为多跑楼梯已经定义完成了，因此多跑楼梯的定义是一个连续的操作过程，一定要注意。

【高度设置】 调整楼梯框的底部或顶部的相对标高。

【删除整体】 一次删除布置的多层楼梯。

其他同梯段说明。

【起跑方向】 选择楼梯的起跑方向。

【外侧布置扶手】 在栏目内打“√”，表示在楼梯的外侧布置扶手。

【外侧布置栏杆】 在栏目内打“√”，表示在楼梯的外侧布置栏杆。

操作说明：

同梯段相关说明。

温馨提示：

组合楼梯的各构件一旦布置到界面中后，就分解了，要修改只能个别修改。可以将多余的构件进行删除。

楼梯底部生成的水平面积可以用拖拽夹点的方式将面积范围缩小，不能扩大，这是因为面积向上搜寻不到超出的楼梯构件的缘故。缩小则不同，因为只要向上搜索得到楼梯构件，就可计算面积。

7.8 建筑面积

菜单位置：【构件】→【建筑】→【建筑面积】。

工具图标：■。

命令代号：jzmj。

建筑面积定义方式同脚手架说明，这里不再赘述。

建筑面积布置方式选择栏如图 7-24 所示。

选择 撤销 手动布置 选实体外围 核对构件 调整夹点

图 7-24 建筑面积布置方式选择栏

【折算系数】 对于有将建筑面积进行折算的区域，在栏目中输入折算系数再进行布置，输入的建筑面积就会按系数折算。如计算阳台建筑面积，可以在此输入折算系数“0.5”，输出时，阳台就只计算一半的建筑面积。

第 8 章　装饰

本章内容

做法表、做法组合表、房间布置、地面布置、天棚布置、踢脚布置、墙裙布置、墙面布置、其他面布置、屋面布置、生成立面、立面展开、退出展开、立面切割。

本章主要讲述如何在预算图中布置装饰部分的构件。

8.1　做法表

功能说明：用于将定义的一组做法表识别并生成相应的做法编号。

菜单位置：【装饰】→【房间】→【做法表】。

命令代号：sbzf。

执行命令，弹出“设置”对话框，如图 8-1 所示。

图 8-1　“设置”对话框

对话框选项和操作解释：

栏目中内容：

【参数】 用于识别做法的一些规则的设置。

【参数值】 对识别做法的数值的设置。

【编号与使用部位的区分】 设置编号与使用部位的分隔符。

【楼地面类型关键字】 设置提取楼地面编号的关键字。

【天棚类型关键字】 设置提取天棚编号的关键字。

【踢脚类型关键字】 设置提取踢脚编号的关键字。

【墙裙类型关键字】 设置提取墙裙编号的关键字。

【墙面类型关键字】 设置提取墙面编号的关键字。

【其他面类型关键字】 设置提取其他面编号的关键字。

【屋面类型关键字】 设置识别做法屋面编号的关键字。

【提取编号的颜色】 设置要提取的编号颜色，可以提高识别率。

复选框：

【启动时显示】 设置启动做法表时是否启动“设置”对话框。

按钮：

【恢复缺省】 单击该按钮，设置的内容全部返回到默认状态。

【确定】 设置完后单击，将数据保存，弹出“装饰做法识别” 对话框，如图 8-2 所示。

【取消】 什么都不做，回到界面。

注意事项：

在进行做法表时，需要先将装饰识别做法的图纸复制、粘贴到安装路径下的 sample 文件夹中，并将图纸导入工程中。

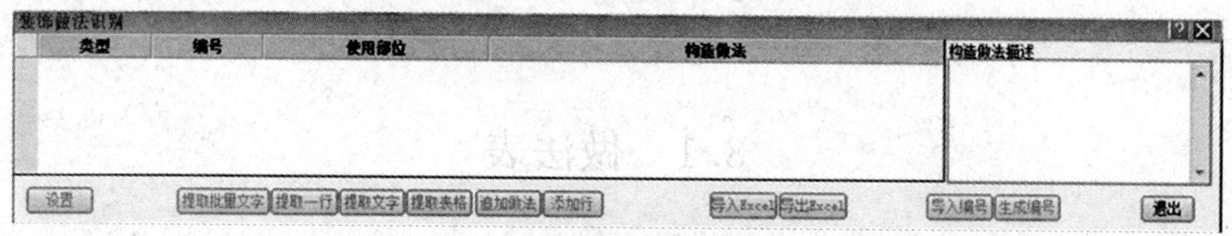

图 8-2 “装饰做法识别”对话框

对话框选项和操作解释：

栏目中内容：

【类型】 显示识别中的装饰类型。

【编号】 显示装饰类型的号名。

【使用部位】 显示这种编号的装饰类型用在什么部位。

【构造做法】 显示该号的装饰类型的做法。

【构造做法描述】 具体显示选中编号的构造做法。

按钮：

【设置】 单击该按钮，返回“设置”对话框。

【提取批量文字】 单击此按钮，将批量提取做法类型、编号、使用部位、构造做法。

【提取一行】 单击此按钮，将提取做法的编号、使用部位和构造做法。

【提取文字】 单击此按钮后，在命令栏提示选取要提取的“×××”文字，如果当前单元格在编号列，提示为提取【编号】文字，框选右击确定后，覆盖当前单元格数据。

【提取表格】 单击此按钮后，针对二阶矩阵的表格提取做法。

【追加做法】 对当前选择做法，追加构造做法。

【添加行】 新增一行，用于提取做法。

【导入 Excel】 将提取的做法导入 Excel 表格。

【导出 Excel】 将 Excel 表格的做法导入做法界面中。

【导入编号】 将生成的编号做法导入界面中。

【生成编号】 将提取的做法生成编号。

【退出】 什么都不做，退出“装饰做法识别”对话框。

操作说明：

执行“sbzf”命令后，弹出“设置”对话框，对要提取的装饰做法识别进行分隔符和装饰类型关键字设置，单击【确定】按钮，将进入“装饰做法识别”对话框，选取提取方式。现以批量提取文字为例，单击【提取批量文字】按钮，对话框将隐藏，命令栏提示**请提取文字:**，框选要提取的文字，装饰做法识别结果将显示(图 8-3)。

单击【生成编号】按钮，将生成编号，完成对做法的提取。

图 8-3　装饰做法识别结果

8.2　做法组合表

功能说明：用于选中区域的材料表，生成相应的房间。

菜单位置：【装饰】→【房间】→【做组合表】。

命令代号：sbcl。

执行命令，弹出“设置”对话框，如图 8-4 所示。

对话框选项和操作解释：

见做法表相关说明。

单击【确定】按钮将弹出“装饰材料表识别”对话框，如图 8-5 所示。

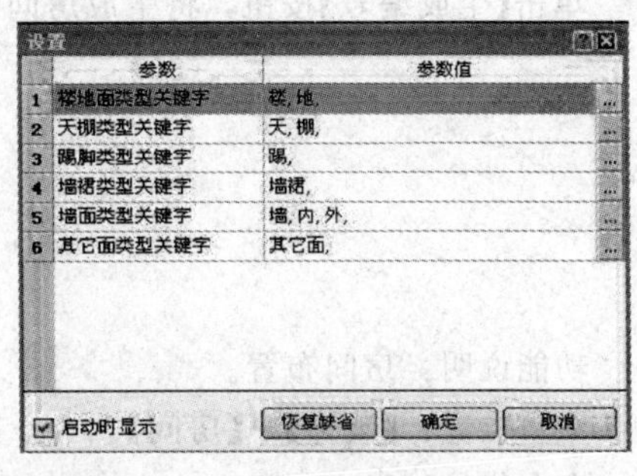

图 8-4　做法组合“设置”对话框

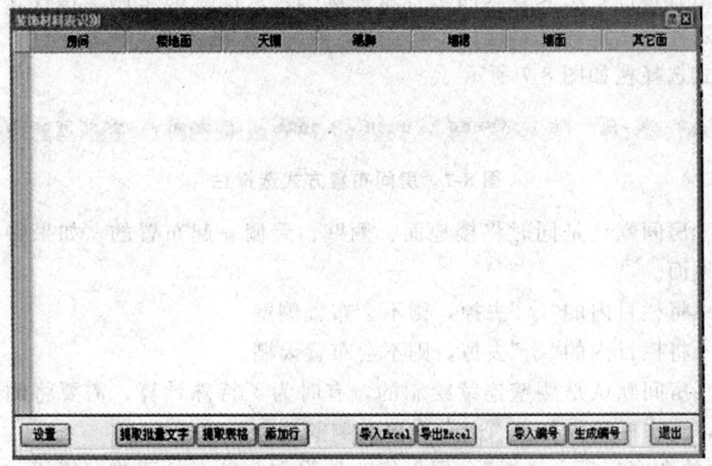

图 8-5　“装饰材料表识别”对话框

对话框选项和操作解释：

参考做法表相关说明。

操作说明：

执行“sbcl”命令后，弹出“设置”话框，对要提取的装饰材料表识别进行装饰类型关键字设置。单击【确定】按钮，将进入“装饰材料表识别”对话框，选取提取方式。现以批量提取文字为例，单击【提取批量文字】按钮，对话框将隐藏，命令行提示**请提取文字：**，框选要提取的文字，装饰材料表识别结果将显示(图 8-6)。

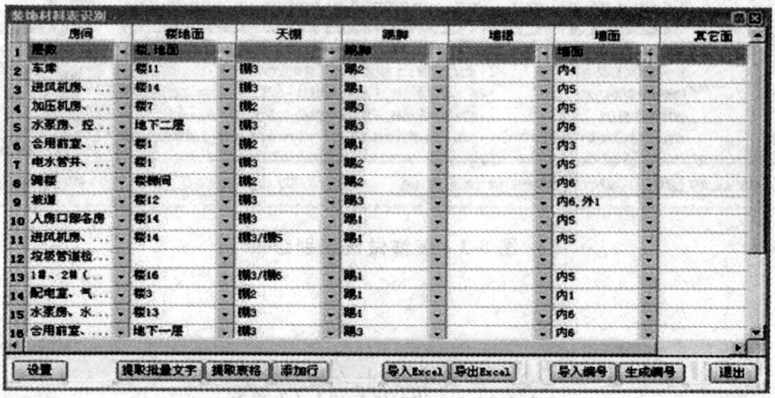

装饰材料表识别

	房间	楼地面	天棚	踢脚	墙裙	墙面	其它面
1	层数	楼,地面		踢脚		墙面	
2	车库	楼11	棚3	踢2		内4	
3	进风机房、…	楼14	棚3	踢1		内5	
4	加压机房、…	楼7	棚2	踢3		内5	
5	水泵房、控…	地下二层	棚3	踢3		内6	
6	合用前室、…	楼1	棚2	踢1		内3	
7	电水管井、…	楼1	棚3	踢2		内5	
8	楼梯	楼梯间	棚2	踢2		内6	
9	坡道	楼12	棚3	踢3		内6,外1	
10	人房口部各房	楼14	棚3	踢1		内5	
11	进风机房、…	楼14	棚3/棚5	踢1		内5	
12	垃圾管道检…						
13	1#、2#(…	楼16	棚3/棚6	踢1		内5	
14	配电室、气…	楼3	棚2	踢1		内1	
15	水泵房、水…	楼13	棚3	踢1		内6	
16	合用前室、…	地下一层	棚3	踢3		内6	

设置　提取批量文字　提取表格　添加行　导入Excel　导出Excel　导入编号　生成编号　退出

图 8-6　装饰材料表识别结果

单击【生成编号】按钮，将生成房间编号，完成对材料的识别。

8.3　房间布置

功能说明：房间布置。

菜单位置：【装饰】→【房间】。

命令代号：fjbz。

房间是一个组合构件，定义方式同组合楼梯说明。要注意的是侧壁构件在定义高度范围时不能相互冲突，这样会造成计算错误。

房间布置方式选择栏如图 8-7 所示。

导入图纸　冻结图层　手动布置　智能布置　布置辅助　区域延伸　调整夹点　构件分解

图 8-7　房间布置方式选择栏

【布置地面】　房间默认是同时将楼地面、侧壁、天棚一起布置的，如果将栏目内的“√”去掉，则不会布置地面。

【布置侧壁】　将栏目内的“√”去掉，则不会布置侧壁。

【布置天棚】　将栏目内的“√”去掉，则不会布置天棚。

【分解侧壁】　房间默认是侧壁连续绘制的，有时为了特殊计算，需要将侧壁分解开来，如柱、墙面要分开，则将栏目内打上“√”，布置的侧壁就会分解开来。

【栏内各构件的高度起止点设置】　用于修改依附在侧壁上的踢脚、墙裙、墙面、其他面等构件的高度范围。起点高指相对于侧壁本身底部高度，装饰面高指子构件本身的高度。

操作说明：

布置方式参照板的布置说明。

温馨提示：

房间定义时，要在房间的编号中选择侧壁、地面和天棚等子构件的编号，如果这些子构件没有被选择，就布置不了房间。

如果构件的高度经过调整已经超过了层高，则请将房间侧壁高度调整到适合构件高度；否则，继续沿用“同层高”，侧壁高将会丢失构件超过层高部分的装饰量。

8.4 地面布置

功能说明：地面布置。

菜单位置：【装饰】→【地面】。

命令代号：dmbz。

地面定义方式同相关构件说明。

楼地面布置方式选择栏如图 8-8 所示。

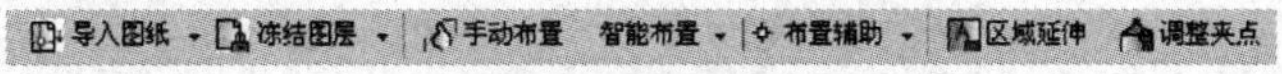

导入图纸 · 冻结图层 · 手动布置 智能布置 · 布置辅助 · 区域延伸 调整夹点

图 8-8 楼地面布置方式选择栏

8.5 天棚布置

功能说明：天棚布置。

菜单位置：【装饰】→【天棚】。

命令代号：tpbz。

天棚定义方式同相关构件说明。

天棚布置方式选择栏如图 8-9 所示。

导入图纸 · 冻结图层 · 手动布置 智能布置 · 布置辅助 · 区域延伸 调整夹点

图 8-9 天棚布置方式选择栏

8.6 踢脚布置

功能说明：踢脚布置。

菜单位置：【装饰】→【踢脚】。

命令代号：bztj。

踢脚定义方式同相关构件说明。

踢脚布置方式选择栏如图 8-10 所示。

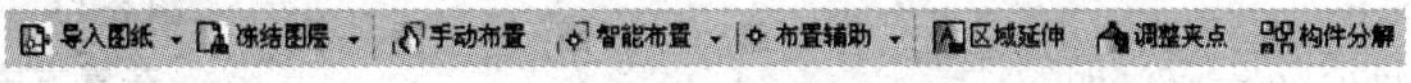

导入图纸 · 冻结图层 · 手动布置 智能布置 · 布置辅助 · 区域延伸 调整夹点 构件分解

图 8-10 踢脚布置方式选择栏

操作说明：
布置方式参照板的布置说明。

8.7　墙裙布置

功能说明：墙裙布置。
菜单位置：【装饰】→【墙裙】。
命代号：qqbz。
墙裙定义方式同相关构件说明。
墙裙布置方式选择栏如图 8-11 所示。

图 8-11　墙裙布置方式选择栏

操作说明：
布置方式参照板的布置说明。

8.8　墙面布置

功能说明：墙面布置。
菜单位置：【装饰】→【墙面】。
命令代号：qmbz。
墙面定义方式同相关构件说明。
墙面布置方式选择栏如图 8-12 所示。

图 8-12　墙面布置方式选择栏

操作说明：
布置方式参照板的布置说明。

8.9　墙体保温布置

功能说明：墙体保温布置。
菜单位置：【装饰】→【墙体保温】。
命令代号：qtbw。
墙体保温定义方式同相关构件说明。
墙体保温布置方式选择栏如图 8-13 所示。
操作说明：
布置方式参照板的布置说明。

图 8-13　墙体保温布置方式选择栏

温馨提示：

墙体保温定义时，如果保温的基层墙面需要分开结构类型来统计保温面筋时，可以在定义编号的施工属性中通过设置【剪力墙现浇外保温分开计算】来实现。

8.10 其他面布置

功能说明：其他面布置。

菜单位置：【装饰】→【其他面】。

操作说明：

布置方式参照墙面的布置说明。

8.11 屋面布置

功能说明：屋面布置。

菜单位置：【装饰】→【屋面】。

命令代号：wmbz。

屋面定义方式同相关构件说明。

屋面布置方式选择栏如图 8-14 所示。

导入图纸 ▾ 冻结图层 ▾ | 平屋面布置 ▾ 坡屋面布置 ▾ 选板布置 | 布置辅助 ▾ 屋面调整 ▾ 斜拱屋面 ▾

图 8-14　屋面布置方式选择栏

操作说明如下。

1. 布置平屋面

应先将屋面的轮廓绘制出来。用【手动布置】方式和【智能布置】方式都是先将屋面的轮廓进行生成，操作方法同板内相关说明。

屋面轮廓生成后，单击【屋面编辑】按钮，这时命令栏提示：请选择屋面，光标到界面中选择需要编辑的屋面，选中的屋面为亮显，这时命令栏又提示：

屋面编辑的高度模式-绝对标高 | 相对标高(A) | :

根据提示，在命令栏内输入屋面的标高，这里绝对标高指标高从±0.000 算起，相对标高指从当前楼面算起。如果在编号定义内已经将【屋面顶高】设置为同层高，则在此处可以用【相对标高】来确定屋面高度。如果高度模式不需要改动，则直接回车，命令栏又提示：

请选择要输入高度的点<退出>或 | 设置卷边高(B) | 切割绘制找坡区域(W) | 退出(Q) | :

如果平屋面是由多个找坡区域构成，则应按每一个区域做成一个找坡区域，这时应使用【切割绘制找坡区域(W)】的功能，将屋面分成各个区域。执行【切割绘制找坡区域(W)】的功能后，命令栏又提示：

请输入找坡区域的起点<退出>或 | 设置高度(H) | 设置卷边高(B) | 退出(Q) | :

在屋面中分块绘制找坡区域，根据提示，光标单击当前找坡区域的起点，并依照命令栏提示将一个区域绘制封闭完成。之后，命令栏又提示：

布置汇水点 | 布置汇水线(L) | :

【布置汇水点】 在区域内单击一点，表示找坡的方向是将区域周围的水流向这个点。

【布置汇水线】 在区域内根据命令栏提示绘制找坡线，表示找坡的方向是顺着找坡线将水流向坡度的底部。这里用【布置汇水线】作说明。执行命令后，命令栏提示：

布置汇水线起点方向|布置汇水点(P)|:

根据提示，光标置于找坡区域顺流水方向的起点单击，命令栏提示：

请输入水流的方向的终点:

根据提示，画一直线至水流方向的终点单击，命令栏提示：

请输入起坡角度的正切值:

在命令栏内输入找坡值，如0.05等，回车，一块找坡区域就布置完成了。依次进行下一块找坡区的编辑，直至将所有区域编辑完成。

2. 布置坡屋面

(1)手画坡屋面。单击【手画坡屋面】按钮，执行坡屋面布置命令。根据命令栏提示先在界面上生成屋面轮廓，封闭后命令栏提示：

输入屋面的脊线的起点

光标置于屋面轮廓上有脊线的位置，单击屋脊线的起点，命令栏又提示：

请输入下一点<退出>或[圆弧(A)]:

根据提示，如果屋脊线是弧线则按照绘制圆弧的方式将脊线绘制至脊线的终点，直线就将光标置于脊线终点。单击，这时命令栏会继续提示绘制脊线，如果还有脊线可以依据提示继续绘制脊线；如果脊线绘制完毕则右击或回车，这时命令栏提示：

输入屋面的阴、阳角线的起点:

如果是多坡面的坡屋面，则坡面与坡面相交必定产生坡屋面的阴脊线和阳脊线，软件内称为阴、阳角线。如果坡屋面是组合式的多坡面，则继续根据命令栏提示在相应的位置绘制坡屋面的阴、阳角线；如果没有则继续右击或回车，这时弹出“请输入屋面的高度”对话框，如图8-15所示。

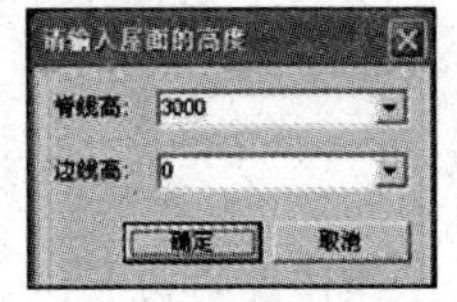

图8-15 “请输入屋面的高度”对话框

在【脊线高】栏内输入屋面的脊线高，脊线高的起点是以当前楼层的楼面为“0”点。

在【边线高】栏内输入屋面的檐口线高，檐口线高的起点也是以当前楼层的楼面为“0”点，设置好高度，单击【确定】按钮，一个坡屋面就生成了(图8-16)。

(2)输入角度生成坡屋面。单击【角度布置】按钮，根据命令栏提示先绘制出屋面边框轮廓，右击后弹出“请输入屋面各边的坡度”对话框(图8-17)。

图8-16 坡屋面生成

请输入屋面各边的坡度

第1边的坡度	0.5
第2边的坡度	0.5
第3边的坡度	0.5
第4边的坡度	0.5
第5边的坡度	0.5
第6边的坡度	0.5

确定 取消 默认

图8-17 “请输入屋面各边的坡度”对话框

单击对话框中某条记录，屋面轮廓线上对应的线会亮显，根据设计坡度填入数据，最后单击【确定】按钮，屋面就生成了(图 8-18)。

图 8-18　输入坡屋面坡度生成的坡屋面

温馨提示：

如果已将布置的板进行变斜，可以执行屋面随板斜的功能将屋面变斜。

(3)选墙布置坡屋面。单击【选墙布置】按钮，根据命令栏提示先选择可以组成封闭的墙来组成屋面边框轮廓，确认后弹出“请输入屋面各边的坡度”对话框(图 8-19)。

单击对话框中某条记录，屋面轮廓线上对应的线会亮显，根据设计坡度和外扩值填入数据，最后单击【确定】按钮，屋面就生成了(图 8-20)。

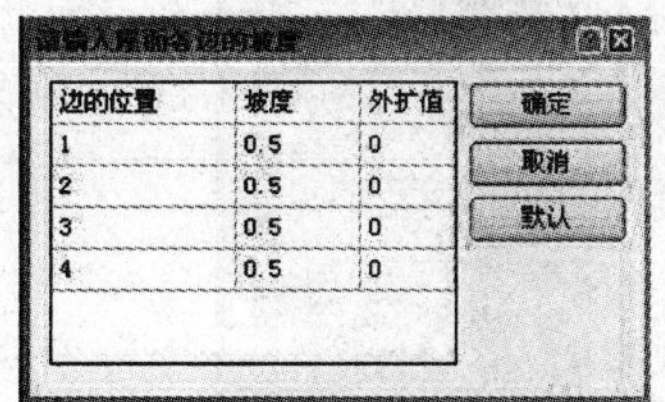

边的位置	坡度	外扩值
1	0.5	0
2	0.5	0
3	0.5	0
4	0.5	0

图 8-19　“请输入屋面各边的坡度”对话框

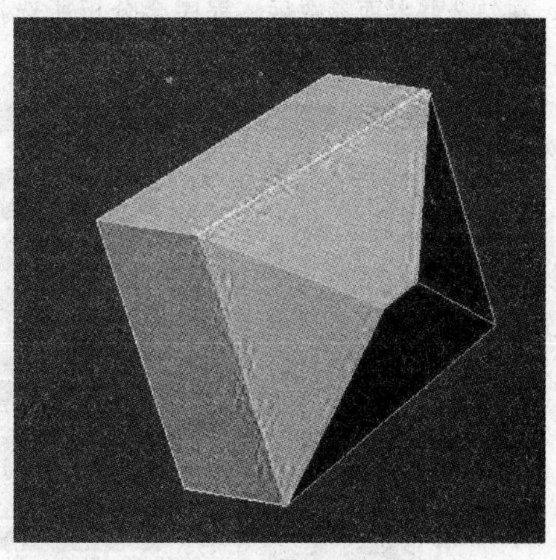

图 8-20　墙布置输入坡度和外扩值生成的坡面

(4)选板布置坡屋面。单击选择现浇板，右击确认后即可生成同板大小、同板坡度的屋面。

8.12　生成立面

功能说明：在“立面装饰层”生成所有楼层的外墙面装饰构件。在生成的时候，按用户的选择划分为墙面/梁面/柱面等。

菜单位置：【装饰】→【立面装饰】→【生成立面】。

命令代号：sclm。

执行命令后弹出“立面装饰生成”对话框，如图 8-21 所示。

对话框选项和操作解释：

【楼层】 所有楼层的列表。后面将在勾选上的楼层里生成立面装饰或立面洞口构件。

【墙面】 划分为墙面并生成的立面装饰构件的编号。

【柱面】 划分为柱面并生成的立面装饰构件的编号。

【柱面条件(mm)】 划分为柱面的条件，即看柱凸出墙面距离的多少来划分，若选择“不生成”，则不形成柱面。

【柱面构件类型】 划分为柱面的构件的类型。即勾选上的构件在计算时可能划分为柱面，不勾选的构件在计算时只能划分为墙面。

【梁面】 划分为梁面并生成的立面装饰构件的编号。

【梁面条件(mm)】 划分为梁面的条件，即看梁凸出墙面距离的多少来划分，若选择“不生成”，则不形成梁面。

【梁面构件类型】 划分为梁面的构件的类型。即勾选上的构件在计算时可能划分为梁面，不勾选的构件在计算时只能划分为墙面。

【洞口】 划分为洞口并生成的立面洞口构件的编号。

【生成洞口构件】 哪些构件会生成立面洞口构件。勾选上的构件会生成立面洞口构件，不勾选的不生成立面洞口构件。

【开始生成】 开始执行批处理，在立面装饰层生成构件。

操作说明：

在勾选好界面参数后，程序会分析所选择的楼层是否先前已经生成为立面装饰/洞口；若有，则会进一步提示用户，如图 8-22 所示。

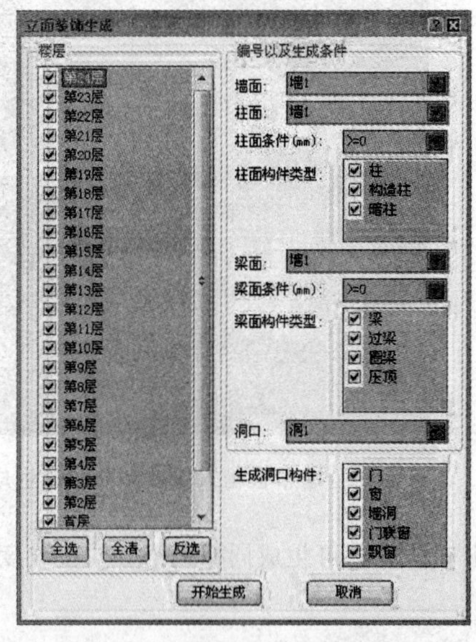

图 8-21 “立面装饰生成”对话框

图 8-22 确认勾选覆盖对话框

对话框选项和操作解释：

【楼层】 所有已经生成立面装饰/洞口的楼层的列表。在此勾选上的楼层在生成立面之前会清除先前生成的立面装饰/洞口。

8.13　立面展开

功能说明：选择立面装饰构件进行展开，展开后方便用户在一个展开的水平面上进行编辑修改，最后会有一个退出展开的命令将修改的结果反馈到立面装饰构件，包括装饰面多义线区域，做法/属性/编号名称等的所有修改。

菜单位置：【装饰】→【立面装饰】→【立面展开】。

命令代号：lmzk。

操作说明：

(1)选择立面展开构件。

1)若选择的是单段侧壁生成的立面装饰，命令栏提示：

是否对此单段装饰执行展开？[Yes(Y)/No(N)]<N>：

输入 Y，则程序将按此单段装饰的投影线条搜索构件进行展开，程序会弹出对话框，选择要展开的楼层；若输入 N，命令栏则提示：

选择立面展开终止构件：

选择另一个立面装饰构件，选择成功后，则程序执行搜索路径。若搜索的路径有多条，则提示：

是这一条路径吗？[Yes(Y)/No(N)]<Y>：

这时，屏幕上会出现一条多义线表示当前确认的路径，若用户觉得是对的，则输入 Y，程序会弹出对话框，选择要展开的楼层；否则，输入 N，程序会继续对另一条多义线提问，直到用户确认一条路径为止。中间用户若想中止操作，按 Esc 键即可。

2) 若选择的是多段侧壁生成的立面装饰，命令栏提示：

选择立面展开终止构件：

选择另一个立面装饰构件，选择成功后，则程序执行搜索路径。若路径合法，程序会弹出对话框，选择要展开的楼层。若有多条路径，则逐条提问让用户进行选择。若无合法路径，提示相应的错误信息并退出命令。

(2)弹出“立面装饰展开”对话框，选择要展开的楼层，如图 8-23 所示。

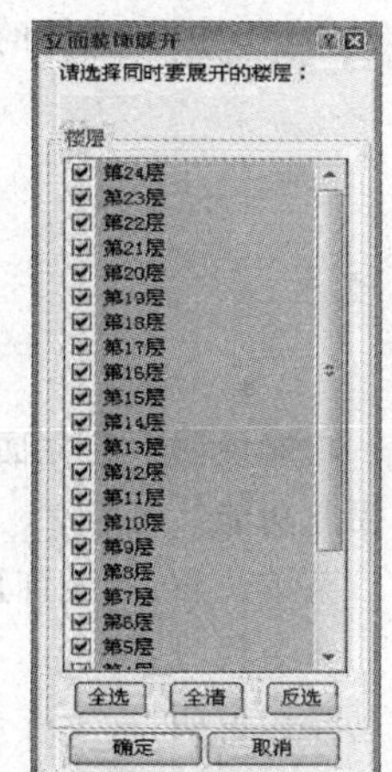

图 8-23　“立面装饰展开”对话框

对话框选项和操作解释：

【楼层】 所有楼层的表面按照前面分析确定的路径在所勾选上的楼层里查找立面装饰/洞口构件，并按路径往 X 正方向拉直的计算方法将立面装饰/洞口展开到 XY 平面，同时显示出标高等信息，如图 8-24 所示。

提示信息解释：

【不支持对空间斜面，水平面或洞口作为终止构件进行展开】 选择终止构件时，不支持选择立面洞口、梁底面及其他一些非立面的装饰构件。

【选择构件不是一个楼层的，暂不能展开!】 选择的两个立面装饰不是一个楼层，暂不能展开。

【找不到展开的路径，请检查路径之间是否有空隙。】 不同的侧壁生成的立面装饰若想一次性展开成功，要求侧壁首尾相接，差不超过 1 mm。

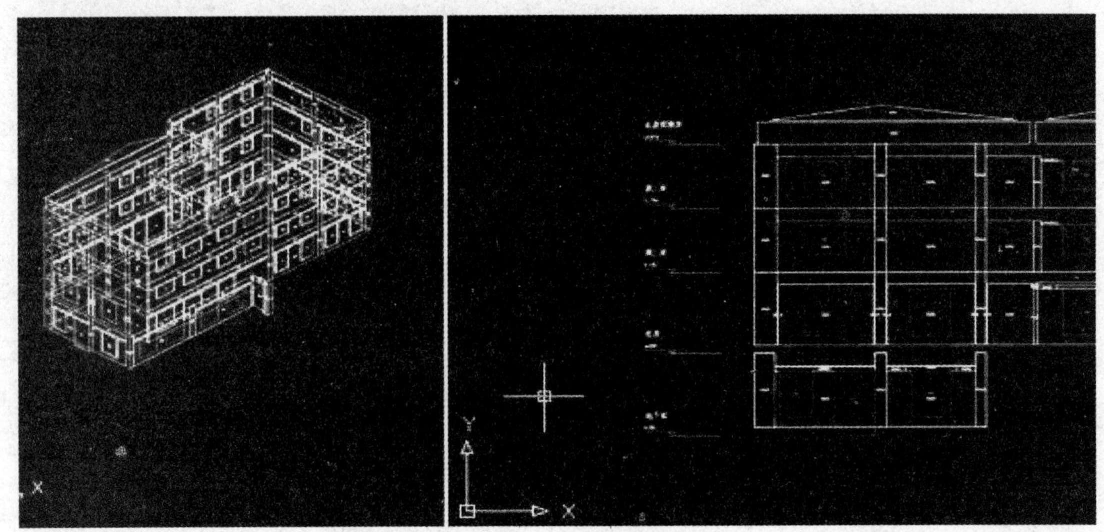

图 8-24　平面展开图

【找不到展开的路径，请检查是否误删除了某些构件。】 某些 CAD 的底层操作可能会删除某些数据。一般不会出现，若出现此提示，可能要求重新生成立面，否则无法展开。

【封闭的路径默认按逆时针展开!】 若原侧壁构件是封闭的路径，则在展开时只按逆时针展开。所以，若想完整地展开一个封闭的路径，顺时针选择相邻的两条边即可。

【非封闭的路径默认去除两端后展开】 若原侧壁构件是不封闭的路径，则展开方向是从起点到终止，展开选择的两个边以及所有处于这两个边中间的边。

8.14　立面切割

功能说明：在立面展开后，若想将某些立面装饰拆分，或者将某些立面装饰合并，则可以使用此功能。

菜单位置：【装饰】→【立面装饰】→【立面切割】。

命令代号：lmqg。

操作说明：

(1)选择要拆分的装饰面，或【切换到合并(S)】。

这时，若输入 S，则命令退出，下次再开启命令时切换为【选择要合并的装饰面】，或选择构件，命令栏提示：

拾取拆分线上的起点

这时，拾取一个点，命令栏又提示：

拾取拆分线的角度

这时，图面上显示一条橡筋线，表示拾取的角度，这两步都成功后按此线将前面选择的立面装饰或洞口切割成若干块。

(2)选择要合并的装饰面，或【切换到拆分(S)】。

这时，若输入 S，则命令退出，下次再开启命令时切换为【选择要拆分的装饰面】，或选择构件。选择后，程序将这些选择的立面装饰或洞口合并成一个构件。

提示信息解释：

【立面装饰不能与立面洞口合并!】 如字面意思所示。

【属性或做法不相同，是否继续执行合并?】 若选择的立面装饰或洞口，属性不相同(指除了“所属楼层”“面积”“周长”“轴网信息”等以外的其他属性)或做法不相同的，继续合并会丢失数据，故在此提示用户确认一下。

【区域合并不了!】 若选择的立面装饰或洞口的多线不符合成某些区域，则有此提示。

【合并后区域不唯一，暂不支持!】 若选择的立面装饰或洞口的多义线合成了多个区域，则继续执行会生成多个构件，而这些新生成的构件无法确定唯一的属性或做法，故不支持。

第9章 钢筋

本章内容

钢筋布置、柱筋平法、梁筋布置、板筋布置、筏板钢筋、条基钢筋、屋面钢筋、地面钢筋、表格钢筋、自动钢筋、钢筋显隐、钢筋三维、钢筋复制、钢筋删除、钢筋选项、钢筋维护。

钢筋计算主要是通过提取构件的相关属性，结合软件内置判定条件来完成的。从前面绘制工程预算图章节可以了解到，软件是利用了结构部分相关构件几何及空间信息，组成各种构件，以此快速得到其工程量。同样，在进行钢筋计算时，也是建立在各种构件几何及空间数据的基础上，完成钢筋计算。

用户在手工计算钢筋时，钢筋的有关尺寸信息基本上是从结构图中获得，通过对结构中各构件的基本数据组合，获取相应的钢筋计算结果。在软件中，当工程模型建立后结构部分的数据信息就已经反映到工程预算图中，比如一根矩形柱在预算图中就具有它真实的尺寸信息：柱高、截宽、截高等。而钢筋的计算将从结构图形中自动获取这些构件的数据和构件之间的连接信息，通过软件分析判定确定或用户指定的钢筋计算公式得到钢筋的长度和数量。然后，通过钢筋统计程序，获取钢筋的工程量。

钢筋计算的工作流程：

(1)激活相应的钢筋布置命令，选择需要布置钢筋的构件。

(2)定义有关钢筋描述信息，选择钢筋类型和钢筋名称，每一个钢筋名称对应一条钢筋计算公式。用户选定钢筋名称后，也就是选定了钢筋公式。钢筋的描述包括钢筋直径、分布间距或数量信息，以及钢筋排数等。

(3)软件根据用户设定的描述，自动从当前构件中获取相关尺寸等信息，并把两者相结合，结合长度和数量公式计算出构件中钢筋的实际长度及数量。

(4)将钢筋布置到构件中。钢筋布置遵循同编号原则，即同编号构件，在其中的任一个构件上布一次就可以了。个别特殊构件的非同编号布置钢筋，例如梁腰筋与拉筋，在【钢筋选项】中软件提供了控制同编号布置的设置选项。

(5)如果构件中布置了钢筋或已经附有钢筋信息，但计算时又不需要此构件的钢筋工程量，可在构件查询对话框中将【是否输出钢筋工程量】属性的属性值设置为“否”，此构件的钢筋就不会被计算输出了，而同编号其他构件的钢筋将不会受到影响，会正常输出。

最后由钢筋统计程序统计出钢筋总量。

9.1 钢筋布置

功能说明：用于软件内没有专门钢筋布置的构件。

菜单位置：【快捷菜单】→【钢筋布置】。

命令代号：gjbz。

本命令用于所有构件的钢筋布置，包括柱、梁、墙、板、筏板、独基承台、基础梁等构件的钢筋。

执行命令后选择要布置钢筋的构件，或者在空白处右击弹出“编号配筋”对话框，如图 9-1 所示。

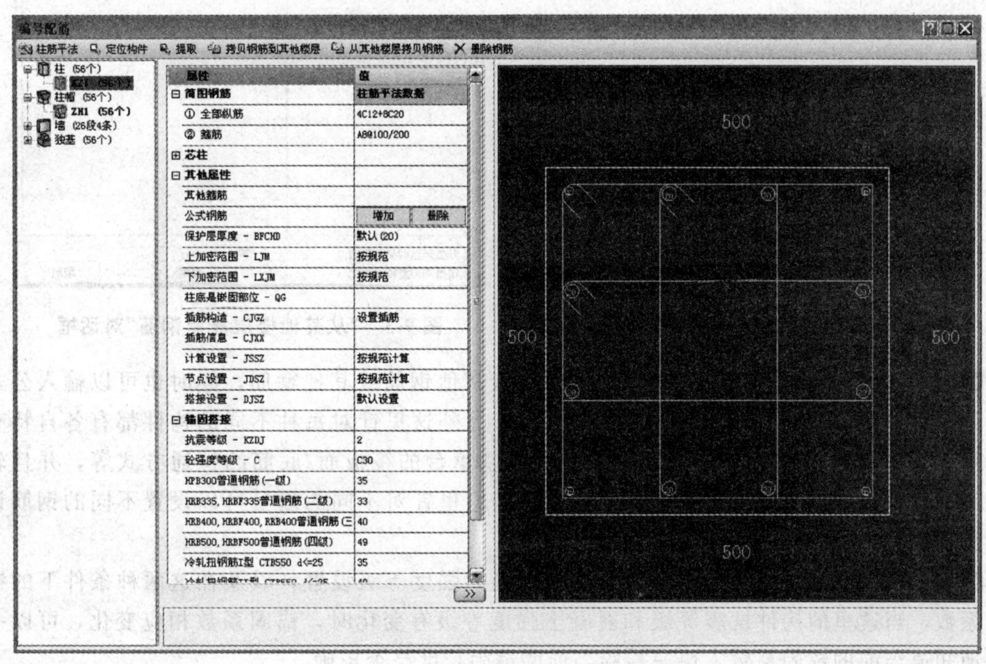

图 9-1　“编号配筋”对话框

对话框选项和操作解释：

【柱筋平法】　对于柱、暗柱构件，单击【柱筋平法】按钮，界面则定位到当前选定的柱编号的柱体构件，用户可以通过柱筋平法编辑该柱体构件的钢筋。

【定位构件】　当前光标选定到某一构件的编号时，单击【定位构件】按钮。

【提取】　在布置钢筋时单击该按钮，可以从图形中提取钢筋描述。

【复制钢筋到其他楼层】　单击该按钮，弹出“复制钢筋到其他楼层”对话框，如图 9-2 所示。

对话框分为当前层编号选择和目标楼层选择两部分。在当前层编号选择中可以根据需要选择复制的构件编号；在目标楼层中可以选择将已经选中的构件编号复制到目标楼层，当不勾选【只显示当前构件类型】时，则所有构件都会显示出来提供选择；当不勾选【覆盖同类型构件钢筋】时，则复制钢筋时，如果目标楼层同编号的构件有钢筋则不会覆盖。

【从其他楼层复制钢筋】　单击该按钮，弹出“从其他楼层复制钢筋”对话框，如图 9-3 所示。

对话框分为源楼层和复制构件两部分。在源楼层中可以选择需要复制的构件所在的楼层；在复制构件框中则选择当前选择楼层中的构件以及编号。勾选【只显示当前构件类型】时，则所有构件都会显示出来提供选择；当不勾选【覆盖同类型构件钢筋】时，则复制钢筋时，如果目标楼层同编号的构件有钢筋则不会覆盖。

【删除钢筋】　删除当前选择的构件编号的钢筋数据。

简图框内的内容：

【简图钢筋】　与右边参数图形中对应的钢筋的描述输入框，下拉按钮会有钢筋输入提示。

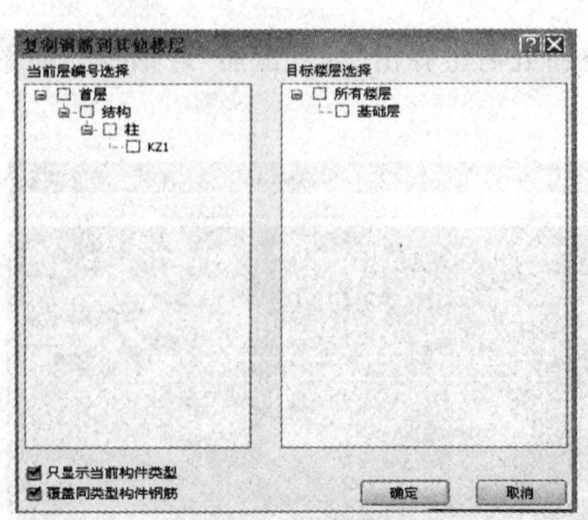

图 9-2 “复制钢筋到其他楼层”对话框

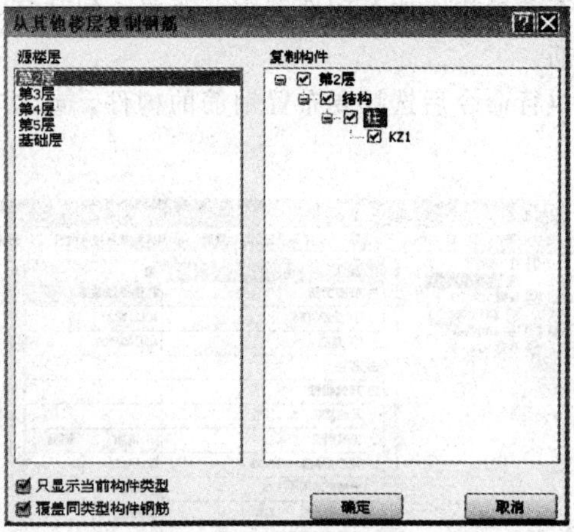

图 9-3 “从其他楼层复制钢筋”对话框

【其他属性】 在其他属性中，用户可以输入其他钢筋或其他箍筋，同时也可以输入公式钢筋即软件自带的钢筋维护公式库中的钢筋数据，另外这里针对每种不同的构件都有各自特有的属性项，如柱的上/下加密范围、插筋设置、独基承台的筏板面/底筋的拉通方式等，并且软件将钢筋的计算设置和节点设置做出了编号级，即这里针对不同的编号可以设置不同的钢筋设置项和构件节点构造。

【锚固搭接】 提供了构件的抗震等级和混凝土强度等级设置，以及在这两种条件下的锚固长度系数，当这里的构件抗震等级和混凝土强度等级有变化时，锚固系数相应变化，可以一目了然地知道当前的锚固系数，快速检验当前的锚固长度是否正确。

[>>]按钮：将参数图形对应的钢筋计算公式部分展开，展开见后述，如图 9-4 所示。

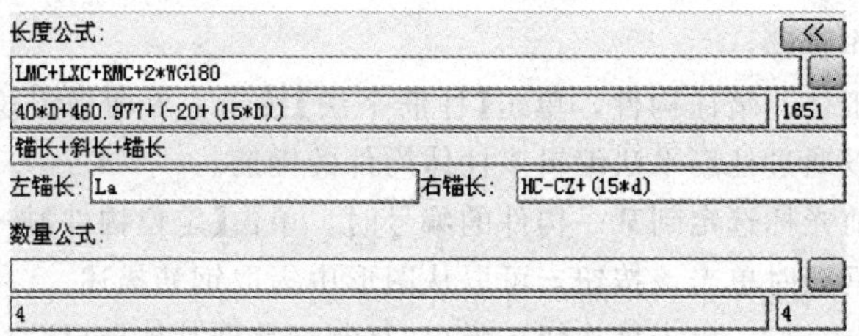

图 9-4 公式部分展开

栏目内的内容：

【长度公式】 对应钢筋名称的钢筋长度公式。

【长度计算式】 钢筋长度的计算表达式。

【长度中文式】 用中文解释的表达式。

【左锚长】 钢筋锚入左侧或下边支座内的计算长度。

【右锚长】 钢筋锚入右侧或上边支座内的计算长度。

【数量公式】 对应钢筋名称的钢筋数量公式。

【数量计算式】 钢筋数量的计算表达式。

[...]按钮：单击该按钮，弹出“公式编辑”对话框，在对话框中查询公式中的变量解释或编辑公式，如图 9-5 所示。

该对话框的使用见后述。

操作说明：

参照图 9-6 所示的柱筋表来布置柱钢筋。

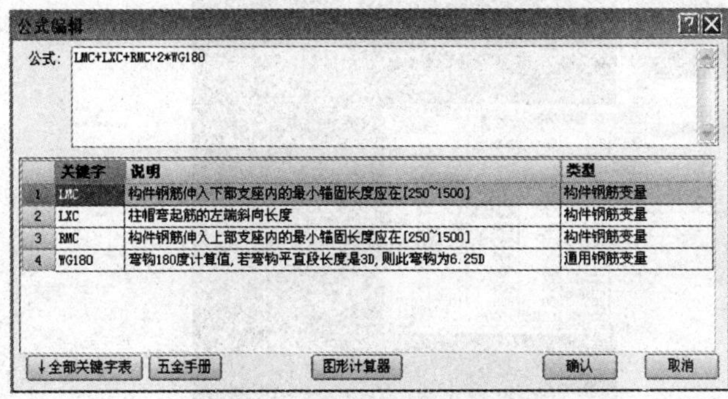

图 9-5 “公式编辑”对话框

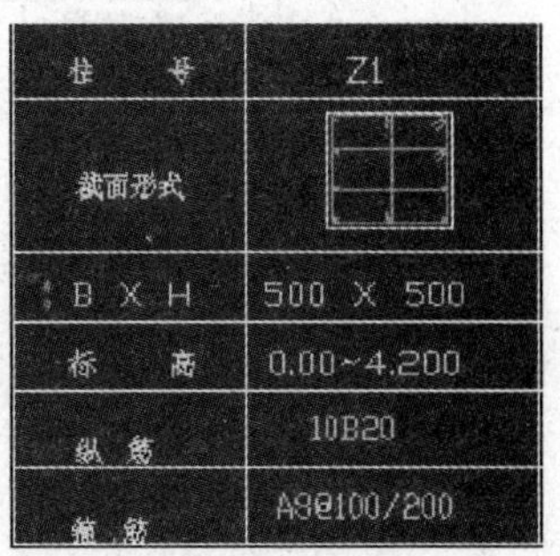

柱号	Z1
截面形式	
B X H	500 X 500
标高	0.00~4.200
纵筋	10B20
箍筋	A8@100/200

图 9-6 柱筋表

在界面上空白处右击，在编号钢筋界面上选择 Z1 编号的柱，如图 9-7 所示。

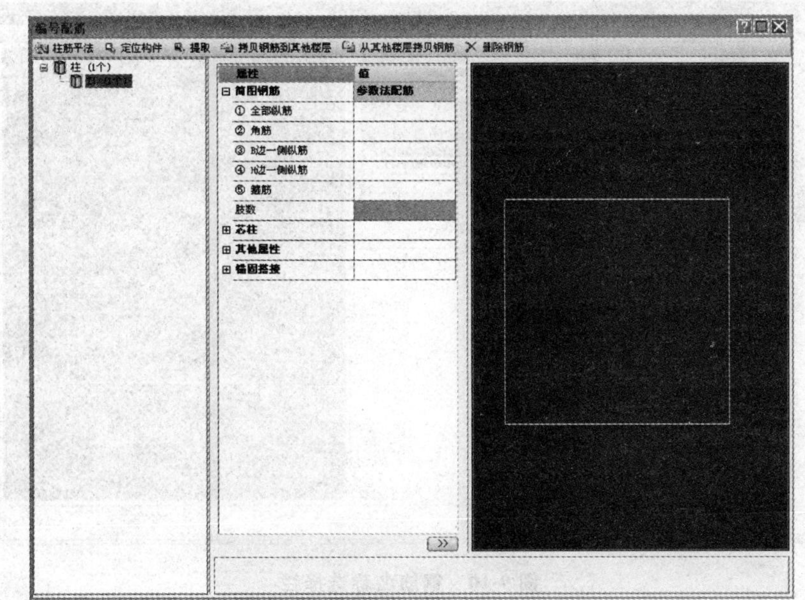

图 9-7 默认柱筋已填入对话框中

根据柱筋表，在全部纵筋栏的空白处输入钢筋描述 10B20，本图的纵筋没有分角筋和边侧筋，当大样中有类似 4Φ22/4Φ18 这样的描述时，则可以在角筋、B 边/H 边纵筋栏输入相应的钢筋描述。

修改箍筋，修改钢筋描述，可单击单元格后面的…按钮，再弹出钢筋描述选择栏，如图 9-8 所示。

A8@200
非分布筋
分布筋

图 9-8 钢筋描述选择栏

在钢筋描述选择栏中出现的是对应筋的历史描述，在历史描述中选择一个钢筋描述，如果在历史描述中没有对应的内容可选，则单击“分布筋”文字，展开钢筋描述输入栏，如图 9-9 所示。

按照柱筋表在栏中选择钢筋级别、直径、加密间距、分布间、肢数，之后右击确定(或双击最后一次选择的数据)，就将钢筋描述修改好了，如图 9-10 所示。

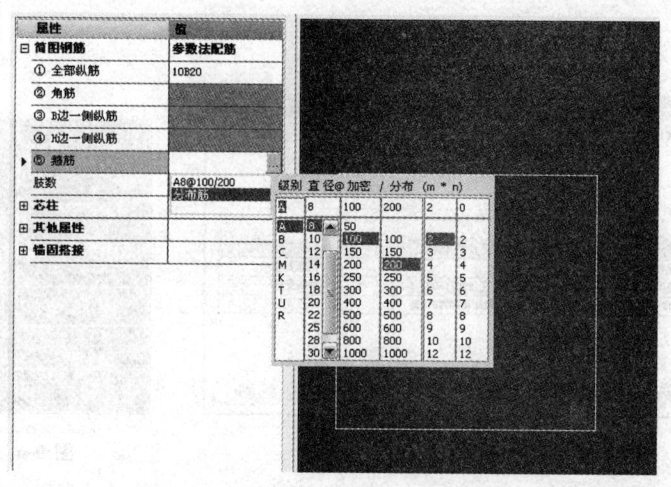

图 9-9　展开的钢筋描述输入选择栏

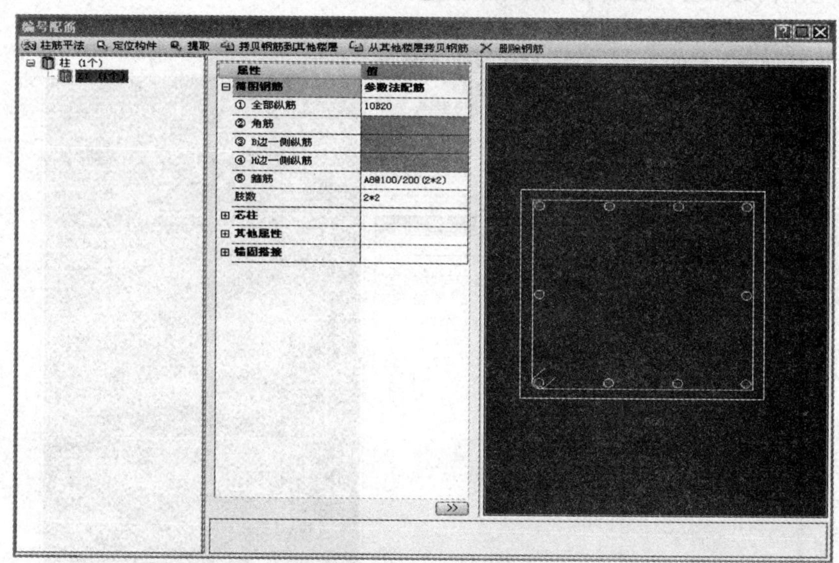

图 9-10　钢筋名称选择栏

修改选择好的钢筋后，退出对话框，柱钢筋就布置到界面中的柱上了。

布置好的 Z1 钢筋如图 9-11 所示。

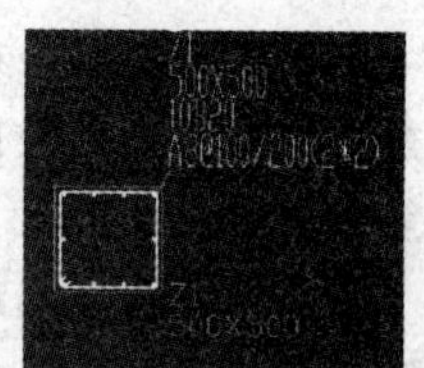

图 9-11　布置好的柱筋

执行命令后，命令栏会提示：

选择要布置钢筋的构件|(S)设置|:

根据提示，在界面选择需要布置钢筋的构件，之后按上述方式操作即可。

小技巧：

要提高布置速度，可先在默认钢筋中设置好常用的数据，这样只要进行少量修改，就可以进行钢筋布置了。

如果不同编号间的构件钢筋相同或类似，可以采用【参照】功能，参照已经布置到其他编号构件上的钢筋来快速布置钢筋。

【其他钢筋】　当钢筋名称选择栏中没有可选项时，表示软件内没有对的钢筋公式来支持钢筋布置，这时可用软件提供的【其他钢筋】功能来布置钢筋。

单击【其他钢筋】后面的…按钮，弹出“编辑其他钢筋”对话框，如图 9-12 所示。

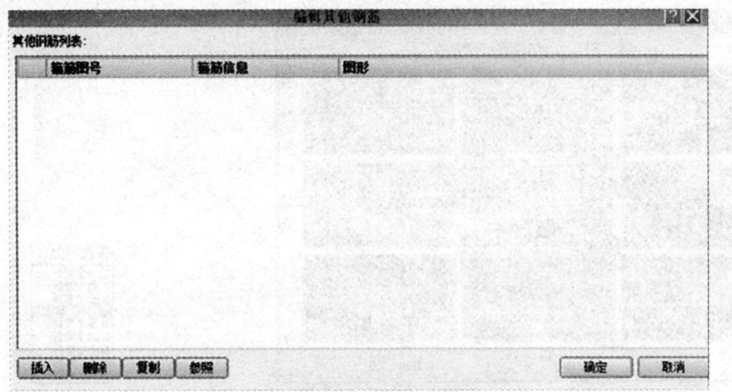

图 9-12 “编辑其他钢筋”对话框

对话框选项和操作解释：

【插入】 在对话框中新建一类钢筋。

【删除】 将选中的一类钢筋删除。

【复制】 将选中的钢筋行复制一条。

【确定】 将定义的钢筋提取到“编号配筋”对话框中。

【取消】 什么都不做，回到“编号配筋”对话框。

栏目内的内容：

【箍筋图号】 钢筋图样的图号。

【箍筋信息】 箍筋信息描述。

【图形】 选择好箍筋图号后，栏目中就有对应的图形显示，并且还有弯折段的长度数据，可以直接对长度数据进行修改。

操作说明：

用【其他钢筋】功能布置钢筋(图 9-13)的操作方式如下：

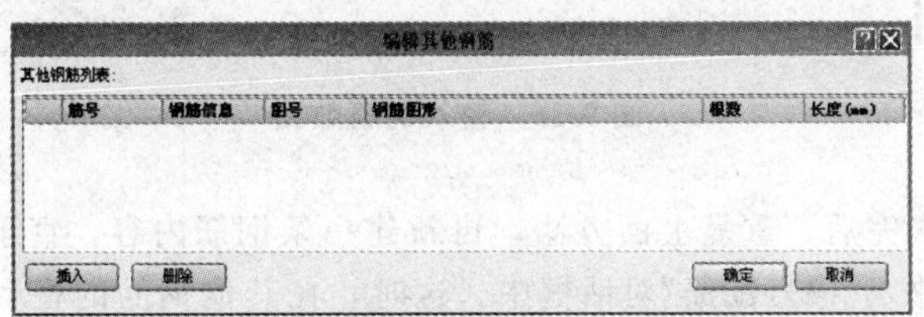

图 9-13 用【其他钢筋】功能布置钢筋

进入对话框后，单击【插入】按钮，这时对话框中会增加一行记录。

在【筋号】单元格内输入当前的钢筋称号。

在【钢筋信息】单元格内输入当前的钢筋描述，钢筋描述的操作同上。

在【图号】单元格内输入当前的钢筋的简图号，不知道简图号时，单击单元格后的…按钮，弹出“选择简图”对话框，如图 9-14 所示。

在【根数】单元格内输入当前的钢筋数量。

在【长度】单元格内显示当前钢筋的计算长度。

在“选择简图”对话框中，可以选择需要的钢筋形式。

【弯折】栏，单击栏目后面的▼按钮展开的选择栏，如图 9-15 所示。

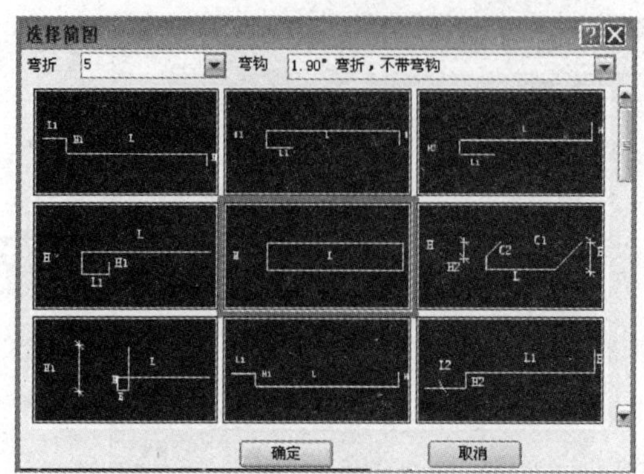

图 9-14 "选择简图"对话框

图 9-15 钢筋简图选择栏

在栏目中选择需要的钢筋弯折，就会在下面栏目内展开软件内置好的一些钢筋形状，在栏目中选择一种符合要求的钢筋形状，单击【确定】按钮或双击该图形，对应的钢筋简图号就提取到【图号】单元格了，同时对应的图形也会在【图形】栏显示出来。

温馨提示：

手工布置其他钢筋的数量和长度都需要输入，这是因为程序提取不到构件的尺寸性缘故。

钢筋的计算长度，依据选择的钢筋图形，单击图中对应的数据值在展开的栏目中输入数据，如图 9-16 所示。

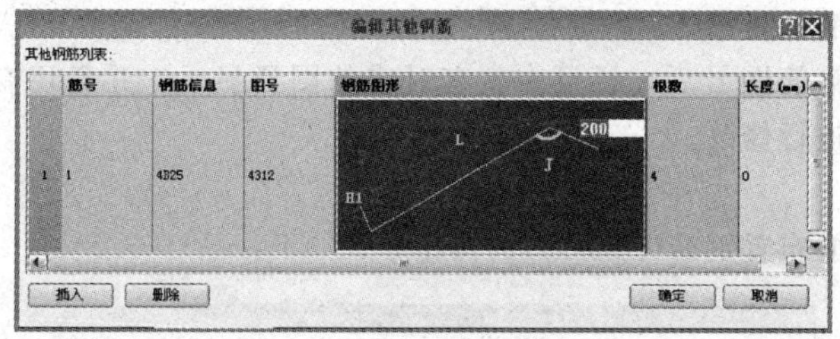

图 9-16 输入钢筋数据

一条钢筋记录输入完后，重复上面方法，再新建一条钢筋内容，直至输入完毕，最后单击【确定】按钮，将钢筋放入"编号配筋"对话框中。这时，在其他钢筋的栏目中会看到对应的钢筋筋号。

9.2 柱筋平法

功能说明：通过绘制来确定钢筋位置和长度，从而满足平面标注法要求来计算钢筋工程量。本命令用于布置柱和暗柱钢筋。

菜单位置：【快捷菜单】→【钢筋布置】。

命令代号：zjpf。

执行命令后弹出"柱筋布置"对话框，如图 9-17 所示。

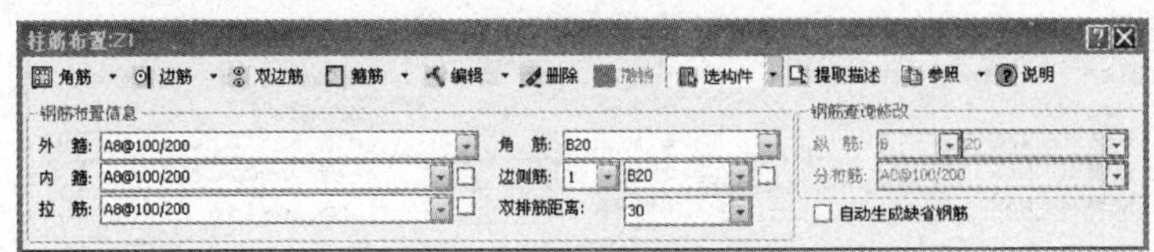

图 9-17 “柱筋布置”对话框

对话框选项和操作解释：

：自动布置角筋按钮，单击 ▾ 按钮，可以选择【定位角筋】功能。

：布置单边侧钢筋按钮，单击 ▾ 按钮，可以选择【任意主筋】【双排纵筋】功能。

：布置双边侧钢筋按钮。

：布置矩形箍筋或拉筋按钮，单击 ▾ 按钮，可以选择【自动生成箍筋或拉筋】【拉筋】【任意箍筋】【多边形箍筋，以纵筋定位】【多边形箍筋，以构件顶点定位】功能。

：选择钢筋修改描述，单击 ▾ 按钮，可以选择【编辑纵筋长度】【编辑箍筋数量】功能。

：删除钢筋按钮。

：撤销上步操作按钮。

：通过选择柱(暗柱)来布置柱筋。

：在图形上提取钢筋描述，根据选取的描述自动判定描述类型，并把钢筋描述数据写到对话框的相关栏目里面。

：通过选择类似的柱来布置柱筋。单击 ▾ 按钮，可以选择【读钢筋库】(调用已经保存到数据库里面的钢筋类型来布置柱的钢筋)、【选择要参照的柱】功能。

【钢筋入库】 将已经定义好的柱钢筋保存到数据库内以便今后使用。

【钢筋查询修改】 选择需要进行描述修改的钢筋，进行相应的描述修改。

操作说明：

第一步：选择要布置钢筋的柱或暗柱，右击→单击【柱筋平法】命令，弹出“柱筋布置”对话框，分别对【外箍】【内箍】【拉筋】【角筋】【边侧筋】的默认钢筋描述进行设置。

第二步：单击自动布置角筋、其他定位角筋命令来获得角筋位置，并将设置好的默认角筋规格布置到相关位置。

第三步：单击布置单边侧或双边侧钢筋布置命令来获得边侧钢筋位置，并将设置好的默认侧钢筋规格布置到相关位置。

第四步：单击矩形箍布置命令，通过分别点取矩形区域的对角点来获得矩形箍的路径长度。

第五步：单击拉筋命令，通过单击边侧钢筋来获得内部拉筋位置，并将设置好的默认内部拉筋规格布置到相关位置。

第六步：单击多边形箍筋，可以处理异形的箍筋形式。

第七步：单击多边形外箍和任意分布筋，通过单击边侧钢筋或角筋来获得异形内箍/外箍的位置，并将设置好的默认钢筋规格布置到相关位置。

第八步：单击删除对象命令，框选设置需要删除的钢筋对象，将多余的钢筋删除。

第九步：单击查询钢筋信息命令，对框选的钢筋信息进行修改，如图 9-18 所示。

以上是常规操作步骤，其未涉及的步骤可以无需执行，如布置完毕后没有多余的钢筋，就可以忽略删除对象的命令步骤等。

用柱筋平法命令完成的钢筋三维效果如图 9-19 所示。

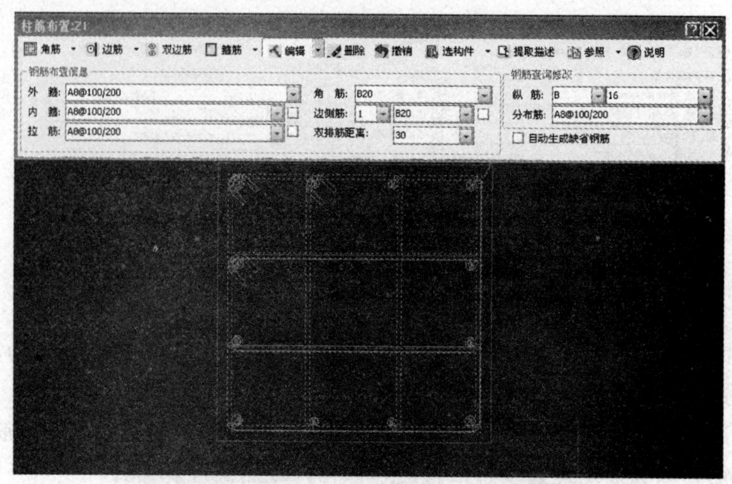

图 9-18 柱筋平法钢筋信息查询、修改

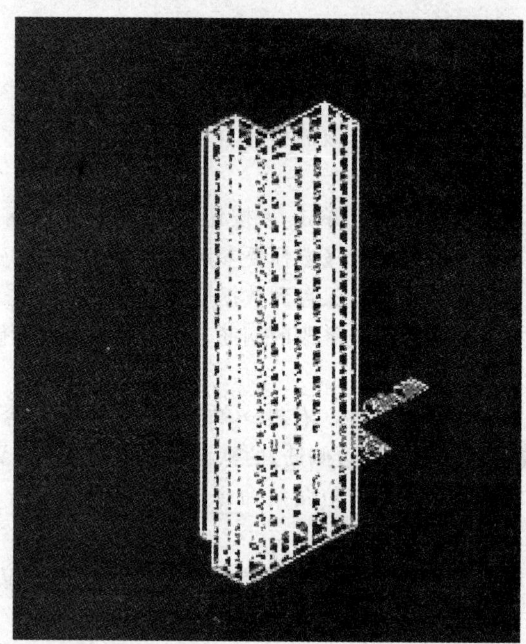

图 9-19 已完成柱筋平法钢筋三维效果

在箍筋输入栏，有核心区的钢筋描述为：Φ8/10@100/200 这样的形式，直筋较大的箍筋为核心的箍筋，目前软件支持柱筋平法的核心区箍筋的输入和计算，如图 9-20 所示。

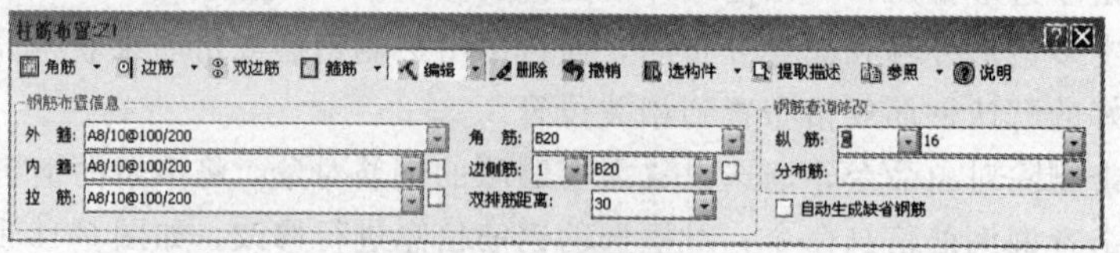

图 9-20 布置界面

柱的核对单筋计算结果，如图 9-21 所示。

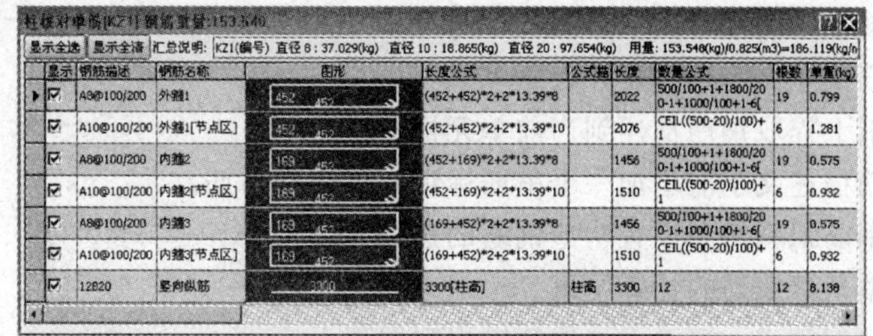

显示全选 显示全清 汇总说明: KZ1(编号) 直径 8 : 37.029(kg) 直径 10 : 18.865(kg) 直径 20 : 97.654(kg) 用量: 153.546(kg)/0.825(m3)=186.119(kg/m

显示	钢筋描述	钢筋名称	图形	长度公式	公式描述	长度	数量公式	根数	单重(kg)
☑	A8@100/200	外箍1	452 452	(452+452)*2+2*13.39*8		2022	500/100+1+1800/200-1+1000/100+1-6[	19	0.799
☑	A10@100/200	外箍1[节点区]	452 452	(452+452)*2+2*13.39*10		2076	CEIL((500-20)/100)+1	6	1.281
☑	A8@100/200	内箍2	169 452	(452+169)*2+2*13.39*8		1456	500/100+1+1800/200-1+1000/100+1-6[	19	0.575
☑	A10@100/200	内箍2[节点区]	169 452	(452+169)*2+2*13.39*10		1510	CEIL((500-20)/100)+1	6	0.932
☑	A8@100/200	内箍3	169 452	(169+452)*2+2*13.39*8		1456	500/100+1+1800/200-1+1000/100+1-6[	19	0.575
☑	A10@100/200	内箍3[节点区]	169 452	(169+452)*2+2*13.39*10		1510	CEIL((500-20)/100)+1	6	0.932
☑	12B20	竖向纵筋	3300	3300[柱高]	柱高	3300	12	12	8.138

图 9-21　柱的核对单筋计算结果

温馨提示：

(1)用柱筋平法布置钢筋时，要把 CAD 的捕捉功能打开。

输入钢筋定位点的时候，要点取在捕捉点上；否则，定义出来的公式会不准确，可以在栏目的单元格中直接修改变量值。

(2)通过柱筋平法功能布置的钢筋，在计算的时候能够根据规范要求自动处理构件变截面和钢筋变规格不同场景的构造要求，无需手工干预。

上柱纵筋改变直径时，下柱纵筋计算原理：

当遇到上柱纵筋变大时，软件的柱筋平法处理结果，如图 9-22 所示。

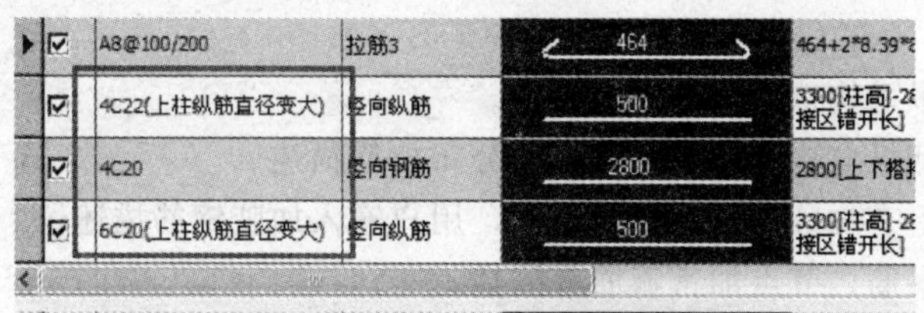

☑	A8@100/200	拉筋3	464	464+2*8.39*8
☑	4C22(上柱纵筋直径变大)	竖向纵筋	500	3300[柱高]-28 接区错开长]
☑	4C20	竖向钢筋	2800	2800[上下搭接
☑	6C20(上柱纵筋直径变大)	竖向纵筋	500	3300[柱高]-28 接区错开长]

图 9-22　柱筋平法处理结果

9.3　梁筋布置

功能说明：提供梁钢筋的布置和识别功能。

菜单位置：【快捷菜单】→【梁筋布置】。

命令代号：ljbz。

执行命令后弹出“梁筋布置”对话框，如图 9-23 所示。

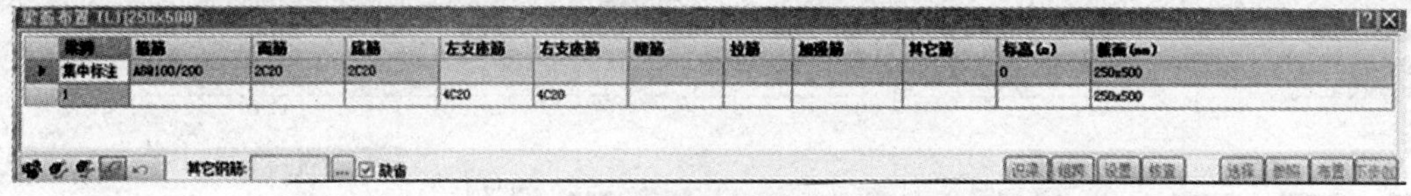

梁跨	箍筋	面筋	底筋	左支座筋	右支座筋	腰筋	拉筋	加强筋	其它筋	标高(m)	截面(mm)
集中标注	A8@100/200	2C20	2C20							0	250x500
1				4C20	4C20						250x500

其它钢筋: … ☑缺省

图 9-23　“梁筋布置”对话框

对话框选项操作解释：

【其他钢筋】　同钢筋布置章节说明。

【默认】　同钢筋布置章节说明。

【转换】 用来转换钢筋描述。

【合并】 对钢筋描述文字进行合并。

【提取】 从图纸上提取钢筋描述到当前单元格。

【吊筋】 把钢筋描述文字前增加一个吊筋标识，以识别吊筋。

【设置】 进行钢筋识别时和设置构造钢筋的选项。

【核查】 核查整条梁钢筋的计算结果。

【布置】 输入完钢筋后，把输入的钢筋输出到图形上。

【参照】 参照其他已布置钢筋的梁，来布置当前梁钢筋。

【下步】 展开对话框，查看平法对应的实际钢筋。

栏目内的内容：

【梁跨】 布置钢筋对应的梁跨号。

【箍筋】 输入梁箍筋描述。

【面筋】 输入梁的上部钢筋，面筋描述。

【底筋】 输入梁的下部钢筋，底筋描述。

【左支座筋】 输入对应梁跨的左端(或与较小跨号梁跨相连端)支座上部钢筋描述，同平法钢筋标准一致。

【右支座筋】 输入对应梁跨的右端(或与较大跨号梁跨相连端)支座上部钢筋描述，同平法钢筋标准一致。

【腰筋】 输入梁纵向构造或抗扭钢筋描述。

【拉筋】 输入梁侧纵向构造或抗扭钢筋的分布拉筋描述。

【加腋筋】 当梁上有加腋时，会显示出来，用户输入加腋钢筋描述。

【加强筋】 输入吊筋、节点加密箍筋等描述。

【其他筋】 输入其他自定义钢筋描述。

【标高】 梁跨顶高与所在层层顶标高的相对高。

【截面】 梁段的截面尺寸，此处的截面尺寸随梁跨段显示。

：自动识别按钮，自动识别梁筋，可以用来自动识别电子图钢筋和自动布置设置好的构造筋。

：选梁识别按钮，选择一条梁，识别梁附近的钢筋描述。

：选梁和文字识别按钮，选择识别钢筋的梁以及要识别的钢筋的文字。

：布置梁筋按钮，自己输入钢筋数据来布置梁筋。

：撤销按钮，取消上一步的操作。

单击【下步】按钮，将展开“梁筋布置”对话框，如图 9-24 所示。

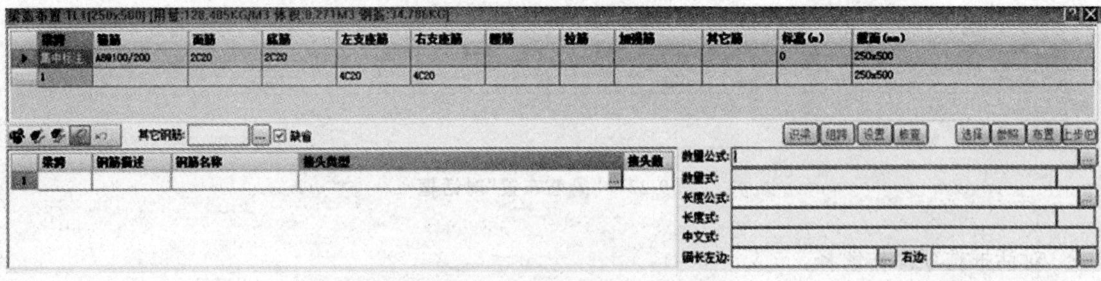

图 9-24 展开“梁筋布置”对话框

【编号】 同钢筋布置章节说明。

【梁跨】 布置钢筋对应的梁跨号。

【钢筋描述】 同钢筋布置章节说明。

【钢筋名称】 同钢筋布置章节说明。

【接头类型】 同钢筋布置章节说明。

【接头数】 编辑钢筋的接头数量。

【数量公式】 同钢筋布置章节说明。

【数量式】 钢筋数量的数字表达式。

【长度公式】 同钢筋布置章节说明。

【长度式】 长度公式中的钢筋锚长展开后的表达式。

【中文式】 同钢筋布置章节说明。

【锚长左边】 同钢筋布置章节说明。

【右边】 同钢筋布置章节说。

【...】 同钢筋布置章节说明。

操作说明：

选择要布置钢筋的梁，如果勾选了默认钢筋，缺钢筋会自动出现在表格中，如图 9-25 所示。

	梁跨	箍筋	面筋	底筋	左支座筋	右支座筋	腰筋	拉筋	加强筋	其它筋	标高(m)	截面(mm)
▶	集中标注	A8@100/200	2C20	2C20							0	250x500
	1				4C20	4C20						250x500

图 9-25 默认钢筋

根据平法标注，先输入集中标注的描述。

输入原位标注的描述，不要求集中标注的钢筋，直接按照平法标注数据行输入。如果有原位的面筋和箍筋，也直接在对应的跨内进行输入。

输入和修改数据后，单击【下步】按钮，可以查看平法对应的具体的钢筋。

如果要修改对应的钢筋，单击钢筋名称单元格按钮，弹出钢筋名称下拉选择列表。列表的左上部分是梁筋的类型，即梁筋分面筋、底筋、支座钢筋等，左下部分是这种类型对应的钢筋。右边部分是钢筋对应的简图，可以通过左下的钢筋名称来进行选择，也可以单击右边的钢筋简图来选择钢筋，如图 9-26 所示。

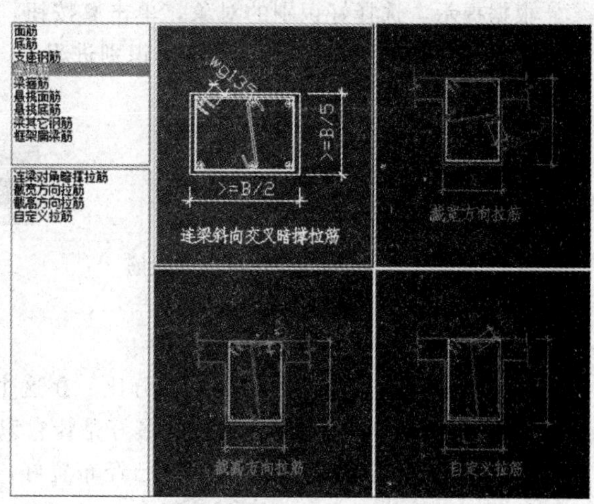

图 9-26 钢筋名称选择

修改好钢筋后，单击【布置】按钮将梁钢筋布置在图形上，如图 9-27 所示。

执行命令后，命令栏提示：

选择构件梁，条基<退出>

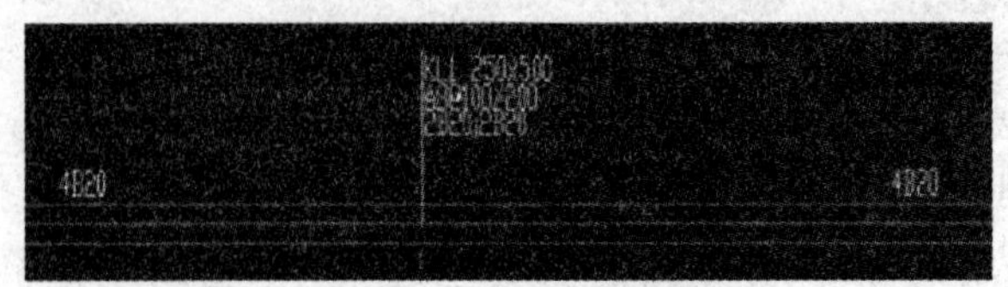

图 9-27　布置好的梁筋

在界面中选择布置钢筋的梁，之后按上述方法操作即可。

自动识别操作说明：

按钮用于自动识别梁、条基钢筋。操作方式有两种：一种是如果电子图很规范，文字的位置与梁线间距离合适，这类情况可以采用自动识别来识别电子图上的梁筋；另一种是布置好钢筋后，可以用来增加在结构总说明中的构造钢筋，例如腰筋、吊筋、节点加密箍等。单击自动识别梁筋的按钮后，其对话框会有变化，如图 9-28 所示。

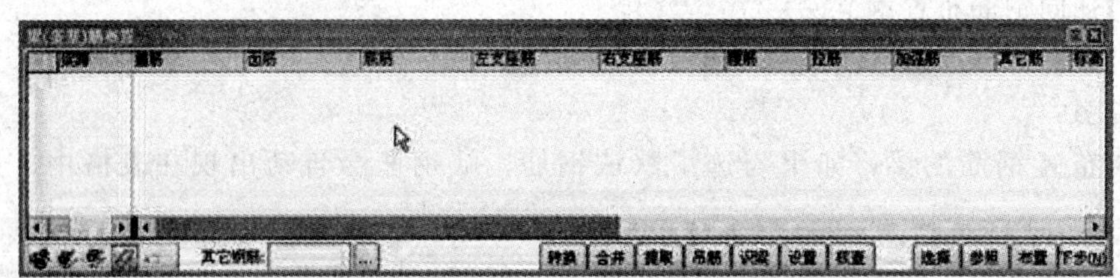

图 9-28　单击识别梁筋后对话框的按钮会变化

进行钢筋自动识别之前，如果没有对钢筋描述进行转换，应单击【转换】按钮，将钢筋描述文字进行转换后再进行识别。

第一种情况，先确定柱、梁等构件已经布置好的编号与集中标注的编号相同，转换好钢筋描述和集中标注线。单击自动识别，确认是识别梁筋还是识别条基钢筋，如图 9-29 所示。

根据提示，选择好识别的对象，单击按钮，软件根据图上的平法标注来识别所有的直形梁的钢筋，并弹出图 9-30 所示的自动识别进程条。

图 9-29　选择识别梁筋还是条基筋

图 9-30　自动识别进程条

进程条显示现在经识别的梁的百分比。在这个过程中，可以按 Esc 键退出识别过程，但是这个操作可能使得识别出错。因此，最好是让它识别完成。

第二种情况，图纸上标注的钢筋已经布置好，电子图已经清理干净，但是结构总说明中的构造钢筋还没有加入，这时可以采用自动识别方法批量布置整层的构造钢筋。先单击【设置】按钮，进入【钢筋选项】中的【梁识别设置】，根据设计要求设置好各个数据。如果工程中有构造腰筋表，则进入【腰筋设置】页面，设置腰筋规则。设置完成后，单击【自动识别】按钮，就可以将构造钢筋批量加入。如果在第一种情况下已经设置好说明类构造钢筋，也可以同时把设计图上的钢筋和说明类构造钢筋布置完成

识别好的筋，可以用【布置梁筋】来修改。

选梁识别操作说明：

按钮 用于选择图形中的梁来识别梁筋，可以点选或者是框选任意一段梁，然后右击，程序将自动识别这条梁附近的梁钢筋文字描述。使用选梁识别对话框内会增加一个【自动】的复选框“□”(图 9-31)，用于将识别出的钢筋直接布置或确认布置到构件的选择，在选项前的框内打“√”，识别和布置是同时进行的，如果不将自动选项勾选，则识别的内容会先放到对话框内让用户校对确认后单击【布置】按钮，再将钢筋布置到界面中的梁上。

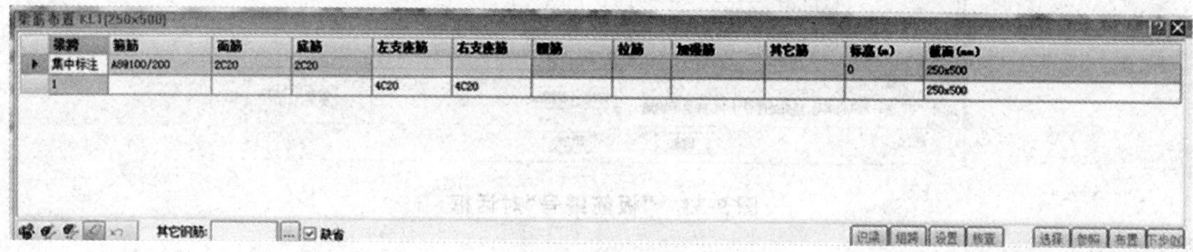

图 9-31　选梁识别按钮栏目的变化

选梁和文字识别操作说明：

按钮 用于选择图形中的梁和相应的文字来进行梁筋识别。当梁排布密集，这时梁的文字描述绞在一团，软件分不清梁筋文字与梁的关系时，用前述两种方式识别梁筋往往会出错，软件提供本功能进行梁筋识别。操作方法同前述，是要同时选择梁线和钢筋描述文字。

温馨提示：

在布置、识别等操作前，单击对话框上的【设置】按钮，设置构造钢筋，如腰筋、拉筋、节点加密筋、吊筋等，软件会按设置条件自动对符合条件的梁进行这些附加钢筋的布置。

钢筋布置前，根据不同工程设置好默认钢筋，这样可以事半功倍。

9.4　板筋布置

功能说明：提供板钢筋的布置功能。

菜单位置：【快捷菜单】→【钢筋布置】。

命令代号：bjbz。

执行命令后弹出“布置板筋”对话框，如图 9-32 所示。

对话框选项和操作解释：

【板筋类型】　要布置哪种类型板筋。

【布置方式】　指定板筋的布置方式。

【相同构件数】　如果图纸上相同板筋只是标注了一个，其他的板筋用编号来替代时，可以输入相同的数量。

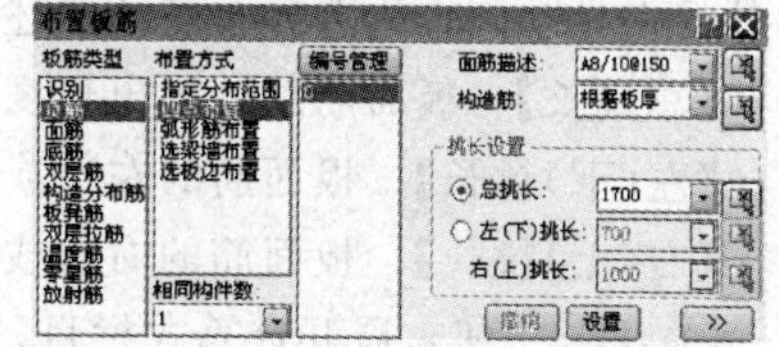

图 9-32　“布置板筋”对话框

【设置】　识别板筋时，用来设置板筋的挑出类型，是否自动带构造分布筋等信息。

【编号管理】　单击该按钮，弹出“板筋编号”对话框，如图 9-33 所示。

“板筋编号”对话框选项和操作解释：

【增加】　用来增加一个板筋编号。

【识别】　从电子图识别板筋的编号，支持一次识别多个编号文字。

【删除】　删除一个板筋编号。

【提取】　从图形上提取钢筋描述或板筋编号。

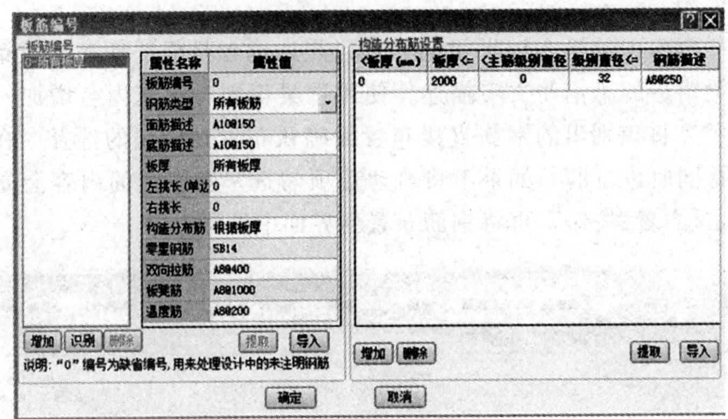

图 9-33 "板筋编号"对话框

【导入】 从其他工程导入板筋编号。

【构造分布筋设置】 对话框右边的构造分布筋设置，目的是自动判定构造分布筋的描述，目前支持根据同板厚、不同负筋描述来确定构造分布筋的描述。

板筋编号定义说明：

(1)一个编号可以同时定义板筋、板底筋、构造分布筋、零星双层拉筋、板凳筋、温度筋，可以设置钢筋类型来动态调整；

(2)"0"编号一般为默认板筋编号；

(3)构造分布筋可以设置为根据板厚自动判定，也可以设置一个具体的钢筋描述；

(4)可以将按板厚区分分配的板筋编为同一编号，软件能动态匹配布置。

【确定】 对编辑结果确认并返回"布置板筋"对话框。

【取消】 返回"布置板筋"对话框。

"布置板筋"对话框中：

【面筋描述】 布置面筋或者负筋时的钢筋描述，对于板筋的布置方式增加了钢筋的"隔一布一"布置方式，如板负筋填写成 A8/10@150，则自动按 Φ8 与 Φ10 分隔布置。"根据板厚"是根据板筋编辑里设置的数据来自动判定面筋或负筋的描述。

【构造筋】 布置负筋时，自动带的构造分布筋的描述，"根据板厚"是根据构造分布筋设置的数据来自动判定构造分布筋的描述。

【总挑长】 板面筋总的挑出长度，等于左右挑长的和。当板筋类型为面筋时有效。

【左(下)挑长】 板面筋的左边或下边挑出长。当板筋类型为面筋时有效。

【右(上)挑长】 板面筋的右边或上边挑出长。当板筋类型为面筋时有效。

》按钮：展开计算式栏目，展开后如图 9-34 所示。

【长度公式】 见柱钢筋解释。

【数量公式】 见柱钢筋解释。

【恢复当前公式】 单击后，把钢筋公式恢复为默认的公式。

【简图】 当前布置的钢筋简图。

布置操作说明：

选择好要布置的板筋类型，例如要布置板面筋。对板面筋，根据电子图上的标注规则，设置好"单挑类

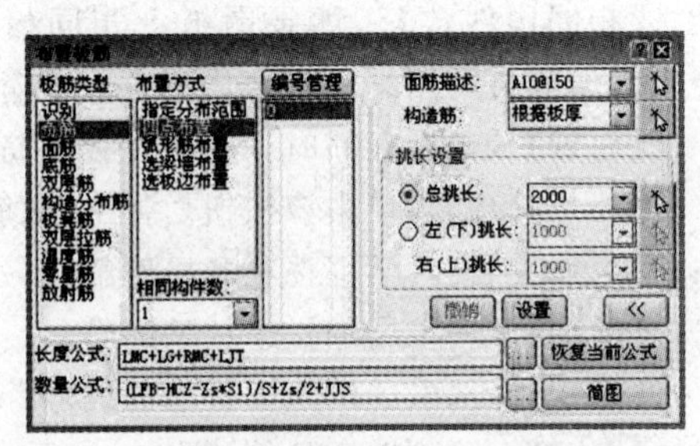

图 9-34 "板筋布置"对话框展开

型”和“双挑类型”。

这时，命令栏提示：

点取外包的起点<退出>:

“外包”就是钢筋长度方向的外包范围。

按照命令栏提示，光标移至界面中需要布置钢筋的位置，点取钢筋外包长度起点，命令栏又提示：

点取外包的终点<退出>:

光标移至界面中点取钢筋外包长度的终点，命令栏又提示：

点取分布范围的起点<退出>:

光标移至界面中点取钢筋分布长度的起点，命令栏又提示：

点取分布范围的终点<退出>:

光标移至界面中点取钢筋分布长度的终点，至此，板上的某类钢筋就布置上了，如图 9-35 所示。

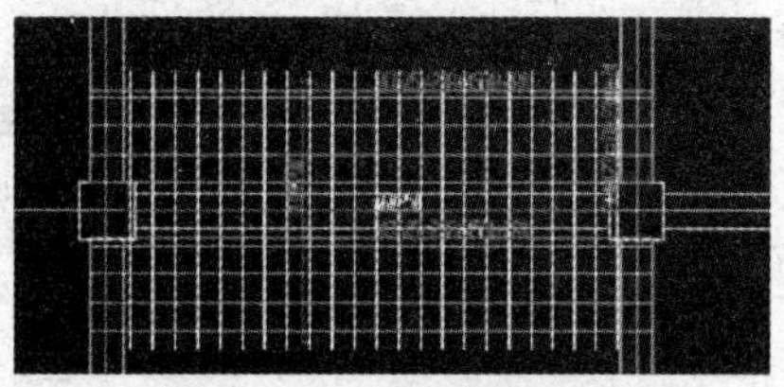

图 9-35　置好的板面筋

温馨提示：

图中，板筋线条的显示有两种方式：

(1)通过右键菜单中【钢筋明细】命令显示出来，如果关闭钢筋明细线条，再执行一次【钢筋】命令即可。

(2)将【钢筋选项】→【计算设置】→【板】的第 22 条设置为“是”，也可以将钢筋的明细线条显示出来，不过这里设置的显示是将板所有钢筋都显示出来。

对于双层双向、单层双向、双层单向、异形板底筋、异形板面筋的布置，执行命令后，光标移至界面中需要布钢筋的板中，顺钢筋的布置方向画一条直线，钢筋就布置上了。因为这几种钢筋的类型只能在一块整板内布置的缘故，程序是根据光标画的线条方向，自动找到板的边缘的。

小技巧：

如果布置的板构件是小板，而钢筋又需要连通布置，且钢筋的外包长和分布范围的边缘又不规则时，可用合并板的功能将板进行合并。之后，用两点布置板面筋或底筋进行钢筋布置。对于另外不需连通的钢筋，再将板分开进行钢筋布置，就能解决上述问题。

识别操作说明：

系统判定说明如下：

(1)通过选择的板筋线是否带有弯钩或直钩信息，来判断是底，还是面。

(2)如果选择的线是断开的，系统会把断点距离 10 mm 内的两段线连在一起。

(3)同时系统会自动查找选择到的板筋线 350 mm 附近的钢筋描述、钢筋标注及钢筋编号，现默认的信息都是与板筋线平行的，找到的信息会填写到对话框中。

(4)如果找到了 3 种信息即找到钢筋描述、标注及编号，就会把这个编号添加到钢筋列表记录中；如果只是找到编号，就会到钢筋列表记录中找到与这个编号匹配的钢筋。

(5)如果找到钢筋标注，则板筋外包长度是标注中的长度，否则取板筋线的长度。

(6)如果识别的是面筋，而且没有找到板筋的两个支座，会自动布置分布筋。

板筋识别有五种方法：框选识别、按板边界识别、选线与文字识别、选负筋线识别和自动负筋识别。

1. 框选识别

执行命令后，命令栏提示：

请选择要识别的板筋线<退出>:

根据提示光标移至界面中点取需要识别的板筋线，可以一次选择多条钢筋线，右击确认选择结束，命令栏又提示：

点取分布范围的起点<退出>:

根据提示光标至界面中点取当前正在识别的板筋分布起点，命令栏又提示：

点取分布范围的终点<退出>:

根据提示光标至界面中点取当前正在识别的板筋分布终点，一类板钢筋就识别成功了。钢筋的描述判定见“系统判定说明”第 3 条。

2. 按板边界识别

识别的方式与框选识别类似，但识别时会根据钢筋与板之间的关系，动态判定是否按板边界进行分布。

3. 选线与文字识别

执行命令后，命令栏提示：

请框选要识别的板筋线和文字信息<退出>:

根据提示光标移至界面中框选到所有这个钢筋中要用的信息，然后点取分长度的第一点、第二点，右击将识别板筋。

4. 选负筋线识别

此种识别方式是由程序自动判定钢筋的分布范围，是判定一条梁或是墙在一个段内是一直线的形状时，直接将这条直线梁或墙上分布上板筋。

执行命令后，命令栏提示：

请选择要识别的板筋线<退出>:

根据提示光标移至界面中点取需要识别的板筋线，右击，钢筋就识别成了。钢筋的描述同上面的选线识别板筋的判定一样。

5. 自动负筋识别

执行命令后，命令栏提示：

请选择一条需要识别的负筋线<退出>:

根据提示光标移至界面中点取需要识别的板筋线，右击，界面中的板负筋被全部识别。

板筋调整说明：

有些情况下，需将板钢筋进行明细长度的调整，具体操作步骤如下：

第一步：显示需要调整的板钢筋明细线条。

第二步：单击板钢筋线条，右击，调整钢筋，弹出图 9-36 所示的对话框。

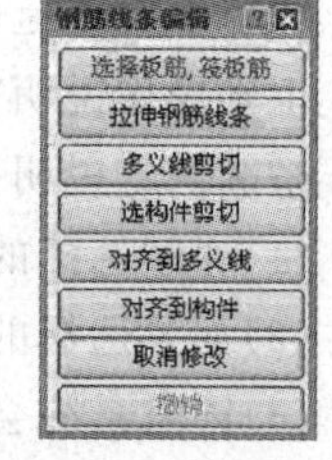

图 9-36　板“钢筋线条编辑”对话框

具体操作参照 CAD 的剪切和延伸命令，根据不同情况选择相应的操作方式。

温馨提示：

(1)板筋布置与其他钢筋的布置不同，板筋布置中不能随意增加板筋类型，所有的板筋类型只能在【板筋类型】栏中选取。

(2)布置板面负筋时，建议先定义好板面负筋编号，方便快速布置或识别板筋。

(3)异形板筋或双层双向等钢筋是按板的外形捕捉构件尺寸的，手动布置的板面筋、板底筋与板外形无关。

(4)应根据设计图纸的标注尺寸，选择好板面负筋的挑长值和锚固类型。

9.5 人防墙及楼层板带钢筋布置

人防墙及楼层板带钢筋布置扫描下方二维码。

人防墙钢筋布置

楼层板带钢筋布置

温馨提示：

楼层板带钢筋的自动识别的钢筋分布范围为板筋所在的相应板带的范围。

9.6 基础板带钢筋布置

功能说明：提供基础板带钢筋的布置功能。

菜单位置：【快捷菜单】→【钢筋布置】。

命令代号：gjbz/jcbdj。

基础板带钢筋的布置和识别与楼层板带钢筋的处理类似，参照即可。

9.7 后浇带钢筋

功能说明：提供后浇带钢筋的布置功能。

菜单位置：【快捷菜单】→【钢筋布置】。

命令代号：hjdj。

执行命令后弹出“后浇带钢筋布置”对话框，如图 9-37 所示。

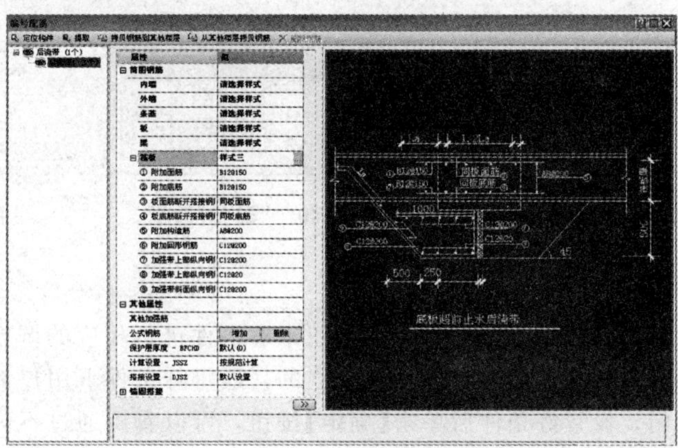

图 9-37 “后浇带钢筋布置”对话框

对话框选项和操作解释：

【简图钢筋】 根据建筑施工情况，选择提供了六种构件的后浇带钢筋设置，即筏板、条基、内墙、外墙、梁、板，根据设计图纸要求可以选择对应样式。

【筏板或梁样式选择设置】 根据图纸的要求，如筏板或梁，根据板厚或梁高的不同，后浇带钢筋和尺寸信息会有所不同。

单击筏板或梁的样式栏的…按钮，这时软件弹出"样式选择"对话框，如图 9-38 所示。

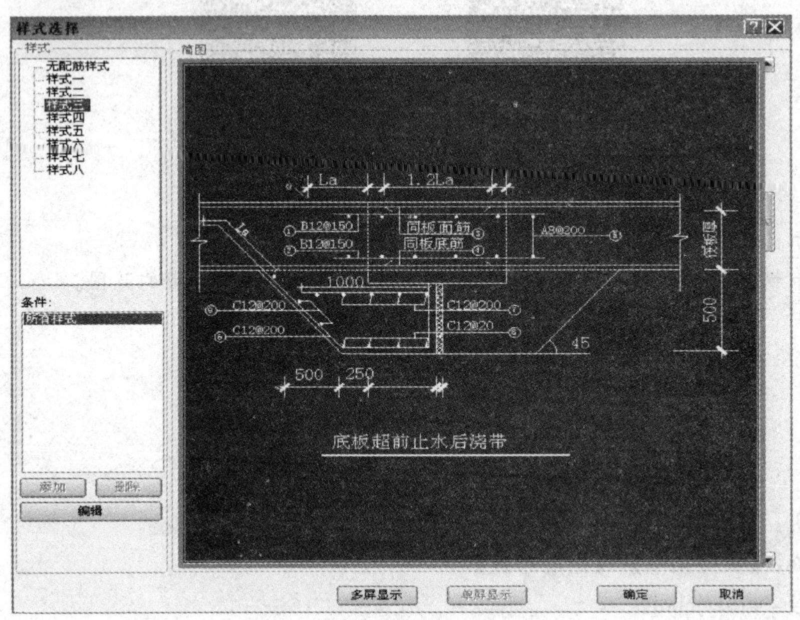

图 9-38 "样式选择"对话框

用户可以通过对话框左侧的条件框内的【编辑】按钮来添加条件，单击【编辑】按钮，弹出如图 9-39 和图 9-40 所示对话框。

用户可以在空白输入框输入或通过下拉列表选择条件值，设置好条件后单击【确定】按钮，会在条件栏列出当前已经编辑的条件，如图 9-41 所示。

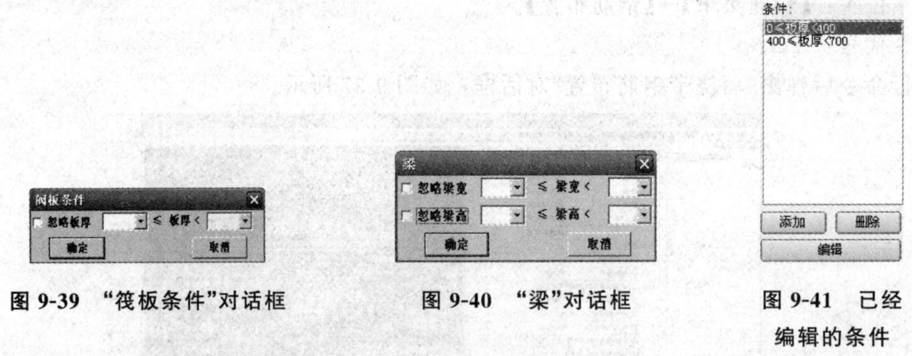

图 9-39 "筏板条件"对话框　　图 9-40 "梁"对话框　　图 9-41 已经编辑的条件

用户可以通过【添加】【删除】【复制】【修改】按钮来对条件进行相应的调整和修改。用户需要注意的是，不同的条件对应的钢筋参数图形是独立的，即每种条件下用户都可以去对钢筋或尺寸信息进行独立的编辑，设置好条件后单击【确定】按钮，可以看到通过不同条件来区分相应的筏板的大样图形，如图 9-42 所示。

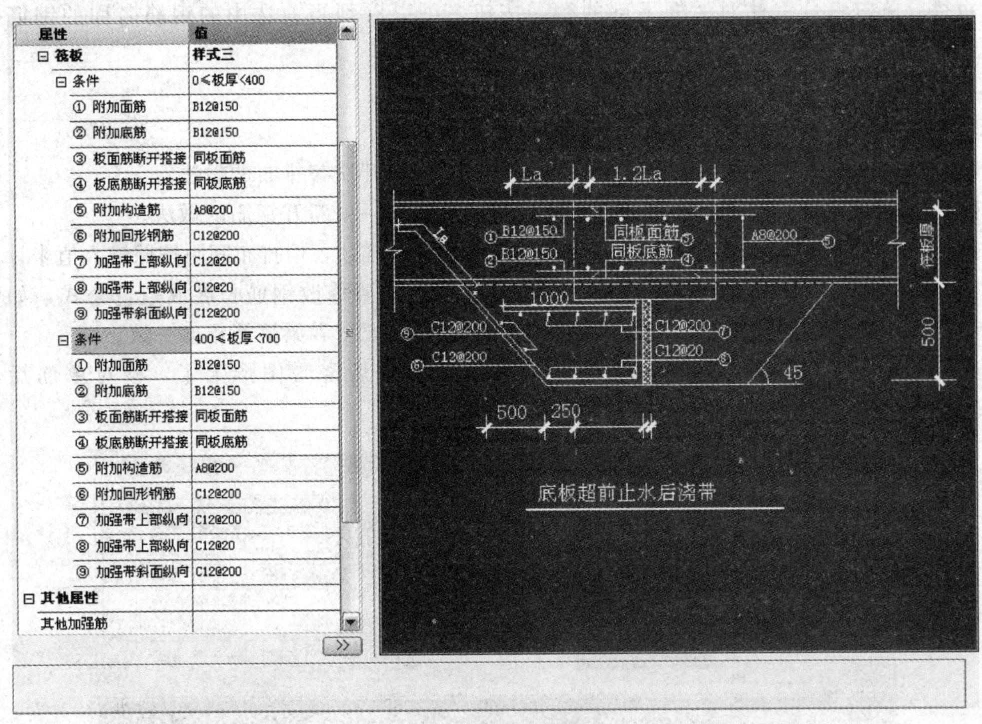

图 9-42　筏板大样图形

【参数图】 根据图纸的要求，可以在对话框的参数图形部分，对相应的钢筋描述或后浇带尺寸数据进行修改调整，如图 9-43 所示。

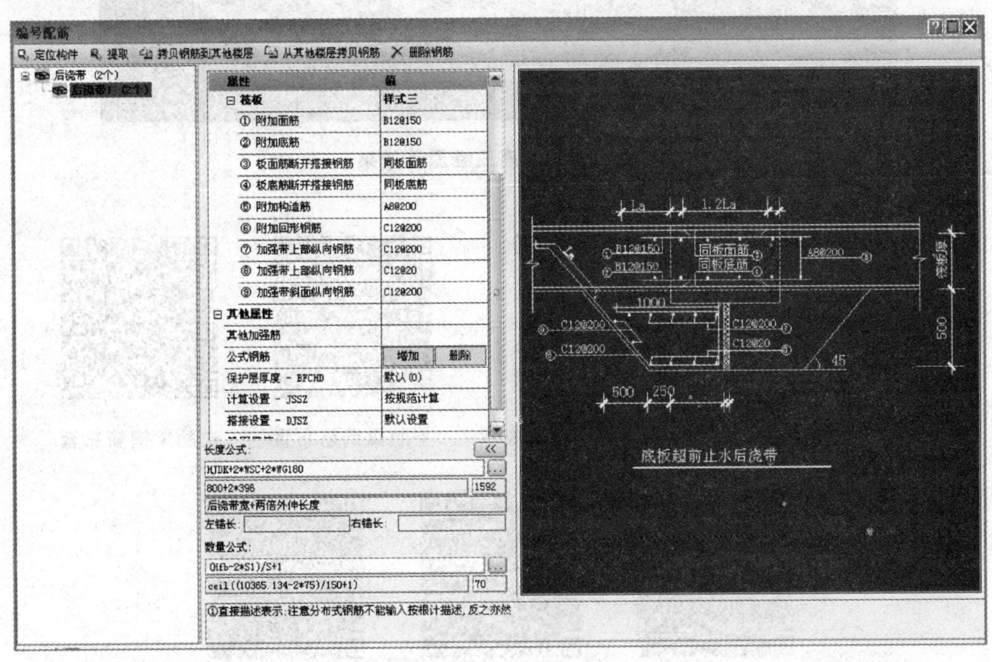

图 9-43　修改调整数据

可在钢筋描述栏单击…按钮，在下拉列表中选择钢筋描述或查看调整钢筋公式，查看钢筋公式也可以单击编号钢筋对话框下部的[»]按钮，可以看到当前选中的钢筋名称的钢筋公式信息。

在钢筋描述下拉列表中有几种钢筋布置形式，如：

【同板面筋】 修改钢筋的描述信息与底板面筋的一致。

【隔一断一】 底板面筋在这里采取一根拉通和一根断开交替排布的做法。

【隔二断一】 底板面筋在这里采取每两根拉通钢筋布一根断开钢筋的做法。

【同梁箍筋@100】 钢筋的级别描述同梁的箍筋的级别描述，但排布间距按照输入值来计算。

在右边的【长度公式】和【数量公式】栏用户可以根据需要修改钢筋长度或数量公式，如长度公式中出现：同梁箍筋，则表示该处后浇带的附加箍筋的长度和梁箍筋长度一致。

在设置好条件后，单击【确定】按钮，钢筋就布置在后浇带图形上了，核对单筋后，如图 9-44 所示。

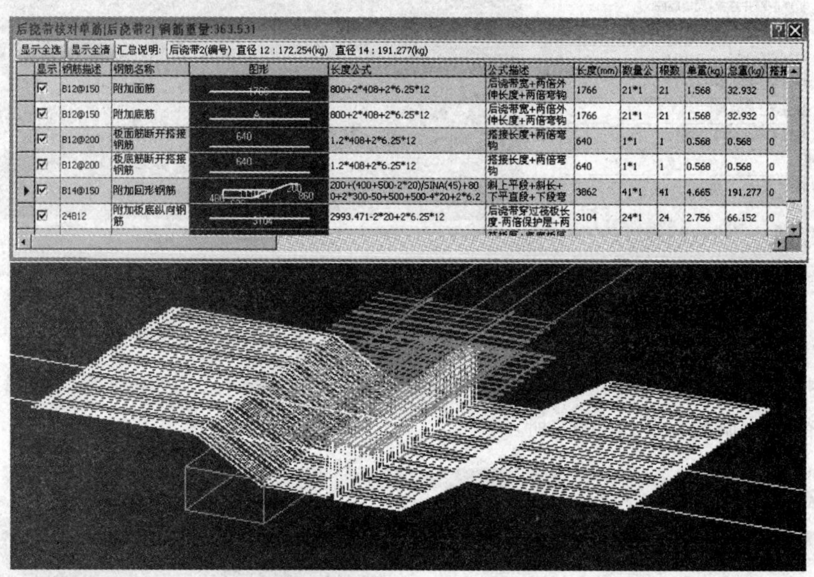

显示	钢筋描述	钢筋名称	图形	长度公式	公式描述	长度(mm)	数量公	根数	单重(kg)	总重(kg)	搭(
☑	B12@150	附加面筋	1766	800+2*408+2*6.25*12	后浇带宽+两倍外伸长度+两倍弯钩	1766	21*1	21	1.568	32.932	0
☑	B12@150	附加底筋		800+2*408+2*6.25*12	后浇带宽+两倍外伸长度+两倍弯钩	1766	21*1	21	1.568	32.932	0
☑	B12@200	板面筋断开搭接钢筋	640	1.2*408+2*6.25*12	搭接长度+两倍弯钩	640	1*1	1	0.568	0.568	0
☑	B12@200	板底筋断开搭接钢筋	640	1.2*408+2*6.25*12	搭接长度+两倍弯钩	640	1*1	1	0.568	0.568	0
☑	B14@150	附加回形钢筋	460 200 860	200+(400+500-2*20)/SINA(45)+800+2*300-50+500+500-4*20+2*6.2	斜上平段+斜长+下平直段+下段弯	3862	41*1	41	4.665	191.277	0
☑	24B12	附加板底纵向钢筋	3104	2993.471-2*20+2*6.25*12	后浇带穿过筏板长度-两倍保护层+两	3104	24*1	24	2.756	66.152	0

图 9-44　钢筋三维显示效果

空心板钢筋布置　空心楼盖柱帽钢筋布置　主肋梁钢筋布置　次肋梁钢筋布置

柱头板钢筋布置　侧腋钢筋布置　空挡钢筋布置

9.8 条形基础钢筋

条形基础钢筋同梁筋布置。

9.9 屋面钢筋

参照板筋单层双向和单层单向及零星板筋布置。

9.10 地面钢筋

参照板筋单层双向和单层单向及零星板筋布置。

9.11 表格钢筋

功能说明：用表格来定义构件编号、布置构件钢筋。

菜单位置：【柱、暗柱、梁等构件】→【表格钢筋】。

命令代号：bggj。

操作说明：

执行命令后弹出“表格钢筋”对话框，如图 9-45 所示。

表格钢筋现在提供了五种类型，即柱表、柱大样表、梁表、过梁表和墙表。通过单击命令栏的按钮，可以进入相应的钢筋表格。

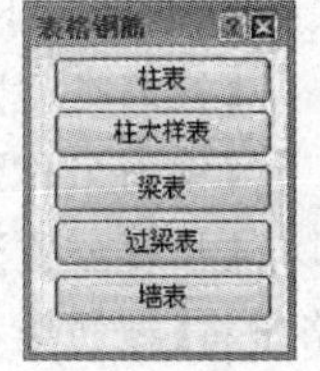

图 9-45 “表格钢筋”对话框

9.11.1 柱表

功能说明：可以处理柱、暗柱、构造柱三类构件的表格钢筋。

菜单位置：【柱、暗柱】→【表格钢筋】。

命令代号：zpjb。

执行【识别】→【识别柱筋】命令后，弹出“柱表钢筋”对话框，如图 9-46 所示。

对话框选项和操作解释：

对话框上部位的柱表数据表格由 14 列数据组成，分别是编号、结构类型、材料、标高、楼层、截面、尺寸、全部纵筋、角筋、b 边一侧筋、h 边一侧筋、箍筋描述、箍筋类型、加密长。

【编号】 构件编号，记录输入的柱、暗、构造柱编号。

【结构类型】 一个下拉选择对话框，从下拉列表中选择这个编号对应的结构类型，如暗柱或构造柱等。

【材料】 对应构件的材料(主要是混凝土强度等)，有两种情况可以不用输入材料：一是不通过柱表定义柱编号；二是在工程设置中已经设置好每个楼层对应的柱材料，软件会自动根据柱表中的编号和标高对应材料。

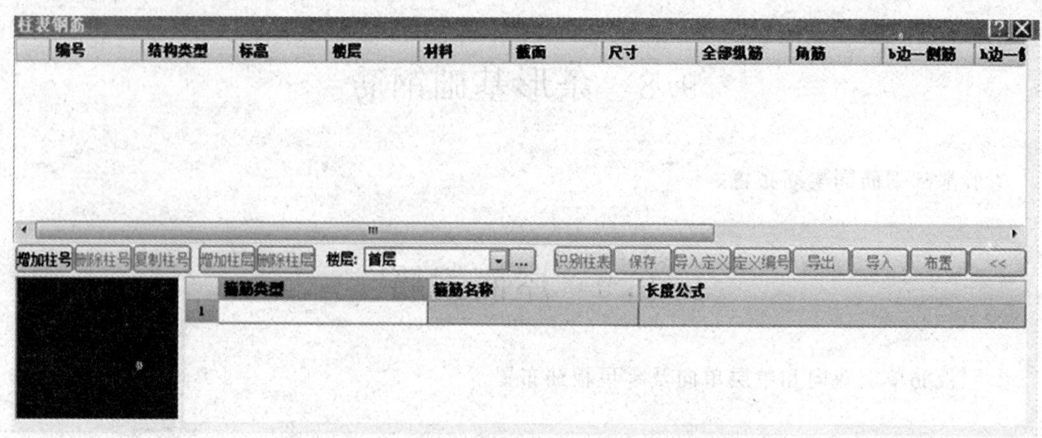

图 9-46 “柱表钢筋”对话框

【标高】 用于选择柱的起始标高。

【楼层】 用于输入标高对应的楼层。

【截面】 用于输入编号对应的截面类型。

【尺寸】 用于输入截面的尺寸参数，可以通过弹出的辅助对话框输入。

【全部纵筋】 柱上所有纵筋，如果填写了所有纵筋，则不能填写后面的纵筋。

【角筋】 角部钢筋。

【b一侧筋】 b边单侧钢筋，软件默认对称布置，计算钢筋时钢筋的数量会乘以2。

【h一侧筋】 h边单侧钢筋，软件默认对称布置。

【箍筋描述】 对应箍筋的描述。

【箍筋类型】 柱箍筋对应的类型编号，如果没有编号，可以自定义一个编号。

【加密长】 如果需要指定柱的加密区长度，可以自行输入，否则按照标准计算加密。

对话框右下部位的表格：用于输入柱表表格箍筋类型对应的箍筋。

【箍筋类型】 柱表表格中的箍筋类型。

【钢筋名称】 箍筋类型对应的箍筋名称。

【长度公式】 钢筋名称对应的长度公式，可以手动调整钢筋的长度公式。例如，在柱表表格中将【箍筋类型】设为1，然后到右下表格中指定钢筋名称为“矩形箍(4×4)”，就表示箍筋类型1对应的箍筋就是“矩形箍(4×4)”。如果其他编号的柱箍筋也是“矩形箍(4×4)”，则在柱表表格的“箍筋类型”中输入1就可以了。

【识别柱表】 单击，弹出“识别柱表”对话框，进入柱表识别功能。

【保存】 把柱表数据以及对应的箍筋设置数据保存到工程中。

【导入定义】 把工程中各个楼层定义的柱、暗柱、构造柱的编号导入柱表中。

【定义编号】 把柱表中的编号定义到各个楼层。

【导出】 把柱表表格中的数据导出到Excel中，包括表头。

【导入】 把选择的Excel数据导入柱表，导入前需要先打开Excel表，选择要导入的数据，然后单击【导入】即可，注意选择数据时不能选择表头。

【布置】 把输入好的钢筋按编号布置到各楼层构件上。

【展开 >> 】 隐藏或展开右下表格，减少对话框占的屏幕位置。

对话框左下部位的“幻灯片”：显示编号对应的截面形状及每边的长度标注。

操作说明如下。

1. 柱表识别

进行柱表识别之前应将柱表内的描述文字进行转换，如电子图中柱表的样式，如图 9-47 所示。

识别柱表的步骤如下：

(1)单击【识别柱表】按钮，弹出“描述转换”对话框，如图 9-48 所示。

[illegible]	[illegible]	[illegible]	材料	[illegible]	b×h或直径	[illegible]	b边一侧筋	h边一侧筋	[illegible]	[illegible]	[illegible]	节点内	B边肢数	H边肢数
(Z-3) Z-3a	16-17	3500	C35	I	800X900	2C25	[illegible]	4C22	[illegible]	[illegible]		[illegible]	4	3
	18-19	4000	C35	H	800X900	2C25	3C22	3C22	[illegible]	[illegible]		[illegible]	4(6)	4(6)
	20	3300	C35	H	800X900	2C25	3C22	3C22	[illegible]	[illegible]		[illegible]	4(6)	4(6)
	21-25	3300	C30	H	800X900	2C25	3C22	3C22	[illegible]	[illegible]		[illegible]		
	26	5000	C30	H	800X900	2C25	[illegible]	[illegible]	[illegible]	[illegible]	800	[illegible]		
	27	5500	C30	H	800X800	2C25	[illegible]	[illegible]	[illegible]	[illegible]	900	[illegible]		

图 9-47　原始柱表

图 9-48　“描述转换”对话框

转换柱表中的钢筋描述。

(2)转换完钢筋描述后，软件会提示选择柱表表格线，此时用光标框选图中的所有表格线，右击确定，会弹出“识别柱表”对话框，如图 9-49 所示。

识别柱表

删除		*柱号		b×h(圆柱直径)	标高	全部纵筋	箍筋
	匹配	柱号		b×h(圆柱直径)	标高	全部纵筋	箍筋
□	1	Z1		500 X 500	4.200~8.400	10B20	A8@100/200
□	2	Z1		500 X 500	4.200~8.400	10B20	A8@100/200
□	3	Z1		500 X 500	4.200~8.400	10B20	A8@100/200
□	4	Z1		500 X 500	4.200~8.400	10B20	A8@100/200
□	5	Z2		500 X 500	4.200~8.400	8B18	A8@100/200
□	6	Z2		500 X 500	4.200~8.400	8B18	A8@100/200
□	7	Z2		500 X 500	4.200~8.400	8B18	A8@100/200
□	8	Z3		D=450	4.200~8.400	6B20	A8@150

设置(S)　导入xls(V)　导出xls(B)　添加表(T)　选取表(I)　确定(O)　取消(C)

图 9-49　“识别柱表”对话框

“识别柱表”对话框只是识别柱钢筋表的一个中间环节，用于将电子图上不匹配的内容和柱筋布置不需要的内容进行匹配和删除。

对话框顶部的删除、* 柱号、$b\times h$(圆柱直径)、标高、全部纵筋、箍筋是软件固定的内容，当识别过来的表头与这些固定的内容不相符时，单击绿色栏单元格内的▼按钮，在展开的选项栏内选择一个名称与之对应，如图 9-50 所示。

使对话框中的上下两项表头选项一致后，单击【确定】按钮，回到“柱表钢筋”对话框，这时对话框中就已经有了钢筋数据，如图 9-51 所示。

2. 识别柱表后的下一步操作

(1)识别柱表后，接下来需要设置箍筋类型，并将其对应到具体的钢筋名称，如箍筋对应的肢数，截面形状的名称。在这里需要在右下的表格中，选择设置好箍筋类型 I 和 H 对应的箍筋名称及长度公式。

*柱号
材料
标高
柱高
楼层
b×h(圆柱直径)
截宽
截高
全部纵筋
角筋
一侧角筋
b边一侧筋
h边一侧筋
箍筋类型
箍筋
加密部分
非加密部分
b边支数
h边支数
加密长度

图 9-50　表头对应选项栏

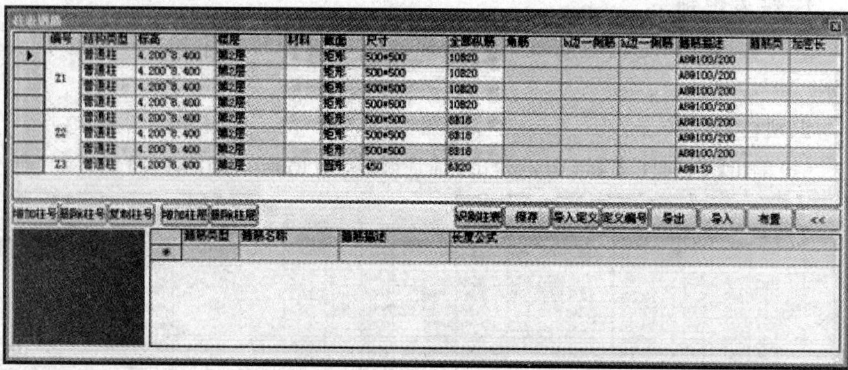

编号	结构类型	标高	楼层	材料	截面	尺寸	全部纵筋	角筋	b边一侧筋	h边一侧筋	箍筋描述	箍筋类	加密长
Z1	普通柱	4.200~8.400	第2层		矩形	500*500	10B20				A8@100/200		
	普通柱	4.200~8.400	第2层		矩形	500*500	10B20				A8@100/200		
	普通柱	4.200~8.400	第2层		矩形	500*500	10B20				A8@100/200		
	普通柱	4.200~8.400	第2层		矩形	500*500	10B20				A8@100/200		
Z2	普通柱	4.200~8.400	第2层		矩形	500*500	8B18				A8@100/200		
	普通柱	4.200~8.400	第2层		矩形	500*500	8B18				A8@100/200		
	普通柱	4.200~8.400	第2层		矩形	500*500	8B18				A8@100/200		
Z3	普通柱	4.200~8.400	第2层		圆形	450	6B20				A8@150		

增加柱号　删除柱号　复制柱号　增加柱层　删除柱层　识别柱表　保存　导入定义　定义编号　导出　导入　布置　<<

箍筋类型	箍筋名称	箍筋描述	长度公式

图 9-51　对话框中已经有了钢筋数据

(2)完成柱表数据输入后可以单击【定义编号】按钮，定义各个楼层的柱编号，也可以单击【布置】按钮，布置各个楼层的柱钢筋。但前提是确认各个楼层的柱已经布置好了。

3. 手动输入柱表数据

如果没有柱表的电子图，那就要手动输入柱表数据，手动输入柱表数据分为两种情况：

(1)工程中已经定义好了各个楼层的柱编号，可以单击【导入定义】按钮，把各个楼层的柱编号导入柱表表格中，导入后的对话框，如图 9-52 所示。

编号	结构类型	材料	标高	楼层	截面	尺寸	全部纵	角筋	b边一侧筋	h边一侧筋	箍筋描述	箍筋类	加
KZ01	框架柱	C20	3.3~9.3	2~3	矩形	1000*800							
KZ01	框架柱	C20	9.3~24.3	4~8	矩形	900*T20							
KZ01	框架柱	C20	0~3.3	首层	矩形	1100*800							
KZ01	框架柱	C20	30.3~51.3	11~17	矩形	600*T20							
KZ01	框架柱	C20	24.3~30.3	9~10	矩形	800*T20							
KZ01A	框架柱	C20	0~48.3	首层~1(	矩形	900*1000							
KZ02	框架柱	C20	0~3.3	首层	矩形	1100*1200							
KZ02	框架柱	C20	48.3~54.3	17~18	矩形	600*600							
KZ02	框架柱	C20	18.3~24.3	7~8	矩形	900*1000							
KZ02	框架柱	C20	30.3~42.3	11~14	矩形	700*900							
KZ02	框架柱	C20	24.3~30.3	9~10	矩形	800*1000							
KZ02	框架柱	C20	3.3~9.3	2~3	矩形	1000*1200							

识别柱表　保存　导入定义　定义编号　导出　导入　布置　箍筋类型

图 9-52　导入编号后的柱表

这样在各个层的编号后面输入对应的钢筋即可。

(2)如果还没有定义柱编号，就应手工输入柱表数据了。按照柱表表格中列的顺序来输入柱表数据。先输入柱编号，然后指定这个编号对应的结构类型、材料、标高、截面、截面尺寸纵筋、箍筋和箍筋类型，如果要指定加密长，而不是按照标准计算加密长，则输入加密长。在输入编号中，如果输入的编号是规范中的标准代号，如 KZ1，则结构类型会自动判定；标高的输入是根据楼层表设置来选择的。

下面介绍柱表的另外两个功能：【导出】【导入】，这两个功能是和 Excel 有关的。【导出】是把柱表表格中的数据导出到 Excel 中。单击【导出】按钮后，软件会打开 Excel 软件，并把柱表表格中的数据输出到 Excel 中。导出后的 Excel 文件如图 9-53 所示。

Excel 中修改好数据后，通过下面的操作可以把 Excel 中的数据再回到柱表表格中。首先在 Excel 中选中要导入的数据，注意要框选第一行的表头，选择的整列数量和顺序都要和柱表表格中相同，不要随意改变列的顺序或删除列。单击【导入】按钮，就可以把选择的 Excel 数据导入了。

	A	B	C	D	E	F	G	H	I	J	K	L	M	N
1	编号	结构类型	材料	标高	楼层	截面	尺寸	全部纵筋	角筋	b边一侧筋	h边一侧筋	箍筋描述	箍筋类型	加密长
2	Z-3	普通柱	C35	44.8~51.3	16~17	矩形	800*900		4C25	3C25	4C22	B12@100(4*3)	I	
3	Z-3a	普通柱	C35	44.8~51.3	16~17	矩形	800*900		4C25	3C25	4C22	B12@100(4*3)	I	
4	Z-3	普通柱	C35	50.3~57.3	18~19	矩形	800*800		4C25	3C22	3C22	B10@100(4*4)	H	
5	Z-3a	普通柱	C35	50.3~57.3	18~19	矩形	800*800		4C25	3C22	3C22	B10@100(6*4)	H	
6	Z-3	普通柱	C35	57~60.3	20	矩形	800*800		4C25	3C22	3C22	B10@100(4*4)	H	
7	Z-3a	普通柱	C35	57~60.3	20	矩形	800*800		4C25	3C22	3C22	B10@100(6*4)	H	
8	Z-3	普通柱	C30	60~75.3	21~25	矩形	800*800		4C25	3C22	3C22	B10@100	H	
9	Z-3a	普通柱	C30	60~75.3	21~25	矩形	800*800		4C25	3C22	3C22	B10@100	H	
10	Z-3	普通柱	C30	73.3~78.3	25~26	矩形	800*800		4C25	3C22+4C28	3C22+4C28	B10@100/200	H	800
11	Z-3a	普通柱	C30	73.3~78.3	25~26	矩形	800*800		4C25	3C22+4C28	3C22+4C28	B10@100/200	H	800
12	Z-3	普通柱	C30	75.8~81.3	26~27	矩形	800*800		4C25	3C22+4C28	3C22+4C28	B10@100/200	H	900
13	Z-3a	普通柱	C30	75.8~81.3	26~27	矩形	800*800		4C25	3C22+4C28	3C22+4C28	B10@100/200	H	900

图 9-53　导出到 Excel

温馨提示：

(1)在识别柱表时，如果表头在表格的下面，可以通过 CAD 的镜像功能，把表头镜像到表格的上面，可以提高对表头的识别率。

(2)如果是多行复杂表头，要手动调整表头，把多行表头修改为单行表头。

(3)如果柱表是大样图，通过补充部分线条，将大表划分成几个小表，分次框选识别。

9.11.2　柱大样表

功能说明：用来布置各个楼层的柱筋大样钢筋。

菜单位置：【柱、暗柱】→【柱表大样】。

命令代号：dybg。

单击【柱表大样】按钮，弹出"柱表大样钢筋布置"对话框，如图 9-54 所示。

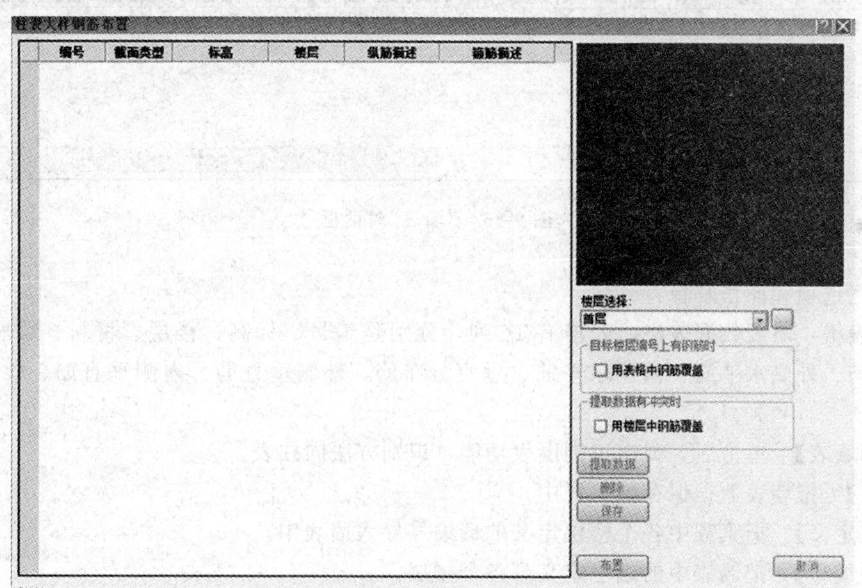

图 9-54　"柱表大样钢筋布置"对话框

对话框选项和操作解释：

【柱大样表格】　用来保存所有柱筋、暗柱钢筋的大样数据，只有标高可以修改。

【楼层选择】　指定要把表格中的钢筋布置到哪些楼层中，可以把所有楼层的钢筋设置好后，布置到整个工程中。

【提取数据】 从当前楼层中提取柱筋平法做的钢筋，如果导入了墙柱钢筋大样的电子图，把电子图中的编号与标高也进行提取，这样可以设置对应的标高。

【删除】 删除表格中的一行数据。

【保存】 把表格中的数据保存到工程中。

【布置】 把表格中的钢筋布置到指定的楼层中。

操作说明：

这个功能的目标是针对墙柱大样表格中的钢筋，只要画一次，其他楼层用柱表大样进行自动布置。操作的流程如下：

(1) 导入墙柱定位图，识别柱、暗柱构件。

(2) 导入墙柱钢筋大样图，用识别大样功能识别(暗柱)钢筋。

(3) 用柱大样表格功能，单击【提取】按钮，提取识别出来的柱筋大样及对应的标高信息。

(4) 识别其他楼的柱、暗柱构件。

(5) 用柱大样表格功能，单击布置，把对应标高的钢筋布置到相应标高的楼层。

9.11.3 墙表

功能说明：用来定义各个楼层的墙编号，布置墙钢筋。

菜单位置：【墙体】→【混凝土墙】→【墙表大样】。

命令代号：qpjb。

单击【墙表大样】按钮，弹出“墙表”对话框，如图 9-55 所示。

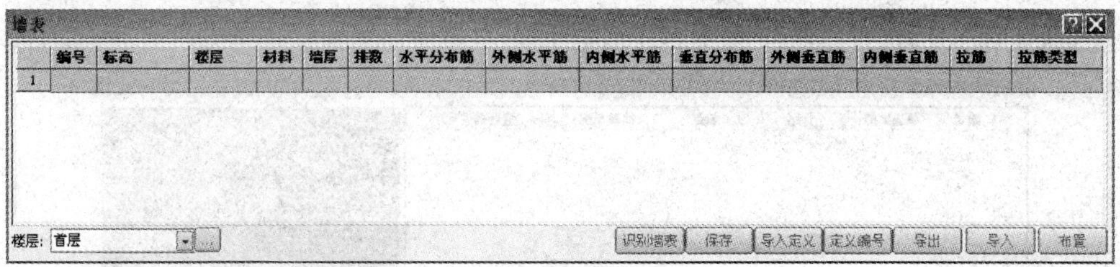

图 9-55 “墙表”对话框

对话框选项和操作解释：

墙表表格：墙表数据表格，表格有 14 列，分别是编号、标高、楼层、材料、墙厚、排数、水平分布筋、外侧水平筋、内侧水平筋、垂直分布筋、外侧垂直筋、内侧垂直筋、拉筋、拉筋类型。

【识别墙表】 单击后，弹出识别墙表功能，识别方法同柱表。

【保存】 把墙表数据保存到工程中。

【导入定义】 把工程中各个楼层定义的墙编号导入墙表中。

【定义编号】 把墙表中的编号定义到各个楼层。

【导出】 把墙表中的数据导出到 Excel 中，包括表头。

【导入】 把选择的 Excel 数据导入墙表中。

【布置】 把设置好的钢筋布置到图形。

操作说明：

操作方法同柱表。

9.11.4 梁表

功能说明：用来定义各个楼层的单跨的梁，如连梁、单梁的编号，布置对应的钢筋。

菜单位置：【梁体】→【梁表大样】

命令代号：qpjb

单击【梁表大样】按钮，弹出“梁表”对话框，如图 9-56 所示。

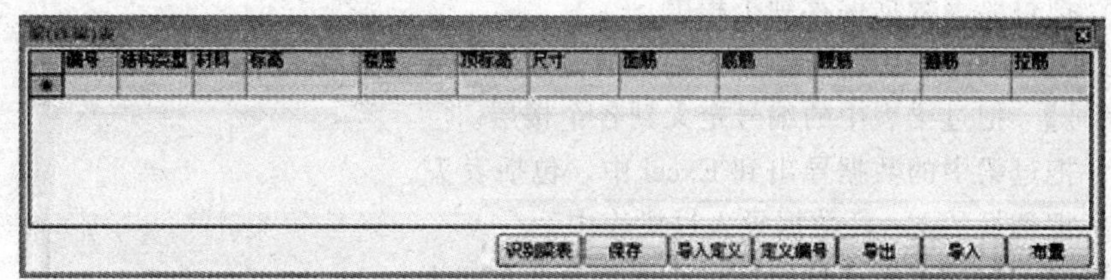

图 9-56 “梁表”对话框

对话框选项和操作解释：

梁表格：梁表数据表格，表格有 12 列，分别是编号、结构类型、材料、标高、楼层、顶标高、尺寸、面筋、底筋、箍筋、腰筋、拉筋。拉筋可以自动计算出来。

【识别梁表】 弹出识别梁表功能，识别方法同柱表。

【保存】 把梁表数据保存到工程中。

【导入定义】 把工程中各个楼层定义的梁编号导入梁表中。

【定义编号】 把梁表中的编号定义到各个楼层。

【导出】 把梁表中的数据导出到 Excel 中，包括表头。

【导入】 把选择的 Excel 数据导入梁表中。

【布置】 把设置好的钢筋布置到图形。

操作说明：

操作方法同柱表。

9.11.5 过梁表

功能说明：用来定义各个楼层的过梁的编号，布置过梁及布置对应的钢筋。

菜单位置：【梁体】→【过梁】→【梁表大样】。

命令代号：qpjb。

执行【钢筋】→【表格钢筋】命令，在命令栏内单击【过梁表】按钮，弹出“过梁表”对话框，如图 9-57 所示。

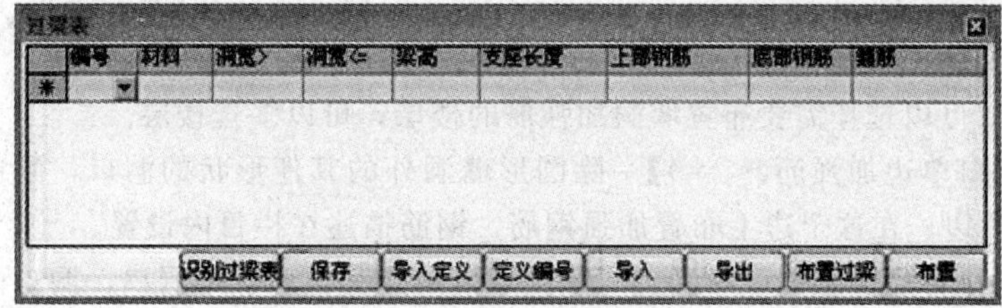

图 9-57 “过梁表”对话框

对话框选项和操作解释：

过梁表格：过梁数据表格，表格有 9 列，分别是编号、材料、洞宽＞、洞宽＜＝、梁高、支座长度、上部钢筋、底部钢筋、箍筋。其中洞宽＞、洞宽＜＝用来指定洞宽在哪个范围内布置什么编号的过梁。表格内的数据应该填写完整，如墙宽范围洞宽＞列可为“0”，但是洞宽＜＝列一定应该有截止值，否则程序将不能正确判定墙宽。

【识别过梁表】 单击后，弹出识别过梁表提示，识别方法同柱表。

【保存】 把过梁表数据保存到工程中。

【导入定义】 把工程中各个楼层中定义的过梁编号导入过梁表中。

【定义编号】 把过梁表中的编号定义到各个楼层。

【导出】 把过梁中的数据导出到 Excel 中，包括表头。

【导入】 把选择的 Excel 数据导入过梁表中。

【布置过梁】 通过洞宽条件把过梁布置到各个洞口上。

【布置】 把设置好的钢筋布置到界面中的过梁上。

操作说明：

操作方法同柱表。

9.12 自动钢筋

功能说明：用表格来定义构件编号、布置构件钢筋。

命令代号：zdgj。

操作说明：

执行命令后，弹出“自动钢筋”对话框，如图 9-58 所示。

9.12.1 墙洞(门、窗)补强筋

功能说明：自动给墙洞布置洞口加强筋，执行命令后弹出“洞口补强筋”对话框，如图 9-59 所示。

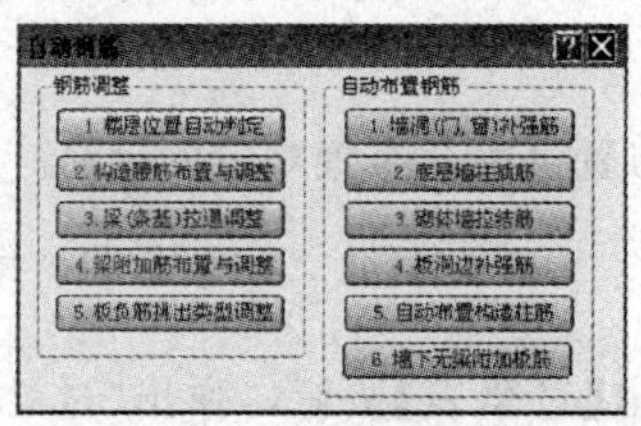

图 9-58 “自动钢筋”对话框

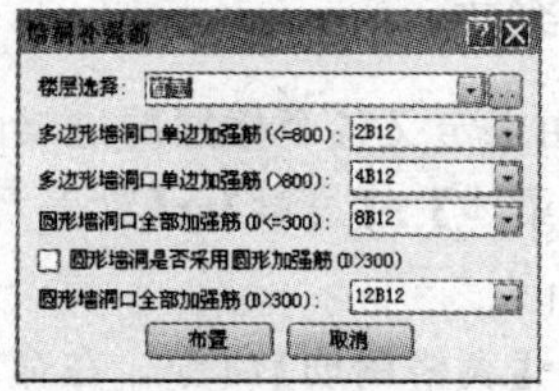

图 9-59 “洞口补强筋”对话框

对话框选项和操作解释：

【楼层选择】 可以选择需要布置墙洞加强筋的楼层，可以多选楼层。

【多边形墙洞口单边加强筋(＜＝)】 除圆形墙洞外的其他形状的洞口，洞口的单边长度小于等于 800 mm 的边，在这个边上布置加强钢筋，钢筋描述在栏目内设置。

【多边形墙洞口单边加强筋(＞800)】 除圆形墙洞外其他形状的洞口，洞口的单边长度大于 800 mm 的边，在这个边上布置加强钢筋，钢筋描述在栏目内设置。

【圆形墙洞口全部加强筋(D＜＝300)】 指定直径小于等于 300 mm 的墙洞上布置加强钢筋，钢筋描述在栏目内设置。

【圆形墙洞是否采用圆形加强筋(D＞300)】 选项，在复选框“□”内打“√”表示执行此项选择。

【圆形墙洞口全部加强筋(D＞300)】 指定直径大于300 mm的墙洞上布置加强筋，钢筋描述在栏目内设置。

【布置】 把当前楼层的所有剪力墙上洞口，按照洞口的形状和大小，布置上设置的钢筋。

【取消】 退出对话框。

操作说明：

根据结构总说明或规范说明，设置对话框中的钢筋描述，单击【布置】按钮，设置的钢筋布置到当前楼层中符合条件的墙洞口上。

温馨提示：

自动钢筋只对当前打开的楼层进行布置，要布置其他楼层，需要在界面上打开其他楼层。

洞口加强筋是布置在洞口上的，同编号的洞口只布置一次，砌体墙上的洞口不计算加强筋。

9.12.2 底层墙柱插筋

功能说明：自动将底层柱、墙布置上插筋。

操作说明：

根据结构总说明或规范说明，单击【钢筋】→【钢筋选项】→【计算设置】，在各构件下将插筋设置好，执行【自动钢筋】命令，单击命令栏中的【插筋(C)】按钮，就将设置的钢筋布置在界面中的构件上了。

自动插筋应该将墙、柱构件的【楼层位置】设置为“底层”。设置楼层时可以用识别内外功能中的识别楼层位置，前提是已经把上下层构件都做好了。

用【柱筋平法】布置的钢筋会根据构造要求自动布置插筋，这里布置的插筋对“柱筋平法”布置的钢筋不起作用。注意：用【柱筋平法】布置的钢筋要构造出插筋也应将柱子“楼层位置”设置为“底层”。

温馨提示：

如果第一次设置的插筋有错误，可以回到【钢筋】→【钢筋选项】→【计算设置】内在各构件下对插筋设置进行修改，之后再执行自动插筋布置，就会对已经布置的插筋进行修改。

9.12.3 砌体墙拉结筋

功能说明：自动给砌体墙布置拉结筋，执行命令后弹出“布置楼层砌体墙拉结筋”对话框，如图9-60所示。

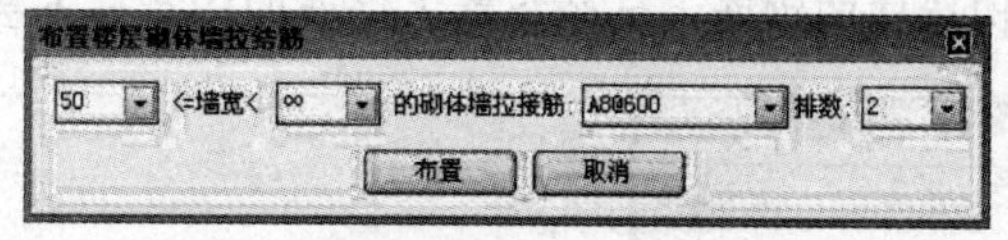

图9-60 “布置楼层砌体墙拉结筋”对话框

对话框选项和操作解释：

栏目内容：设置墙体条件，在条件区域内布置的墙体拉结筋的钢筋描述。

【布置】 在当前楼层找到符合墙宽范围的砌体墙，布置上对应的拉结筋，拉结筋的排数由【排数】数值确定。

【取消】 退出对话框。

操作说明：

根据结构总说明或规范说明，设置在某个墙宽范围内的砌体墙上布置上对应的墙体拉结筋，如果针对不同的墙宽，采用的拉结筋不同，可以修改对话框中的墙宽范围，进行多次布置即可。

温馨提示：

砌体墙拉结筋的长度计算公式，可以回到【钢筋】→【钢筋选项】→【计算设置】内砌体墙下修改。

9.12.4 构造腰筋自动调整

构造腰筋自动调整参见二维码内容。

构造腰筋自动调整

9.12.5 梁(条基)拉通调整

功能说明：将每跨断开布置的梁底钢筋、条基面筋调整为拉通布置，执行命令后对话框如图 9-61 所示。

9.12.6 梁附加钢筋自动布置与调整

功能说明：对梁的自动布置的节点加密箍筋与吊筋进行调整或是自动布置，或对折梁处的附加钢筋进行调整(图 9-62)。

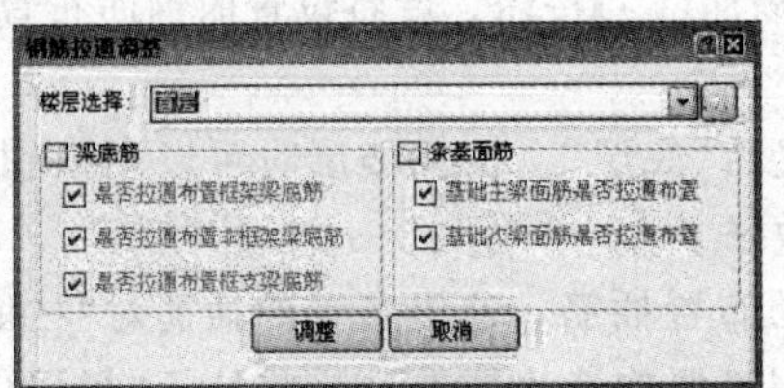

图 9-61 "钢筋拉通调整"对话框

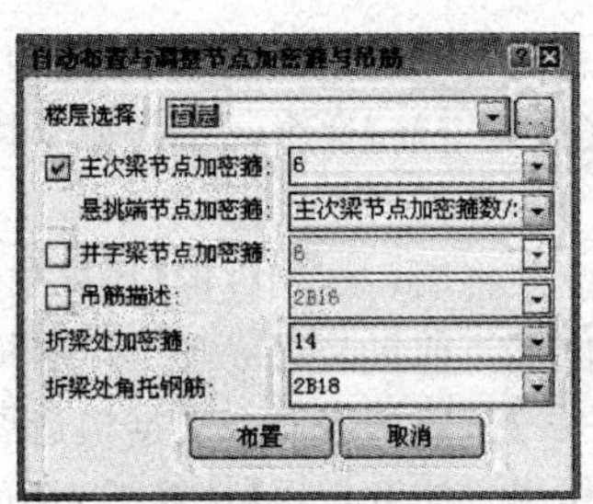

图 9-62 "自动布置与调整节点加密箍与吊筋"对话框

9.12.7 板洞边补强筋

功能说明：自动对板洞边布置加强钢筋(图 9-63)。

9.12.8 自动布置构造柱筋

功能说明：自动布置构造柱的钢筋，已经布置了钢筋的构造柱不会再修改(图 9-64)。

图 9-63 "自动布置板洞补强筋"对话框

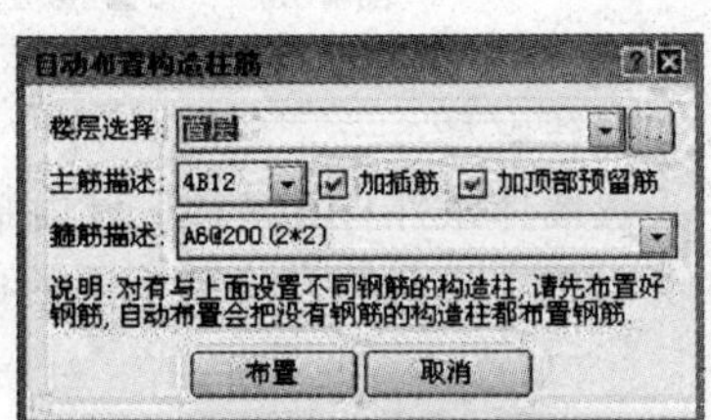

图 9-64 "自动布置构造柱筋"对话框

9.12.9 墙下无梁附加板筋

功能说明：跨层检查墙下无梁的情况，对墙下无梁时，自动布置附加板筋(图 9-65)。

9.12.10 板负筋挑出类型调整

功能说明：当楼层的板负筋的挑出类型需要调整时，可以通过本设置项进行统一调整(图 9-66)。

图 9-65 “墙下无梁板筋”对话框

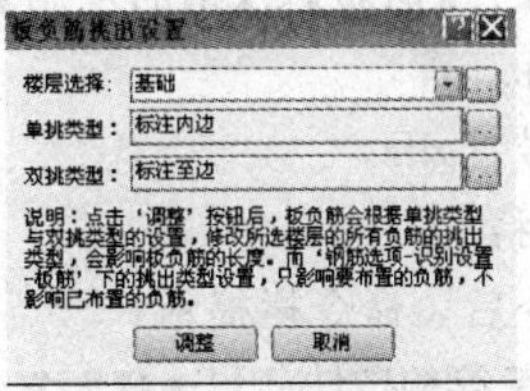

图 9-66 “板负筋挑出设置”对话框

9.13 钢筋显隐

功能说明：对梁筋二维显示的线条进行控制。

菜单位置：【钢筋】→【钢筋显隐】。

工具图标：钢筋显隐。

命令代号：gjxy。

执行命令后弹出“钢筋显隐”对话框，如图 9-67 所示。

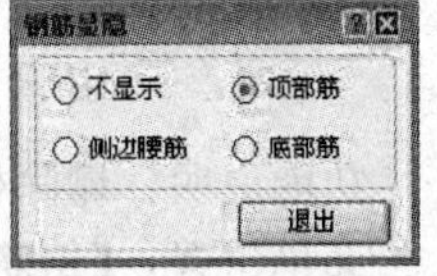

图 9-67 “钢筋显隐”对话框

【不显示】 不显示梁筋的二维钢筋。

【顶部筋】 只显示梁顶面的二维钢筋，包括面筋、支座、箍筋、吊筋、点加密箍筋。

【侧边腰筋】 只显示梁侧边的腰筋。

【底部筋】 只显示梁底部的钢筋。

9.14 钢筋三维

功能说明：选择构件后，对构件上的钢筋进行三维查看。

菜单位置：【快捷菜单】→【钢筋三维】。

命令代号：swgj。

执行命令后弹出“钢筋三维”对话框，如图 9-68 所示。

目前，用户可以进行三维查看的钢筋：柱、梁、墙、板、筏板、独基、坑基构件的钢筋；对每类构件都可以进行分类控制显示与隐藏；当执行【钢筋三维】命令后，图形会自动转换为“西南等轴测视图”，并且钢筋条会按实际钢筋的直径进行显示。

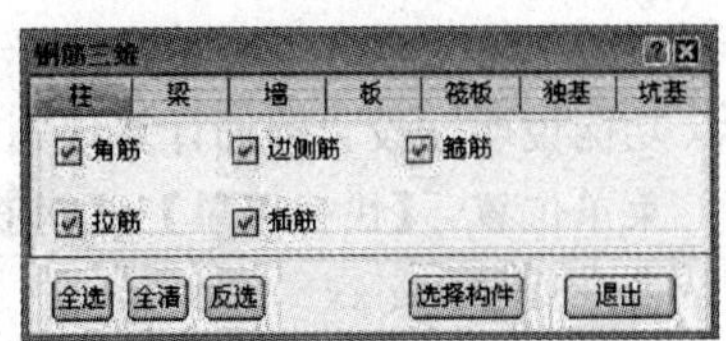

图 9-68 “钢筋三维”对话框

【选择构件】 选择要三维查看钢筋的构件，一次可以选择多个构件进行三维钢筋查看。

【角筋】【边侧筋】 对要三维显示的钢筋进行显示控制，以方便查看。

9.15 钢筋复制

功能说明：用于复制一个构件上的全部钢筋或单个钢筋到另外一个构件上。

菜单位置：【钢筋】→【钢筋复制】。

工具图标：。

命令代号：gjfz。

操作说明：

执行命令后，命令栏提示：

|| 选择要复制的构件(D) | 选择要复制的钢筋：

第一种是复制局部钢筋描述：单击【选择要复制的构件(D)】命令，选取源构件后回车，再选择目标构件即可。

第二种是复制构件所有钢筋：选择源构件上要复制的钢筋描述，回车确认后，再选择目标构件即可。

温馨提示：

板筋和筏板筋是图形钢筋，其复制与其他钢筋不同，应采用【复制对象】命令复制，不能采用本命令。

梁筋之间局部描述的复制必须把梁筋切换成非平法显示，在钢筋选项中设置即可。

9.16 钢筋删除

功能说明：删除构件上所有钢筋。

菜单位置：【钢筋】→【钢筋删除】。

工具图标：。

命令代号：gjsc。

操作说明：

输入命令后，根据命令栏提示选择要删除钢筋的构件，右击确定删除。

可以一次删除多个构件上的钢筋。如果要局部删除某个钢筋描述，采用【删除对象】命令即可。

9.17 钢筋选项

功能说明：设置钢筋计算规则和钢筋属性等。

菜单位置：【快捷菜单】→【钢筋设置】。

命令代号：gjxx。

本命令用于设置钢筋的计算属性与部分布置方法。

执行命令后弹出“钢筋选项”对话框，如图 9-69 所示。

钢筋选项

钢筋设置 | 计算设置 | 节点设置 | 识别设置

◉ 锚固长度 ○ 连接设置 ○ 弯钩设置 ○ 钢筋级别 ○ 米重量 ○ 钢筋缺省 ○ 钢筋变量 【导入】【恢复】

	钢筋种类	抗震等级	C20	C25	C30	C35	C40	C45	C50
1	HPB300	一、二级（LabE）	45	39	35	32	29	28	26
2		三级（LabE）	41	36	32	29	26	25	24
3		四级（LabE）非抗震（Lab）	39	34	30	28	25	24	23
4	HRB335,HRBF335	一、二级（LabE）	44	38	33	31	29	26	25
5		三级（LabE）	40	35	31	28	26	24	23
6		四级（LabE）非抗震（Lab）	38	33	29	27	25	23	22
7	HRB400,HRBF400,RRB400	一、二级（LabE）	53	46	40	37	33	32	31
8		三级（LabE）	49	42	37	34	30	29	28
9		四级（LabE）非抗震（Lab）	46	40	35	32	29	28	27
10	HRB500,HRBF500	一、二级（LabE）		55	49	45	41	39	37
11		三级（LabE）		50	45	41	38	36	34
12		四级（LabE）非抗震（Lab）		48	43	39	36	34	32
13	冷轧扭钢筋I型 CTB550	所有等级	45	40	35	35	30		
14	冷轧扭钢筋II型 CTB550	所有等级	50	45	40	40	35		
15	冷轧扭钢筋III型	所有等级			50	45	40		
16	冷轧带肋钢筋 CRB550	所有等级	45	40	35	35	30		

	设置项目	设置值
1	普通钢筋最小锚固长度控制(mm)	200
2	低碳冷拔钢丝最小锚固长度控制(mm)	200
3	冷轧带肋钢筋最小锚固长度控制(mm)	200
4	冷轧扭钢筋最小锚固长度控制(mm)	200
5	冷轧带肋、冷轧扭钢筋抗震等级锚固修正系数	(按规范计算)
6	钢筋锚固长度抗震条件是否取支座等级	取支座
7	钢筋锚固长度材料条件是否取支座等级	取支座

提示内容

【确定】【取消】

图 9-69 “钢筋选项”对话框

“钢筋选项”对话框共有 4 个设置页面，分别是【钢筋设置】【计算设置】【节点设置】【识别设置】，单击各标签便可进入相应的设置页面。

对话框的功能按钮解释：

【确定】 确认当前钢筋选项的设置并退出“钢筋选项”对话框。

【取消】 取消钢筋选项设置并退出“钢筋选项”对话框。

【导入】 单击该按钮，将另外工程的设置导入当前工程中，导入的操作方法如下：

图 9-70 “导入选项”对话框

单击【导入】按钮，弹出“导入选项”对话框，如图 9-70 所示。

单击【请选择参照工程】栏目后面的[...]按钮，弹出“打开”对话框，选择需要导入的参照工程，再在下面三个选项内选择导入的内容。

对话框中的选项是随着当前所编辑的项目而变化的，如对话框显示的就是【导入“钢筋选项”】【导入“识别设置”】【导入“梁识别”】。在对话框中用户根据实际情况选择导入的内容。选择第一个，【导入“钢筋选项”】则将钢筋选项对话框内的内容全部导入，会包含下面两个选项的内容；选择第二个，【导入“识别设置”】则将识别设置的内容导入，会包含下面梁识别的内容；选择第三个，【导入“梁识别”】则将梁识别的内容导入，不导入别的内容。选项设置完成后单击【确定】按钮，就将选中的内容导入当前的工程中了。

【恢复】 如果用户在对话框中将数据修改错了，导入的数据是错的，则可单击【恢复】按钮，弹出“恢复选项”对话框，如图 9-71 所示。

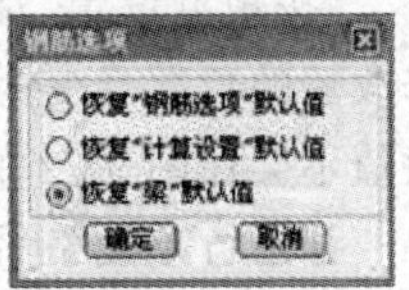

图 9-71 “恢复选项”对话框

在对话框中选择需要“恢复”的内容，单击【确定】按钮可将选中的内容恢复。

9.17.1 钢筋设置

对话框选项和操作解释：

【锚固长度】 如图 9-72 所示，设置钢筋在什么材质、规格、混凝土强度等级、抗震等级下，锚入支座长度。栏目分为上、下部分，上部为钢筋锚固长度取栏，下部为固定方式选项和长度控制设置栏。默认的内容为平法规则。

钢筋选项

钢筋设置 | 计算设置 | 节点设置 | 识别设置

◉ 锚固长度 ○ 连接设置 ○ 弯钩设置 ○ 钢筋级别 ○ 米重量 ○ 钢筋缺省 ○ 钢筋变量 【导入】【恢复】

	钢筋种类	抗震等级	C20	C25	C30	C35	C40	C45	C50	C55	≥C60
1	HPB300	一、二级 (LabE)	45	39	35	32	29	28	26	25	24
2		三级 (LabE)	41	36	32	29	26	25	24	23	22
3		四级 (LabE) 非抗震 (Lab)	39	34	30	28	25	24	23	22	21
4	HRB335, HRBF335	一、二级 (LabE)	44	38	33	31	29	26	25	24	24
5		三级 (LabE)	40	35	31	28	26	24	23	22	22
6		四级 (LabE) 非抗震 (Lab)	38	33	29	27	25	23	22	21	21
7	HRB400, HRBF400, RRB400	一、二级 (LabE)	53	46	40	37	33	32	31	30	29
8		三级 (LabE)	49	42	37	34	30	29	28	27	26
9		四级 (LabE) 非抗震 (Lab)	46	40	35	32	29	28	27	26	25
10	HRB500, HRBF500	一、二级 (LabE)		55	49	45	41	39	37	36	35
11		三级 (LabE)		50	45	41	38	36	34	33	32
12		四级 (LabE) 非抗震 (Lab)		48	43	39	36	34	32	31	30
13	冷轧扭钢筋I型 CTB550	所有等级	45	40	35	35	30				
14	冷轧扭钢筋II型 CTB550	所有等级	50	45	40	40	35				
15	冷轧扭钢筋III型	所有等级			50	45	40				
16	冷轧带肋钢筋 CRB550	所有等级	45	40	35	35	30				

	设置项目	设置值
1	普通钢筋最小锚固长度控制(mm) - La_ST	200
2	低碳冷拔钢丝最小锚固长度控制(mm) - La_lb	200
3	冷轧带肋钢筋最小锚固长度控制(mm) - La_LzL	200
4	冷轧扭钢筋最小锚固长度控制(mm) - La_Lzn	200
5	冷轧带肋、冷轧扭钢筋抗震等级锚固修正系数 - La_LzLXS	(按规范计算)
6	钢筋锚固长度抗震条件是否取支座等级 - ZZMG_KZ	取支座
7	钢筋锚固长度材料条件是否取支座等级 - ZZMG_CL	取支座

提示内容

【确定】【取消】

图 9-72　钢筋锚固设置页面

栏目前面有"+"符号的可以单击该符号，将数据栏展开，展开的数据栏条目前面变为"−"号，单击该符号又可将条目进行折叠。

当数据量过多时，栏目的底部和右侧边有滑动条，光标拖拽滑动条或单击上下左右端的▾按钮，将数据移到界面上，使之能够看到或方便编辑。

单击某条设置条目，栏目的底部会显示该条目的注释和用法说明。

记录行单元格后面有…按钮的，单击该按钮，会弹出"按规范设置"对话框，如图 9-73 所示。

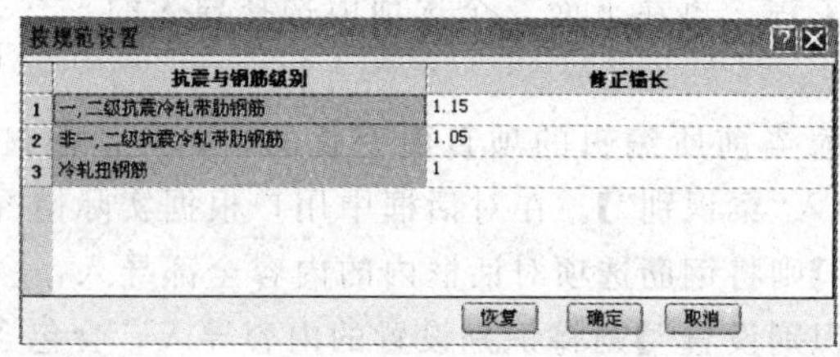

按规范设置

	抗震与钢筋级别	修正锚长
1	一、二级抗震冷轧带肋钢筋	1.15
2	非一、二级抗震冷轧带肋钢筋	1.05
3	冷轧扭钢筋	1

【恢复】【确定】【取消】

图 9-73　"按规范设置"对话框

"按规范设置"对话框内的默认内容是按规范取定的，用户可以对条目中的数据进行修改，修改后的数据会变为蓝色，单击【确定】按钮，修改的内容就会保存在对应的条目下面。修改的数值不会在图 9-72 的栏目中显示，但会将改过的条目变为蓝色。

记录行单元格后面有▾按钮的，单击该按钮，会展开选项提供给用户选择，来确定软件在计算或布置建模过程中，用什么方式进行(图 9-74)。

6	钢筋锚固长度抗震条件是否取支座等级 - ZZMG_KZ	取支座
7	钢筋锚固长度材料条件是否取支座等级 - ZZMG_CL	取构件本身 取支座

图 9-74　展开的项目选项

没有按钮的条目单元格，用户可以直接在栏目内对数据进行修改编辑。

【连接设置】 如图 9-75 所示，设置钢筋在什么材质、规格、构件内用什么接头形式的搭接长度。

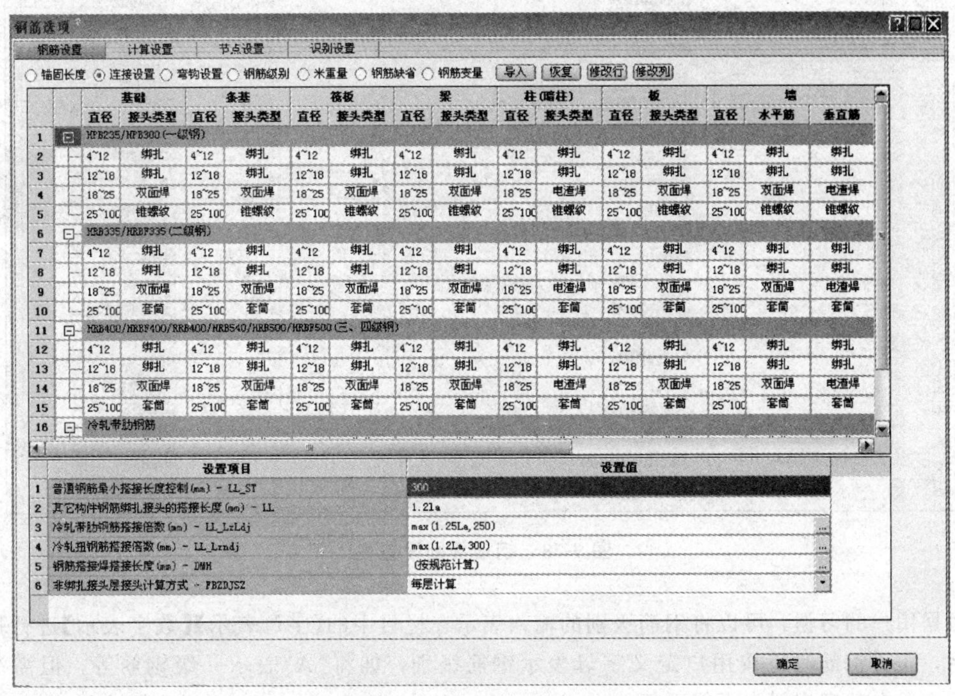

	基础		条基		筏板		梁		柱(暗柱)		板		墙		
	直径	接头类型	直径	接头类型	直径	接头类型	直径	接头类型	直径	接头类型	直径	接头类型	直径	水平筋	垂直筋
1	HPB235/HPB300(一级钢)														
2	4~12	绑扎	4~12	绑扎	4~12	绑扎	4~12	绑扎	4~12	绑扎	4~12	绑扎	4~12	绑扎	绑扎
3	12~18	绑扎	12~18	绑扎	12~18	绑扎	12~18	绑扎	12~18	绑扎	12~18	绑扎	12~18	绑扎	绑扎
4	18~25	双面焊	18~25	双面焊	18~25	双面焊	18~25	双面焊	18~25	电渣焊	18~25	双面焊	18~25	双面焊	电渣焊
5	25~100	锥螺纹	25~100	锥螺纹	25~100	锥螺纹	25~100	锥螺纹	25~100	锥螺纹	25~100	锥螺纹	25~100	锥螺纹	锥螺纹
6	HRB335/HRBF335(二级钢)														
7	4~12	绑扎	4~12	绑扎	4~12	绑扎	4~12	绑扎	4~12	绑扎	4~12	绑扎	4~12	绑扎	绑扎
8	12~18	绑扎	12~18	绑扎	12~18	绑扎	12~18	绑扎	12~18	绑扎	12~18	绑扎	12~18	绑扎	绑扎
9	18~25	双面焊	18~25	双面焊	18~25	双面焊	18~25	双面焊	18~25	电渣焊	18~25	双面焊	18~25	双面焊	电渣焊
10	25~100	套筒	25~100	套筒	25~100	套筒	25~100	套筒	25~100	套筒	25~100	套筒	25~100	套筒	套筒
11	HRB400/HRBF400/RRB400/HRB540/HRB500/HRBF500(三、四级钢)														
12	4~12	绑扎	4~12	绑扎	4~12	绑扎	4~12	绑扎	4~12	绑扎	4~12	绑扎	4~12	绑扎	绑扎
13	12~18	绑扎	12~18	绑扎	12~18	绑扎	12~18	绑扎	12~18	绑扎	12~18	绑扎	12~18	绑扎	绑扎
14	18~25	双面焊	18~25	双面焊	18~25	双面焊	18~25	双面焊	18~25	电渣焊	18~25	双面焊	18~25	双面焊	电渣焊
15	25~100	套筒	25~100	套筒	25~100	套筒	25~100	套筒	25~100	套筒	25~100	套筒	25~100	套筒	套筒
16	冷轧带肋钢筋														

	设置项目	设置值
1	普通钢筋最小搭接长度控制(mm) - LL_ST	300
2	其它构件钢筋绑扎接头的搭接长度(mm) - LL	1.21a
3	冷轧带肋钢筋搭接倍数(mm) - LL_LzLdj	max(1.25La,250)
4	冷轧扭钢筋搭接倍数(mm) - LL_Lrndj	max(1.2La,300)
5	钢筋搭接焊搭接长度(mm) - DMH	(按规范计算)
6	非绑扎接头层接头计算方式 - FBZDJSZ	每层计算

图 9-75 钢筋连接设置页面

单击【接头类型】单元格，会有▼按钮显示，单击该按钮，会有接头类型选项展开供选择，如图 9-76 所示。

三维算量版本的钢筋没有钢筋定尺长度了，而是改为水平钢筋接头的定尺长度。因为通过多年经验积累，钢筋的垂直接头一般都是按楼层进行接头，只有水平钢筋才有连通的接头方式，所以钢筋的定尺长度在软件内只针对水平钢筋。其他说明同“锚固长度”。

【弯钩设置】 如图 9-77 所示，设置钢筋在什么抗震等级下，其直钢筋、箍筋的弯钩调整值和平直段的取定。

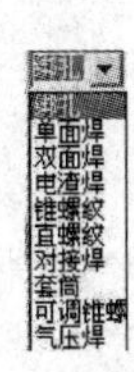

图 9-76 接头类型选择栏

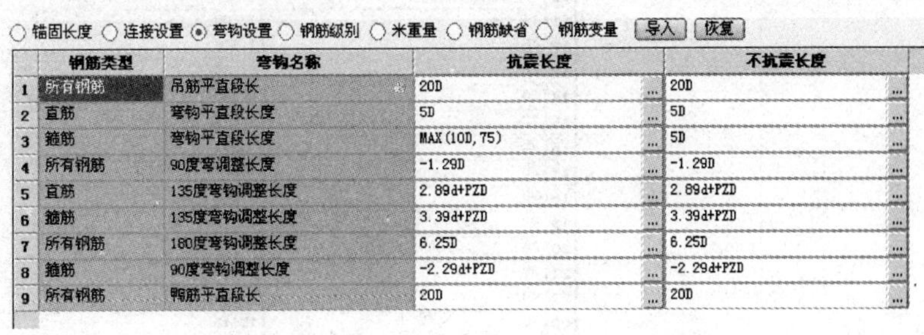

	钢筋类型	弯钩名称	抗震长度	不抗震长度
1	所有钢筋	吊筋平直段长	20D	20D
2	直筋	弯钩平直段长度	5D	5D
3	箍筋	弯钩平直段长度	MAX(10D,75)	5D
4	所有钢筋	90度弯调整长度	-1.29D	-1.29D
5	直筋	135度弯钩调整长度	2.89d+PZD	2.89d+PZD
6	箍筋	135度弯钩调整长度	3.39d+PZD	3.39d+PZD
7	所有钢筋	180度弯钩调整长度	6.25D	6.25D
8	箍筋	90度弯钩调整长度	-2.29d+PZD	-2.29d+PZD
9	所有钢筋	鸭筋平直段长	20D	20D

图 9-77 弯钩设置选择栏

单击栏目后的…按钮会展开“公式编辑”对话框，可以在对话框内修改钢筋的弯钩长度值。

【钢筋级别】 如图 9-78 所示，勾选钢筋在当前工程下的使用选项，不需要的可不勾选。

○ 锚固长度 ○ 连接设置 ○ 弯钩设置 ◉ 钢筋级别 ○ 米重量 ○ 钢筋缺省 ○ 钢筋变量 [导入] [恢复]

		钢筋种类	级别名称	钢筋符号	字母表示	数字表示	类别归类
1	✓	HPB235/HPB300	普通I级钢筋	Φ	A	4	I级钢筋
2	✓	HRB335	普通II级钢筋	Φ	B	5	II级钢筋
3	✓	HRB400/RRB400	普通III级钢筋	Φ	C	6	III级钢筋
4		HRB540/HRB500	普通IV级钢筋	Φ	W	8	IV级钢筋
5			热处理钢筋	$Φ^t$	E	8	II级钢筋
6			冷拉I级钢筋	$Φ^l$	F	8	II级钢筋
7			冷拉II级钢筋	$Φ^l$	G	8	II级钢筋
8			冷拉III级钢筋	$Φ^l$	L	8	III级钢筋
9			冷拉IV级钢筋	$Φ^l$	I	8	III级钢筋
10	✓		冷拔低碳钢丝	$Φ^j$	M	8	II级钢筋
11			碳素钢丝	$Φ^f$	S	8	特殊钢筋
12	✓		刻痕钢丝	$Φ^K$	K	7	特殊钢筋
13			钢绞线	$Φ^b$	J	8	特殊钢筋
14	✓	HRB335/HRBF335	普通II级钢筋(涂层)	Φ	T	5	II级钢筋
15	✓	HRB400/RRB400/HRBF400	普通III级钢筋(涂层)	Φ	U	6	III级钢筋
16	✓		冷轧带肋	$Φ^R$	R	7	特殊钢筋
17			冷轧扭钢筋I型	$Φ^t_1$	O	0	特殊钢筋
18			冷轧扭钢筋II型	$Φ^t_2$	P	0	特殊钢筋
19			冷轧扭钢筋III型	$Φ^t_3$	Q	0	特殊钢筋
20			螺旋肋钢丝	$Φ^H$	H	0	特殊钢筋
21		HRB540/HRB500/HRBF500	普通IV级钢筋(涂层)	Φ	Z	0	IV级钢筋
22		HRBF335	细晶粒热轧带肋普通II级钢筋	$Φ^F$	H	0	II级钢筋

图 9-78 钢筋级别设置栏

根据用户的习惯，可以将钢筋级别的输入表示在栏目中的【字母表示】【数字表示】进行指定，指定后，布置钢筋时将按用户定义字母表示钢筋级别，如将“A”表示一级钢筋等，但需注意，表示的字母和数字在栏中不能重复。

【米重量】 如图 9-79 所示，钢筋和钢绞线的单位每米重量表，是按国家标准输入的数据，用于查看，一般不应修改。

○ 锚固长度 ○ 连接设置 ○ 弯钩设置 ○ 钢筋级别 ◉ 米重量 ○ 钢筋缺省 ○ 钢筋变量 [导入] [恢复]

普通钢筋
钢绞线(1*3)
钢绞线(1*7)
冷轧扭钢筋I型
冷轧扭钢筋II型
冷轧扭钢筋III型
冷轧带肋钢筋

	直径	理论重量
1	3	.056
2	4	.099
3	5	.154
4	6	.222
5	6.5	.260
6	7	.302
7	8	.395
8	9	.499
9	10	.617
10	12	.888
11	14	1.208
12	16	1.578
13	18	2.000
14	20	2.466
15	22	2.984
16	25	3.853
17	28	4.834
18	30	5.549
19	32	6.313
20	36	7.990
21	38	8.903
22	40	9.87
23	50	15.42

图 9-79 单位每米重量表

【默认钢筋】 如图 9-80 所示，用户在界面中对构件布置钢筋时，钢筋布置对话框中默认的钢筋在本栏目内提取，用户可以针对当前工程的实际情况在本栏目内设置默认钢筋，则布置钢筋时就提取设置的钢筋，会加快钢筋布置的速度。

○ 锚固长度 ○ 连接设置 ○ 弯钩设置 ○ 钢筋级别 ○ 米重量 ⊙ 钢筋缺省 ○ 钢筋变量 [导入] [恢复]

⊞ 柱筋
⊞ 独基筋
⊞ 梯段筋
⊞ 暗柱筋
⊞ 桩基筋
⊞ 挑檐天沟筋
⊞ 柱帽筋
⊞ 坑基筋
构造柱筋
梁筋
墙筋
圈梁筋
飘窗筋
过梁筋
条基筋
悬挑梁筋
腰线筋
悬挑板筋
竖悬板筋
栏板筋
压顶筋
扶手筋
暗梁筋
后浇带筋
屋面筋
预制板缝筋
沟槽筋
楼地面筋
门垛筋
洞口边框筋
防水反坎筋

	截面描述	钢筋描述	钢筋名称	长度公式	
1	矩形	4C20	竖向纵筋	G+RMC+LJT+2*WG180	
2	矩形	A8@100/200	矩形箍(2*2)	G_1	(按规范计算)
3	十字形	A8@100/200	十字形柱箍筋	G_6+G_1	(按规范计算)
4	T形	A8@100/200	T形柱箍筋	G_1+G_6	(按规范计算)
5	Z形	A8@100/200	Z形柱箍筋	G_6+G_1+G_2	(按规范计算)
6	L形	A8@100/200	L形柱箍筋(1)	G_6+G_1	(按规范计算)
7	圆形	A8@100/200	圆柱圆箍	(B-2*CZ+GTZ/4)*PI+YGDJ+2*WG135	(按规范计算)
8	十字形	12C20	竖向纵筋	G+RMC+LJT+2*WG180	
9	T形	10C20	竖向纵筋	G+RMC+LJT+2*WG180	
10	Z形	12C20	竖向纵筋	G+RMC+LJT+2*WG180	
11	L形	12C20	竖向纵筋	G+RMC+LJT+2*WG180	
12	圆形	4C20	竖向纵筋	G+RMC+LJT+2*WG180	
13	凹形	12C20	竖向纵筋	G+RMC+LJT+2*WG180	
14	不等肩凹形	12C20	竖向纵筋	G+RMC+LJT+2*WG180	
15	不等肩T形	12C20	竖向纵筋	G+RMC+LJT+2*WG180	
16	长圆形	12C20	竖向纵筋	G+RMC+LJT+2*WG180	
17	不等腰梯形	8C20	竖向纵筋	G+RMC+LJT+2*WG180	
18	等腰梯形	7C20	竖向纵筋	G+RMC+LJT+2*WG180	
19	工形	16C20	竖向纵筋	G+RMC+LJT+2*WG180	
20	六字形	18C20	竖向纵筋	G+RMC+LJT+2*WG180	
21	偏心十字形	16C20	竖向纵筋	G+RMC+LJT+2*WG180	
22	异形	4C20	竖向纵筋	G+RMC+LJT+2*WG180	
23	正八边形	8C20	竖向纵筋	G+RMC+LJT+2*WG180	
24	正六边形	6C20	竖向纵筋	G+RMC+LJT+2*WG180	
25	直角梯形	4C20	竖向纵筋	G+RMC+LJT+2*WG180	
26	凹形	A8@100/200	凹形箍筋	G_1+G_6+G_7	(按规范计算)

图 9-80 默认钢筋设置栏

单击栏目左侧的构件名称，右侧栏目中的内容会随之改变。构件名称前有“+”号的，单击“+”号会向下一级展开。

栏目中的按钮、单元格选项均同前述。

【钢筋变量】 如图 9-81 所示，展示的是三维量版本所有涉及钢筋计算的“变量名称”，在本栏目中用户可以查看这些变量的解释用途，还可用这些变量组合出另外一个变量的计算式。

○ 锚固长度 ○ 连接设置 ○ 弯钩设置 ○ 钢筋级别 ○ 米重量 ○ 钢筋缺省 ⊙ 钢筋变量 [导入] [恢复]

所有钢筋
柱筋
牛腿筋
梁筋
悬挑梁筋
板筋
墙筋
圈梁筋
悬挑板筋
条基筋
独基筋
筏板筋
坑基筋
桩基筋
梯段筋
挑檐天沟筋
构造柱筋
暗柱筋
暗梁筋
飘窗筋
自定义体筋
柱帽筋
后浇带筋
屋面筋
楼地面筋
防水反坎筋
洞口边框筋
主肋梁筋
次肋梁筋
空心楼盖柱帽筋
空档筋
楼层板带筋
基础板带筋
侧腋筋

	适合钢筋	钢筋变量	变量组合
1		C	
2		CG	
3		CGD	CG+dg/2|CG|CZ
4		CZ	
5		CZD1	
6		D	
7		D1	
8		D3	
9		DD1	D1+D
10		dg	
11		GJCD	
12		GJJB	
13		GJWG	
14		GTZ	
15		HFB	
16		HJLB	
17		JGLX	
18		JTLX	
19		LA	
20		Lab	
21		LJT	
22		LL	
23		LTZ	
24		LWC	
25		LZDC	
26		M	

图 9-81 钢筋变量栏目

单击栏目左侧的钢筋类型，右侧栏目中的内容会随之改变。右侧栏目中分为三列：

【适合钢筋】 表示某条记录的钢筋变量除适合钢筋本身的构件类型外，还可以用于另外一种类型的构件。

【钢筋变量】 用于钢筋计算公式的变量，用户不能自己定义只能选择。

【变量组合】 对于一个钢筋变量，还需要用其他的变量组合时，栏目内显示的是组合公式或判定公式。

单击栏目后的 按钮，展开“公式编辑”对话框，可以在对话框内修改变量组合公式。

9.17.2 计算设置

计算设置页面如图 9-82 所示。

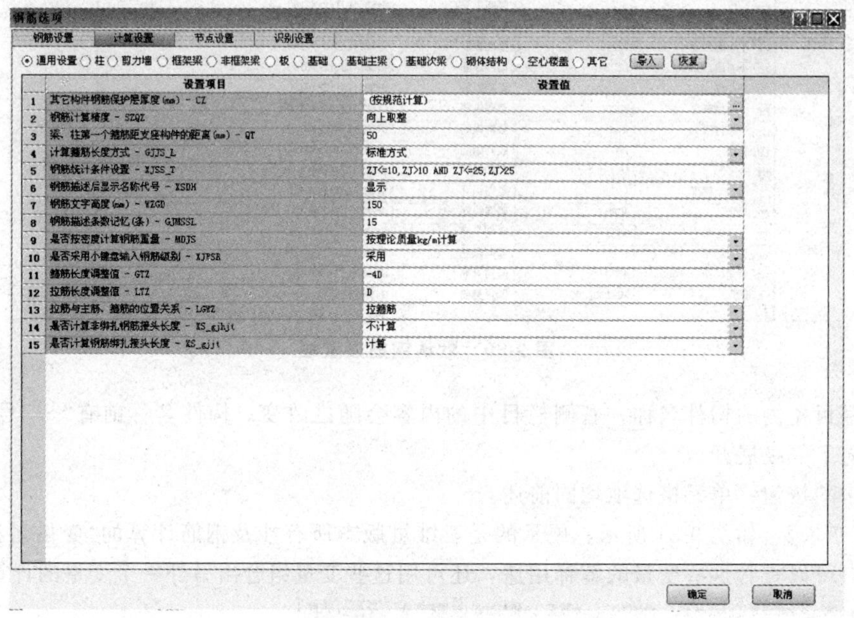

图 9-82 计算设置页面

页面上共计有 12 个选项，分别是通用设置、柱、剪力墙、框架梁、非框架梁、板、基础、基础主梁、基础次梁、砌体结构、空心楼盖、其他。

【通用设置】 栏目内的内容是所有计算钢筋的通用项目，对建筑工程中的钢筋计算都适用。页面中的栏目、按钮等说明和操作方式均同“钢筋设置”部分的说明。

【柱】 栏目内的内容只针对柱筋的计算设置，包括插筋、变截面、柱箍筋的加密判定等，页面中的栏目、按钮等说明和操作方式均同“钢筋设置”部分的说明。

【剪力墙】 栏目内的内容为混凝土墙钢筋的计算设置，由于结构中暗柱、暗梁的钢筋计算与墙有密切关系，所以将暗柱、暗梁的钢筋计算列入剪力墙，页面中的栏目、按钮等说明和操作方式均同“钢筋设置”部分的说明。

【梁】 栏目内的内容只针对梁钢筋的计算设置，包括箍筋的加密、钢筋接长判定等，页面中的栏目、按钮等说明和操作方式均同“钢筋设置”部分的说明。

【板】 栏目内的内容只针对板钢筋的计算设置，包括分布钢筋的起头、钢筋的锚固方式判定、钢筋线条显示等，页面中的栏目、按钮、说明和操作方式均同“钢筋设置”部分的说明。

【独基、条基、筏板】 栏目内的内容针对各类型基础钢筋的计算设置，说明同上。页面中的栏目、按钮等说明和操作方式均同“钢筋设置”部分说明。

【砌体结构】 圈梁、构造柱、砌体墙拉结钢筋，这些钢筋的计算都是有砌墙存在的内容，所以将这些构件钢筋计算选项列入“砌体结构”，说明同上。页面中的栏目、按钮等说明和操作方式均同“钢筋设置”部分说明。

9.17.3 节点设置

房屋是由基础、柱、墙、梁、板、楼梯等各类构件组合而成的。在现实当中不可能有单独的构件组成为房屋，构件互相交织在一起必定产生连接，这些连接点称之为连接节点。三维算量版本将构件连接之间钢筋的钢筋计算抽象为钢筋节点，便于用户理解和修改编辑。

【节点设置】 对柱、剪力墙、框架梁、非框架梁普通梁(板)、砌体构件的钢筋节点进行计算设置，如图 9-83 所示。

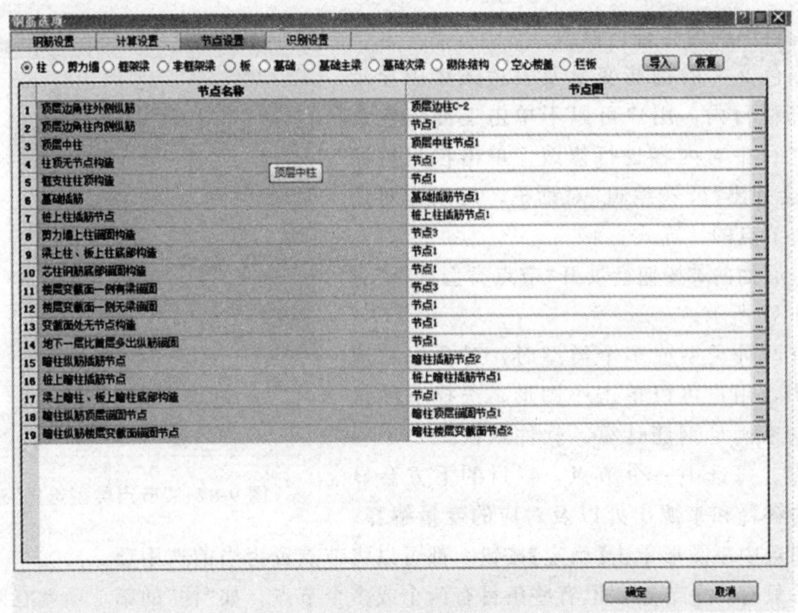

图 9-83 节点设置页面

单击柱节点栏目后面的节点图单元格，会弹出该条节点默认钢筋节点图，如单击【基础单层钢筋时柱插筋节点】条目后面的单元格，就会弹出“节点类型示例图”对话框(图 9-84)。

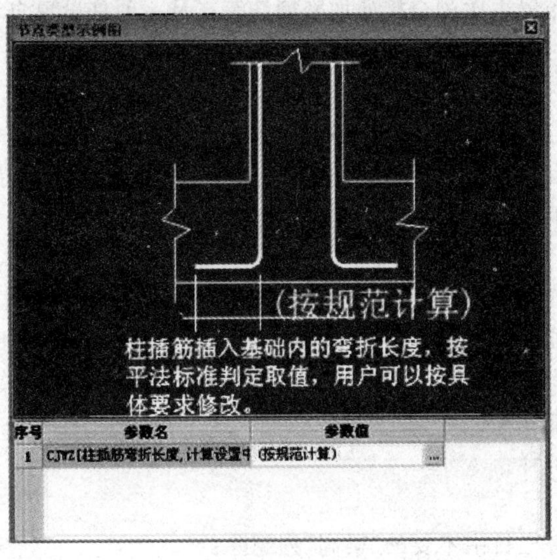

图 9-84 “节点类型示例图”对话框

在示例图对话框中将光标置于绿文字上，会展开该条文字的提示，如图 9-85 所示。

可以在文字提示内看对该条文字的解释，以及用到的变量名。单击该文字，会展开输入编辑栏，如图 9-86 所示。

图 9-85　文字提示

图 9-86　展开的输入编辑栏

可以对栏目中的内容进行修改。

图形内绿色文字的钢筋变量及表达式集中显示在对话框下部栏目内，用户可以不单击上面绿色文字而直接在栏目中对内容进行修改。单击栏目后面的...按钮，会弹出"公式编辑"对话框，可以在对话框内修改编辑节点的计算式。

单击条目后面的...按钮会展开"节点类型选择"对话框，如图 9-87 所示。

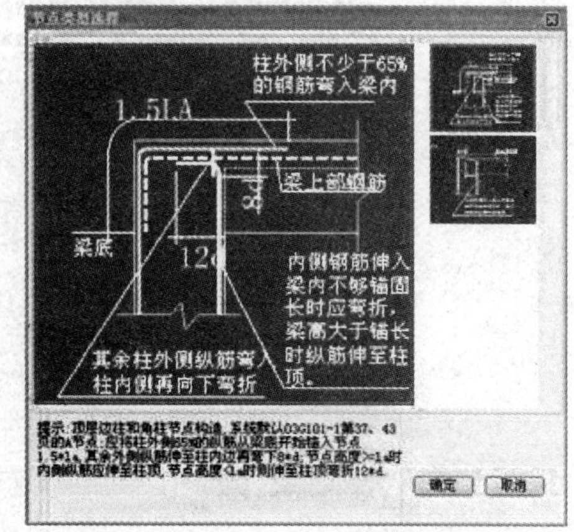

图 9-87　"节点类型选择"对话框

当节点有两种类型或多个类型时，对话框右边有多个小图形，用户可以单击小图形，选择一种符合需要的节点来满足钢筋计算。软件默认的是工程中常用的节点。每选中一个节点，栏目的下方会显示这个节点的解释和来源出处以及对应的变量解释，双击小图形和选中小图形单击【确定】按钮，都可以将节点置为当前选中项。

有些条目只有一个节点，但有些条目有两个或多个节点，如"柱"的第 7 项就有两个节点。

剪力墙、框架梁、非框架梁、板、砌体构件的说明同"柱"，此处不再赘述。

9.17.4　识别设置

软件内对钢筋进行识别设置是基于两种情况：一种是纯识别的设置，主要针对图像识别过后是否保留底图、是否布置主次梁交接处加密箍筋等；另一种是设置自动布置构造钢筋的条件，让软件确定在符合条件时将什么规格型号的钢筋布置到构件上。

【识别设置】　对梁、条基、腰筋表进行计算设置，如图 9-88 所示。

【梁】　分有 8 个节点，分别是公用、箍筋、腰筋、架立筋、吊筋、非框架梁、框架梁、框支梁，展开每个节点，有对应的选项条目，在【设置值】的单元格内进行设置。按钮的操作方式及说明见"钢筋设置"章节。

【条基】　同梁说明。

【腰筋表】　用于设置自动布置的腰筋，将选项切换到【腰筋表】页面显示为空白。【腰筋表】是空白的，用户在表内根据施工图设计要求，将梁截高、截宽在什么条件下布置什么规格型号的钢筋设置好，数据就会记录在系统中，在执行【自动钢筋】→【腰筋调整】命令时，就会提取表内的数据将腰筋布置到符合条件的梁上。

对话框选项和操作解释：

按钮：

【删除梁高】　用于将栏目中不要的"梁高"列删除。

【增加梁高】　用于增加一列"梁高"列。

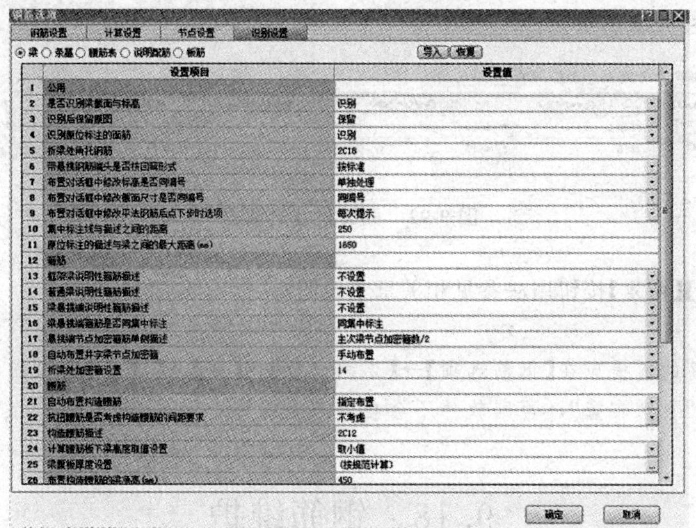

图 9-88　识别设置页面

【修改梁高】 用于修改“梁高”列单元格内的条件值。

【增加梁宽】 用于增加一行“梁宽”行。

【删除】 用于删除一行“梁宽”行。

栏目内容：

栏目中横向每一列为一个梁高间，默认有四列，从高＞450～1 050高；竖向每一行为一个梁宽区间，默认一行。如果栏目中的数据不符合要求，用户可以进行修改编辑。

如要加一个梁宽为＞450＜＝650，梁高为＞1 050＜＝的条件，操作方式如下：

(1)单击【增加梁宽】按钮，在栏目中增加一行梁宽(图 9-89)。对话框中前后两端栏目是用于填写梁高起点和终点区间值的，二、四两栏用来填写条件符号，中间的栏内用于选择梁的高和宽度。栏目中的▾按钮点开可以在展开的栏目中选择相应的内容，对于一、五栏也可以手工输入数据。

根据例子在第一栏内输入“350”、第二栏选择“＜”、第三栏选择“梁宽”、第四栏选择“＜＝”、第五栏内输入“500”。如图 9-90 所示。

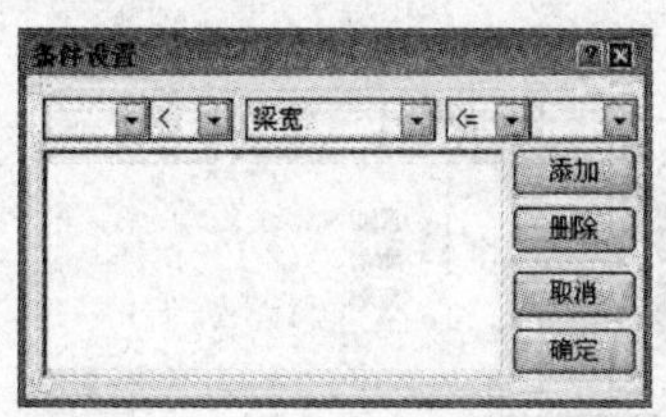

图 9-89　“条件设置”对话框

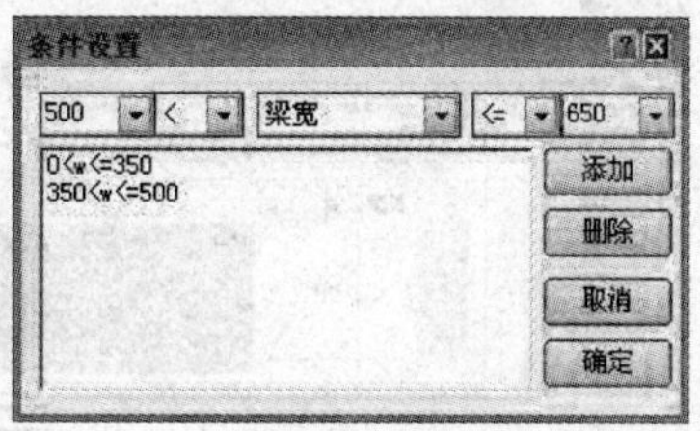

图 9-90　梁宽设置

单击【确定】按钮，将宽度条件加入栏目中。

(2)单击【增加梁高】按钮，弹出对话框同图 9-90 所示。

根据例子在第一栏内输入“1 050”、第二栏选择“＜”、第三栏选择“hw”、第四栏选择“＜＝”、第五栏内输入“1 250”。结果如图 9-91 所示。

单击【确定】按钮，将高度条件加入栏目中。

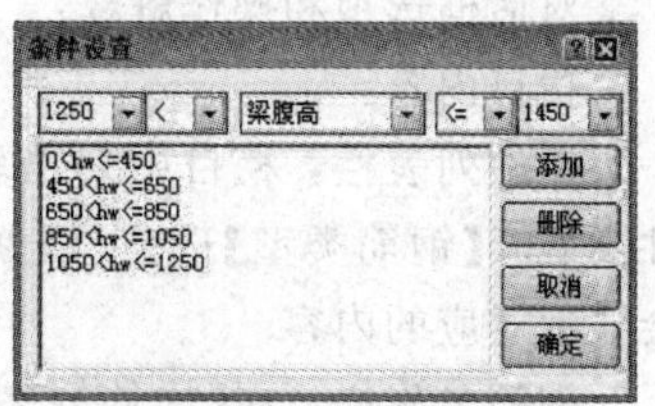

图 9-91　梁高设置

最后结果如图 9-92 所示。

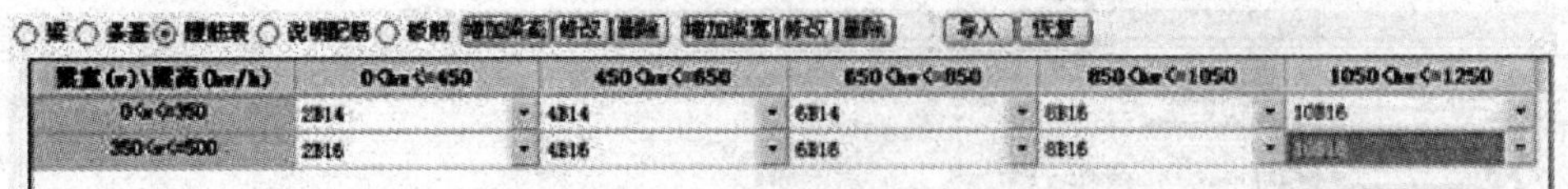

图 9-92　截面尺寸对话框

【删除】【导入】【恢复】按钮用法参见相关章节说明。

温馨提示：

自动布置腰筋的前提应在【钢筋选项】→【识别设置】→【梁】→【腰筋】选项内，将【自动布置构造腰筋】的值设为“自动布置”，否则软件不会自动布置腰筋。

9.18　钢筋维护

功能说明：对钢筋长度公式、数量公式及钢筋构造进行查看和更改。

菜单位置：【数据维护】→【钢筋维护】。

命令代号：gjwh。

执行命令后弹出“钢筋公式维护”对话框，如图 9-93 所示。

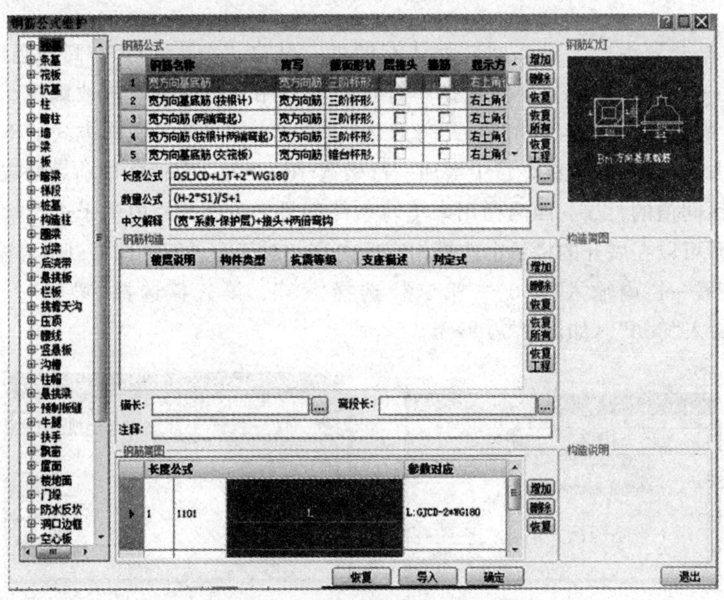

图 9-93　“钢筋公式维护”对话框

对话框选项和操作解释：

栏目内容：

构件列表栏：栏目中列出软件内所有需要布置钢筋的构件，单击构件会展开【钢筋类型】选项(图 9-94)，单击某条钢筋类型，在其他栏目中会显示对应的内容。

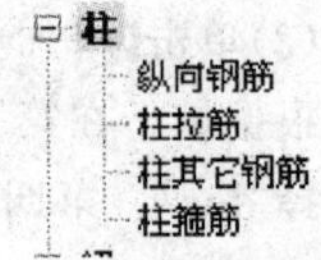

图 9-94　展开的钢筋类型选项

钢筋名称栏：在【构件列表】栏选中了一个构件的钢筋类型后，本表内对应显示出这个钢筋类型的钢筋名称。

钢筋公式栏：单击【钢筋名称】栏中某条钢筋名称，栏目内对应显示出这个钢筋名称的钢筋计算公式，钢筋描述带分间距的，数量公式栏内会显示数量公式。本栏目分为三部分：长度公式、数量式和中文注释。

钢筋构造栏：单击钢筋名称栏中某条钢筋名称，栏目内显示出这个钢筋名称的钢筋构造。软件依据构件的支座类型、楼层位置、钢筋在构件内的位置等内容进行钢筋构造判定。

构造表达式栏：单击钢筋构造栏中某条内容，栏目内对应显示出这个钢筋构造的钢筋构造计算式。栏目分四部分：锚固总长度、锚固的直段长度、锚固的弯段长度、中文注释。

钢筋样式简图栏：本栏中显示对应“钢筋名称”的钢筋样式图，出报时将按此图打印钢筋简图。本图严格按钢筋公式匹配，一旦用户修改了钢筋公式，则图形不会打印。

钢筋幻灯图栏：本栏中显示的是对应钢筋名称的钢筋幻灯图。钢筋幻灯图可在布置钢筋时，不用看钢筋名称直接选择钢筋图，也可以将需要的钢筋布置到构件上。

构造示意图栏：本栏中显示的是对应钢筋构造的构造简图。说明此处的钢筋是按图形构造的，施工基本也按此方式施工。

构造说明栏：本栏中显示的是对应钢筋构造的说明。说明钢筋构造方式和来源出处。

按钮：

【增加】 用于增加一行钢筋公式或构造，按钮置于某个栏目的后面，则对某栏目有效。

【删除】 用于删除一行钢筋公式或构造，说明同上。

【恢复】 光标置于某条钢筋内容上，单击该按钮则将该条修改的内容恢复到默认状态，说明同上。

【恢复所有】 单击该按钮，则对当前栏目内的内容恢复到默认状态，说明同上。

【恢复工程】 单击该按钮，则对钢筋维护栏内的内容恢复到默认状态，说明同上。

[...] 单击该按钮，弹出“公式编辑”对话框，可以在对话框内修改编辑钢筋计算公式。

栏目底部的【恢复】【导入】【确定】【退出】四个按钮，对应整个“钢筋公式维护”对话框，用法见相关说明。

钢筋名称栏内有两个复选框选项，分别是【层接头】【箍筋】，表示对应本条钢筋是不是箍筋，是不是要计算层接头，在“□”内打“√”，表示是“箍筋”或“层接头”，计算钢筋时软件将按设置进行【层接头】或【箍筋】的计算方式进行计算。

操作说明：

下面说明钢筋公式修改和钢筋构造的修改过程。

(1)单击展开左边构件名称树选择要修改的钢筋类型，根据钢筋类型在钢筋公式表中找到要修改的钢筋名称，然后对下方栏目内的长度公式、数量公式及层接头等内容进行设置修改。例如，在柱中选择“纵向钢筋”，钢筋公式表格显示如图 9-95 所示。

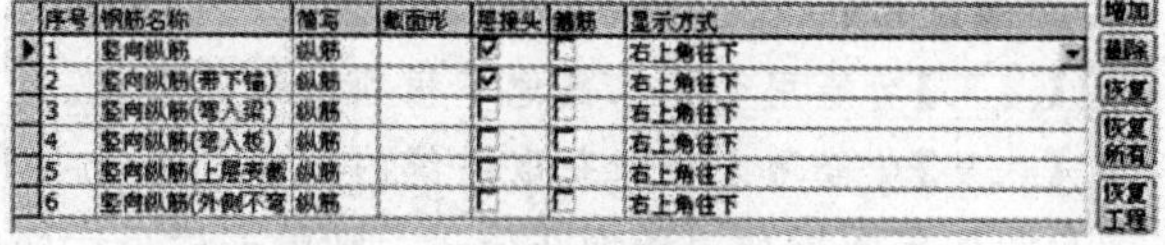

钢筋公式

序号	钢筋名称	简写	截面形	层接头	箍筋	显示方式
1	竖向纵筋	纵筋		☑	☐	右上角往下
2	竖向纵筋(带下锚)	纵筋		☑	☐	右上角往下
3	竖向纵筋(弯入梁)	纵筋		☐	☐	右上角往下
4	竖向纵筋(弯入板)	纵筋		☐	☐	右上角往下
5	竖向纵筋(上层变截	纵筋		☐	☐	右上角往下
6	竖向纵筋(外侧不弯	纵筋		☐	☐	右上角往下

增加 删除 恢复 恢复所有 恢复工程

图 9-95 钢筋公式表格显示

如果要修改竖向纵筋的计算公式，则在表格下方的长度公式和数量公式中修改即可。

(2)如果此钢筋有钢筋构造，则在左下的钢筋构造栏中会显示当前钢筋对应的构造种类。可对钢筋的锚长、抗震等级、支座描述以及判定式等进行构造修改。

例如，柱向纵筋的钢筋构造，如图 9-96 所示。

其中【支座描述】是指当前构造所适用的支座类型。【锚长】计算式中各变量的含义可以在下拉按钮弹出的钢筋公式编辑框中查看。【判定式】是使用当前钢筋构造的判定条件，软件会自动根据构件的条件判定出钢筋锚长的计算式。判定式中各变量的含义见表 9-1。

楼层说明	构件类型	抗震	支座描述	锚长	判定式
顶层	框架柱,暗柱	全部	所有	MAX(La-HB,12D)	hb-CZ<La and (PMWZ=3 or PMW
顶层	框架柱,暗柱	全部	所有	-CZ	hb-CZ>=La and (PMWZ=3 or PM
顶层	框架柱,暗柱	全部	所有	MAX(La-HB,12D)	hb-CZ<La and PMWZ=1
顶层	框架柱,暗柱	全部	所有	0	hb-CZ>=La and PMWZ=1
中间层	框架柱,暗柱	全部	所有	C+200-CZ	ZJWZ=1
所有层	构造柱	全部	所有	-HB+La	
所有层	构造柱	全部	顶层梁	-HB+La	
顶层	框架柱,普通柱,暗柱	全部	顶层梁	MAX(La-HB,12D)	hb-CZ<La and PMWZ=1
顶层	框架柱,普通柱,暗柱	全部	顶层梁	La	hb-CZ>La and PMWZ=1

图 9-96 钢筋构造栏

表 9-1 判定式中各变量含义

变量名称	变量值含义
楼层位置(LCWZ)	1=底层；2=中间层；3=顶层；0=所有层
柱：平面位置(PMWZ)	1=中柱；2=边柱；3=角；0=分
柱：主筋位置(ZJWZ)	1=角筋；2=内筋；3=外纵筋；0=不分
梁跨描述(LKMS)	1=单跨；2=连；0=通长
梁：平面形状(PMXZ)	1=直形；2=弧形；0=不分
梁：贯通筋(GTJ)	0=无贯通筋；1=有贯通筋
基础梁：外构造(WSGZ)	0=无外伸；1=有外伸
基础梁/筏板：高低位描述(GDMS)	0=底部高位；1=底低位；2=顶部高位；3=顶部低位
基础梁：主次梁描述(ZCLMS)	0=主梁；1=次梁
筏板：独基是否有箍筋(YGJ)	0=无箍筋；1=有箍筋
梁：钢筋级别(GJJB)	1=一级；2=二级；3=三级
基础梁/筏板：是否有斜底(XMS)	0=无斜底；1=有斜低

(3)钢筋简图的信息显示在右边的表格栏中。箍筋长度计算式中的“G”代号代表的长度计算公式在这里可以查看且可以修改。

例如查看“矩形箍(2×4)”，它的长度计算公式为“G _ 1+ G _ 2”，而 G _ 1 和 G _ 2 分别代表的钢筋长度计算公式在右边的钢筋简图表格中可以查看，如图 9-97 所示。

(4)在修改计算公式时，单击单元格内的下拉按钮，弹出“钢筋公式编辑”对话框，方便修改。

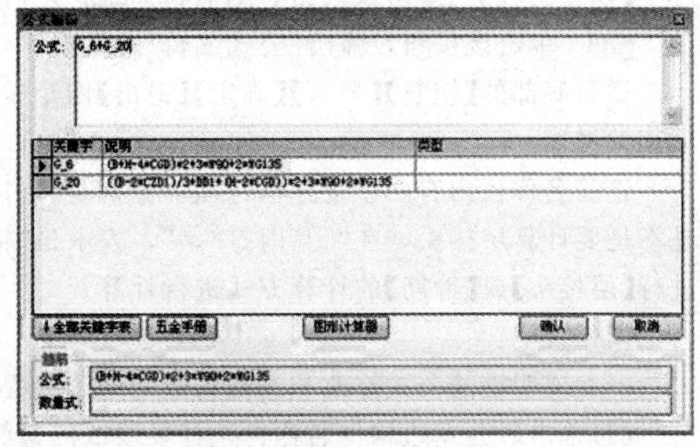

图 9-97 箍筋计算式展开

温馨提示：

【导入】功能用于导入其他工程项目钢筋公式。

【恢复】功能用来重新获取系统的构造，将清空用户修改了的构造。

(5)如果要增加一条钢筋公式，则单击栏目后面的【增加】按钮，就会在对应的栏目下面增加一条记录，在栏目的单元格内输入相应的内容，不知道输入什么内容参照栏目内原有的内容，这样就增加了一条钢筋计算公式，在布置钢筋的对话框中就可以选择该条钢筋了。

第10章 识别

本章内容

导入设计图、分解设计图、字块处理、缩放图纸、清空底图、图层控制、管理图层、全开图层、冻结图层、恢复图层、识别建筑、识别轴网、识别柱体、识别暗柱、识别独基、识别条基、识别桩基、识别梁体、识别砌体、识别门窗表、识别墙体、识别门窗、识别内外、识别截面、识别柱筋、识别梁筋、识别板筋、识别大样、描述转换、文字查找、文字合并、文字炸开、相同替换。

本章主要介绍软件的识别功能，应用导入CAD电子文档图，利用CAD图中的图形和标注信息快速识别构件和钢筋对象来建立算量模型。软件可以识别设计院二维和三维的电子文档图。

在使用识别功能时，建议采用以下识别流程：

构件识别流程：

轴网识别→柱识别→梁识别→门窗表识别→墙识别→门窗洞识别。

钢筋识别流程：

暗柱识别→描述转换→梁筋识别→板筋识别→柱筋识别。

10.1 导入设计图

功能说明：导入施工图电子文档。

菜单位置：【导入图纸】→【导入设计图】。

命令代号：drtz。

本命令用于导入施工图电子文档，通过对电子图纸进行识别建模。

执行命令后弹出“选择插入的电子文档”对话框，如图10-1所示。

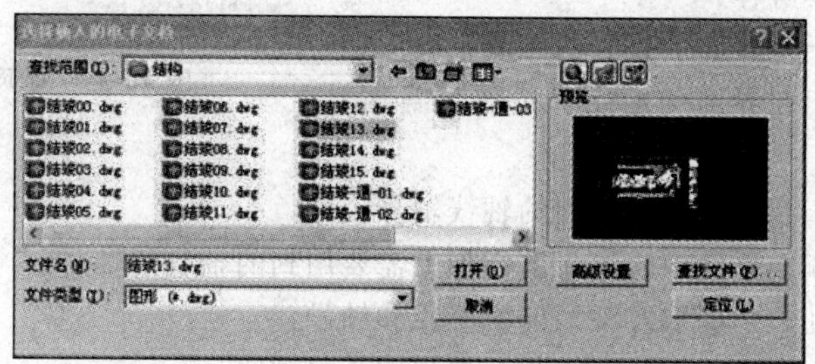

图10-1 “选择插入的电子文档”对话框

对话框选项和操作解释：

【打开】 打开所选择的设计院图档，格式为“*.dwg”。

【取消】 取消本次操作。

【高级设置】 单击该按钮，弹出“电子文档处理设置”对话框，如图 10-2 所示。

在对话框中勾选对的条目，导入电子图时，软件就会按设置对电子图进行相应处理。

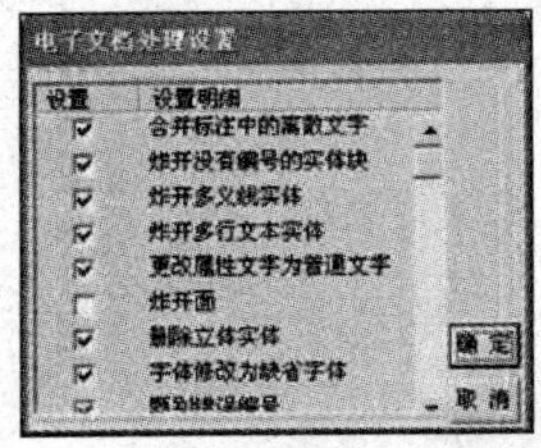

图 10-2 “电子文档处理设置”对话框

【查找文件】 属 CAD 软件的操作，请参看有关书籍。

【定义】 属 CAD 软件的操作，请参看有关书籍。

【预览】 光标置于左边栏目中的某个图纸名称上时，电子图能够打开时，栏目中将缩略显示该电子图形。不打开将不能显示缩略图。

操作说明：

选择好要导入的电子图后，单击【确定】按钮，这时对话框消失，选择的电子图插入到界面中。

快速导入：操作方式说明见上述，只是打开的对话框中没有【高级设置】按钮，导入图时不进行图纸处理，速度要快，但是图纸导入后需要后期处理，总的来说还是要占用时间的。

温馨提示：

(1)如果绘制电子图的 CAD 版本比三维算量软件所用 CAD 版本高，软件会将当前的 CAD 平台自动转换为高版本。

(2)如果整个工程图的所有图纸都在一个 dwg 图形文件里，会造成插入电子图非常慢，严重时会引起死机，建议使用 CAD 单独打开此文件，采用 wblock 命令分离各图纸为各单个 CAD 文件，如柱图、梁图等。

图纸处理

10.2 识别轴网

功能说明：自动识别用斯维尔公司建筑设计软件绘制的建筑电子图上的门窗、洞口、柱墙等构件。

菜单位置：【识别】→【识别轴网】。

命令代号：szw。

执行命令后弹出“轴网识别”对话框，如图 10-3 所示。

图 10-3 “轴网识别”对话框

对话框选项和操作解释：

【提取轴线】 用于到界面中提取图元的轴线。

【添加轴线】 用于在界面的图元上添加上需要用到的轴线。

【提取轴号】 用于到界面中提取图的轴线轴号。

【添加轴号】 用于在界面中的图元上添加上需要用到的轴线的轴号。

【自动识别】 自动识别提取及添加的所有线和轴号。

【单选识别】 选取要识别的轴线，点一根识别一根轴线。

【补画图元】 根据需要用户可以补画一些有利于识别建模的图元。

【隐藏实体】 根据需要可以将暂时不会用到的实体隐藏起来，方便识别建模。

单击【识别设置】按钮，展开“识别设置”对话框，如图 10-4 所示。

在对话框中对识别时用到的各种参数进行设置，单击【参数值】单元格后面的▾按钮，会展开选项栏供用户在栏目内选择合适的值来进行识别操作。

参数值栏中一些符号表示的内容如下：

“#”代表数字；

“@”代表字母；

“.”代表除数字和字母外的其他字符；

[A－K]表示按照字母表从A到K的所有字母。

如果设置的内容不符合要求，可以单击【恢复缺省】按钮，将设置的内容恢复到软件默认状态。

操作说明：

执行命令后，弹出图10-3所示对话框，命令栏提示：

请选择轴网线或编号<退出>或|轴网层(Y)|自动(Z)|:

图 10-4 “识别设置”对话框

根据提示，光标至界面中选择需要识别成轴网的图线和轴号标注，这时界面中的线会临时隐藏。对话框中会显示提取的图层名称，如图10-5所示。

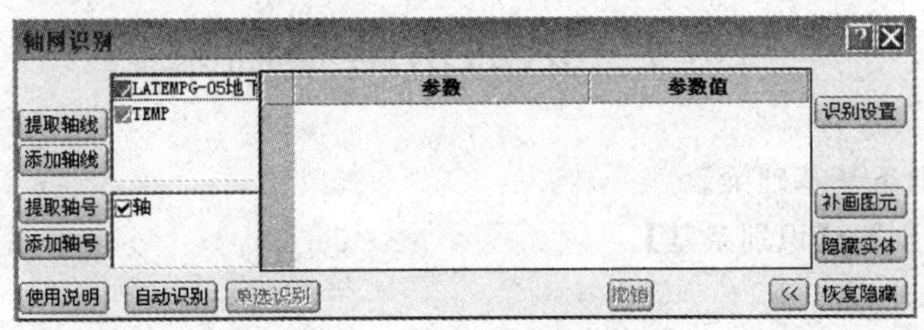

图 10-5 选取完后的对话框

如果选取了无用的图层，用工具条上的撤销命令来恢复上一次的操作，或者将这个图层名前面的“√”去掉。

这时工具条上的识别方式按钮都会变为可用状态，可选择各种方式来识别轴网。

温馨提示：

(1)自动识别会成组，单选识别不成组。

(2)是否识别尺寸标注只对自动识别有效，单选识别不识别尺寸标注。

(3)尺寸标注可以不提取，程序会自己在整个图元中搜索。

(4)如果尺寸与实际不符合，会将尺寸用红色显示出来。

10.3 识别独基

功能说明：识别独基；由于基础在立面上有形状和尺寸变化，故基础识别是分两步进行：先将基础的编号和平面识别出来，再到“构件编号”对话框中指定基础的立面形状和尺寸，再对界面上的基础识别。这步也可以反过来，先在“构件编号”对话框中指定基础的立面形状和尺寸，再对界面上的基础编号和形状进行一次识别匹配。

菜单位置：【识别】→【识别独基】。

命令代号：sbdj。

执行命令后，命令栏提示：

请选择独基边线:<退出>或|标注线(J)|自动(Z)|点选(D)|框选(X)|平选(V)|补画(I)|隐藏(B)|显示(S)|编号(E)|:

同时弹出“独基识别”对话框，如图 10-6 所示。

当导入的子图中有“J”子目的构件编号，在单击【识别独基】按钮或执行命令时，软件会自动将编号的图层提取到编号所在层的栏目内。

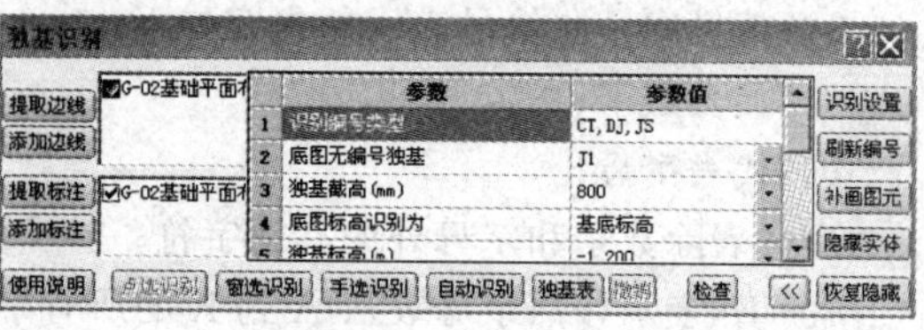

图 10-6 “独基识别”对话框

按钮：

【独基表】 用于对基础表格的识别。

基础是一个带子构件的构件，可单击【识别设置】按钮，在弹出的对话框中进行土、垫层、砖模等子构件的相关定义，识别基础时就会将这些内容一同匹配。

操作说明：

参见柱识别。

独基表格的识别方式同“表格钢筋”的方法。

10.4 识别条基基础梁

功能说明：识别条基基础梁。

菜单位置：【识别】→【识别条基】。

命令代号：sbtj。

操作说明：

执行命令，命令栏提示：

请选择条基线<退出>或[标注线(J)|自动(Z)|单选(O)|全选(X)|补画(I)|布置(Q)|编号(E)]:

同时弹出“条基识别”对话框，如图 10-7 所示。

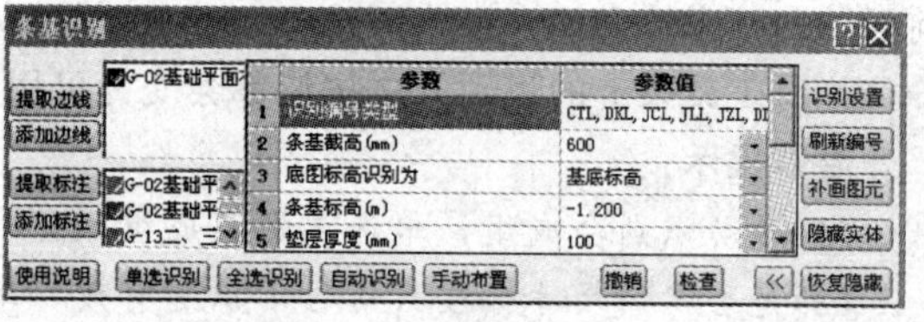

图 10-7 “条基识别”对话框

对话框选项和操作解释：

条基的识别与独基识别的说明基本一样，只是工具按钮有几个不同，分述如下：

【单选识别】 单选识别一条条基，单击一条条基的线条，就会将这条条基的多段线连起来一起识别，但是一次只能选择一条条基。

【全选识别】 框选识别一条条基，并且一次应将一条条基的线全部选取亮显，但是一次只能选择一条条基。

【手动布置】 用此按钮进行手工布置条基，因为经过图层的提取和对别的条基进行识别时已经将条基编号识别到“构件编号”内了，执行该命令会回到面上，从导航器中选择需要布置的条基编号进行布置即可。

其他按钮的说明均同独基，这里不再赘述。

操作说明：

参见独基识别。

10.5 识别桩基

功能说明：根据用户选择的实体转换为桩基。

菜单位置：【识别】→【识别桩基】。

命令代号：zjsb。

执行命令后出现图 10-8 所示的“桩基识别”对话框。

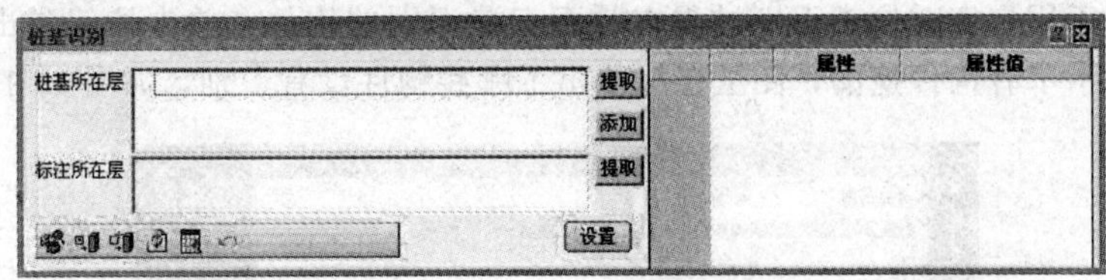

图 10-8 “桩基识别”对话框

对话框选项和操作解释：

(1)识别方法同柱识别。

(2)桩基编号可以在对话框中进行修改。

(3)只能对圆形进行识别，如果不是圆，可以使用【相同替换】命令进行图纸处理。

10.6 识别柱、暗柱

功能说明：识别柱、暗柱构件。

菜单位置：【识别】→【识别柱体】。

命令代号：sbzt。

执行命令后，命令栏提示：

请选择柱边线:<退出>或[标注线(J)|自动(Z)|点选(D)|框选(X)|手选(V)|补画(I)|隐藏(B)|显示(S)|编号(E)]:

同时弹出“柱和暗柱识别”对话框，如图 10-9 所示。

对话框选项和操作解释：

栏目：

【提取边线】 用于到界面中的 CAD 图纸上提取需要转化为当前构件的线条。

【添加边线】 用户可以在界面中的 CAD 图纸上继续添加未提取的底图线条到图层名称显示区。

【提取标注】 用于到界面中的 CAD 图纸上提取边线对应的标注信息。

【添加标注】 用于在界面中的图元上添加需要用到的轴线的轴号。

根据命令栏提示光标移至界面上提取柱子相关图层后的效果如图 10-10 所示。

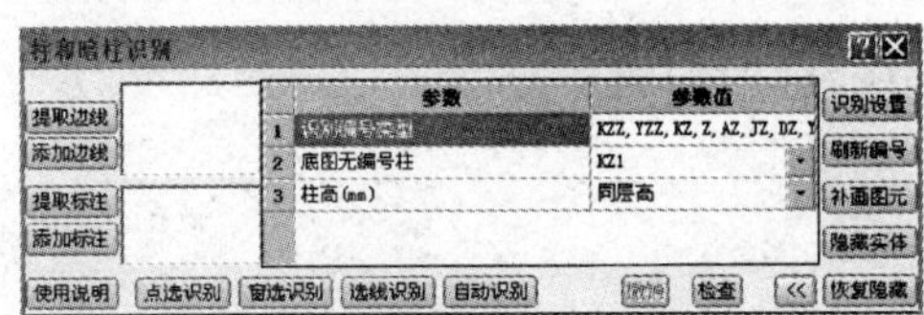

图 10-9 “柱和暗柱识别”对话框

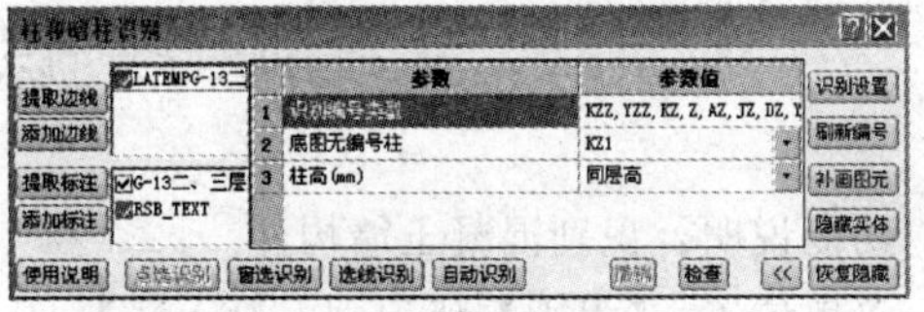

图 10-10 提取柱图层后的效果

【点选识别】 点取封闭的区域内部进行识别。

【窗选识别】 在框选的范围内进行识别。

【选线识别】 选取要识别的柱边线轴线进行识别。

【自动识别】 自动识别出所有的柱子。

【补画图元】 当提取过来的柱线条中存在残缺，如柱边不封闭等，可以采用此方式，重新到图中补画一些线，让程序能够自动识别所有的柱。

【隐藏实体】 隐藏界面上当前不需编辑的实体对象，使界面清晰、方便操作。

【恢复隐藏】 将界面上隐藏的选中实体打开。

【检查】 用于用户实时检查识别过程中是否有漏识别的构件，单击按钮弹出“差异处理”对话框，对话框显示了有构件遗漏，图上也标注出了哪些构件没有识别，如图 10-11 所示。

图 10-11 “差异处理”对话框

【识别设置】 说明同轴网识别。

操作说明：

可通过各种识别方式来识别柱子。这里采用点选识别举例，单击【点选识别】按钮，这时命令栏提示：

请选择柱内部点：

在封闭的柱轮廓区域内单击，如果识别成功，则在命令栏提示出识别的编号和截面数据。这里识别成功一个矩形柱，命令栏提示为：

编号 Z2，矩形：b：500；h：500；

继续用这种方式识别下去，也可切换成其他识别方式再识别。选取组成柱图元，柱所在的层名会在图层列表中列出，且被选中的图层会隐藏。如选了错误的图层，可用撤销命令来撤销。选取完后，右击退出选取。

温馨提示：

柱子的编号图层不用提取，系统会自动找到。

柱子是通过封闭区域来识别，如果线条不封闭就不能识别，需对电子图进行调整，或用补画图元方式使之成为能够识别的区域。

10.7 识别混凝土墙

功能说明：识别混凝土墙构件。

菜单位置：【识别】→【识别混凝土墙】。

命令代号：sbqt。

操作说明：

执行命令后，命令栏提示：

请选择墙线<退出>或|标注线(J)|自动(Z)|全选(X)|单选(O)|补画(I)|编号(E)|

同时弹出“混凝土墙识别”对话框，如图 10-12 所示。

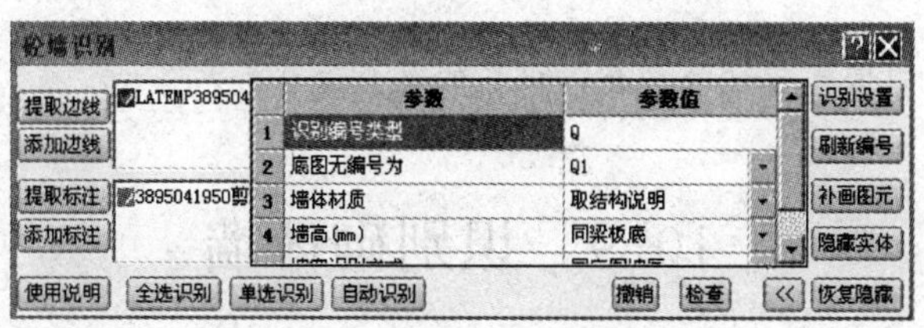

图 10-12 “混凝土墙识别”对话框

对话框选项和操作解释：

按钮：按钮和设置内容同基础梁识别内容，这里不再赘述。

选项：这里采用全选识别，如果当前不想用这种识别方式，就在工具条上切换到单选识别选取要识别的墙，右击完成选取。如果识别成功就会在命令栏显示出识别成功墙的编号和截面信息，如提示：Q1 300×1 200。

单选识别与全选识别的区别：

单选识别：选取一侧或两侧的墙，软件自动识别墙线方向上所有满足条件的墙段，可同时选多条线。编号不用选择，识别时程序会自动在界面中查找。

全选识别：同时选择墙的两条边线识别墙，且只在选择范围内进行识别。可以选编号，但只能选一个编号，所有识别出来的墙都是这个编号。

10.8 识别梁体

功能说明：识别梁体。

菜单位置：【识别】→【识别梁体】。

命令代号：sblt。

操作说明：

执行命令后，命令栏提示：

请选择编号和梁线：<退出>或|梁层(Y)|标注线(J)|自动(Z)|全选(X)|关联(N)|补画(I)|布置(Q)|编号(E)|

同时弹出“梁识别”对话框，如图 10-13 所示。

对话框选项和操作解释：

梁的识别与条基识别的说明基本一样，这里不再赘述。

取边线和标注后的对话框如图 10-14 所示。

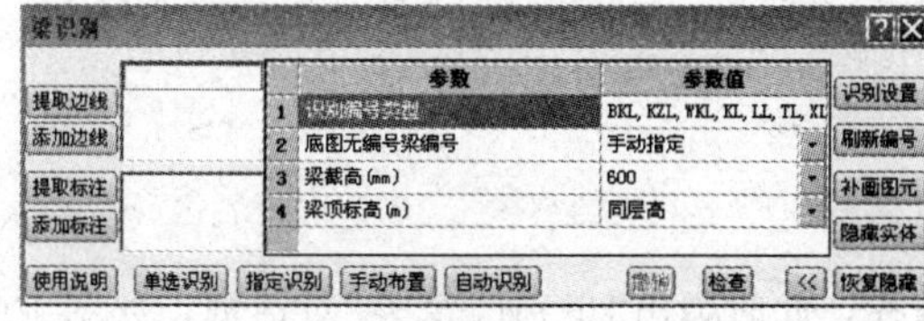

图 10-13 “梁识别”对话框

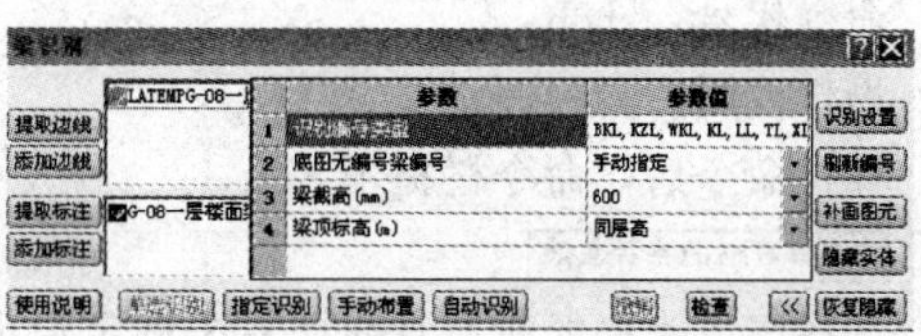

图 10-14 取边线和标注后的对话框

操作说明：

参见条基识别。

温馨提示：

(1)如果没有识别出梁，可对线条进行断开或缝合，使线条的段数与梁编号描述的跨数相同。

(2)如果编号描述的信息与梁跨符合，识别的梁变为红色。

10.9　识别砌体墙

识别构造柱

功能说明：识别砌体墙。

菜单位置：【识别】→【识别砌体墙】。

命令代号：sbqq。

操作说明：

执行命令后，命令栏提示：

请选择墙线<退出>或|标注线(J)|门窗线(N)|自动(Z)|全选(X)|单选(O)|补画(I)|编号(E)|

同时弹出“砌体墙识别”对话框，如图 10-15 所示。

识别方法同“识别混凝土墙”。

增加了门窗线的选择：

当墙上有洞口时，会将墙体识别成两段。解决的方法是在识别墙的同时选择门窗线条，同时作为墙体线条图层，这样做还可以在识别墙的同时将门窗也识别出来。

单击【门窗线】按钮或执行命令，弹出“门窗识别”对话框，如图 10-16 所示。

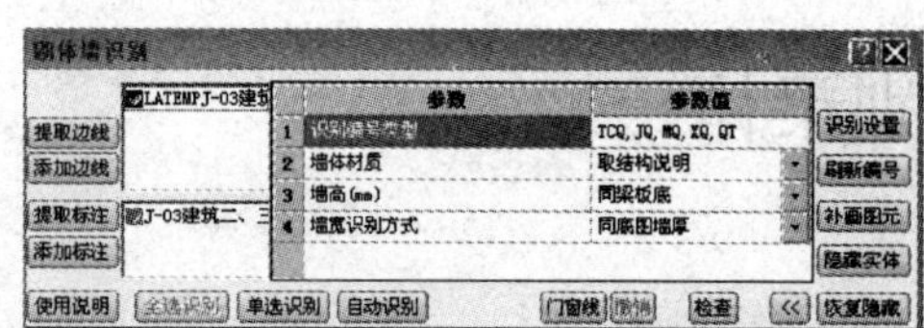

图 10-15　“砌体墙识别”对话框

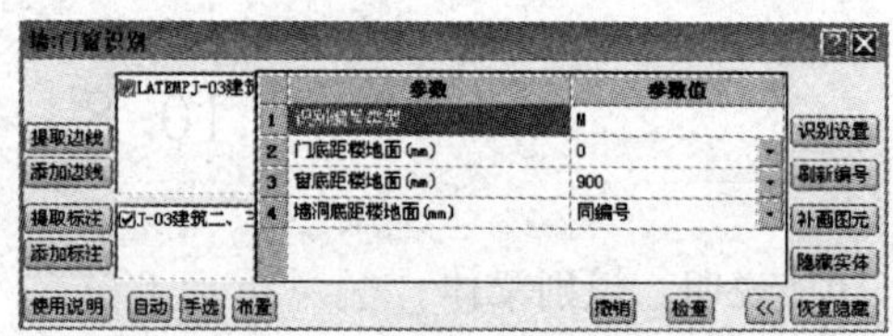

图 10-16　“门窗识别”对话框

按钮操作、识别方法同“识别混凝土墙”。

10.10　识别门窗表

功能说明：对门窗表进行识别。

菜单位置：【识别】→【识别门窗表】。

命令代号：sbcb。

操作说明：

执行命令后，命令栏提示：

请选择表格的相关直线

选择组成表格的所有直线，右击确定退出选择，此时弹出“识别门窗表”对话框，如图 10-17 所示。

识别门窗表

	删除		*编号	截面尺寸b>		构件名称	备注1
1	匹配行	序号	编号	洞口尺寸	[illegible]	类型	备注
2	☐	1	SM-2433	2400X3300	1	铝合金门白色玻璃	
3	☐	2	SM-1524	1500X2400	1	胶合板门	
4	☐	3	SM-1824	1800X2400	2	胶合板门	
5	☐	4	M5-0924	900X2400	19	胶合板门	图集DJ831.1
6	☐	5	M3-0920	900X2000	2	胶合板门	图集DJ831.1
7	☐	6	M3-0924	900X2400	4	胶合板门	图集DJ831.1
8	☐	7	M3-1524	1500X2400	2	胶合板门	图集DJ831.1
9	☐	8	M3-0720	700X2000	14	胶合板门	图集DJ831.1
10	☐	9	FM-1227	1200X2700	2	胶合板门	图集DJ831.1
11	☐	10	SM-1	1800X3300	1	铝合金门蓝色玻璃	
12	☐	11	SM-1833	1800X3300	1	铝合金门蓝色玻璃	
13	☐	12	SC-0915	900X1500	2	铝合金窗蓝色玻璃	
14	☐	13	SC-1215	1200X1500	8	铝合金窗蓝色玻璃	
15	☐	14	SC-1224	1200X2400	5	铝合金窗蓝色玻璃	
16	☐	15	SC-1512	1500X1200	2	铝合金窗蓝色玻璃	
17	☐	16	SC-1515	1500X1500	18	铝合金窗蓝色玻璃	

列转表头　设置(X)　导入xls(Y)　导出xls(B)　选取表(T)　确定(O)　取消(Q)

图 10-17 “识别门窗表”对话框

对话框选项和操作解释：

参见“表格钢筋”部分说明。

保存门窗表数据说明。

如果在栏目中增加了同编号的门窗，单击【确定】按钮，将弹出“编号冲突”对话框，如图 10-18 所示。

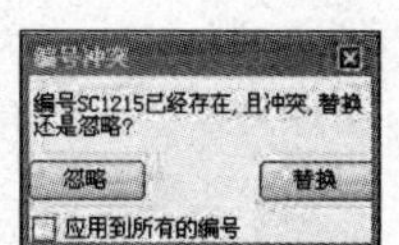

图 10-18 “编号冲突”对话框

选择【忽略】就不覆盖原编号，选择【替换】就替换原来的编号。选择【应用到所有的编号】，对所有的编号冲突都按照这次的选择来处理，不再弹出提示对话框。门窗表识别后，数据将记录到定义编号中，可以到“定义编号”对话框中对门窗编号再进行编辑。

注意事项：

软件是按照门窗编号的表头来区别门窗的，表格类别中有“门”的就认为是门编号，有“窗”的就认为是窗编号。如果类别为空就按照编号来区别门窗。编号中有“M”的认为是门，有“C”的认为是窗，否则就认为是门。

10.11 识别门窗

功能说明：识别门窗。

菜单位置：【识别】→【识别门窗】。

命令代号：sbmc。

操作说：

执行命令后，命令栏提示：

请选择门窗线和文字<退出>或[自动(Z)][手选(O)]:

同时弹出“门窗识别”对话框，如图 10-19 所示。

对话框选项和操作解释：

按钮：按钮和设置内容同前述识别内容，这里不再赘述。

根据命令栏提示，光标移至界面上选择门窗标注和门窗线条后按回车，对话框内就会显示提取的门窗编号和门窗线条的层，如图 10-20 所示。

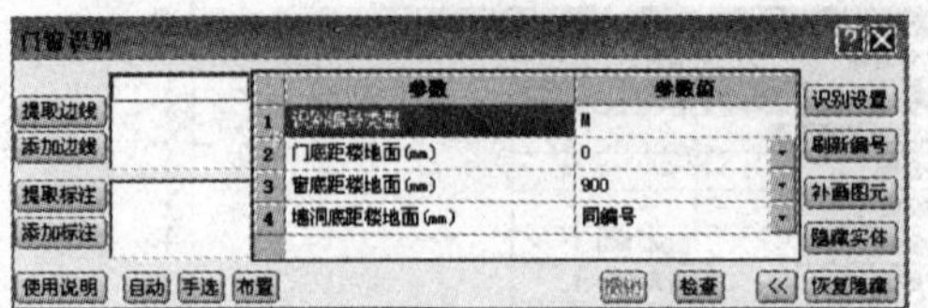

图 10-19 “门窗识别”对话框

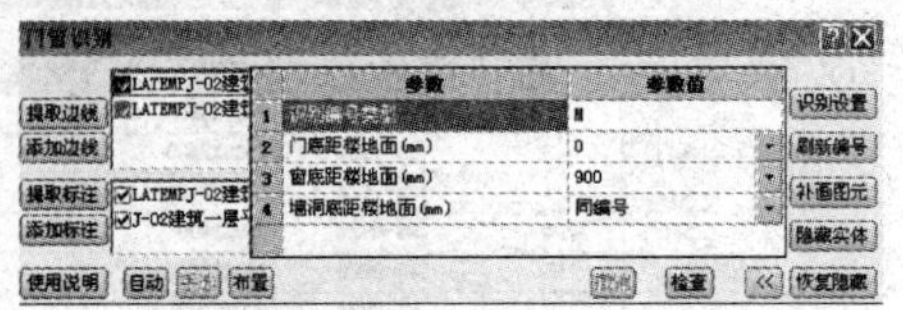

图 10-20 显示提取门窗编号和门窗线条的图层

选择的内容进入对话框后，就可以按对话框中的识别方式，选择对应的方式对门窗进行识别了，按钮的操作方式同前述，这里不再赘述。

识别建筑

识别等高线

温馨提示：

识别门窗之前要识别出门窗表，或定义好要识别门窗文字的编号，识别时按门窗编号生成门窗。

门窗识别后会找到附近的墙，将门窗布置到墙上。

10.12 识别内外及截面

功能说明：用于快速确定那些需要分内外计算的构件，不光只识别内外，也对角部构件进行识别区分，如“柱”构件计算柱纵筋时就需要分角柱、边柱、中间柱，以便于判定钢筋至顶后的收头。

识别内外

识别截面

10.13 识别柱筋

功能说明：识别生成柱筋。

菜单位置：【柱体】→【识别柱体】→【识别柱筋】。

命令代号：sbzj。

执行命令后，软件会先进入“柱表钢筋”对话框，单击对话框中的【识别柱表】按钮，便可进入识别表流程。其操作方法请参照表格钢筋中的柱表钢筋操作说明。

10.14 识别梁筋

功能说明：识别梁筋。

菜单位置：【识别】→【识别梁体】→【识别梁筋】。

命令代号：sblj。

识别梁筋命令与梁筋布置共用一个对话框，其操作过程和使用方法请参照梁筋布置操作说明中的识别梁筋部分。

10.15 识别板筋

功能说明：识别生成板筋。

菜单位置：【板体】→【现浇板】→【识别板筋】。

命令代：sbbj。

识别板筋命令与板筋布置共用一个对话框，其操作过程和使用方法请参照板筋布置操作说明中的识别板筋部分。

10.16 识别大样

功能说明：识别柱、暗柱大样图中的钢筋。

菜单位置：【柱体】→【柱、暗柱】→【识别大样】。

命令代号：sbdy。

执行命令后弹出“柱筋大样识别”对话框，如图 10-21 所示。

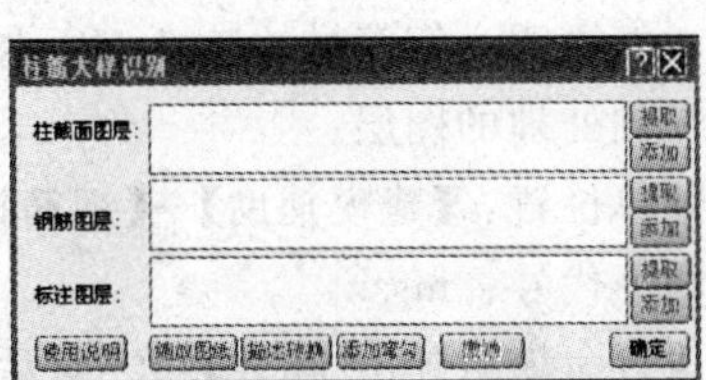

图 10-21 “柱筋大样识别”对话框

对话框选项和操作解释：

【使用说明】 大样识别的步骤以及注意事项。单击【使用说明】按钮弹出“使用说明”对话框，如图 10-22 所示。

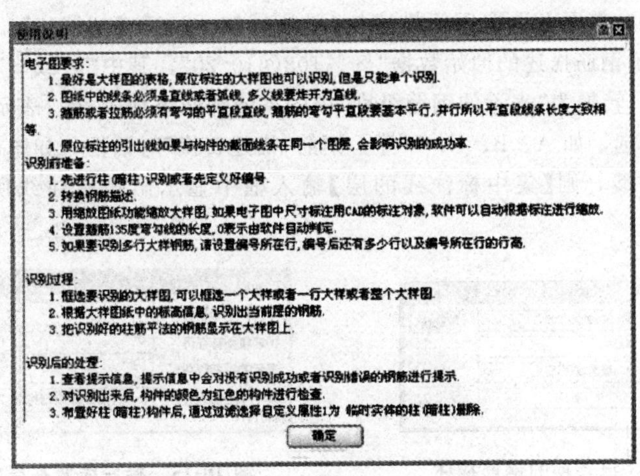

图 10-22 “使用说明”对话框

【缩放图纸】 对电子图进行缩放。

【描述转换】 把图中的文字转化成软件可以识别的文字。

【撤销】 撤销上步操作。

【确定】 确认操作。

【添加弯钩】 如果图纸中的箍筋没有设计 135°弯的平直段，可以用此功能来添加弯平直段。

操作步骤：

(1)进到界面，先设置好右侧的参数。

(2)提取柱截面图层、钢筋图层、标注图层。

(3)框选柱大样信息，如果大样中有标高信息，则前楼层的标高必须在大样中的标高范围之内。如果标高不在大样图标高范围内，识别的时候，只要不选择大样标高，也能识别出来。

(4)可以单个大样逐个识别，此时只需要设置弯钩线长和误差值就行了。

(5)也可以一次性框选多个大样，但需要将右侧的参数全部设置好。

(6)识别好的柱筋会以柱筋平法的形式显示。

温馨提示：

识别大样前一定要确认其编号已经存在。

如果大样图的比例不对，识别前要缩放图纸。

10.17 描述转换

功能说明：钢筋描述转换，所谓转换就是将电子图上标注的钢筋描述文字、线条转为程序能够识别处理的图层。

菜单位置：【建模辅助】→【钢筋描述转换】。

命令代号：mszh。

执行命令后弹出“描述转换”对话框，如图 10-23 所示。

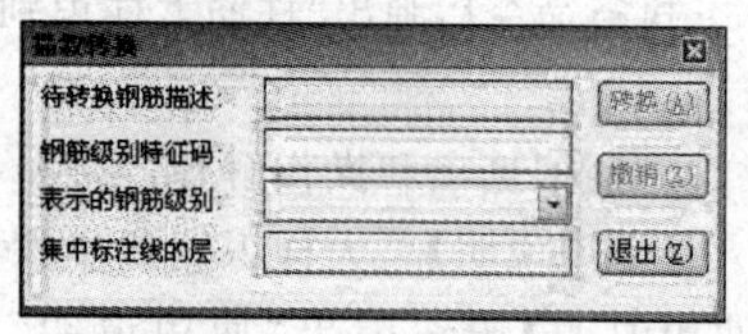

图 10-23 “描述转换”对话框

操作说明：

执行命令后，命令栏提示：

选择钢筋文字<退出>:

根据提示，光标在界面上选取钢筋描述如：“Φ8@100/200”或“8@100/200”文字，【待转换钢筋描述】栏内会显示钢筋描述的原始数据“%%108@10/20”，其中“Φ”或“?”对应的原始数据为钢筋级别“%%130”，转换为“表示的钢筋级别”中的系统钢筋级别 A 级，表示一级钢。在这里提供有多种钢筋级别可选，如 A、B、C、D 等。钢筋“描述转换”对话框，如图 10-24 所示。

若选择集中标注线，则【集中标注线的层】输入框中显示出该标注线所在层，如图 10-25 所示。

图 10-24 已转换的钢筋描述

图 10-25 标注线所在层的处理

单击【转换】按钮即可完成转换。

温馨提示：

只有在钢筋描述和集中标注线均转换到应有的图层时，才能将钢筋识别成功。

对有些特殊的钢筋描述，如“6]100”，特征码不能自动给出，用户需在特征码内填上“]”来进行转换。

复杂图纸处理技巧

第11章　报表

本章内容

图形检查、分析、统计、预览统计、报表、工程对比、漏项检查、数量检查、核对构件、查看工程量、核对钢筋、核对单筋。

本章主要介绍如何利用软件分析计算和输出构件模型的清单、定额、构件实物及钢筋的工程量，可以通过核对功能来展示计算的结果，查看各种构件、钢筋的工程是否符合计算规则和钢筋规范要求软件对构件、钢筋的计算，是与工程设置、算量选项中的工程量输出、计算规则、钢筋选项等设置密切相关的，所以布置构件之前就要求用户对这些内容设置好，详见功能的说明。

11.1　图形检查

功能说明：对界面中的构件模型进行正确性检查。

菜单位置：【算量辅助】→【图形检查】。

命令代号：txjc。

执行命令后弹出“图形检查”对话框，如图11-1所示。

对话框选项和操作解释：

选项：

【检查方式】　用于选择执行哪些检查项，项目前打钩表示执行该项检查。

※ 位置重复构件：是指相同类型构件在空间位置上有相互干涉情况。检查结果提供自动处理操作。重复构件，是指在一个位置同时存在相同边线重合的构件。

※ 位置重叠构件：是指不同类型构件在空间位置上有相互干涉情况。检查结果提示颜色供用户手动处理。重叠构件，是指在一个位置两个构件相交重叠的构件，边线不一定重合。

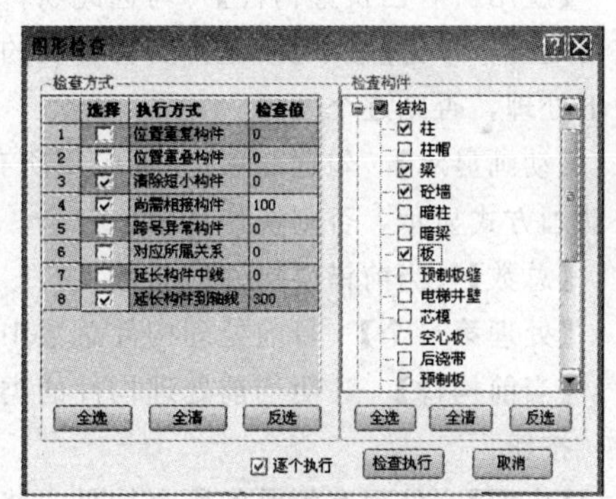

图11-1　“图形检查”对话框

※ 清除短小构件：找出长度小于检查值的所有构件。检查结果提供自动处理操作。

※ 尚需相接构件：构件端头没有与其他构件相互接触，仅限墙、梁构件。检查结果提供自动处理操作。检查值：指数值大于端头与相接构件的距离。

※ 跨号异常构件：找出跨号顺序混乱的梁，检查结果提供自动处理操作。同时程序默认梁跨方向从左至右、从下至上为正序，如果同一编号梁既有正序又有反序的，对钢筋计算会有一定的影响，检查结束后会将该编号梁的编号与跨号在屏幕上输出，用户可根据需要手动修改。

※ 对应所属关系：根据门窗洞口构件与墙的位置关系，将布置或识别时没有安置到邻近墙体的洞口构件就近安置，确保扣减准确度。检查结果提供自动处理操作。

※ 延长构件中线：根据柱和梁的位置关系，将梁的中线伸入到柱构件的中点去，达到延长梁构件的中线长度的目的。

※ 延长构件到轴线：根据构件和轴线的位置关系，将线性构件延伸到与轴线接触。

【检查构件】 确定哪些构件来参与检查，在前面打钩表示这个构件参与检查。

按钮：

【全选】【全清】【反选】 全选、全清除或反向选中栏目内的内容。

【检查执行】 执行检查后，单击该按钮查看检查结果。

【取消】 退出对话框，什么都不做。

操作说明：

以柱的位置重叠为例：

(1)在【检查方式】中选中位置重叠构件，其他清除。

(2)在【检查构件】中选中柱，其他清除。

(3)执行检查。

(4)单击【检查执行】按钮，弹出“处理重叠构件”对话框，如图 11-2 所示。

(5)按 F2 键，会展开检查结果对话框，如图 11-3 所示。

图 11-2 “处理重叠构件”对话框

图形检查报告清单如下：

位置重叠构件数量：1 个

-->按键盘F2功能键继续！

图 11-3 执行对话框

选项：

【应用所有已检查构件】 勾选此项，单击【应用】按钮将按默认方式对所有错误的构件进行应用处理；单击【往下】按钮将所有错误的构件变为所设定颜色，供标识修改；单击【取消】按钮为不处理，否则逐个处理。

【动画显示】 勾选此项，当【应用所有已检查构件】不打勾时，所有错误的构件逐个处理时以动画方式显示，否则快速显示。

【总数】 当前错误构件的总数。

【处理第×个】 目前处理构件总数中序号。

【当前构件】 注明当前处理构件的类型。

按钮：

【应用】 处理有问题的所有构件，将有问题的构件进行修正；尚需相接方式连接显示为绿色的构件；尚需切断方式剪断显示为绿色的构件；清除短小构件显示为红色。对话框设定颜色的构件处理完后构件恢复为系统颜色。位置重复方式按 T 键回车可以变换删除构件。

【往下】 处理下一组序号构件，上一序号构件保留颜色标志(保留构件为红色，删除构件为绿色)。

【恢复】 取消上次的应用操作。

温馨提示：

在图形检查中，系统能够检查出相邻楼层的墙柱位置重复与重叠的错误并警报提示，检查出来之后请仔细核对图纸，然后再进行处理。

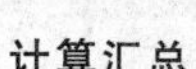

计算汇总

统计

预览统计

功能说明：本功能用于查看分析统计后的结果，并提供图形反查、筛选构件、导入/导出工程量数据、查看报表、将工程量数据导出到 Excel 等功能。

11.2 报表

功能说明：本功能用于最后结果的报表打印，也可以设计制作、修改编辑各类报表。功能有：报表设计、打印、导入 Excel 等。

菜单位置：【快捷菜单】→【报表】。

工具图标：🖨。

命令代号：bb。

执行命令后弹出“报表打印”对话框，如图 11-4 和图 11-5 所示。

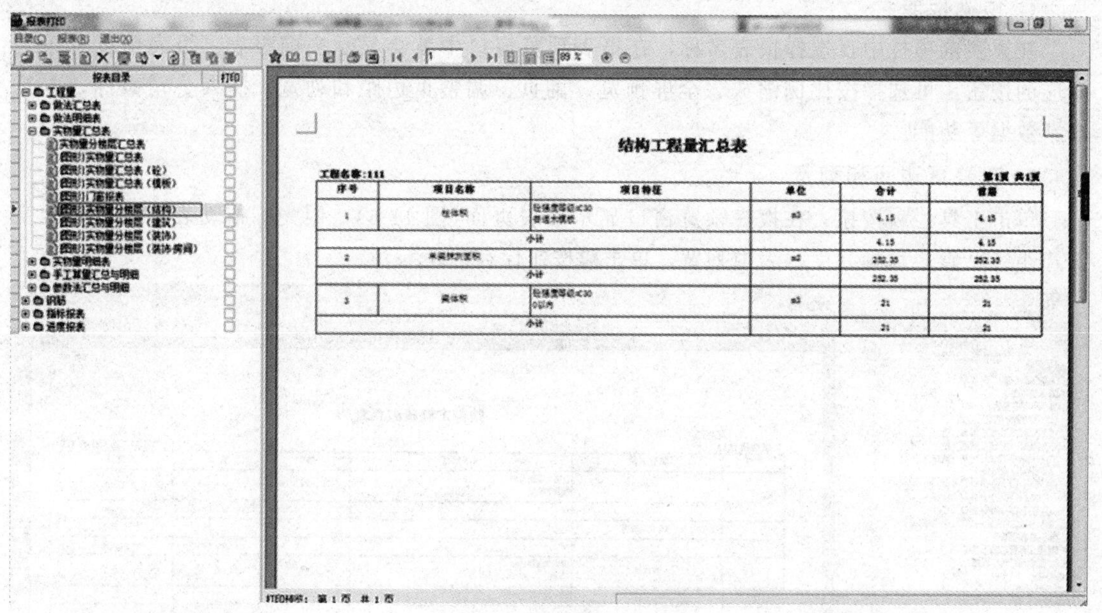

图 11-4 “报表打印”对话框

温馨提示：

系统提供清单、定额及清单规则和定额规则下构件实物量汇总表，均能按设定的转换信息输出工程量表格。

对话框选项和操作解释：

【设计报表】 工具图标为📝▾，修改报表格式。

【存为 Excel】 工具图标为✖，将当前报表内容导入 Excel 表中。

构件工程量汇总表

工程名称:某办公楼　　　　第1页 共1页

序号	构件名称	项目名称	特征 (换算信息)	计量单位	工程数量
1	板	板体积(m3)	材料名称=混凝土 强度等级=C15 坡度<=0.19	m3	86.65
2	板	数量(js)	材料名称=混凝土 强度等级=C15 0.2=0 模板类型=木模板		16.00
3	梁	梁体积(m3)	材料名称=混凝土 强度等级=C25	m3	0.24
4	梁	数量(js)	材料名称=混凝土 强度等级=C25 截宽<=0.20 支模高度(m)<=3.6 平均侧模净高<=0.5 模板类型=木模板		1.00
5	梯段	数量(js)	材料名称=混凝土 强度等级=C20 模板类型=木模板		2.00
6	梯段	梯段体积(m3)	材料名称=混凝土 强度等级=C20	m3	4.22

图 11-5　清单模式下的构件实物量的汇总表

【构件过滤】 工具图标为▣，将当前的报表数据按用户要求进行过滤，方便对量和进度管理。

操作说明如下。

1. 预览报表

在报表选项栏中，选择报表名称，在报表预览窗口中就会显示当前报表。报表预览时单击对应的按钮，可选择按比例缩放、全屏预览、翻页、调整页边距和列宽，插入公司徽标，以及刷新数据等功能。

2. 调整页边距和列宽

单击工具栏□按钮，在报表预览窗口显示报表页面(图 11-6)，用光标拖动表格线，可改变页边距、页眉、页脚高度、表内列宽，单击▣按钮保存。

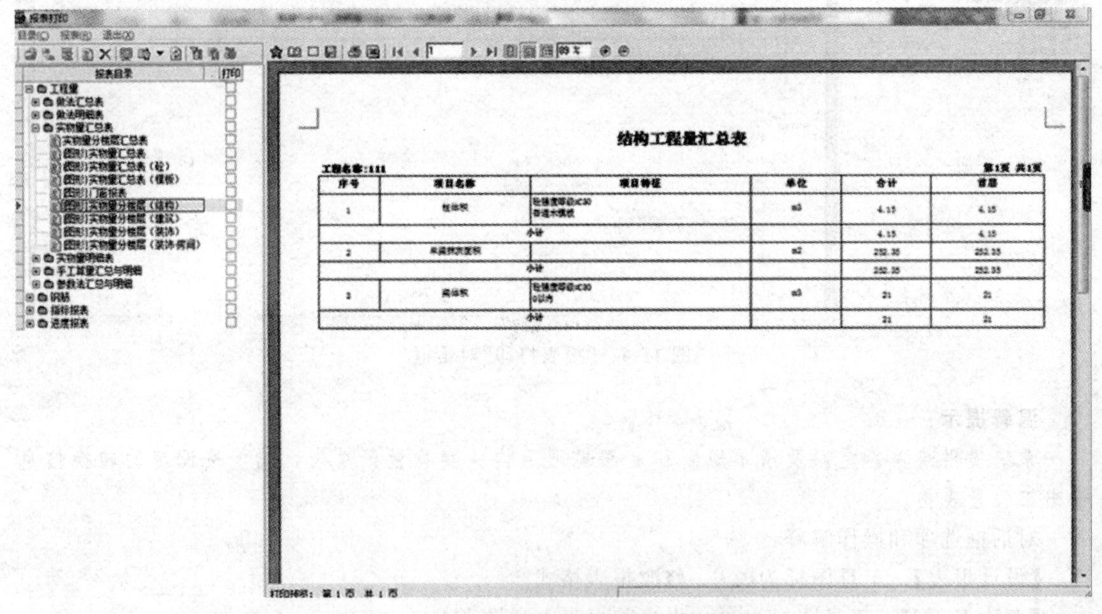

图 11-6　调整页边距和列宽

3. 打印设置

单击工具栏按钮，弹出“报表设计”对话框(图 11-7)，在对话框中设置打印机、纸张、打印方向、页边距、页眉、页脚等信息。

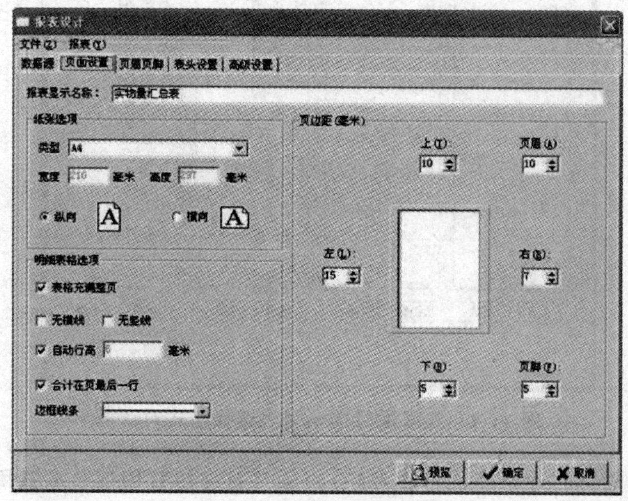

图 11-7 “报表设计”对话框

4. 构件过滤

单击工具栏按钮，弹出“工程量筛选”对话框，如图 11-8 所示。

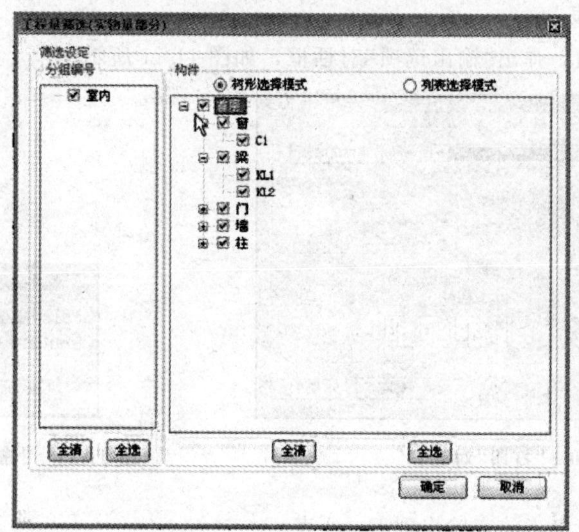

图 11-8 “工程量筛选”对话框

对话框选项和操作解释：

选项：

【分组编号】栏　在布置构件时，如果将构件进行了分组，在这里将显示分组的编号。

【构件】栏　显示工程中的楼层和楼层内所属的构件及编号。

【树形选择模式】　在该模式下显示的楼和构件的关系如“工程量筛选”对话框所示。

【列表选择模式】　在该模式下显示的楼层和构件的关系如图 11-9 所示。

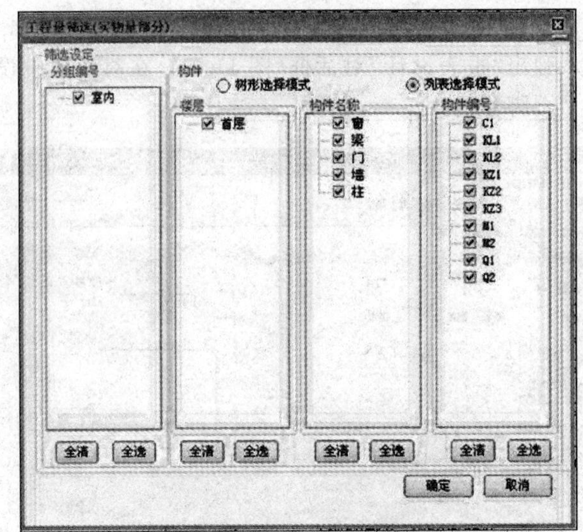

图 11-9　工程量筛选一列表选择模式对话框

用户按照自己的需要，在对话框中选择【分组编号】【楼层】【构件名称】【构件编号】。选择好后，单击【确定】按钮就可以将选中的内容过滤到当前对应的报表。

5. 打印

单击工具栏按钮，弹出“打印”对话框(图 11-10)，可设置打印机、打印范围、份数，单击【确定】按钮，将当前报表输出到打印机。

6. 输出到 Excel 表

单击工具栏按钮，弹出“输出选项”对话框，如图 11-11 所示。

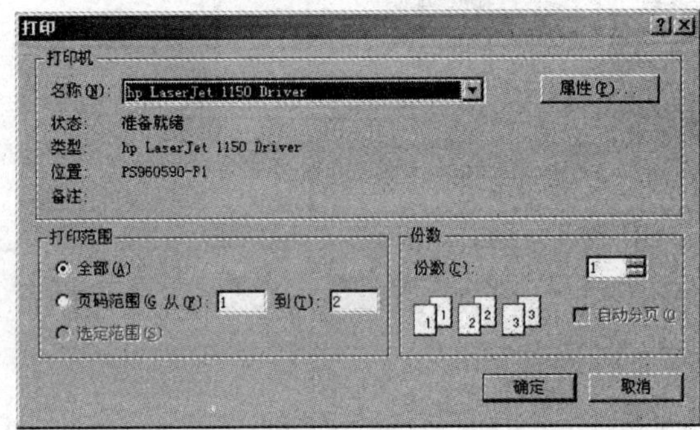

图 11-10　“打印”对话框

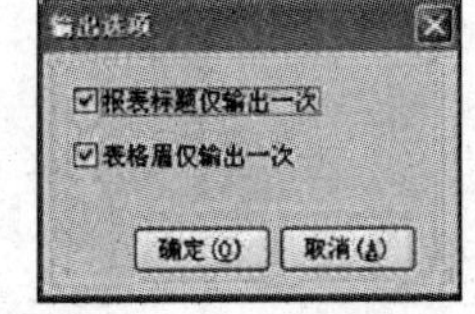

图 11-11　“输出选项”对话框

单击【确定】按钮，将当前表输出到 Excel 表。

报表设计

工程对比

自动挂做法

漏项检查

数量检查

11.3　查量

功能说明：核查构件的工程量明细。

菜单位置：【快捷菜单】→【查量】。

命令代号：hdgj。

在三维算量里，构件的工程量一般都是由“总量＋调整值”来表示。这是因为工程构件本身具有复杂性，计算机算出来的结果还要符合手算和习惯两方面原因造成的。每个工程在布置完部分或全部构件后，执行分析命令即可将工程的工程量计算出来。在工程分析的时候，既要看图形构件的几何尺寸及其与周边构件的关系，又要看当前计算规则的设置。图形构件的几何尺寸定义及其布置情形，与之关联的计算规则设置，都会影响构件工程量的分析计算结果。三维算量是图形算量软件，构件定义、布置方面的问题相对明显、容易发现，而计算规则设置方面的问题则比较隐晦、难于找到，为此提供核对构件功能，来查看图形与数据结果的一致性。

命令交互：

执行命令后，命令栏提示：

选择要分析的构件

根据提示，光标移至界面上选择需要查看工程量的构件，选择完后，系统依据定义的工程量计算规则对选择的构件进行图形工程量分析，分析完后弹出“工程量核对”对话框，如图 11-12 所示。

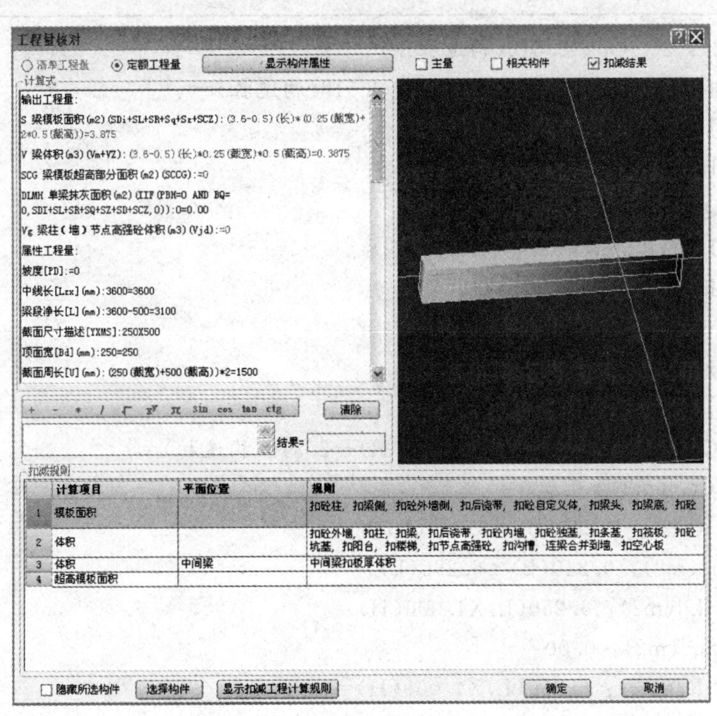

图 11-12　“工程量核对”对话框

对话框选项和操作解释：

选项：

【清单工程量】　切换到清单规则模式进行工程量核对，即按清单规则执行工程量分析，然后将结果显示出来。

【定额工程量】 切换到定额规则模式进行工程量核对，即按定额规则执行工程量分析，然后将结果显示出来。

【计算式】 列出所有的计算属性值及计算式。文字框上前一部分是工程量组合的计算结果。属性工程量以下则是单一构件工程量的分析计算式，其中按规则进行扣减计算的工程量伴有所见即所得的图形可供核对。

【主量】 选择即只查看构件的主量，不显示其他内容。

【相关构件】 选择可查看到与当前构件有关系的构件。

【扣减结果】 看到扣减的结果。

右方幻灯片：显示当前的核查图形，可以旋转、平移及缩放。

手工计算栏：位于【计算式】栏的下方，在栏目内可手工输入计算式，以核对【计算式】栏内的结果。

【结果=】 手工输入计算式后，在结果栏内显示计算结果。若计算式输入不完整或输入的计算式无法计算时将显示错误位置。

按钮：

【显示构件属性】 显示构件的属性，将弹出“属性查询”对话框。

【清除】 清除输入的计算式及已经得到的计算结果。

操作说明：

一堵砌体墙，墙上布置了构造柱及圈梁。执行“hdgj”命令后，计算式栏的文字如下：

墙面积(m2)：25.000－2.316(构造柱)＝
砌体墙体积(3)：6.000－0.360(圈梁)－0.518(构造柱)＝
【图形核查】
底标高[DIBG](m)：－0.700＝
标准高[HQB](mm)：4 500＝
超高高度[HQC](mm)：0＝
异墙顶高[HYQD](mm)：0＝
净长[L](mm)：6 250＝
中线长[Lzx](mm)：6 250＝
平厚[PBH](mm)：0＝
砌体面积[QM](m2)：6.250(L)X.000(H)－2.316(构造柱)＝
超面积[SCCG](m2)：0.000＝
顶面积[Sd](m2)：0.240(B) * 6.250(L)＝
底面积[Sdi](m2)：0.240(B) * 6.250(L)＝
左侧面积[SL](m2)：6.250(L)X4.000(H)＝
起端面积[Sq](m2)：0.00＝
右侧面积[SR](m2)：6.250(L)X4.000(H)＝
终端面积[Sz](m2)：0.120(L)X4.000(H)＋0.120(L)X4.00(H)＝
超高体积[VCG](m3)：0.000＝
体积[Vm](m3)：0.240(B) * 4.000(H) * 6.20(L)－0.360(圈梁)－0.518(构造柱)＝
板厚体积[VPBH](m3)：0.000＝
斜墙顶长[XDQXC](mm)：0＝

在对话框中单击【体面积】【顶面积】【底面积】【左侧面积】【起端面积】【右侧面积】【终端面积】【超高体积】【体积】【板厚体积】时，对话框右边的幻灯片里就会出现对应计算的图形(下称为检查图形)。单击到“砌体面积”一行后，核查图形如图 11-13 所示。

再单击到【体面积】一行后面的【(构造柱)】之后，核查图形如图 11-14 所示。

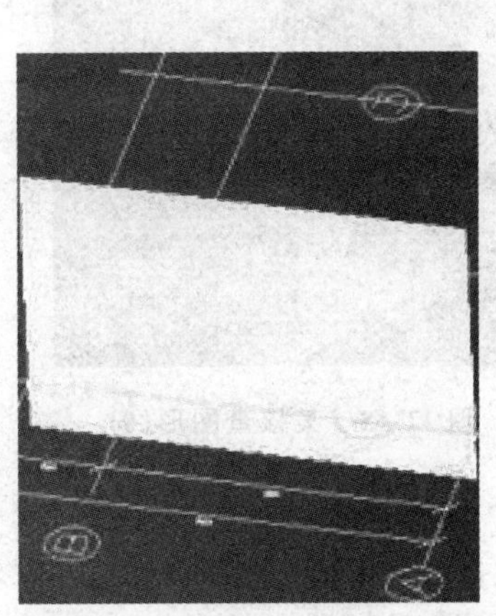

图 11-13　某核查图形(1)

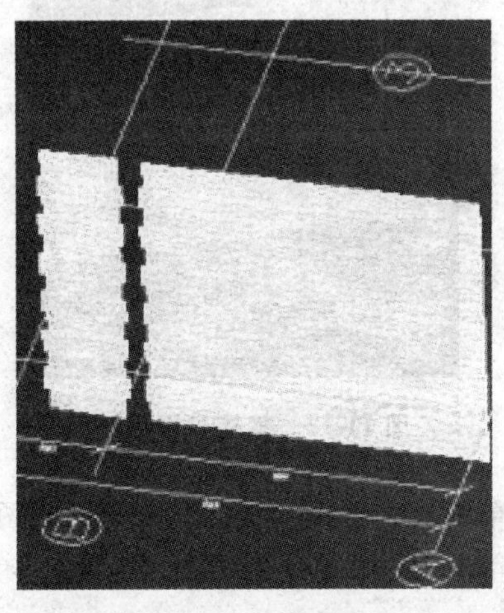

图 11-14　某核查图形(2)

这时可以清楚地看到被构造柱扣减后的砌体面积还剩多少。

这时单击【主量】，核查图形如图 11-15 所示。

单击【相关构件】，显示参与扣减的构造柱，如图 11-16 所示。

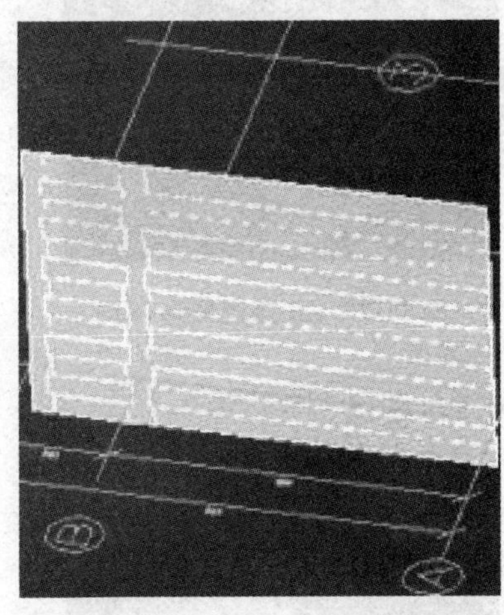

图 11-15　某核查图形(3)

图 11-16　某核查图形(4)

【扣减结果】　当关闭显示扣减结果时，核查图形中将不显示扣减结果，如图 11-17 所示。

再如侧壁分析扣减的例子：层高 3.3 m，3.6×3.6 的单开间单进深的正方形轴网在轴网角点上布置 500 mm×500 mm 的柱，柱子高度为同层高 3.3 m，沿轴线置 400 mm(截)、500 mm(截)的四条梁，顶高为同层高，沿轴线布置厚度为 250 mm，高度为同层高的四条墙，再布置内侧，定义其他面的装饰起点高度为 0，装饰面高为同层高。核查该侧壁，这时对话框上计算式文字栏中有这样一行：

混凝土面其他面面积[SQT](m^2)：0.000＋31.360(墙)＋3.300(柱)＋5.600(有墙梁侧)＋0.840(有墙梁底)－0.300(梁头)＝40.800 m^2。

当光标单击到"＋31.360(墙)"内时，核查图形如图 11-18 所示。

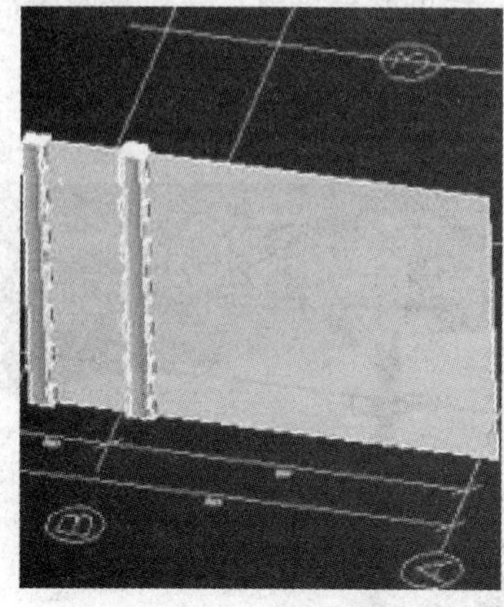

图 11-17　某核查图形(5)

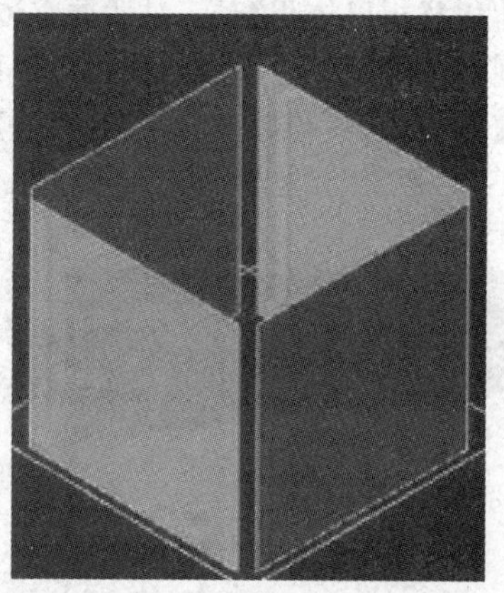

图 11-18　某核查图形(6)

当光标单击到"＋3.300(柱)"内时，核查图形如图 11-19 所示。

当光标单击到"＋5.600(有墙梁侧)"内时，核查图形如图 11-20 所示。

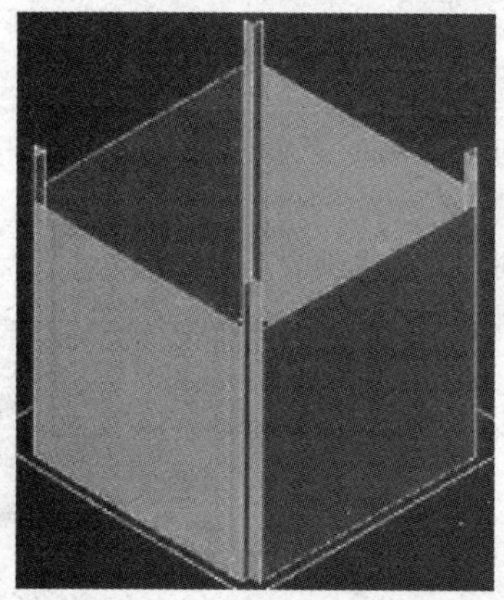

图 11-19　某核查图形(7)

图 11-20　某核查图形(8)

当光标单击到"＋0.840(有墙梁底)"内时，核查图形如图 11-21 所示。

当光标单击到"－0.300(梁头)"内及以后时，核查图形如图 11-22 所示。

图 11-21　某核查图形(9)

图 11-22　某核查图形(10)

命令交互：

当觉得在右方的幻灯片上查看核查图形并不是太方便，或想更深入地检查核查是否正确时，可以将核查图形放置到界面上。图形放到界面后，即可用任何命令去查看，如 DIST、ID 等命令。

在核查图形时，命令栏提示：

下一步操作方式[放置核查图形到屏幕空间(P)/退出(C)]<P>：

单击 P 则可将对话框暂时隐藏，输入 C 退出对话框，命令栏提示：

选择一个位置放下核查图形[(O)默认为原地]：

这时拾取一个点，则核查图形就放置到界面中，若不拾取点输入 O 或回车，则将核查图形放置在原位。然后命令栏提示：

下一步操作方式[返回对话框(R)/退出(C)]<R>：R

这时输入 R 则返回对话框，输入 C 则退出。

温馨提示：

核查计算式中的精度比系统精度高一位，如系统设置面积 m^2 的单位为“0.00”，则计算式当中的单位为 m^2 的工程量保留 3 位小数。

11.4 查看工程量

功能说明：批量查看构件的工程量和钢筋量。

菜单位置：【快捷菜单】→【快速核量】。

命令代号：kgcl。

单击【查看工程量】按钮或输入 kgcl 命令后，提示选择实体构件，可以选择多种构件类型。选择后弹出对话框，在左侧列出的是所有选择的构件类型，中间部分为当前选取的查看的类型构件的工程量汇总值，右侧为工程量部分选中汇总值的明细，可以双击返查构件。可以切换页面查看做法量和钢筋量，钢筋工程量页面如图 11-23 所示，如果当前构件没有挂做法的话，做法量页面是空的，如果有挂做法，则实物量页面的数据是空的。需要重新选择构件时不必退出对话框，可以直接在图形中选择构件。

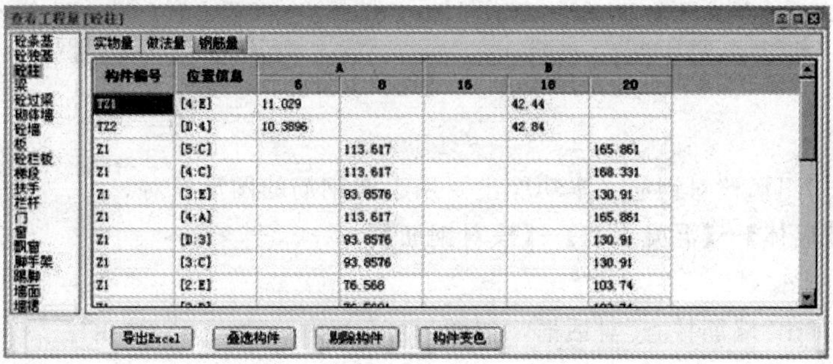

图 11-23 “查看工程量”对话框

【分类设置】 在实物量页面中有此功能，设置构件的归并属性和查看的工程量，如图 11-24 所示。

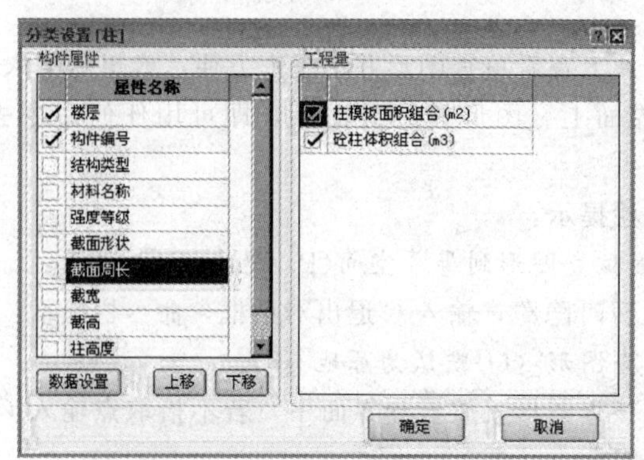

图 11-24 “分类设置”对话框

左侧为当前构件的属性，勾选项为指定用来归并换算工程量的属性，右侧为当前构件的输出设置，可以在工程量输出中增加、维护。

【上移】【下移】 调整左侧属性值的上下位置，排在前面的属性会优先作为工程量归并条件。

【数据设置】 数字类型的属性，以设置数值的归并范围。如图 11-25 所示，右击可以增加或删除。输入的属性值以 mm 为单位。

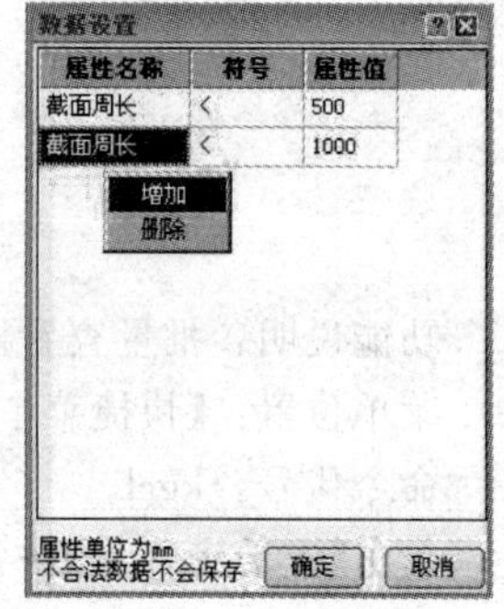

图 11-25 “数据设置”对话框

【导出 Excel】 将当前工程量界面中的数据导出到 Excel。

【叠选构件】 隐藏对话框，提示选择构件，选择的构件将与之前已有的构件合并，重复选择的构件会自动过滤掉，不会重复计算。

【剔除构件】 隐藏对话框，提示选择构件，选择的构件将从之前已有的构件中删掉，不在之前构件中的自动过滤掉。

【构件变色】 用户已经核对过的构件可以变色功能区分，颜色为灰色，挂做法的颜色相同。没有撤销功能，如果选项恢复可以通过【构件变色】功能恢复颜色。

【查看明细】 在右侧将展开当前选择汇总值的明细部分，可以返查。再次单击将关闭明细。钢筋页面无此按钮。

11.5 核对钢筋

功能说明：用图形核对钢筋。本功能主要用于墙钢筋的图形核对。

菜单位置：【墙体】→【混凝土墙】→【核对钢筋】。

命令代号：hdgj。

执行命令后弹出“墙筋核查”对话框，如图 11-26 所示。

对话框选项和操作解释：

上部栏目中是用图形显示的钢筋；左下表格中显示的是构件上布置的钢筋描述和计算表达式。

按钮：

【选择构件】 选择要核对钢筋的构件。

【输出图形】 把钢筋图形输出到界面中。

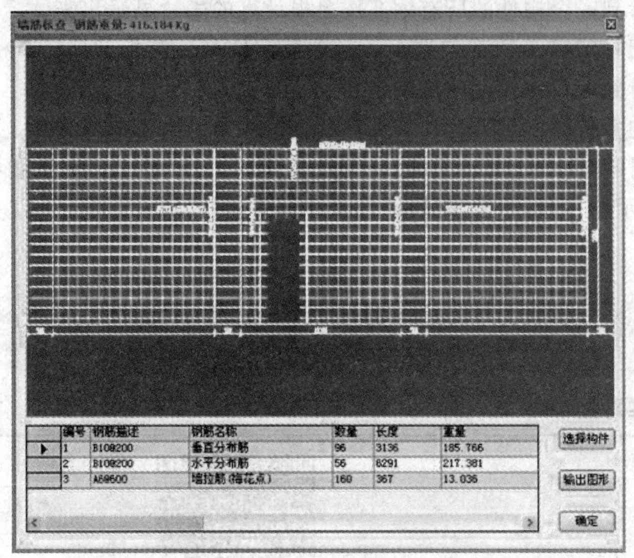

编号	钢筋描述	钢筋名称	数量	长度	重量
1	B10@200	垂直分布筋	96	3136	185.766
2	B10@200	水平分布筋	56	6291	217.381
3	A6@600	墙拉筋(梅花点)	160	367	13.036

图 11-26 “墙筋核查”对话框

操作说明：

执行命令，命令栏提示：

选择要核对钢筋的构件(柱,暗柱,构造柱,梁,墙)(<Enter>结束)

根据提示，光标移至界面中选择要核对钢筋的构件，即将钢筋在对话框中以图形显示出来，可以在图形中查看钢筋的计算数量结果。如果图形很大可以单击【输出图形】按钮，将图形放到界面中进行查看。

11.6 核对单筋

功能说明：对构件钢筋提供每单根钢筋计算核对。本功能用于图形构件钢筋的单根计算式的核对。

菜单位置：【快捷菜单】→【查筋】。

命令代号：hddj。

执行命令后弹出“钢筋简图核查”对话框，如图 11-27 所示。

梁核对单筋[KL1] 钢筋重量:1137.887

显示全选 显示全清 汇总说明: KL1(编号) 直径 8 : 206.419(kg) 直径 20 : 931.468(kg) 用量: 1137.887(kg)/8.145(m3)=139.704(kg/m3)

	显示	钢筋描述	钢筋名称	图形	长度公式	公式描述	长度(mm)	数量公式	根数	单重(kg)	总重(kg)	搭接数	搭接形式
1	☑	2C20	[通跨] 一端悬挑通长面筋	480 67357 24	500-20+500-20+66657-20+12*D	(锚入支座长度)+净长-保护层+弯头	67837		2	167.286	334.572	14	双面焊
2	☑	2C20	[通跨] 梁底直筋	300 67117	-20+66657+500-20+(15*D)	(-保护层)+净长+(锚入支座平直段长度+弯折)	67417		2	166.25	332.501	14	双面焊
3	☑	2C20	[右悬挑 1] 端支座负筋带悬挑(下弯)	21486 460 200	12636/3+500.014+17469-20+0.414*(500-2*20)	伸入跨内长+支座宽+净长-保护层+弯折增加长	22352		2	55.12	110.24	4	双面焊
4	☑	2C20	[1 2] 中间支座负筋	12016	(17273/3)+500.014+(17273/3)	伸入跨内长+支座宽+伸入跨内	12016		2	29.631	59.263	2	双面焊
5	☑	2C20	[2 3] 中间支座负筋	12353	(17779/3)+500.014+(17779/3)	伸入跨内长+支座宽+伸入跨内	12353		2	30.462	60.925	2	双面焊
6	☑	2C20	[3] 右端支座负筋	6887	17779/3+500-20+500-20	伸入跨内长+(锚入支座长度)	6887		2	16.983	33.967	0	双面焊

图 11-27 “钢筋简图核查”对话框

在对话框中可看到一个构件的所有钢筋按单根计算的表达显示出来。

【显示全选】 把行的显示列都勾选上，对独基、坑基、筏板、柱、暗柱、梁、墙、板进行核对时，可以全部看到核对构件上的三维钢筋。

【显示全清】 把每行的显示列的勾选去掉，会把所有的钢筋都隐藏掉。

【汇总说明】 对这个构件上每个直径的钢筋总量进行汇总，并且提供重量与体积的指标数据。

【数据表格】【显示】 列用户控制显示/隐藏这行的钢筋。

拓展阅读

一、斯维尔三维算量2014教程

1	软件介绍	界面介绍
2	CAD基本命令	基本操作　写块命令
3	创建工程	新建工程　识别楼层表
4	轴网	导入图纸　识别轴网　新建轴网
5	基础	识别独基　独基布置　基础钢筋　独基编辑

续表

6	柱	识别柱体 柱体布置 柱筋布置 柱体编辑
7	梁	识别梁体 梁体布置 梁筋布置 梁体编辑
8	板	板体布置 识别板体 板筋布置 板体编辑
9	建筑	墙体布置 门窗布置 构造柱过梁 楼梯布置 零星构件
10	装饰	墙面布置 天棚地面 房间装饰
11	挂接做法	挂接做法 自动挂做法
12	统计报表	分析统计 报表

二、斯维尔三维算量 2016 For CAD 教程(新功能)

板带钢筋

主肋梁

空心楼盖(空心板)

空心楼盖(成孔芯模)

空心楼盖(空档)

空心楼盖(柱头板)

空心楼盖(侧腋)

墙体保温

导入计价清单

三、网格土石方

场区布置

等高线布置

网格土方布置

网点设高

第 12 章　帮助

本章内容

文字帮助、视频演示、反馈问题、更新信息、公司在线、关于本软件信息。

本章主要介绍软件提供的各类帮助方法，方便了解软件相关内容和信息，让用户可以快速上手使用软件，具体内容扫描下方二维码。

帮助

第2篇　安装三维算量软件应用

第13章　安装三维算量软件概述

本章内容

入门知识、用户界面、图档组织、定义编号。

本章主要详尽阐述安装算量软件TH－3DM(简称3DM)的相关理念和软件约定，这些知识对于用户学习和掌握3DM是不可缺少的，请仔细阅读。

13.1　入门知识

尽管本书试图尽量使用浅显的语言来叙述软件功能，并且软件本身也采用了许多方法来增强易用性，但在这里还是要指出，本书不是一本计算机应用拓荒的书籍，用户需要一定的计算机常识，并且对机器配置也不能太马虎。

入门知识

13.2　用户界面

3DM是以AutoCAD为操作平台的一款专业软件，然而简单利用AutoCAD界面中的工具命令是不能满足3DM软件操作的，所以3DM对AutoCAD界面工具和命令进行了必要的扩充，这些工具和命令的使用在此做综合介绍(图13-1)。

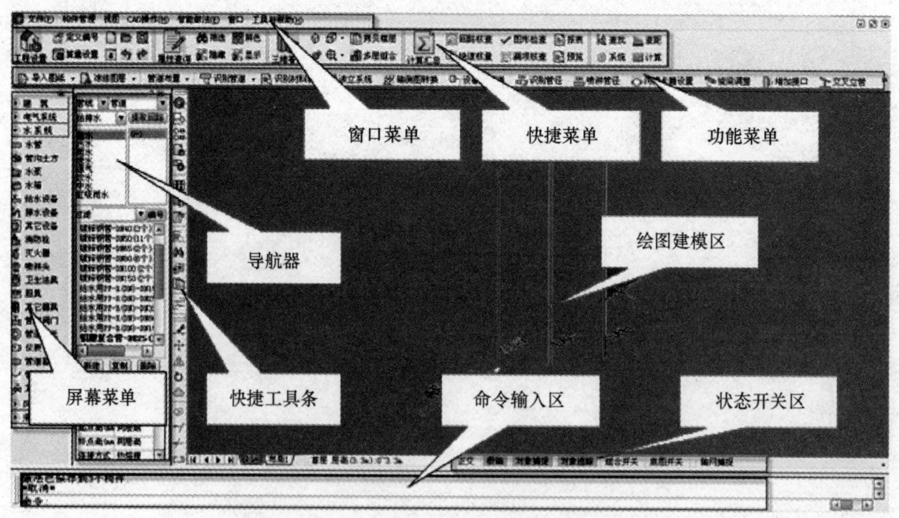

图13-1　3DM全屏界面

1. 菜单

3DM菜单分为窗口菜单和屏幕菜单。窗口菜单居于屏幕顶部，标题栏的下方；屏幕菜单居于界面的左侧，为“折叠式”三级结构(图 13-2)。

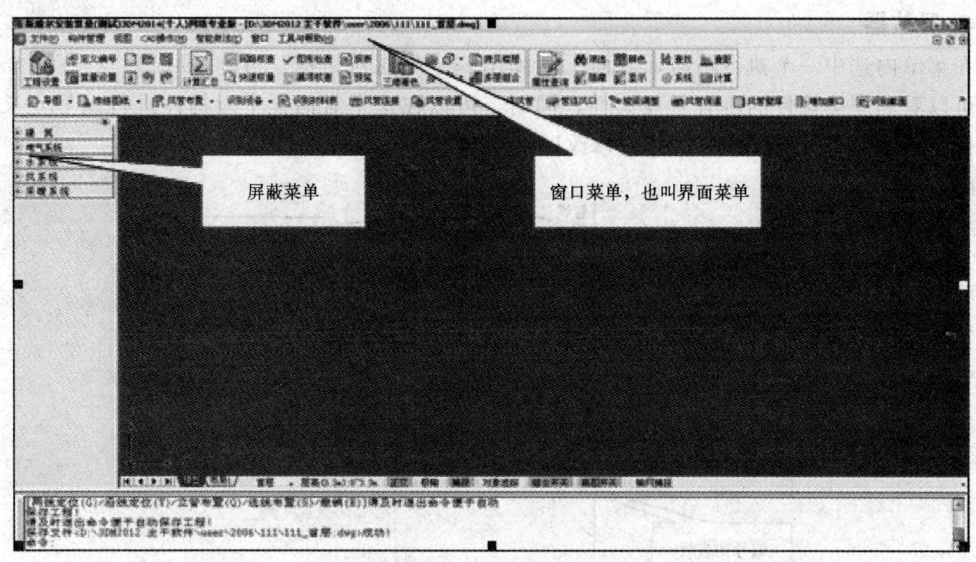

图 13-2　菜单介绍

单击屏幕菜单上的条目可以展开菜单下的功能选项(图 13-3)。

执行另外一条菜单功能时，前期展开的菜单会自动合拢。菜单展开下的内容是真正可以执行任务的功能选项，大部分功能项前都有工具图标，以方便用户对功能的理解。

折叠式菜单效率较高，但可能由于屏幕的空间有限，有些二级菜单无法完全展开，可以用鼠标滚轮滚动快速到位，也可以右击父级菜单完全弹出。对于特定的工作，有些一级菜单难得一用或根本不用，可以右击屏幕菜单上部的空白位置来自定义配置屏幕菜单，设置一级菜单项的可见性。另外，系统还提供了若干个个性化的菜单配置，对 3DM 的菜单系统进行“减肥”。

2. 右键菜单

右键菜单是将光标置于界面中右击弹出来的功能选项菜单。右键菜单有三类，即光标置于界面空位置的右键菜单，列出的是绘图工作最常用的功能；模型空间空位置的右键菜单，列出布图任务常用功能；选中特定对象(构件)的右键菜单，菜单中一一列出该对象有关的操作(图 13-4)。

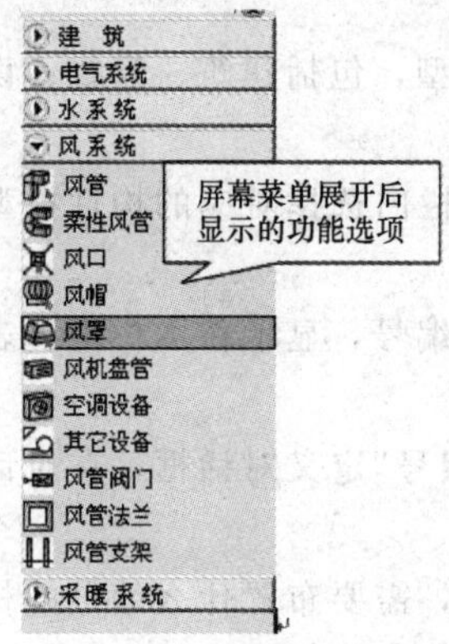

图 13-3　屏幕菜单展开

图 13-4　右键菜单

3. 命令栏按钮

在命令栏的交互提示中，有分支选择的提示，都变成局部按钮，可以单击该按钮或按键盘上对应的快捷字母键，即进入分支选择。

4. 导航器

在菜单内选中一个执行功能，界面上会弹出一个导航对话框，俗称“导航器”。在这个对话框中可以看到同类构件的所有常规属性，同时，可以在这个对话框中对构件进行编号定义，以及构件在布置时进行一些内容的指定修改(图 13-5)。

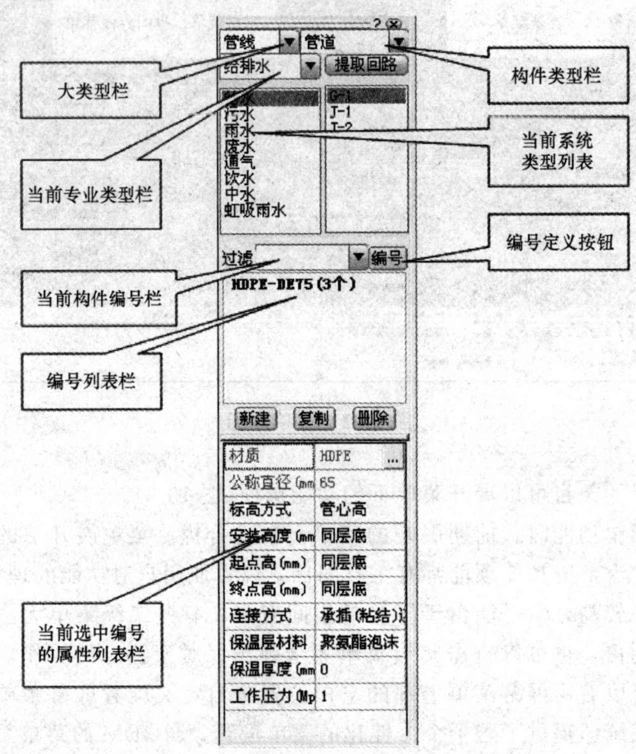

图 13-5　导航器

导航器默认是紧靠在屏幕菜单的边缘，用户可以将其拖拽到屏幕中的任意位置，一旦拖出原来位置，导航器的框边将变为蓝色，也可以单击右上角的☒将其关闭。

导航器内各栏目功能如下：

大类型栏：该栏中显示的是软件默认的几个大类型，包括建筑、管线、设备、附件和其他五大类，在每个大类下有分别的构件类型对应。

构件类型栏：选中大类型栏内的某个类后，在本栏内选择对应的构件类型，如管线大类内的电线配管、风管等。

当前构件编号栏：在【编号列表栏】内选中的构件编号，显示在本栏内，表示当前对本编号的构件正在进行布置或编辑。

编号定义按钮：单击【编号】按钮，会弹出“构件编号”定义对话框，在对话框中进行构件编号定义。

编号列表栏：定义好的构件编号在本栏目内罗列，需要布置什么编号的构件时，在本栏内选择即可布置。

当前选中编号的属性列表栏：选中一个构件编号后，选中编号可独立修改的属性在本栏内显示。修改栏目中的属性值，可对正在布置和选中的构件编号进行单独修改。这种修改不影响整个编号的构件。

当前专业类型栏：构件属于什么专业，在本栏内进行选择定义，如管道，有给水排水、消防、暖通等专业。

当前系统类型列表：系统专业下级内容列表栏，如给水排水专业的给水、排水等内容。

导航器中三个按钮说明：

【新建】 新建一个构件编号；为了快速进行构件布置，用户可以不必进入【构件编号】定义对话框中对构件编号按部就班地进行定义，这里直接单击【新建】按钮，系统会自动在编号列表栏内创建一个新的构件编号，将这个编号的构件布置好之后再进行修改。

【复制】 在编号列表栏内，选择一个需要复制的构件编号，单击【复制】按钮，就会在列表栏内生成一个新的构件编号。这个新生成的编号全部的属性值都是原构件编号的属性值，只是编号有变化，用户应该再次考察一下是否应该调整相关属性值。

【删除】 将构件编号列表栏内的某个不需要的编号【删除】。如果界面上已经布置了该编号的构件，对该编号将不能执行删除。

导航器的内容在建筑构件布置内若有不同，将在后面章节内叙述。

布置选择及修改快捷按钮，简称“快捷按钮”，如图 13-6 所示。

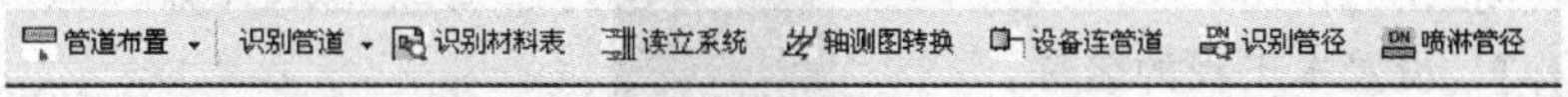

管道布置 · 识别管道 · 识别材料表 读立系统 轴测图转换 设备连管道 识别管径 喷淋管径

图 13-6 布置选择及修改快捷按钮

当选择不同构件时，布置及修改方式可能有所不同，该行所显示的按钮是当前构件相关的所有命令的快捷方式。用户可直接单击相关命令按钮进行操作，非常快捷。

5. 模型视口

3DM 最大的视觉效果就是可将算量模型显示为三维图形，用户可以将屏幕界面拖拽出多个视口来分别显示不同的视图。通过简单的鼠标拖放操作，就可以轻松地操纵界面中的视口分割(图 13-7)。

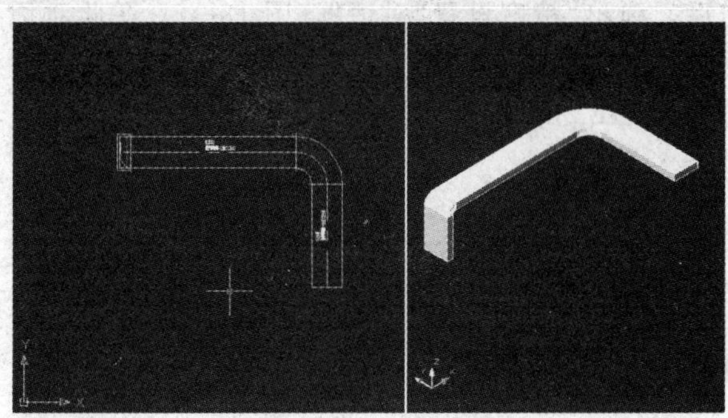

图 13-7 多视口界面

6. 新建视口

将光标置于当前视口的边界，光标的形状变为↔，此时开始拖放，就可以新建视口。注意光标稍微位于图形区一侧，否则可能会改变其他用户界面，如屏幕菜单和图形区的分隔条和文档窗口的边界。

7. 改视口大小

当光标移到视口边界或角点时，光标的形状会发生变化，此时，按住鼠标左键进行拖放，可以更改视口的尺寸。通常与边界延长线重合的视口也随着改变，如不需改变延长线重合的视口，可在拖动时按住 Ctrl 键或 Shift 键。

8. 删除视口

更改视口的大小，使它某个方向的边发生重合(或接近重合)，视口自动被删除。

9. 放弃操作

在拖动过程中如果想放弃操作，可按 Esc 键取消操作。如果操作已经生效，则可以用 AutoCAD 的放弃（UNDO）命令进行处理。

10. 工程设置

功能说明：将整个工程的纲领性设置在工程设置中进行。

菜单位置：【快捷菜单】→【工程设置】。

命令代号：gcsz。

11. 计量模式

执行命令后弹出“工程设置：计量模式”界面，如图 13-8 所示。

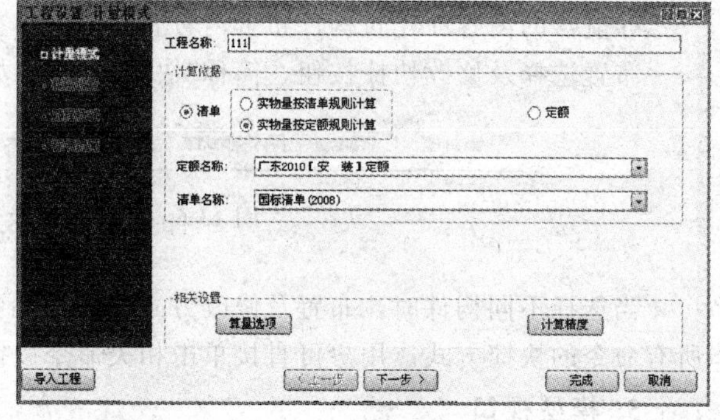

图 13-8 “工程设置：计量模式”界面

各个栏目和按钮的作用：

【工程名称】 设置本工程的名称。

【计算依据】 工程量输出分为“清单”和“定额”两种模式。在“清单”模式下实物量的输出又分为“按清单规则计算”和“按定额规则计算”两种方式输出；在“定额”模式下实物量的输出是根据定额规则输出的。

【定额名称】 选取要挂接做法的定额。

【清单名称】 选取要挂接做法的清单。

【算量选项】 单击后，弹出“算量选项”对话框。

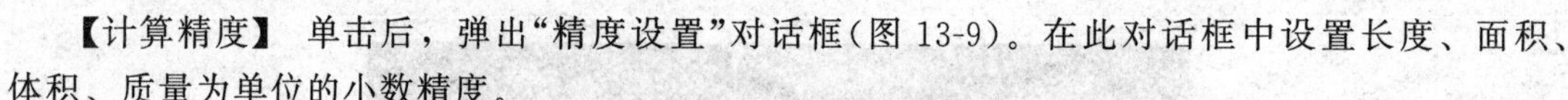

【计算精度】 单击后，弹出“精度设置”对话框(图 13-9)。在此对话框中设置长度、面积、体积、质量为单位的小数精度。

【导入工程】 单击后，弹出“导入工程设置”对话框(图 13-10)。

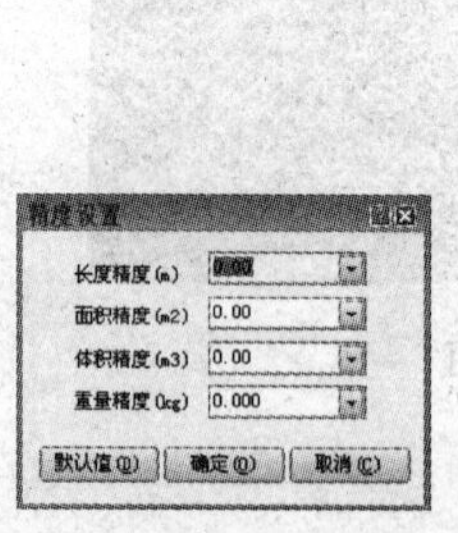

图 13-9 “精度设置”对话框

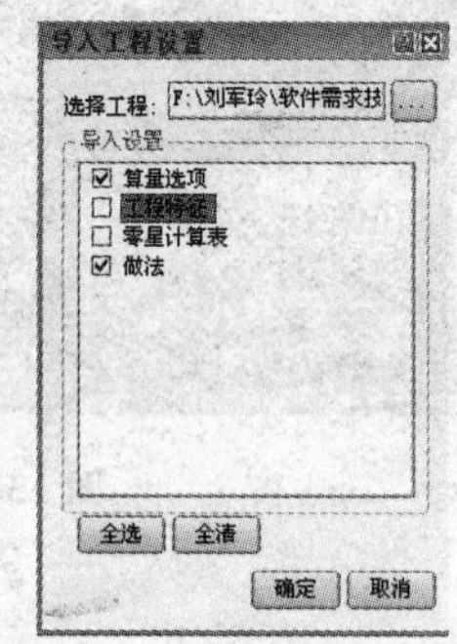

图 13-10 “导入工程设置”对话框

单击【选择工程】后面的按钮，选择要导入的工程名称；在【导入设置】栏中选择要导入的内容，单击【确定】按钮后返回计量模式界面。

12. 楼层设置

单击“计量模式”界面中的【下一步】进入“楼层设置”界面中(图 13-11)。

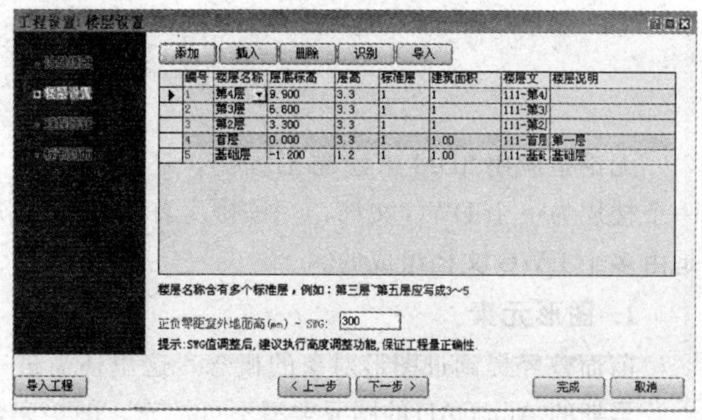

图 13-11 “楼层设置”界面

通过【添加】【插入】【删除】按钮可以对楼层信息进行修改。修改的内容在【楼层信息显示栏】中显示。

【识别】 单击此按钮后，鼠标变为口形状，选取软件界面中的楼层信息表格线，就能将所需的楼层信息读取到本界面中。

【导入】 单击此按钮后，选取一个工程文件，就能将工程中的楼层信息导入本界面中。

13. 项目特征

单击“楼层设置”界面中的【下一步】进入“工程特征”界面中(图 13-12)。

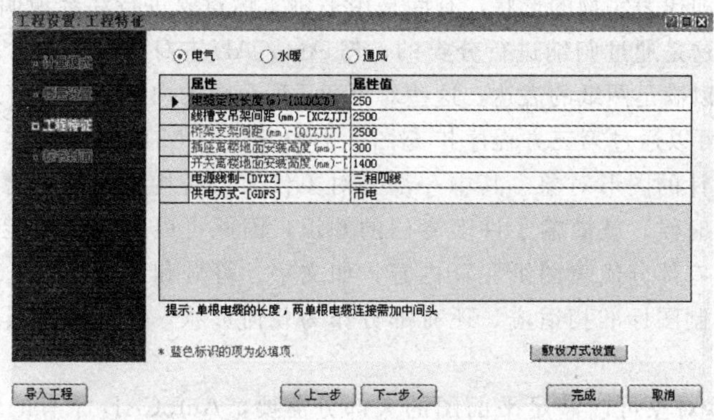

图 13-12 “工程特征”界面

在此界面中对【电气】【水暖】【通风】专业进行某些数据的设定。

【敷设方式设置】 单击此按钮后弹出“敷设方式设置”对话框(图 13-13)，在此界面中，可以修改敷设代号、敷设描述及敷设高度的联系。

敷设方式设置

◉ 水平敷设方式 ○ 立管敷设方式

序号	敷设代号	敷设描述	敷设高度(mm)
1	BE	沿屋架或跨屋架敷设	同层高
2	FE	沿地面明设	0
3	CE	沿天棚面或顶棚面敷设	同层高
4	ACE	在能进人的吊顶内敷设	同层高
5	SCE	敷设在吊顶内	同层高
6	FC	暗敷在地面内	同层底-50
7	CC	暗敷在顶板内	同层高-50
8	ACC	暗敷在不能进人的吊顶内	同层高
9	CT	电缆桥架敷设	同层高

说明：〈1〉敷设位置可以写成同层高+300或-300。

〈2〉敷设方式来源于《00DX001建筑电气工程设计常用图形和文字符号》73，74页。

恢复默认 增加 删除 确定 取消

图 13-13 “敷设方式设置”对话框

13.3 图档组织

无论是应用3DM来绘制工程图，还是用它来三维建模，都涉及DWG文档。在3DM中，一个楼层为一个DWG文档，一栋楼房有多少楼层就有多少个DWG文档，因此，一个工程项目是由多个DWG文档组成的。

1. 图形元素

前面曾经提到过图形对象的概念，这里还需进一步说明。

早期的AutoCAD的图元类型不可扩充，图档完全由AutoCAD规定的若干类对象(线、弧、文字和尺寸标注等)组成。也许AutoCAD的初衷只是作为电子图板使用，由用户根据出图比例的要求，自己把模型换算成图纸的度量单位，然后把它画在电子图板上。然而大家发现，用实物的实际尺寸绘制这些图纸更加方便，因为这样可以测量和计算。这一思路被AutoCAD平台上的众多应用软件所采纳，这样就可用“注释说明”通过出图比例来换算文字的大小。也就是说，这些图元有些是用来表示模型，即代表实物的形状，有些是用来对实物对象进行注释说明。即前面提到的模型对象和图纸对象，这是通过归纳进行分类的，但AutoCAD本身并没有这个特性。AutoCAD给出这些对象，只是可以满足图纸的表达，这些对象背后所蕴含的内涵，只能由人来理解。

后来AutoCAD可以通过第三方程序扩充图元的类型，3DM就是利用这个特性，定义了数十种专门针对设备设计的图形对象。其中一部分对象代表设备构件，如风管、水管和阀门。这些对象在程序实现的时候，就灌输了许多专门的知识，因此可以表现出智能特征，如管线与连接件的智能联动。另有部分代表图纸注释内容，如文字、符号和尺寸标注，这些注释符号采用图纸的度量单位，与制图标准相适应。还有部分作为几何形状，如矩形，具体用来做什么，由使用者决定。

3DM定义的这些对象可以满足平面图的大部分需要，AutoCAD原有的基本对象可以作为补充。对于剖面和详图，还是以AutoCAD对象为主，3DM定义的图纸对象可用来注释说明。

2. 图形编辑

这里介绍的是TH对象的编辑。AutoCAD基本对象的编辑，不是本书的任务，不过要强调一点，AutoCAD的基本编辑命令，如复制(Copy)、移动(Move)和删除(Erase)等都可以用来编辑TH对象，除非后续章节另有说明。专用的编辑工具不在本节讲述，请参考后续的各个章节。这里对通用的编辑方法作一介绍，用户应当熟练掌握这些方法。

3. 在位编辑

3DM支持“在位编辑”，“在位编辑”请参看书中相关章节。

4. 构件查询

大部分TH对象都支持“构件查询”，对于不支持的对象类型，软件不支持“构件查询”。“构件查询”支持同编号、同构件类型，多类型构件的查询与编辑，视用户光标选择的方式进行查询变化。多类型构件查询只显示构件的相同属性，并支持修改这些相同的内容。

5. 特性匹配

“特性匹配”就是格式刷，位于AutoCAD标准工具栏上。可以在对象之间复制特性。

6. 夹点编辑

TH对象都提供有夹点，这些夹点大部分都有提示(为提高速度，标注区间很小的尺寸标注对象关闭了夹点提示)。夹点编辑可以简化编辑的步骤，并可以直观地预先看到结果。

7. 视图表现

TH 对象根据视图观察角度，确定视图的生成类型。许多对象都有两个视图，即用于工程图的二维视图和用于三维模型的三维视图。俯视图(即二维观察)下显示其二维视图，其他观察角度(即三维观察)显示其三维视图。注释符号类的对象没有三维视图，在三维观察下看不到它们。

13.4 定义编号

功能说明：构件编号的定义、删除、修改及挂接做法。构件编号定义在 3DM 内各构件内都有操作，这里一次性进行介绍。

菜单位置：【构件管理】→【定义编号】，或在“导航器”上单击【编号】按钮。

命令代号：dybh。

执行命令后弹出“定义编号”界面(图 13-14)。

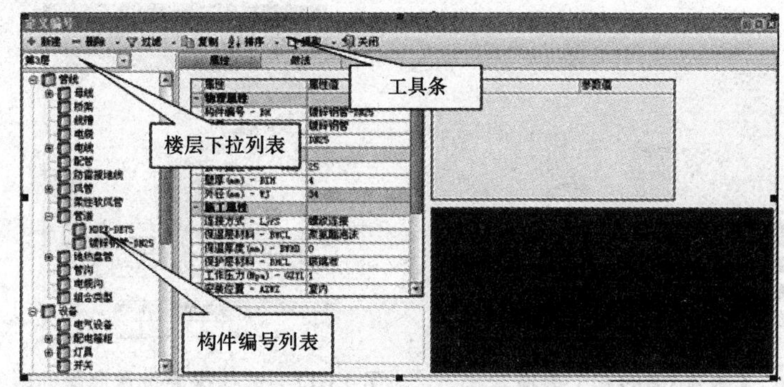

图 13-14 “定义编号”界面

对话框选项和操作解释：

【工具条】 界面上方是新建、删除、过滤、复制、排序与布置工具条，灰色的表示当前不可用，按键是否可用根据左边构件编号列表中节单击选择状态决定。

在构件编号列表内选中某一构件类型节点，即表中第二级(如管道)，或者为某一构件编号时，工具条上的按键就变为可用的了(图 13-15)。

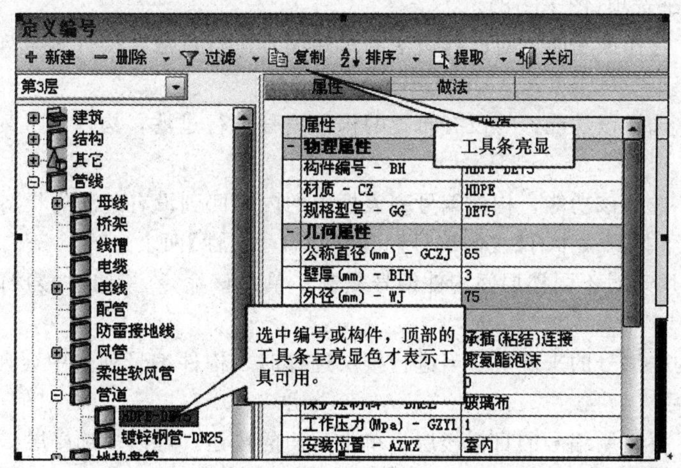

图 13-15 定义构件编号界面—构件编号列表树

各个栏目和按钮的作用：

楼层下拉列表：位于构件编号列表的上方，通过对楼层的选择，可以对不同的楼层的构件编号进行操作。

构件编号列表：列出了楼层中存在的所有构件编号，表的第一级为构件分类，第二级为构件类型，第三级为编号。

界面的主要部分由属性与做法页面组成，下面分别进行说明。

【新建】 选中一个构件名称的节点，单击【新建】按钮，就新建了该构件的一个编号；也可以直接选取一个已存在的构件编号节点进行新建，系统将以该构件编号为模板生成一个新的构件编号。

【删除】 删除已定义的编号。【删除】键有三个选项(图 13-16)：

※ 单个删除：选择该功能，删除选中的单个构件编号。

※ 批量删除：选择该功能，会弹出图 13-17 所示的选项对话框，对话框中显示的是当前楼层内定义的所有构件编号，在这个对话框中勾选需要删除的编号，一次性批量进行删除。

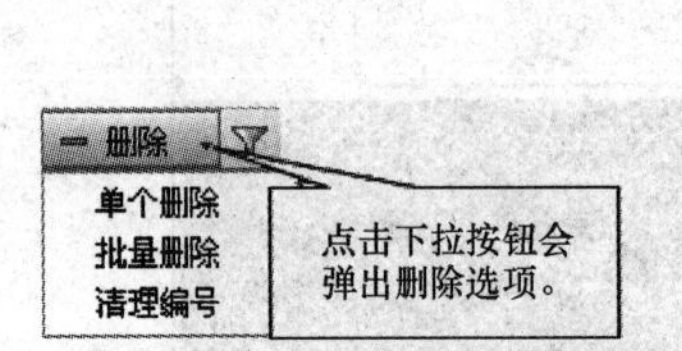

图 13-16 【删除】键的三个选项

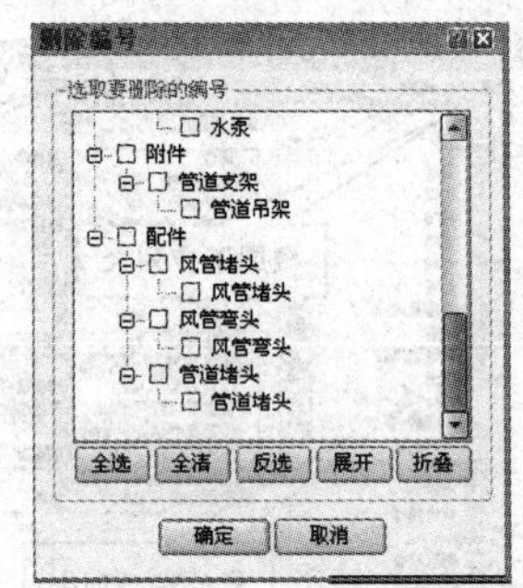

图 13-17 选择需要批量删除的编号

※ 清理编号：选择该功能，对构件编号进行清理，也就是定义了编号但没有用到的编号用该功能进行清理删除。

如果定义的编号全部没有进行布置，可选中一个构件类型节点，单击【删除】按钮，该名称的所有构件编号会被全部删除；选中一个构件编号的节点进行删除，只删除该构件编号。一旦在界面上布置了该编号的构件，则该条构件编号不可删除。

【过滤】 对构件编号进行过滤，包括对已挂做法的和界面中还没有布置的构件编号进行过滤。【过滤】键有三个选项(图 13-18)：

※ 存在做法：选择该功能，对已挂做法的构件编号进行过滤，构件编号列表框内只显示已挂做法的构件编号。

※ 没有布置：选择该功能，对没有布置的构件编号进行过滤，构件编号列表框内只显示没有布置的构件编号。

※ 取消过滤：选择该功能，构件编号列表框内的内容回到没有过滤的状态。

【复制】 复制下拉列表中有【复制编号】和【复制编号属性】两个选项。

【复制编号】 用于对不同楼层间构件编号复制，单击该命令，弹出“楼层间编号复制”对话框(图 13-19)。

※ 源楼层：构件编号的来源层，当进行楼层选择时，构件编号列表中会列出该楼层已有的构件编号。

※ 目标楼层：要复制编号的目标楼层，单击后面的按钮，可以多选楼层。

※ 编号冲突处理栏：目标楼层存在与源楼层相同名称的构件编号时的处理方式。

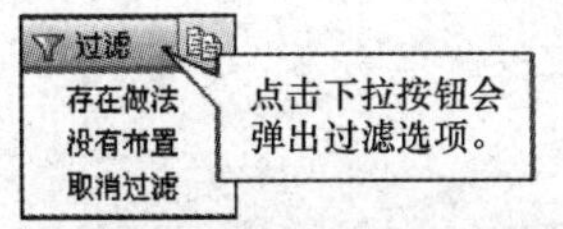

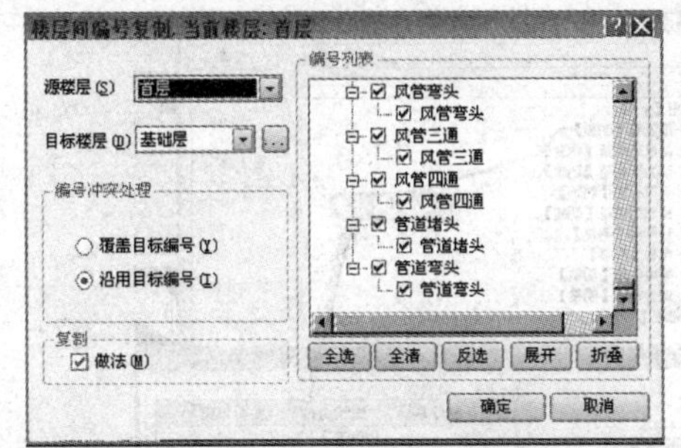

图 13-18 【过滤】键的三个选项　　　　图 13-19 "楼层间编号复制"对话框

※ 覆盖目标编号：有相同名称的构件编号时，用源楼层的构件编号覆盖目标楼层的同名构件编号。

※ 沿用目标编号：有相同名称的构件编号时，沿用目标楼层的构件编号。

【复制编号属性】 用于对同一个构件类型下某编号中的某一个属性值复制到其他各层的本构件类型下的构件编号对应的属性中。单击该命令，弹出"楼层间属性复制"对话框(图 13-20)。

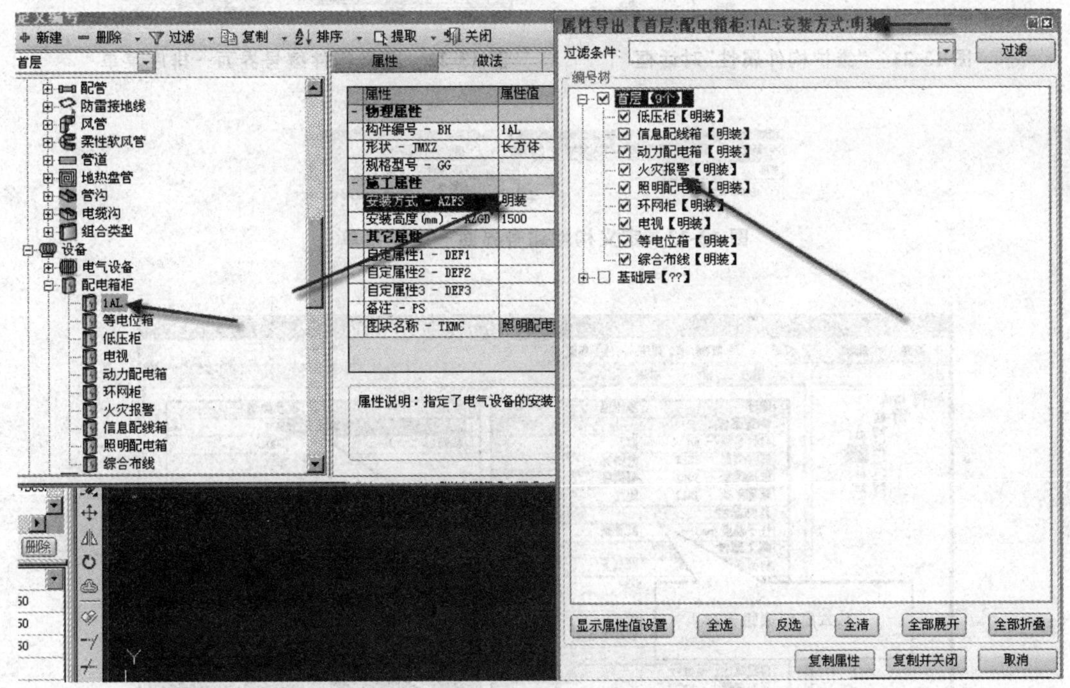

图 13-20 "楼层间属性复制"对话框

※ 显示属性值设置：勾选显示在"属性导出"对话框中要显示的属性。单击后，弹出图 13-21 所示的对话框。

※ 排序：对某一类型的构件编号节点在表中的位置进行编排，【排序】的右方有一个下拉按钮，单击该下拉按钮，会弹出一个排序菜单(图 13-22)，列出了两种排序方式。

※ 提取：提取某一构件类型属性或参数的底图文字。单击该下拉按钮，会弹出一个提取菜单(图 13-23)，列出了两种排序方式。

属性页面如图 13-24 所示。

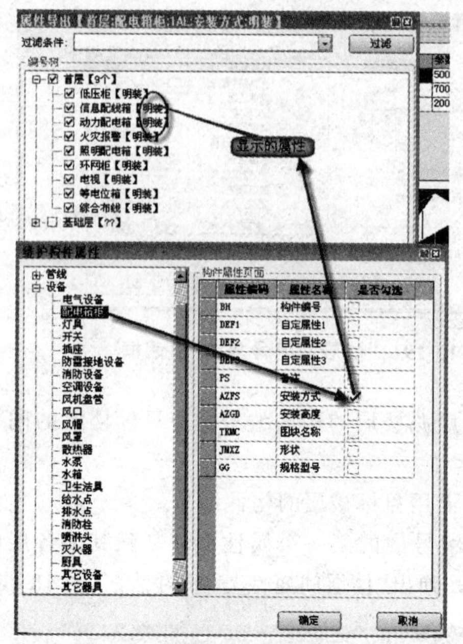

图 13-21 “维护构件属性”对话框

图 13-22 定义构件编号界面—排序菜单

图 13-23 定义构件编号界面—提取菜单

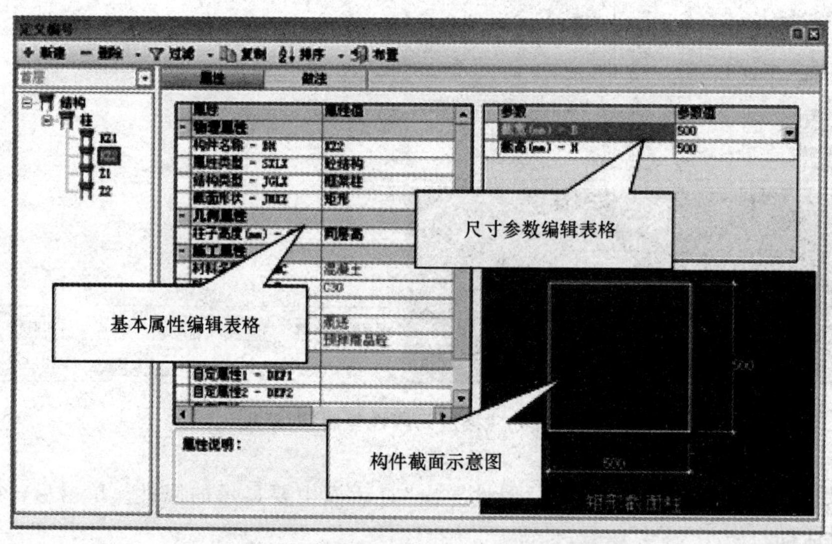

图 13-24 定义构件编号界面—属性页面

对话框选项和操作解释：

属性页面由三个部分组成，即左边为基本属性编辑表格，右上角为尺寸参数编辑表格，右下角为构件截面示意图。这三部分的内容与构件编号列表中当前选中的节点是相关的。

基本属性编辑表格：当构件编号列表中选中的节点是构件分类，即第一级的节点时，基本属性编辑栏中列出的是当前构件的一些公共属性：所有第一节点的基本属性都一样，都是当前构件基本属性(图 13-25)。

当选中的节点是构件类型第二级节点时，可以看到栏目中这些公共属性的属性值显示为蓝色，这表示这些属性值是从其上一级设置沿用下来的，即和上一级设置的属性值相同(图 13-26)。

图 13-25　定义构件编号界面—属性页面—楼层公共属性

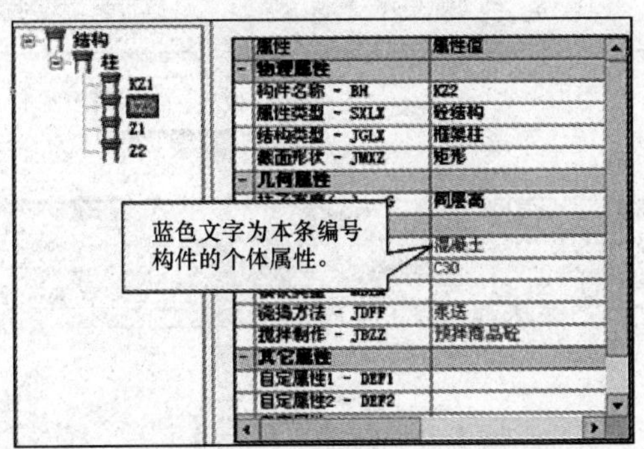

图 13-26　蓝色文字为编号个体属性

选中的节点为某一构件编号时，基本属性编辑栏上显示的是该编号构件的属性，可以在属性值一列对这些值做相应的修改，同样可以看到有一些属性值以蓝色标识，表示其值是从上一级设置沿用下来的。所有蓝色标识的属性只要上一级发生改变，其也自动改变，针对楼层属性变更修改非常简洁。

尺寸参数编辑表格：在此栏目内定义构件截面几何尺寸的相关参数。有些构件的截面几何属性可能在截面属性编辑栏内没有，是这些构件的几何属性不在此栏目内定义的缘故。

截面示意图：显示当前编号截面形状的示意图。

基本属性编辑栏与截面示意图两个部分都与构件编号上“截面形状”属性相关，并且截面示意图上的尺寸标识与参数栏上的变量是对应的，可在截面示意图内对截面尺寸进行定义。

操作说明：

例子：定义一根管道。

执行【水系统】→【管道】→【管道布置】命令，在弹出的导航器中单击【编号定义】按钮，在弹出的“定义编号”对话框中单击【新建】按钮，在弹出“管道材质选择”对话框中选择和双击需要的管道材质和规格，回到“定义编号”对话框界面，这时编号栏中可以看到新建一个管道编号。在【定义编号】属性栏中进一步设置管道的相关内容，如保温、安装位置等。单击【布置】按钮，回到导航器界面。在导航器的属性栏内设置好管道的系统和回路编号，在布置的过程中还可实时地在属性栏内对管道的安装高度、保护材料进行指定，如可以将安装高度设置为“同层高”的基础上“±”一个值，如“同层高+500”，那么这根管道布置到界面中的高度将高于层高 500mm；反之，则亦然。光标在界面中绘制管道线，右击则管道就生成了。

图 13-27 所示为清单模式下的做法页面。

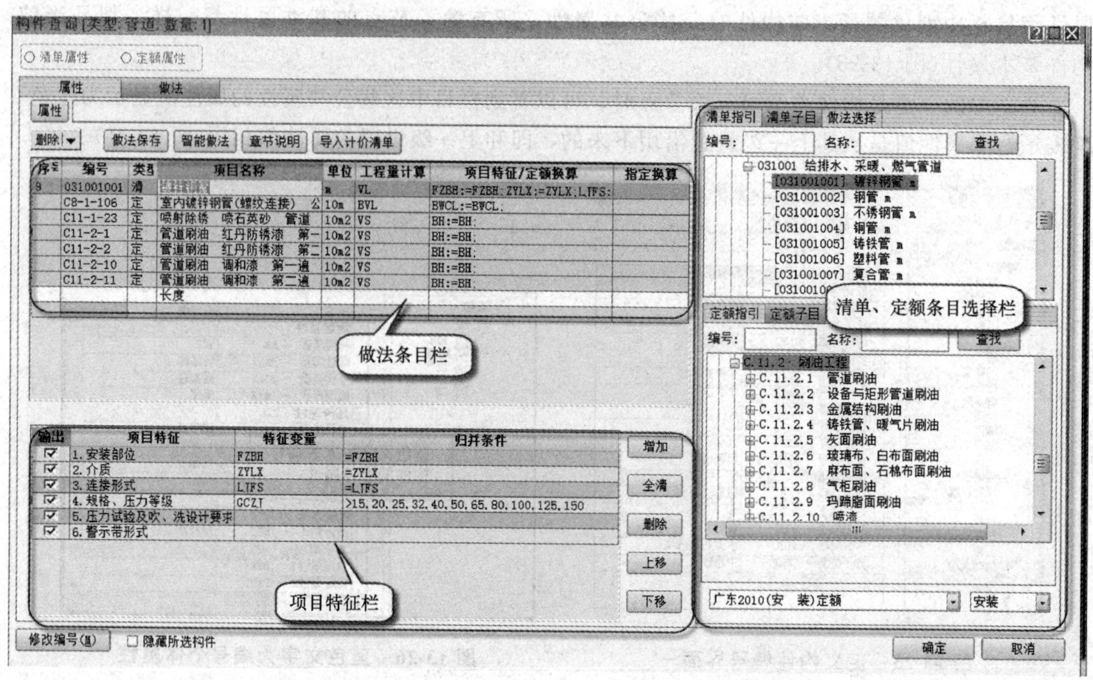

图 13-27 定义构件编号界面—做法页面—清单模式

对话框选项和操作解释：

【删除】 包含【删除当前做法】和【删除所有做法】两项。【删除当前做法】：删除当前选中的清单或定额条目；【删除所有做法】：删除此构件下所有的清单或定额条目。

【做法保存】 将当前定义的做法保存起来以备再次使用(图 13-28)。

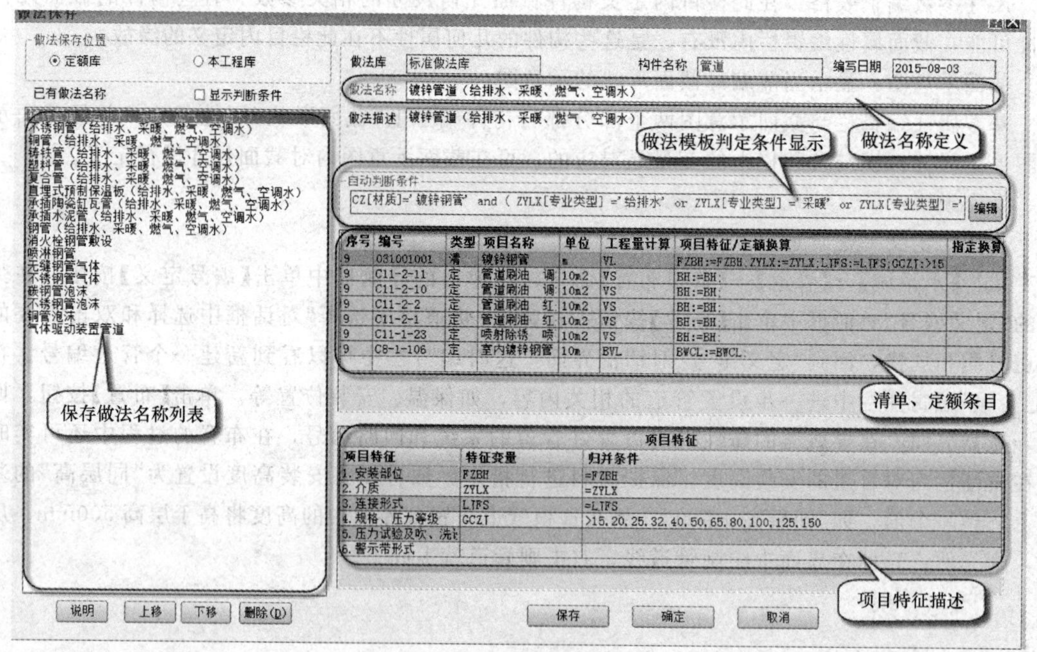

图 13-28 “做法保存”对话框

操作说明：

在【做法模板判定条件显示】栏内单击后面的【编辑】按钮，弹出“判断条件”对话框(图 13-29)。在对话框内编辑构件挂接做法的判定条件具体详见 21.8 描述。

在做法名称定义栏内编辑一个名称，再在做法描述栏内填写该做法的一些步骤(也可不填写)，单击【确定】按钮就可以保存当前编号上的做法了。

在做法保存的左上角有将做法保存到“定额库”或“本工程库”的选项。两选项有区别，保存到“本工程库”只对本工程有用；保存到“定额库”对今后的工程有用。

【智能做法】 将软件内置的清单模板自动挂接到此构件上。

【章节说明】 清单或定额章节内计算规则、工作内容界限划分等相关使用说明。

【导入计价清单】 能将投标单价挂接到相应的构件模型上。单击按钮后弹出“导入计价清单”对话框(图 13-30)，单击【是】按钮后，将清除本工程中所有构件做法，同时弹出选择要导入的“计价文件路径”对话框(图 13-31)。

图 13-29 “判断条件”对话框

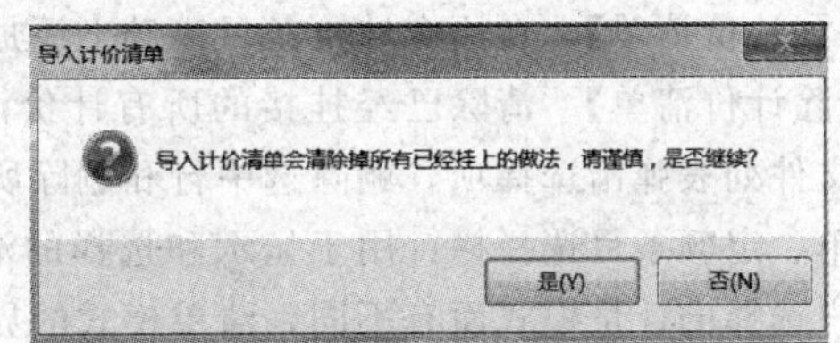

图 13-30 “导入计价清单”对话框

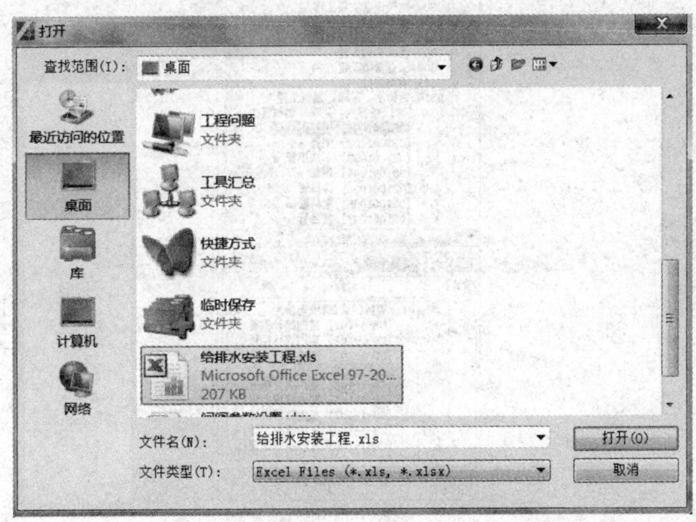

图 13-31 “选择计价文件”对话框

导入计价文件后，界面切换成图 13-32 所示的界面。

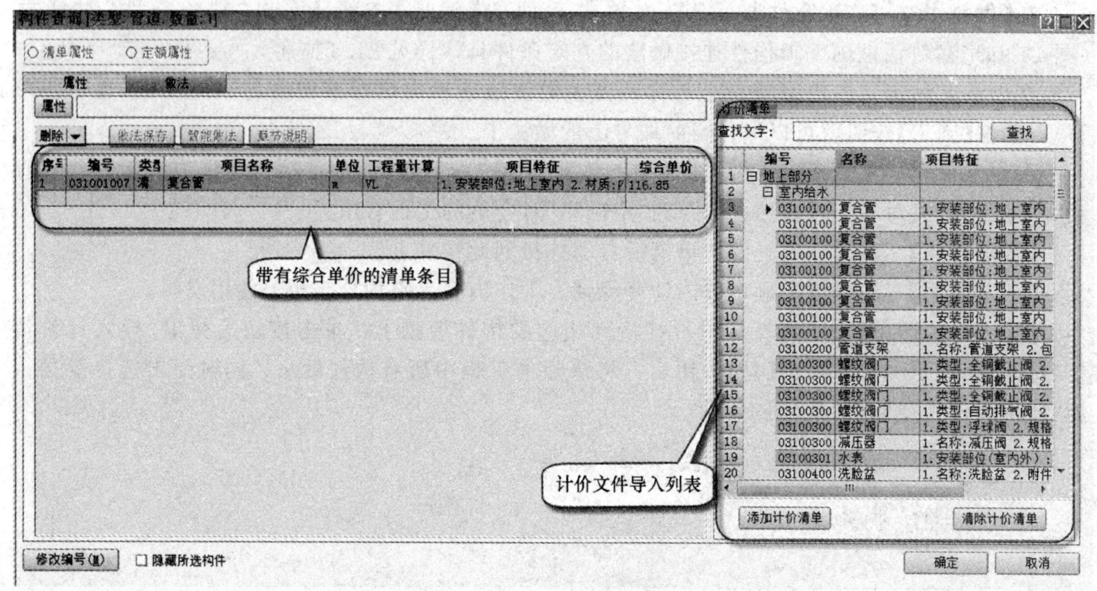

图 13-32　导入计价文件做法界面

操作说明：

【添加计价清单】　在原有计价条目基础上添加新的计价条目。

【清除计价清单】　清除已经挂接的所有计价清单条目，返回到构件挂接做法界面，右击导入计价文件列表弹出选择项，删除选中行和删除所有行。

清单、定额条目选择栏：用于显示和选择的清单、定额库中的条目，本栏目显示的内容会根据用户选择的计量模式而有不同，清单模式的界面如图 13-33 所示。

图 13-33　清单条目选择界面

清单条目选择页面上部是清单章节栏，分为三个页面：

【清单指引】 本页面中显示的是由当地主管部门发布的清单指引，即当前构件能够挂接的默认清单条目，如果没有，用户可以进入【清单子目】页面进行选择。

【清单子目】 本页面显示的是清单部分的所有条目。

【做法选择】 本页面显示的是软件内置清单模板部分的名称(图 13-34)。

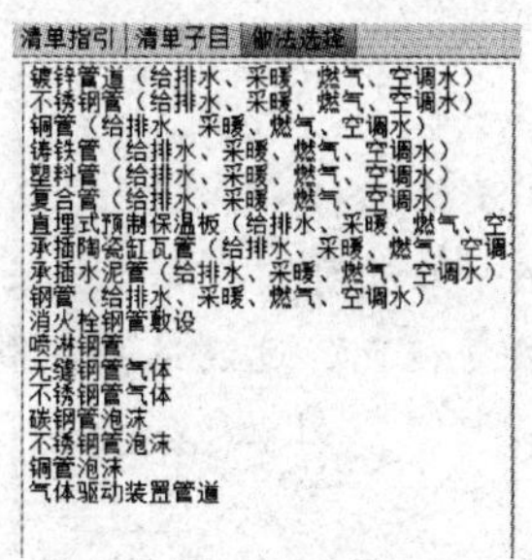

图 13-34　清单模板名称选择

在【编号】【名称】中可以输入需要查找的内容。查找是一个模糊功能，输入的内容越具体，栏内显示的内容就对应得越准确。【双击】需要选取的条目，就挂接到构件编号上了。

图 13-33 的下部是清单模式下的定额条目选择部分，栏目内容和操作方法同上部栏目一样。

【项目特征】 本页面显示的计量模式为“清单模式”时，做法界面如图 13-35 所示。

输出	项目特征	特征变量	归并条件
☑	1. 安装部位	FZBH	=FZBH
☑	2. 介质	ZYLX	=ZYLX
☑	3. 连接形式	LJFS	=LJFS
☑	4. 规格、压力等级	GCZJ	>15, 20, 25, 32, 40, 50, 65, 80, 100, 125, 150
☑	5. 压力试验及吹、洗设计要求		
☑	6. 警示带形式		

增加　全清　删除　上移　下移

图 13-35　做法页面一项目特征

界面中有项目特征的栏目，其中【特征变量】与【归并条件】都可以修改。

第 14 章　电子图纸

本章内容

图片导入、管理图纸、分解图纸、缩放图纸、清空图纸、图层控制、图层管理、全开图层、冻结图层、恢复图层、底图褪色、恢复褪色、过滤选择、查找替换、相同替换、文字合并、文字炸开。

电子图纸内容扫描下方二维码。

电子图纸

第 15 章　电气系统

本章内容

电线创建和识别、配管创建和编辑、电缆创建和编辑、管线编号创建和编辑、系统编号创建和编辑、CAD 系统图、线槽创建和编辑、桥架创建和编辑、母线创建和编辑、防雷线创建和编辑、多管绘制、跨层桥架、电缆沟土方、灯带创建、剔槽创建、设备、线槽支吊架、桥架支吊架、接线盒、穿刺线夹创建。

15.1　电线创建和识别

1. 创建电线

功能说明：利用本功能在界面中创建电线。

菜单位置：【电气系统】→【电线】→【电线布置】。

命令代号：dxbz。

编号定义方式同管道。

下面对布置和定位方式按钮进行说明。

电线的布置和定位方式快捷按钮如图 15-1 所示。

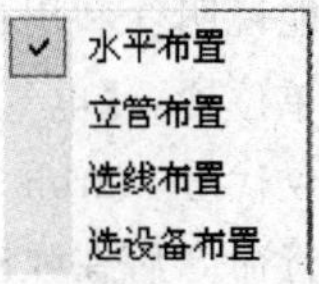

✓ 水平布置
立管布置
选线布置
选设备布置

图 15-1　电线布置方式选择快捷按钮

按钮说明如下：

【水平布置】　同管道内的水平布置。

【立管布置】　同管道内的立管布置。

【选线布置】　同管道内的选线布置。

【选设备布置】　在界面中选择两个设备，自动在两个设备之间生成水平直电线，如果两个设备不等高，则在指定电线高度的情况下，在高于或低于电线的一端自动生成垂直方向的电线。

操作说明：

前三种布置方式说明请参照管道布置，这里讲解选设备布置的操作。

选择布置方式为选设备布置，此时命令栏提示：

选设备布置＜退出＞或[水平布置(D)/立管布置(Q)/选线布置(S)]指定对角点：

在界面上选择一个电气设备之后右击确认，命令栏又提示：

请选择下一个相连的设备＜退出＞或[水平布置(D)/立管布置(Q)/选线布置(S)]：

在界面上选择一个需要和刚才选择的电气设备相连接的电气设备之后右击确认，命令栏又提示：

请选择下一个相连的设备＜退出＞或[水平布置(D)/立管布置(Q)/选线布置(S)/撤销(H)]

如果此时只需要建立这两个设备之间的连接，则右击确认直接退出，如果还需要再连下一个设备，再选择下一个设备右击确认即可。

2. 编辑电线

编辑电线同管道编辑。

3. 识别电线

功能说明：识别电线，当有电子图文档时，用此功能识别创建电线。

菜单位置：【电线】→【识别电线】。

命令代号：sbdx。

执行命令后导航器中出现识别设置选项表，如图 15-2 所示。

其操作同管道识别。

图 15-2　识别设置选项表

配管创建和编辑

电缆创建和编辑

管线编号创建和编辑

15.2　系统编号创建和编辑

1. 创建系统编号

功能说明：利用本功能在界面中同时创建具有回路编号的电线和配管。

菜单位置：【电气系统】→【箱柜系统图】→【系统编号】。

命令代号：xtbh。

执行命令后在弹出的导航器中单击【编号】按钮进入“系统编号管理”对话框（图 15-3），在对话框中单击【新建】按钮，在对话框中单击【添加回路】按钮。

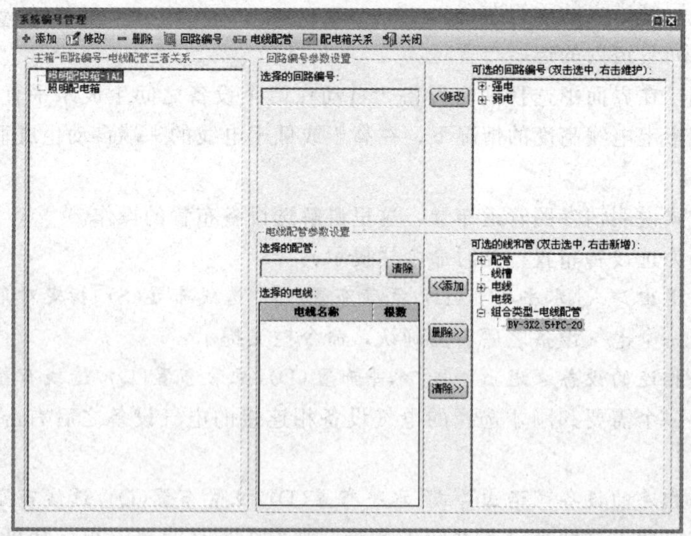

图 15-3　“系统编号管理”对话框

注意：执行该命令前必须有“配电箱柜”的编号，如果没有会弹出图 15-4 所示的对话框。

其他操作同电线配管部分。

图 15-4　需要有配电柜提示

2. 编辑系统编号

同电线配管和编辑。

3. 识别系统编号

在进行一个系统编号识别时，需要分两步来进行。第一步是将系统图上的回路编号及配管配线信息进行识别，之后将识别的信息指定给识别过后的构件。那么整个过程也分为两步，第一步读取系统图信息，第二步识别系统。

功能说明：识别电线，当有电子图文档时，用此功能通过识别创建具有回路编号信息的电线及配管。

菜单位置：【箱柜系统图】→【读系统图】；

【箱柜系统图】→【识别系统】。

命令代号：sbxh sbxt。

读系统图，首先导入一张电气系统图(具体操作见导入设计)，执行命令后弹出“系统图类型选择”对话框，如图 15-5 所示。

软件默认的为“主箱文字”，读取的系统图如图 15-6 所示。

图 15-5　“系统图类型选择”对话框

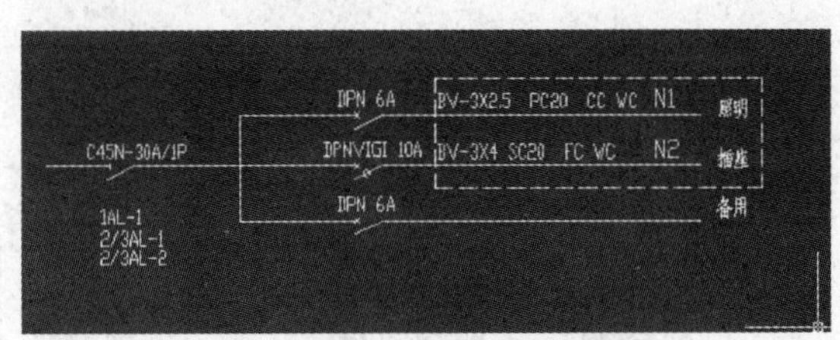

图 15-6　系统图

15.3　CAD 系统图

命令栏提示：

请选择主箱文字：

单击图上表示配电箱编号的文字后右击确认，在对话框的【主箱编号】列下就会显示选择到的主箱编号。如果要选取多个主箱文字，可以将鼠标放在第一个主箱文字后面，双击，再到底图上选取其他主箱文字，其他单元格内的数据也可以这样多选，如图 15-7 所示。

其中：

【提取全部文字】　用于选取表示对应全部列表内容的文字。

【提取单列文字】　用于选取表示对应的列表内容的文字。

【提取单格文字】　用于选取表示某单元格内容的文字。

【提取主箱文字】　用于选取主箱编号文字。

【添加文字】　用于当已经选取系统图回路后，再增加其他系统回路，生成的回路信息并列出现。

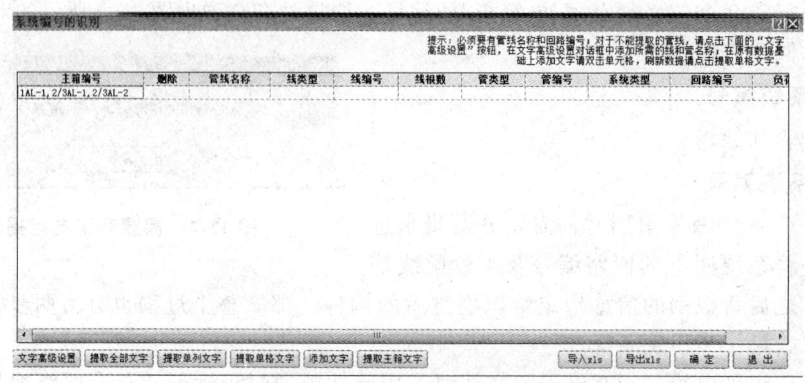

图 15-7 “系统编号的识别”对话框

【文字高级设置】 用于设置识别配管配线、回路编号关键字的文字样式，单击该按钮后，弹出“读系统图设置”对话框，如图 15-8 所示。

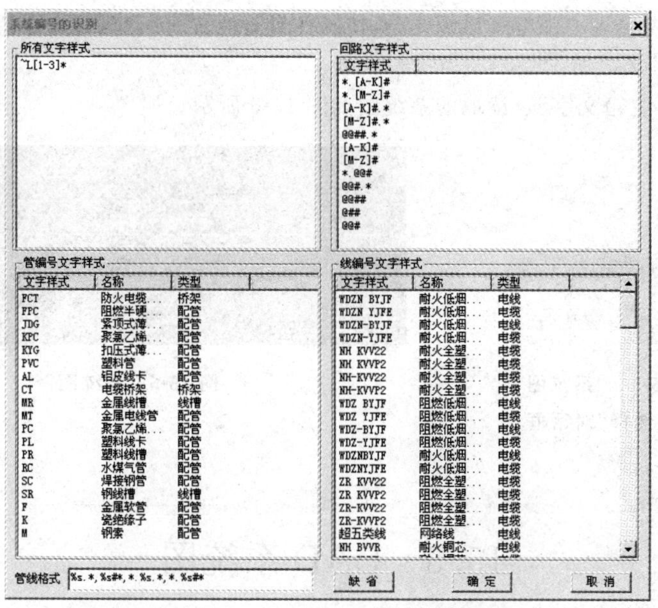

图 15-8 “读系统图设置”对话框

读系统图功能解释：在读取系统图之前，样式设置分为所有文字样式、回路文字样式、管编号文字样式、线编号文字样式四类。管、线编号文字样式设置就是设置读系统图时的关键字，当读系统图中遇到与设置中出现的文字样式相同，就归为当前表示的管线类型。对于回路文字样式和所有文字样式里面的符号做以下解释：

“～L[1－3]＊”表示当出现 L1、L2、L3 字样时，此字符不读取，原因是 L1、L2、L3 为三相线制中三相火线的代号，除此以外其他都读取；

“＃”代表数字；

“@”代表字母；

“.”代表除数字和字母以外的其他字符；

[A－K]表示按照字母表从 A 到 K 的所有字母。

表中每类文字样式都可以进行新增设置，新增时在需要新增的类别下面的框中右击，选择增加，在新的一行中输入关键字符即可。

接下来进行下面的操作，单击【提取全部文字】按钮，命令栏提示：

请选择两列或三列文字：

到图形上框选表示该主箱下的回路编号的所有文字，框选系统图完毕之后右击退出，此时出现“系统编号的识别”对话框，如图 15-9 所示。

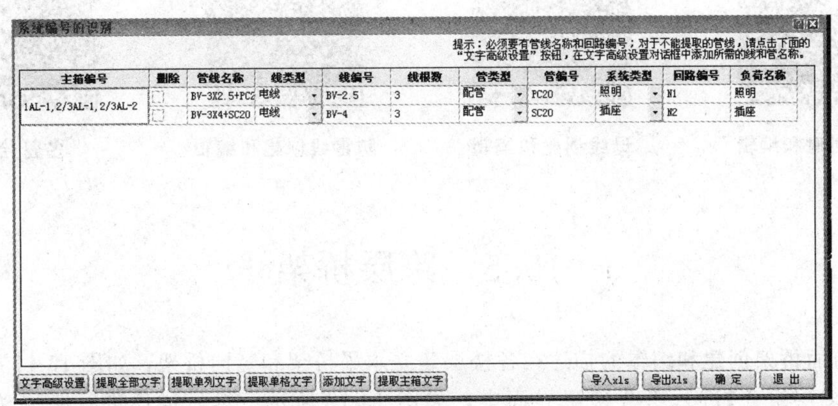

图 15-9 “系统编号的识别”对话框

单击【确定】按钮后，对话框内管线编号将读取到软件系统编号中。接下来执行识别系统命令，其操作同电线识别。

单击“表格文字”，软件读取图 15-10 所示类型的系统图。

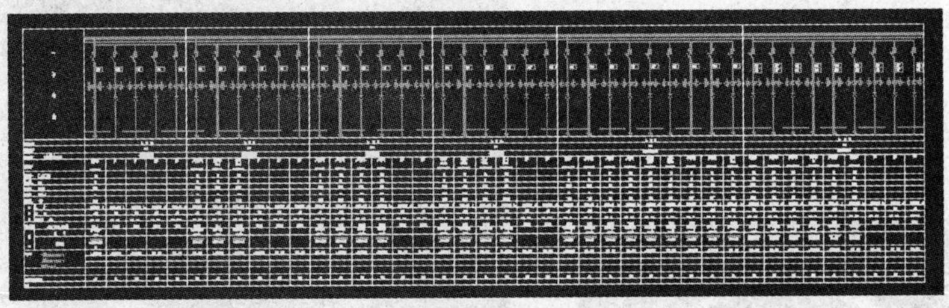

图 15-10 系统图

15.4 线槽创建和编辑

1. 创建线槽

功能说明：利用本功能在界面中创建线槽。

菜单位置：【电气系统】→【线槽】→【线槽布置】。

命令代号：xcbz。

线槽编号定义方式同电线编号定义。

线槽布置方式同风管布置。

2. 编辑线槽

操作方式同风管。

3. 识别线槽

功能说明：识别线槽，当有电子图文档时，用此功能识别创建线槽。

菜单位置：【线槽】→【识别线槽】。

命令代号：sbxc。

桥架创建和编辑

母线创建和编辑

防雷线创建和编辑

多管绘制

15.5 跨层桥架

根据前面桥架创建和编辑的描述在各楼层建立水平桥架和竖向桥架，如图 15-11 所示。

单击【多层组合】进入组合楼层界面中，如图 15-12 所示。然后描述进行跨层桥架的桥架配线。

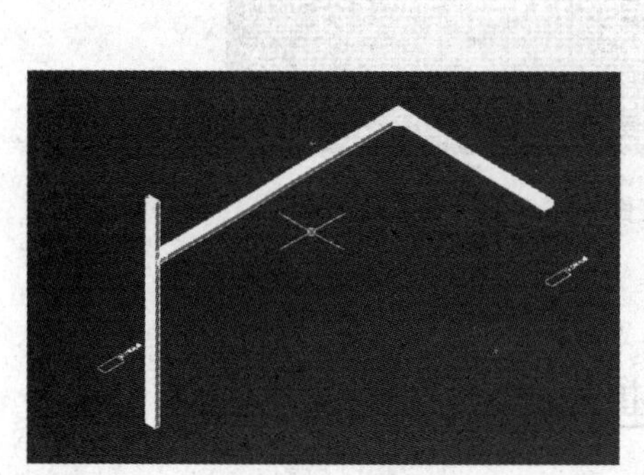

图 15-11　单个楼层内桥架三维模型

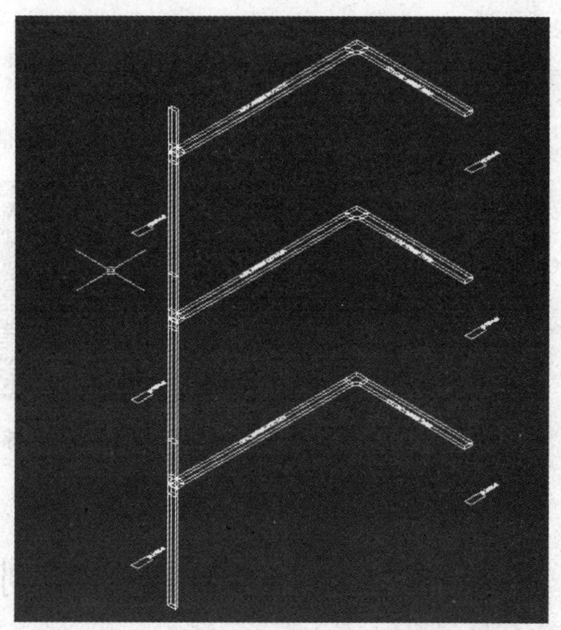

图 15-12　组合楼层内桥架三维模型

15.6 电缆沟土方

1. 创建电缆沟

功能说明：利用本功能在界面中创建母线。

菜单位置：【电气系统】→【电缆沟】→【水平布置】。

命令代号：dlgbz。

电缆沟编号定义方式同管沟编号定义。

电缆沟布置方式同风管布置。

2. 编辑电缆沟

操作方式同风管。

创建灯带

创建剔槽

15.7 设备

功能说明：识别材料表；识别图例。

菜单位置：【电气系统】→【灯具】→【识别材料表】。

命令代号：sbbg。

操作说明：

第一步：执行【识别材料表】命令后，弹出“设备识别”对话框(图 15-13)。

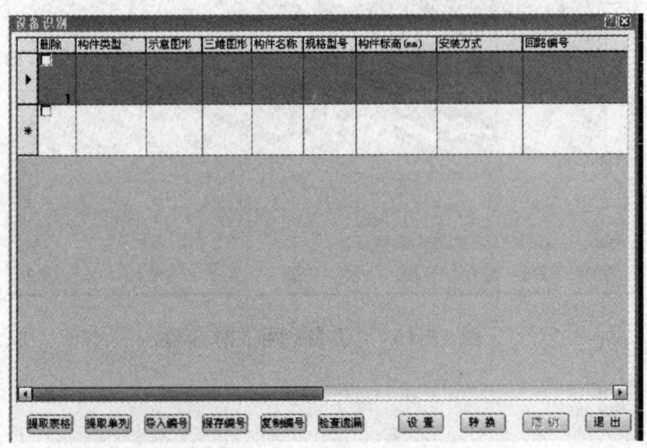

图 15-13 “设备识别”对话框

【提取表格】 提取界面上设备材料表格。

【提取单列】 提取界面上设备材料表格中单列信息。

【导入编号】 导入上次保存的设备编号。

【保存编号】 保存识别表格后生成的设备编号。

【复制编号】 将本楼层的设备编号复制到其他楼层。

【检查遗漏】 将材料表中没有或与工程图纸中存在差异的图例，提取到对话框中。

【设置】 设置提取的图例与要识别工程中图例的匹配条件等。

第二步：【提取表格】后，光标变为“□”选择状态，选取底图中的设备材料表，弹出“识别设备规格表”对话框(图 15-14)。

在此对话框中编辑相应的信息后单击【确定】按钮，出现“设备识别”对话框(图 15-15)。

第三步：单击【转换】按钮后，光标变为“□”选择状态，同时命令栏提示：“请选择需要识别的范围”。

框选范围后，相应的设备将识别出来。

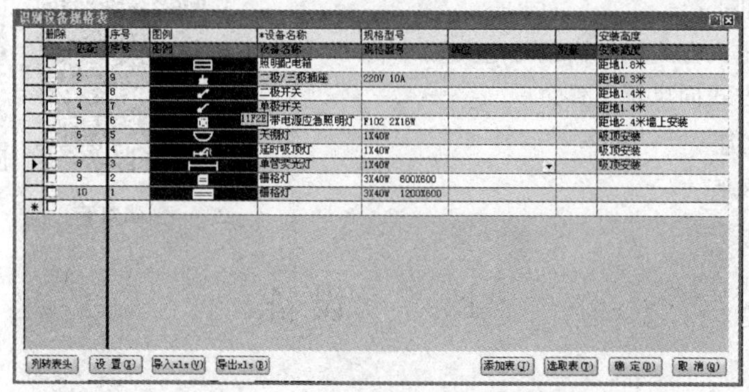

图 15-14 “识别设备规格表”对话框

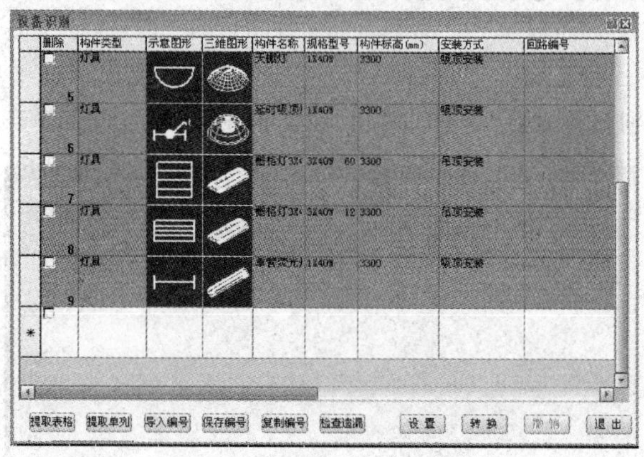

图 15-15 “设备识别”对话框

15.8 线槽支吊架

1. 线槽支吊架创建

功能说明：利用本功能在界面中创建线槽支吊架。

菜单位置：【电气系统】→【线槽支架】→【附件布置】。

命令代号：xczj。

线槽支吊架创建同 16.1 中水泵的创建。

线槽支吊架的布置方式有【管上布置】和【选管布置】两种，具体操作过程请参见管道支架的布置方式。

2. 线槽支吊架的编辑

线槽支吊架编辑同 16.1 中水泵的编辑。

3. 识别线槽支吊架

菜单位置：【线槽支架】→【识别附件】。

命令代号：sbfj。

识别线槽支吊架其余步骤同 16.1 中识别水泵。

15.9 桥架支吊架

1. 桥架支吊架创建

功能说明：利用本功能在界面中创建桥架支吊架。

菜单位置：【电气系统】→【桥架支架】→【附件布置】。

命令代号：qjzj。

桥架支吊架创建同 16.1 中水泵的创建。

桥架支吊架的布置方式有【管上布置】和【选管布置】两种，具体操作过程请参见管道支架的布置方式。

2. 桥架支吊架的编辑

桥架支吊架编辑同 16.1 中水泵的编辑。

3. 识别桥架支吊架

菜单位置：【桥架支架】→【识别附件】。

命令代号：sbfj。

识别桥架支吊架步骤同 16.1 中识别水泵。

15.10 接线盒

1. 接线盒创建

功能说明：利用本功能在界面中创建接线盒。

菜单位置：【电气系统】→【接线盒】→【附件布置】。

命令代号：jxh。

接线盒创建同 16.1 中水泵的创建。

操作说明：

接线盒的布置方式有【管上布置】【选管布置】【自动布置】【点布置】四种。

【管上布置】【选管布置】【点布置】参照管道支架布置方式。

【自动布置】 单击【自动布置】按钮，弹出"接线盒的自动生成"对话框，如图 15-16 所示。

设备选择：

※ 灯具接头处生成：在下拉列表中选择灯具接头处自动生成的灯头盒类型。

※ 开关接头处生成：在下拉列表中选择开关接头处自动生成的开关盒类型。

※ 插座接头处生成：在下拉列表中选择插座接头处自动生成的开关盒类型。

※ 其他构件选择：在下拉列表中选择设备自动生成的接线盒类型。

图 15-16 "接线盒的自动生成"对话框

其他接头处设置：

※ 接头处自动生成：勾选接头处自动生成，在下拉列表中选择中间接头处自动生成的接线盒类型，下面就是要生成的条件：【直段长超过 N m 时，自动生成接线盒】指的是配管的直管段

每隔几米自动生成一个接线盒。

楼层设置：

※ 楼层选择：默认为当前楼层，下拉可选择楼层，单击[...]可多选楼层。

2. 接线盒的编辑

接线盒编辑同 16.1 中水泵的编辑。

3. 识别接线盒

菜单位置：【接线盒】→【识别附件】。

命令代号：sbfj。

识别接线盒步骤同 16.1 中识别水泵。

穿刺线夹创建

第 16 章　水系统

本章内容

管道的创建和编辑、识别立管系统图、水泵、喷淋头、管道阀门、管道法兰、管道仪表、套管、管道支架、其他附件、设备连管道、绕梁调整、交叉立管、交线断开、喷淋管径、转换上下喷头、管坡修改、散连立管、立连干管、图库管理、增加接口、沟槽卡箍设置、消连管道、消连立管、放坡系数设置、管沟宽度设置。

管道的创建和编辑

识别立管系统图

16.1　水泵

1. 创建水泵

功能说明：利用本功能在界面中创建水泵模型。

菜单位置：【水泵】→【设备布置】。

命令代号：sbbz。

操作说明：

执行命令后弹出导航器，导航器内各栏目和按键的功能及使用方法基本同前面章节讲解，下面对与前面不一样的内容进行叙述。

在导航器中单击【新建】按钮，弹出“图库管理”对话框(图 16-1)。

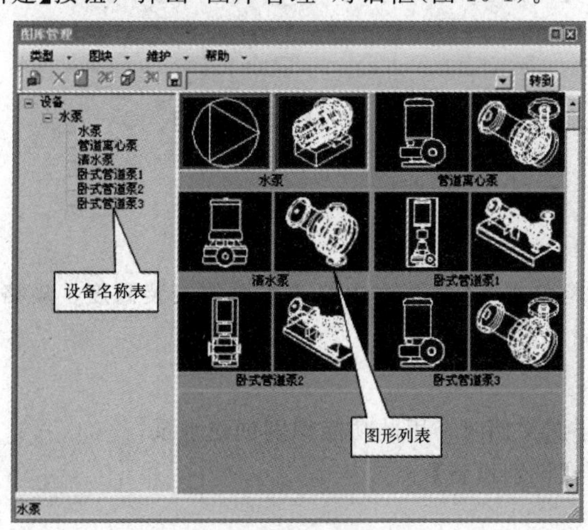

图 16-1　“图库管理”对话框

在图库管理界面中选择所需要的水泵类型并双击名称或图形，重新回到“导航器”界面(图 16-2)。

在构件属性栏内，设置水泵的安装高度、规格型号、重量。

在系统类型设置栏，设置水泵的系统类型(图 16-3)。

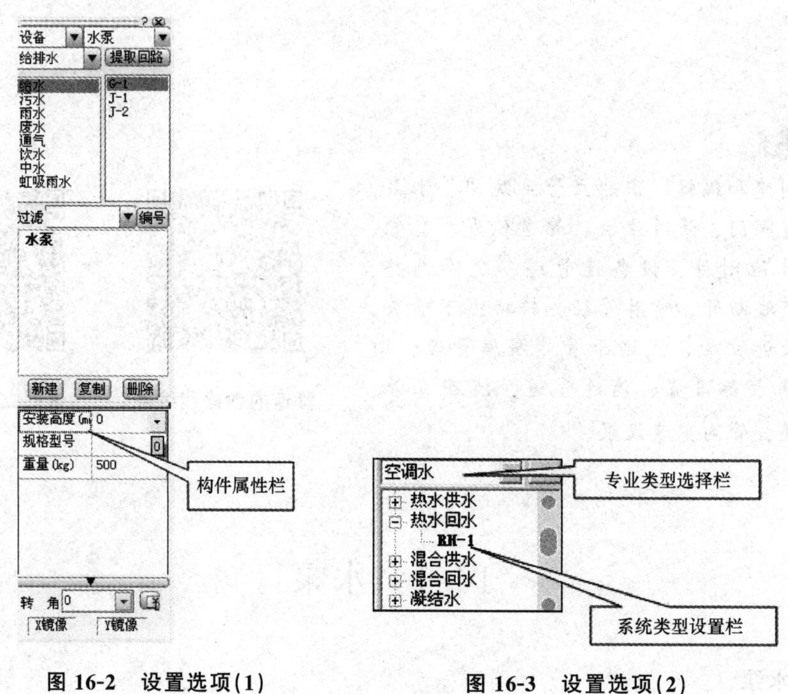

图 16-2　设置选项(1)　　**图 16-3　设置选项(2)**

设置好后，回到主界面上在所需布置位置单击，即可将水泵布置到界面上。

2. 编辑水泵

布置好的水泵，由于设计变更等原因需要重新指定标高、规格，此时就需要对水泵进行编辑修改。

功能说明：利用本功能实现水泵编辑。

菜单位置：【构件】→【构件查询】。

命令代号：gjcx。

操作说明：

第一步：执行命令 gjcx 或在右键菜单选择【构件查询】。

命令栏提示：

选择要查询的构件。

第二步：选取要编辑的设备，右击。

第三步：在弹出的“构件查询”对话框中修改水泵的安装高度、规格型号等，单击【确定】按钮后退出，水泵就修改完成了。

3. 识别水泵

功能说明：当有电子图文档时，用此功能识别创建水泵。

菜单位置：【水泵】→【识别设备】。

命令代号：sbsb。

操作说明：

执行命令后弹出【导航器】，导航器内各栏目和按键的功能及使用方法基本同前面章节讲解，下面对与前面不一样的内容进行叙述。

单击导航器中的【3D图】按钮，弹出“图库管理”对话框(图16-1)，在图库管理中双击所需要的水泵名称和图形，重新回到“导航器”界面，单击【提取】按钮。

命令栏提示：

选择单个图例：

请输入块插入点＜回车默认＞：

请输入块的方向：

选择需要转化的所有图形＜退出＞：

光标移到界面上选择表示水泵的线条，选中后右击，选择插入点，从左到右框选整个图面，右击确认，整张图上的水泵就识别出来了。

对于在图上标注有字符的水泵图纸，单击【识别标注】栏【关键字符】后的按钮，到界面上选择表示水泵的文字。选中后，文字就会显示在【关键字符】框中。

【最大距离】参见识别管道说明。

当几个水泵大小、角度差别较大，用识别命令无法一次成功识别时，单击【设置】按钮，弹出“匹配设置”对话框(图16-4)。

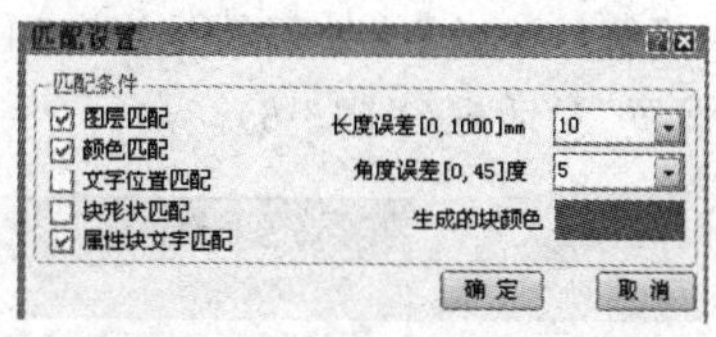

图16-4 “匹配设置”对话框

【图层匹配】 图块形状相同的前提下，只要这些图块在同一个图层上，均可识别。

【颜色匹配】 图块形状相同的前提下，只要颜色相同，均可识别。

【文字位置匹配】 勾选该选项，当带文字的图块文字位置不同时，无法识别，只有文字位置与参考对象的位置完全相同才能识别。

【块形状匹配】 图块形状相同的才能识别。

【属性块文字匹配】 块文字相同的才能识别。

【长度误差】 表示同一设备的图块，长度误差值位于设置值之间时，可识别。

喷淋头创建

16.2 管道阀门

1. 管道阀门的创建

功能说明：利用本功能在界面中创建管道阀门。

菜单位置：【水系统】→【管道阀门】→【附件布置】。

命令代号：gdfm。

管道阀门创建过程同水泵的创建。管道阀门的布置方式只有【管上布置】。

2. 管道阀门的编辑

管道阀门编辑过程同水泵的编辑。

3. 识别管道阀门

菜单位置：【管道阀门】→【识别附件】。

命令代号：sbfj。

管道阀门识别其余步骤同识别水泵。

16.3 管道法兰

1. 管道法兰的创建

功能说明：利用本功能在界面中创建管道法兰。

菜单位置：【水系统】→【管道法兰】→【附件布置】。

命令代号：gdfl。

管道法兰的布置方式有【管上布置】和【自动布置】。

【管上布置】 同水泵的创建。

【自动布置】 单击【自动布置】后，弹出“管道法兰的自动布置”对话框(图 16-5)。

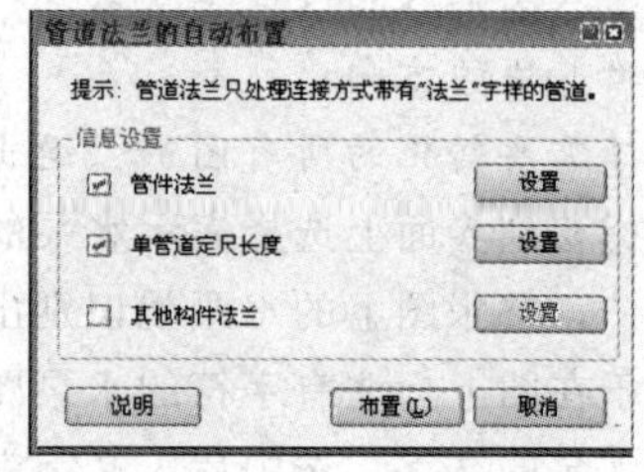

图 16-5 “管道法兰的自动布置”对话框

自动布置处理的范围是连接方式为法兰连接的所有管道。

信息设置：

【管件法兰】 处理的是管道和管件连接处的法兰；单击后面的【设置】按钮弹出“管件布置范围设置”对话框(图 16-6)。

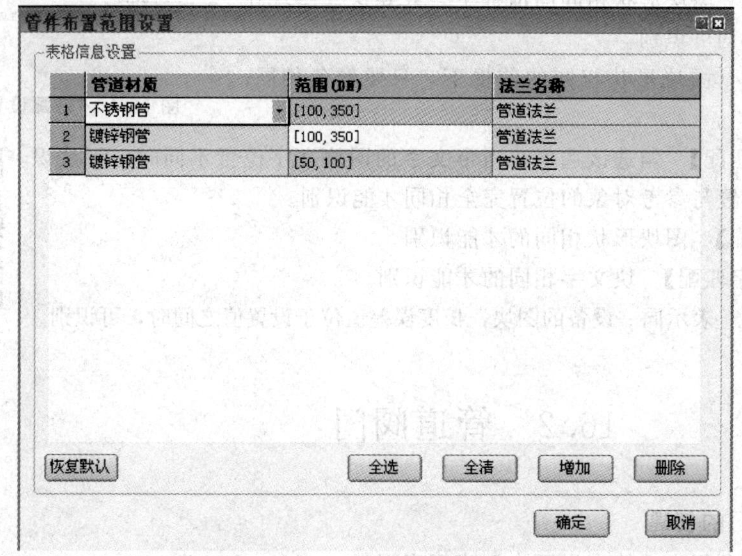

	管道材质	范围(DN)	法兰名称
1	不锈钢管	[100, 350]	管道法兰
2	镀锌钢管	[100, 350]	管道法兰
3	镀锌钢管	[50, 100]	管道法兰

图 16-6 “管件布置范围设置”对话框

在以上界面中设置条件：管道材质、范围和要布置的法兰构件编号，其中法兰名称只能从下拉菜单中选取。

【单管道定尺长度】 管道与管道连接处的法兰布置。单击后面的【设置】按钮，弹出“管道定尺长度设置”对话框(图 16-7)。

在以上对话框中设置不同材质管道在某个范围内的定尺长度，同时选择管道与管道连接的法兰名称。

【其他构件法兰】 水泵、管道阀门、管道堵头与管道连接处的法兰布置。单击后面的【设置】按钮，弹出“其他法兰设置”对话框(图 16-8)。

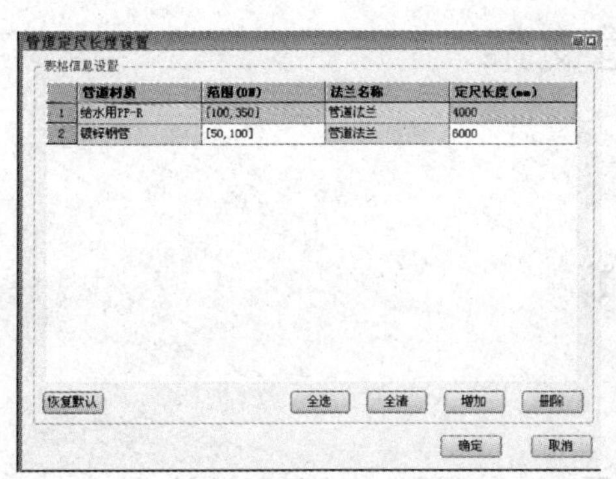

图 16-7 “管道定尺长度设置”对话框

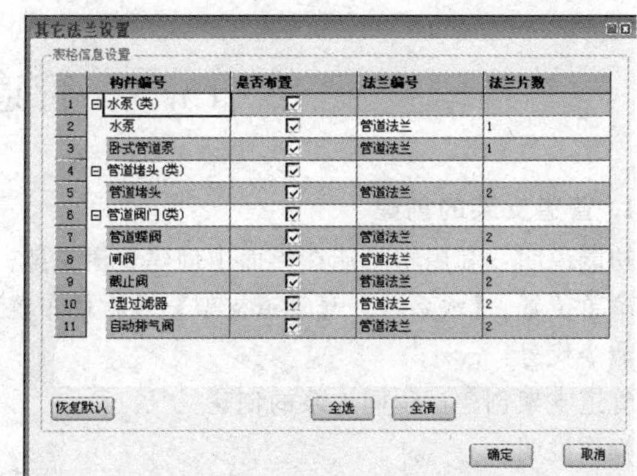

图 16-8 “其他法兰设置”对话框

设置好相应的条件后，单击界面上的【布置】按钮，就能实现本楼层所有管道的法兰自动布置。

2. 管道法兰的编辑

管道法兰编辑过程同水泵的编辑。

3. 识别管道法兰

菜单位置：【管道法兰】→【识别附件】。

命令代号：sbfj。

管道法兰识别其余步骤同识别水泵。

管道仪表创建

16.4 套管

功能说明：利用本功能在界面中创建套管。

菜单位置：【水系统】→【管道套管】→【附件布置】。

命令代号：gdtg。

套管创建过程同水泵的创建。

操作说明：

套管的布置：套管的布置有点布置、管上布置和自动布置三种方式。

【点布置】 在图面上任意单击一点进行布置。

【管上布置】 在管道上任选一点进行布置。

【自动布置】 软件默认的套管有三种，即【穿墙套管】【穿楼板套管】【防水套管】。

当定义的套管为【穿墙套管】或【防水套管】时，单击快捷按钮上的【自动布置】按钮，弹出“自动套管”对话框(图 16-9)。

在对话框中，可对套管伸出墙面左边和右边及板上边和下边的长度进行设置，设置完毕单击【确定】按钮。软件自动搜索与墙相交的管道，并在交点处自动生成“穿墙、板套管”。

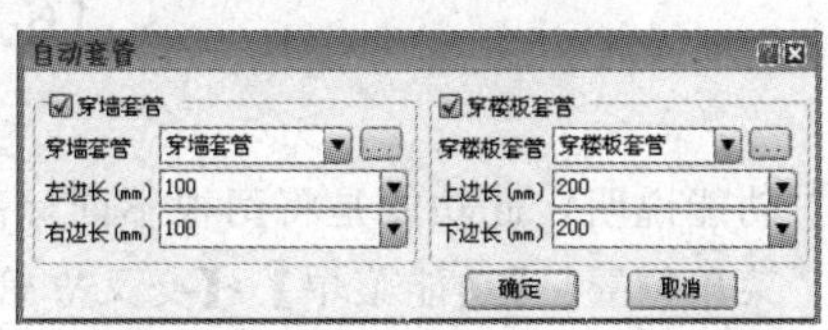

图 16-9 “自动套管”对话框

16.5 管道支架

1. 管道支架的创建

功能说明：利用本功能在界面中创建管道支架。

菜单位置：【水系统】→【管道支架】→【附件布置】。

命令代号：gdzj。

管道支架创建过程同水泵的创建。

操作说明：

支架的布置：支架的布置有【点布置】【管上布置】【自动布置】【选管布置】四种方式。

【点布置】和【选管布置】同套管的布置。

【自动布置】 单击【自动布置】按钮，弹出“自动布置”对话框(图 16-10)。

※ 按照规范：根据规范要求的支吊架间距进行自动布置。规范的说明文档请参见自动布置功能中的说明文档。

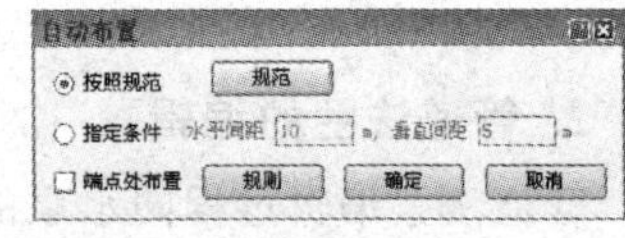

图 16-10 “自动布置”对话框

※ 指定条件：自定义自动布置支吊架的水平间距和垂直间距。

※ 端点处布置：指定管道的端点处是否布置支吊架。

【选管布置】 功能同【自动布置】一致，不同之处为自动布置是对整个楼层，而选管布置仅对所选管道。

2. 管道支架的编辑

管道支架编辑过程同水泵的编辑。

3. 识别管道支架

菜单位置：【管道支架】→【识别附件】。

命令代号：sbfj。

识别管道支架其余步骤同识别水泵。

其他附件创建

设备连管道

绕梁调整

16.6 交叉立管

功能说明：此功能是将两根不同标高的空间交叉管道生成一根立管。

菜单位置：【功能菜单】→【交叉立管】。

命令代号：jclg。

操作说明：

执行命令后，命令栏提示：

选择需要竖管连接的管线(管道，风管，桥架，线槽)<确定>：

在图面上选择需要生成交叉立管的管道，命令栏提示：

选择需要竖管连接的管线(管道，风管，桥架，线槽)<确定>：

在图面上选择需要生成交叉立管的另一根管道，右击确定。

16.7 交线断开

功能说明：此功能是将两根或多根相交的电线在交叉点处断开。

菜单位置：【功能菜单】→【交线断开】。

命令代号：jxdk。

操作说明：

执行命令后，命令栏提示：

选择电线：

在图面上选择需要断开的电线，命令栏提示：

选择电线：

在图面上选择需要断开的下一根电线，右击确定。

此功能可断开电线、电缆、配管及其组合类型。也可同时框选多根管线，则在电线的交叉点处都会断开。

16.8 喷淋管径

功能说明：此功能用来自动生成喷淋管管径。

菜单位置：【功能菜单】→【喷淋管径】。

命令代号：plgj。

操作说明：

第一步：执行命令后，弹出“喷淋管径设置”对话框(图 16-11)。

喷淋管径设置

管径与喷头数对应关系

安全级别：轻危险级　中危险级

材质设置：使用管道原有材质

序号	喷淋管名称	喷头数量(个)	材质	壁厚(mm)
1	DN25	1个喷头	镀锌钢管	3.25
2	DN32	3个喷头	镀锌钢管	3.25
3	DN40	5个喷头	镀锌钢管	3.50
4	DN50	10个喷头	镀锌钢管	3.50
5	DN65	18个喷头	镀锌钢管	3.75
6	DN80	48个喷头	镀锌钢管	4.00
7	DN100	64个喷头	镀锌钢管	4.00
8	DN125	80个喷头	镀锌钢管	4.00
9	DN150	100个喷头	镀锌钢管	4.50

增加(A)　删除(D)　恢复默认(R)

自动喷水灭火系统设计规范GB50084-2001第29页　确定(S)　取消(Q)

图 16-11　“喷淋管径设置”对话框

第二步：在对话框中设置不同管径的水管连接的最大喷头数量。

在【材质设置】栏中选择是否同水平管的材质。当不勾选【使用管道原有材质】复选框时，可对将自动生成的管道指定材质。单击【喷淋管名称】列的任一管径后面的按钮，可进入“材质库”对话框。这里单击 DN25，进入图 16-12 所示的对话框。

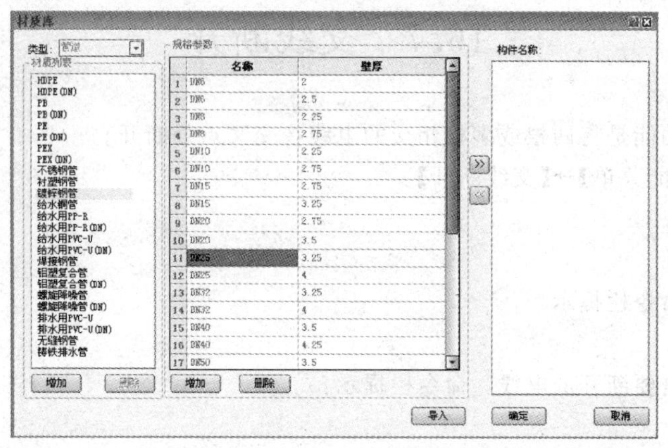

图 16-12　根据喷头数自动确定管径

选择不同材质后单击【确定】按钮，返回“喷淋管径设置”对话框。执行完【喷淋管径】命令后，该管径的材质更改为新材质和新管径。

第三步：单击【确定】按钮，命令栏提示：

选择喷淋干管＜退出＞：

选择一条喷淋干管，命令栏提示：

当前实体是喷淋主干管道｜是(Y)｜下一个(N)｜指定喷淋主干管道(C)｜＜是＞：

若当前亮显的管道是喷淋主管，直接右击确定，或在弹出的浮动对话框单击【下一个】按钮，直至选择到正确的主管为止，再单击【确定】按钮。

温馨提示：

(1)此命令不能单独使用，它使用的前提条件是首先布置或识别喷淋头；

(2)接着，布置或识别了喷淋水管；

(3)如果喷淋头与喷淋水管不在同一标高，还必须要用设备连管将竖直方向的水管相连；

(4)最后，才能用喷淋管径命令根据每段水管上连接的喷头数量自动判定水管管径。

也就是使用此命令的前提条件是喷淋头及喷淋水管一定要存在，且喷淋头与喷淋水管相连接，否则软件无法自动判定。

16.9　转换上下喷头

功能说明：此功能用来自动生成上下喷头，并在上喷头和下喷头之间生成立管。

菜单位置：【功能菜单】→【转换上下喷】。

命令代号：zhsxp。

操作说明：

第一步：执行命令后，弹出“转换上下喷参数设置”对话框(图 16-13)。

第二步：参数设置。

上喷喷淋头栏：

【喷头名称】 指自动生成的上喷头的构件名称。

【安装高度】 指自动生成的上喷头的安装高度。

下喷喷淋头栏：

【喷头名称】 指自动生成的下喷头的构件名称。

【安装高度】 指自动生成的下喷头的安装高度。

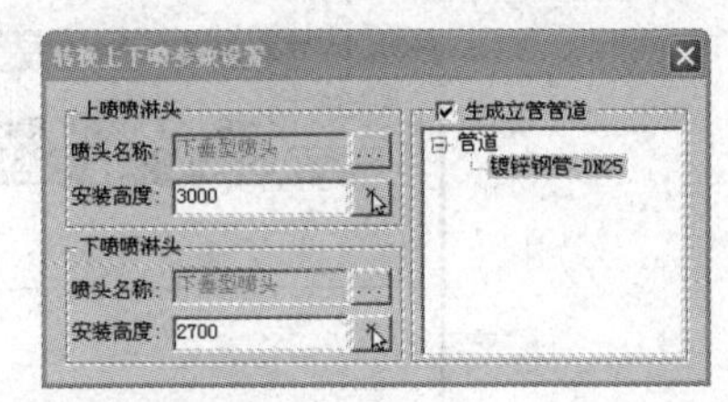

图 16-13 “转换上下喷参数设置”对话框

生成立管管道栏：

在对话框中右击“管道”可自动生成立管的编号。

第三步：框选需要进行转化的喷头，右击确认即可。

管坡修改

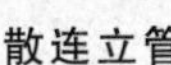

散连立管

立连干管

图库管理

16.10 增加接口

功能说明：此功能是在设备上增加一个接口，以便和管线连接。

菜单位置：【功能菜单】→【增加接口】。

命令代号：zjjk。

操作说明：

第一步：执行命令后命令栏提示：

选择设备。

第二步：在界面中选设备，弹出“设备增加接口”对话框(图 16-14)。

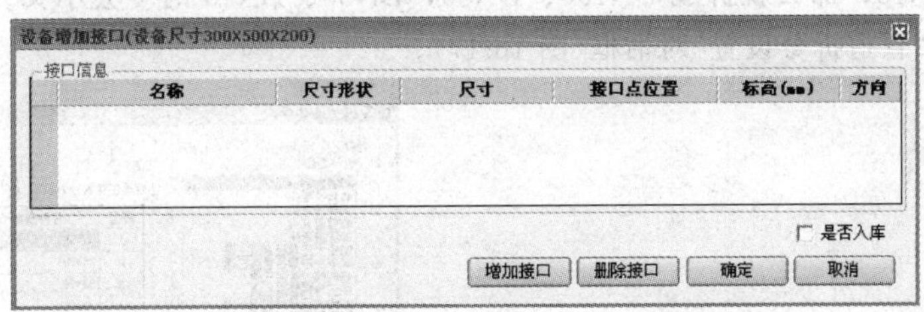

图 16-14 “设备增加接口”对话框

第三步：单击【增加接口】按钮，命令栏提示：

选择入口点。

在界面设备图上点选增加接口的位置，回到“设备增加接口”对话框(图 16-15)。

单击【名称】列单元格内的按钮，弹出“系统类型管理”对话框，根据需要选择系统类型及类型名称。

单击【尺寸形状】列单元格内的按钮，选择尺寸(截面)的形状。

单击【尺寸】列单元格内的按钮，出现下拉列表，输入接口的高度、宽度，单击“设备增加接口”对话框的任意位置。

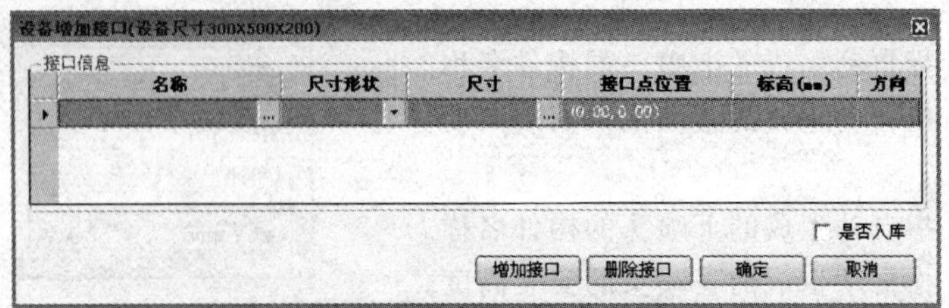

图 16-15 "设备增加接口"对话框

在【标高】列单元格内输入接口的标高。

在【方向】列内设置+X 接口方向是朝 X 轴正轴方向，-X 接口方向是朝 X 轴负轴方向。

第四步：单击【确定】按钮，接口增加完成。

16.11 沟槽卡箍设置

功能说明：此功能用来自动生成卡箍连接件。

菜单位置：【功能菜单】→【沟槽卡箍设置】。

命令代号：gckg。

此功能是用来设置自动生成的管件是否拆分和沟槽卡箍生成的规则，有如下几种情况：

操作说明：

执行命令后，弹出"沟槽连接件设置"对话框(图 16-16)。

(1)在【常规连接】栏内，勾选【拆分水管配件】，表示在【设置】中没有的管道规格，将按照拆分规则拆分成成品管件，【设置】里有的或没有成功拆分的管件会根据端头管径直接生成管件；不勾选，表示根据端头管径直接生成管件。拆分规则描述：如 150、40 的大小头，从 DN150 开始搜索其对应的最小管径，此处搜到 DN150、DN80，再从 DN80 开始搜索其对应最小管径，此处搜到 DN80、DN40，那么就拆成 DN150、DN80，DN80、DN40 两个大小头。单击后面的【设置】按钮后，弹出"管道拆分设置"对话框(图 16-17)。

图 16-16 "沟槽连接件设置"对话框

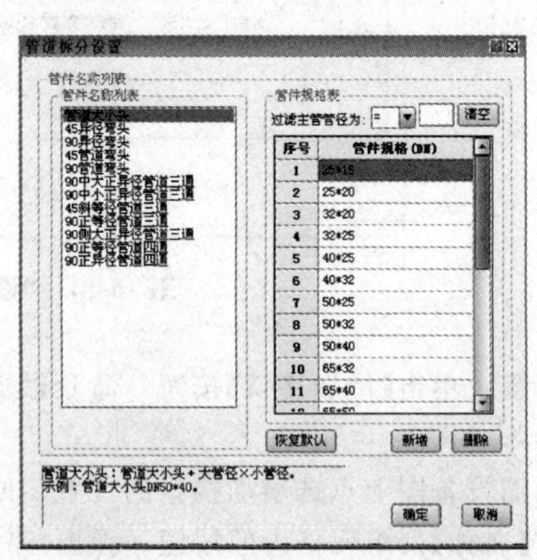

图 16-17 "管道拆分设置"对话框

在此对话框中调整管件规格，可以得到想要的管件。调整管件规格后，需要重新分析后才能实现拆分。

(2)在【沟槽、机械连接】栏内勾选【按规则拆分管件】，表示根据后面设置的条件生成沟槽、机械管件。单击后面的【设置】按钮后，弹出“管道范围设置”对话框(图 16-18)。

默认条件镀锌钢管≥100，沟槽卡箍连接方式，例如，DN150 的镀锌钢管与 DN80 的镀锌钢管垂直相交会生成一个沟槽式管道四通 150×80，两个 DN150 的沟槽连接件。

在此对话框中设置要修改管道连接方式的条件，同时将生成的管件分析统计到“连接件分析调整”界面，常规连接拆分的管件不会出现在此界面。

(3)【单管道长度】设置。在此添加管道的定尺长度，软件根据此值计算管道的管箍的工程量。例如，有些无缝钢管的单根长度为 6 m，有些为 4 m。每两根单管的连接处生成一个沟槽卡箍。

(4)连接件角度误差：在此设置 90°和 45°角度的误差值，例如，设置误差为 1°，表示 89°～91°内的角度取 90°显示，44°～46°内的角度取 45°显示。

(5)单击界面中的【分析】按钮后，弹出“选择楼层”对话框(图 16-19)。

图 16-18 “管道范围设置”对话框

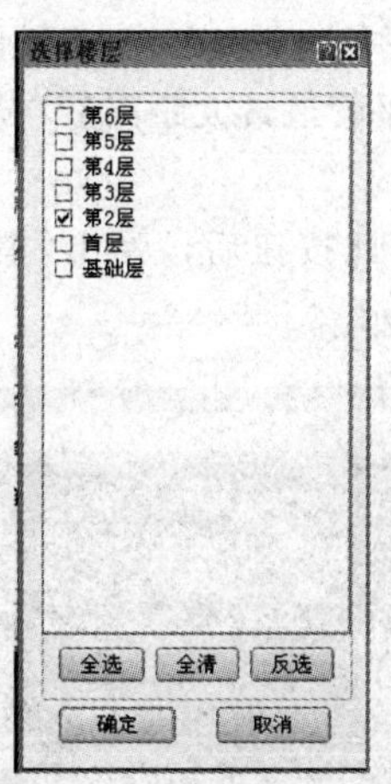

图 16-19 “选择楼层”对话框

在此对话框中选择要分析调整的楼层，单击【确定】按钮后，直接转入“连接件分析调整”界面。

(6)单击界面中的【调整】按钮后，弹出“连接件分析调整”对话框(图 16-20)。

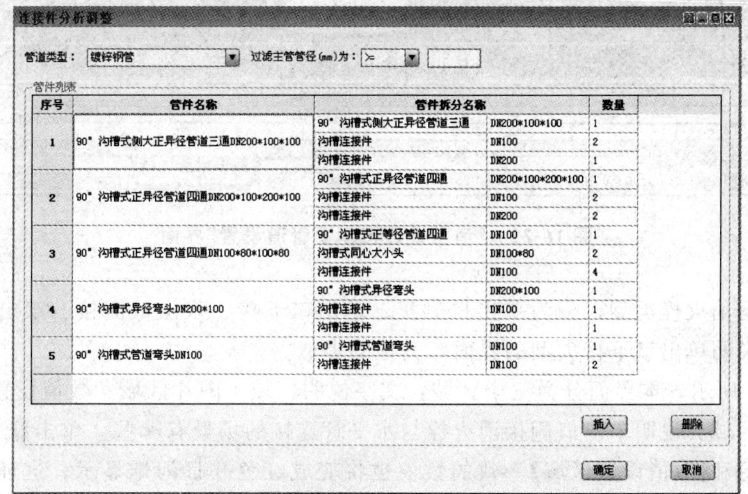

连接件分析调整

管道类型：镀锌钢管　过滤主管管径(mm)为：>=

管件列表

序号	管件名称	管件拆分名称		数量
1	90° 沟槽式侧大正异径管道三通DN200*100*100	90° 沟槽式侧大正异径管道三通	DN200*100*100	1
		沟槽连接件	DN100	2
		沟槽连接件	DN200	1
2	90° 沟槽式正异径管道四通DN200*100*200*100	90° 沟槽式正异径管道四通	DN200*100*200*100	1
		沟槽连接件	DN100	2
		沟槽连接件	DN200	2
3	90° 沟槽式正异径管道四通DN100*80*100*80	90° 沟槽式正等径管道四通	DN100	1
		沟槽式同心大小头	DN100*80	2
		沟槽连接件	DN100	4
4	90° 沟槽式异径弯头DN200*100	90° 沟槽式异径弯头	DN200*100	1
		沟槽连接件	DN100	1
		沟槽连接件	DN200	1
5	90° 沟槽式管道弯头DN100	90° 沟槽式管道弯头	DN100	1
		沟槽连接件	DN100	2

插入　删除　确定　取消

图 16-20 “连接件分析调整”对话框

在“连接件分析调整”界面中，软件默认会将本工程分析到的沟槽管件显示出来，对于拆分不正确的管件，可以自行修改；修改设置条件或修改工程模型，再次分析调整，将会在上次确认后的结果上进行修改，进入“连接件分析调整”界面，默认打开的是上一次确认后的结果。

16.12　消连管道

消连立管

功能说明：利用本功能实现水平管与消火栓的自动连接生成支管。

菜单位置：【水系统】→【功能菜单】→【消连管道】。

命令代号：xlgd。

操作说明：

执行命令后，弹出“消防栓连接水平管道设置”对话框(图 16-21)。

图 16-21　“消防栓连接水平管道设置”对话框

【消防栓与水平管道最大距离】　设置设备离水平管的最大水平距离。

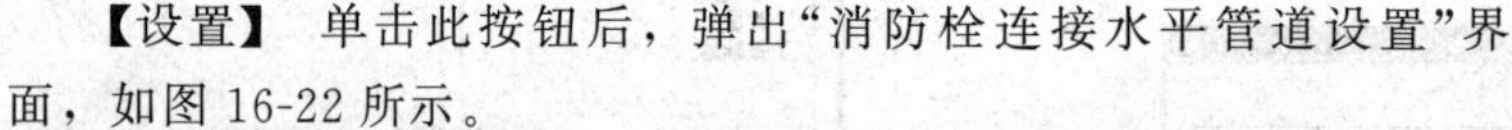

【设置】　单击此按钮后，弹出“消防栓连接水平管道设置”界面，如图 16-22 所示。

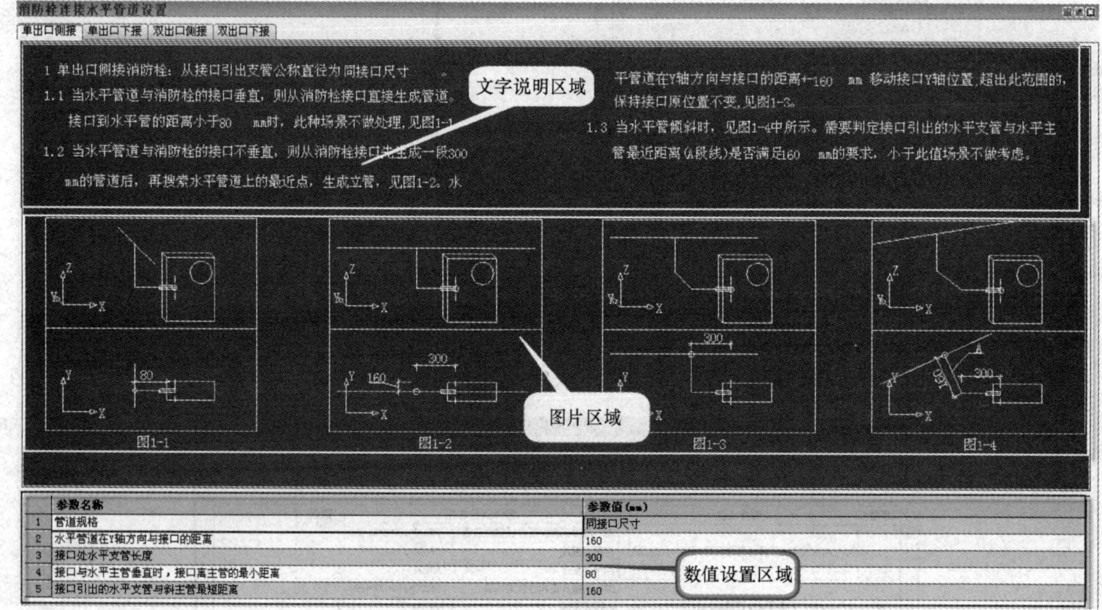

图 16-22　“消防栓连接水平管道设置”界面

本界面根据消火栓类型，分为单出口侧接、单出口下接、双出口侧接、双出口下接四种界面。举例详细说明单出口下接类型的界面，其他的类似。

如图 16-22 所示，本界面分为三个区域：文字说明区域、图片区域、数值设置区域。

文字说明区域：说明单出口侧接消火栓与水平管连接的场景有哪些。单击绿色显示的文字，其在【图片区域】和【数值设置区域】一致的数值也将变成红色并且闪烁显示，这样可以很清楚地知道修改的数值表示什么意思(图 16-23)。

图片区域：列举消火栓和水平管各种位置的场景图片。

数值设置区域：设置相关的数据。

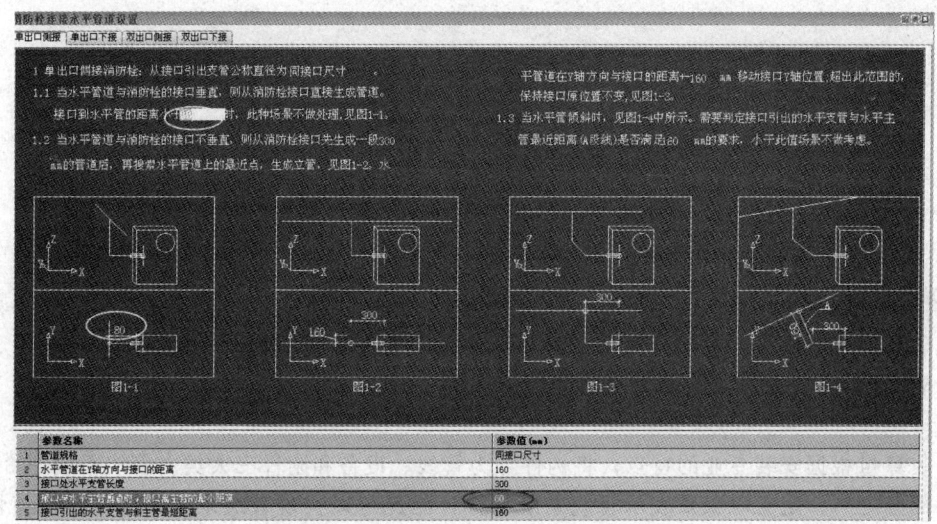

图 16-23 【单出口侧接】类消火栓界面

在以上三个区域中任何一个区域都能设置数值。

操作步骤：

第一步：单击【消连管道】按钮，进入图 16-21 所示的对话框；

第二步：进入“设置”界面进行规范确认和修改；

第三步：根据命令栏提示选择消火栓和水平管后，弹出“消防栓连接水平管检查应用”对话框(图 16-24)。

图 16-24 “消防栓连接水平管检查应用”对话框

单击【应用】或【全应用】按钮后，模型生成，可以单选也可以多选消火栓和立管进行连管(图 16-25)。

图 16-25 模型生成

放坡系数设置

管沟宽度设置

第 17 章　风系统

本章内容

风管的创建和编辑、柔性软风管创建和编辑、风管法兰、风管支吊架、设备连风管、风管连接、管连风口、散连管线、立连干管。

安装算量根据安装专业的特点，将构件分为管线、设备和附件三大类。管线系统是 3DM 三大核心部分之一，定义对象来表示管线系统构件，因此可以实现管线系统的许多智能特性，构件不但具有长度等可见的几何信息，还包括材质、系统类型等不可见信息，使之可以反映复杂的工程实际。

风系统

第 18 章　采暖系统

地热盘管的创建和编辑、散热器、散热器阀门。

18.1　地热盘管的创建和编辑

1. 创建地热盘管

功能说明：利用本功能在界面中创建地热盘管。

菜单位置：【采暖】→【地热盘管】→【地热盘管布置】。

命令代号：drpg。

编号定义过程同风管定义。

下面对布置方式作说明：

地热盘管只有矩形布置一种方式，在界面上通过光标框选一个区域即可将盘管布置上。

操作说明：

执行命令后，命令栏提示：

盘管布置<退出>或[两线定位(G)/沿线定位(Y)/水平布置(D)/盘管布置(H)]

指定另一个角点<退出>[旋转角度(A)]：

在界面上单击矩形区域的第一点后，命令栏又提示：

请输入一个点[输入旋转角度(A)]<退出>：

如果地热盘管布置区域是上北下南的，在界面上单击矩形区域的第一个点的对角点即可，如果需要旋转一定的角度，单击第一点后接着在命令栏内输入(A)字母。

单击 A 之后命令栏提示：

请输入一个角度<0>：

按提示在输入旋转角度之后右击确认。命令栏又提示：

请输入一个点：

按提示再选择矩形区域的另外一个角点即可。

2. 编辑地热盘管

同管道章节构件查询部分。

18.2　散热器

1. 创建散热器

功能说明：利用本功能在界面中创建散热器。

菜单位置：【采暖系统】→【散热器】→【设备】。

命令代号：srq。

散热器创建过程同 16.1 中水泵的创建。

操作说明：

散热器布置方式：

【点布置】 同喷淋头操作。

【沿窗布置】 沿窗布置方式，单击快捷栏上的【沿窗布置】按钮。

命令栏提示：

选择窗体(可选多个)＜退出＞或｜设备布置(D)｜

在图面上选择窗体后右击确定，命令栏提示：

请选择散热器布置方向＜退出＞：

在图面上指定方向后，散热器自动布置在窗子底部，右击确定后可继续选择其他窗子。

2. 编辑散热器

散热器编辑过程同 16.1 中水泵的编辑。

3. 识别散热器

散热器识别过程同 16.1 中识别水泵。

18.3 散热器阀门

功能说明：散热器进出口水平支管上将增加阀门。

菜单位置：【采暖系统】→【管道阀门】→【散热器阀门】。

命令代号：srqfm。

操作说明：使用前需要先布置散热器、供水和回水管道。

执行命令后，选择散热器，弹出“散热器阀门自动布置”对话框，如图 18-1 所示。

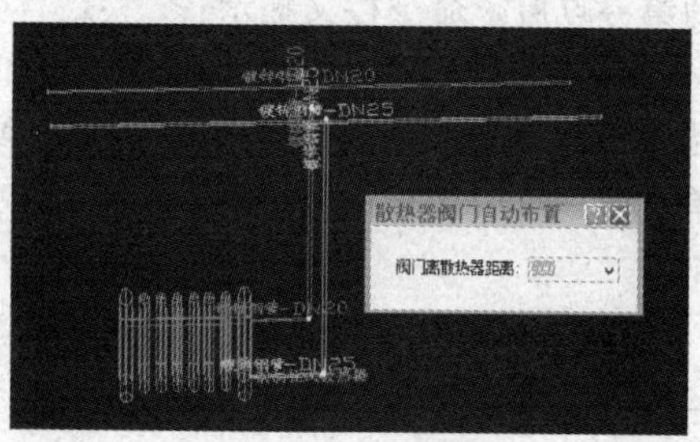

图 18-1 “散热器阀门自动设置”对话框

【阀门离散热器距离】 阀门的具体位置默认从支管末端计算 200 mm。

第 19 章　构件管理

本章内容

定义编号、构件管理、楼层复制、构件查询、构件筛选、编号修改、复制做法、删除做法。

本章主要介绍关于构件管理方面的内容，其中包括构件编号的定义、管理、复制楼层构件以及构件的查询、筛选、修改。同时，还介绍斜体构件的生成、编辑，构件做法的复制和删除等。

构件管理

温馨提示：

属性浮示显示的内容可以在【算量选项】中的【属性显示】页面进行设置。

若在构件选项里设置【属性浮示时显示基本图元属性】为“否”，则不会显示构件的基本图元信息(如构件图层、颜色等)。

第 20 章　系统设置

本章内容

系统选项、算量选项。

系统设置内容扫描下方二维码。

系统设置

第 21 章　报表

本章内容

图形检查、回路核查、快速核量、漏项检查、三箱设置、分析、统计、预览统计、报表、自动套做法、手工算量。

21.1　图形检查

布置到界面中的管线、构件可能有重复、重叠、短小，电线管可能有未穿管的线存在，利用【图形检查】的功能，能够方便地将这些有错误的构件查出来，从而将其修改成正确的图形。

功能说明：利用本功能检查界面中的构件图形是否正确。

菜单位置：【快捷菜单】→【图形检查】。

命令代号：txjc。

执行命令后弹出“图形检查”对话框(图 21-1)。

对话框选项和操作解释：

【检查方式】　是执行哪些检查项，在前面打钩表示执行本项检查。

检查内容说明：

※ 位置重复构件：是指在一个空间位置同时存在相同边线重合的两个相同构件。检查结果提供自动处理操作。

※ 位置重叠构件：是指不同类型构件在空间位置上有相互干涉情况。检查结果提示颜色供用户手动处理。重叠构件，指在一个位置两个构件相交重叠的构件，边线不一定重合。

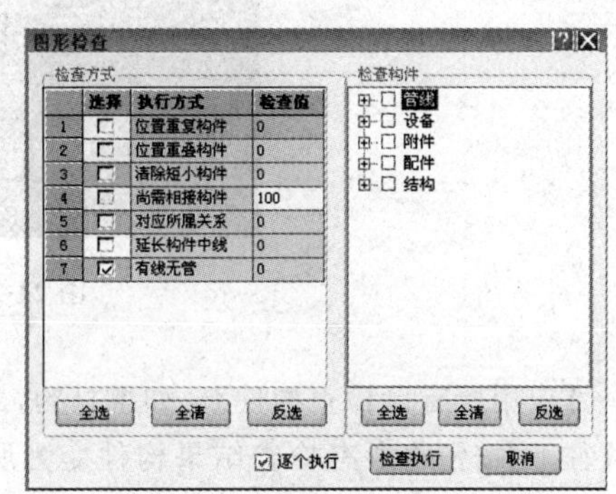

图 21-1　“图形检查”对话框

※ 清除短小构件：找出长度小于检查值的所有构件，检查结果提供自动处理操作。

※ 尚需相接构件：构件端头没有与其他构件相互接触。检查值：指输入大于端头与相接构件的距离，凡不满足范围值的距离就会被认为“尚需相接构件”。

※ 对应所属关系：有些附件构件与主要管线、设备的对应关系，布置的过程中可能没有对应准确，“张冠李戴”，用此选项检查是否对应正确。检查结果提供自动处理操作。

※ 延长构件中线：有时管线与设备的连接是按管线的中线长度计算的，而布置在界面中的管线只到设备的边缘，利用此功能检查出那些没有将中线延伸的管线。检查结果提供自动处理操作。

※ 有线无管：当布置到界面中的电线是应该有保护管的情况时，利用此功能检查出那些没有管的空电线。检查结果提供自动处理操作。

【检查构件】 在此栏中选择哪些构件来参与检查，在前面打钩表示这个构件参与检查。

按钮说明：

【全选】【全清】【反选】 全选、全清或反向选择【检查方式】的选项。

【检查执行】 按照检查方式中选择的内容对界面中的构件执行检查。修复检查出来有错误的构件。

【取消】 退出对话框，什么都不做。

【逐个执行】 勾选此项，检查执行过程中弹出“有线无管”对话框(图 21-2)，每个构件一个一个地动画显示出来。

操作说明：

以管线的有线无管为例：

(1)在检查方式中选中有线无管，其他都清除。

(2)在检查构件中选中管线，其他都清除。

(3)勾选【逐个执行】，单击【检查执行】功能，弹出“有线无管”对话框。

(4)命令栏显示：

处理重复构件数量：0 个；

处理重叠构件数量：0 个；

有线无管数量：2 个。

(5)“有线无管”对话框，如图 21-2 所示。

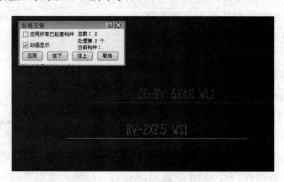

图 21-2 “有线无管”对话框

【应用所有已检查构件】 如果打钩，单击【应用】按钮将按默认方式检查所有结果构件；单击【往下】按钮将所有检查结果构件变为所设定颜色，供标识修改；单击【取消】按钮为不处理，否则逐个处理。

【动画显示】 如果打钩，当【应用所有已检查构件】不打钩时，所有检查结果构件逐个处理时以动画方式显示，否则快速显示。

【总数】 当前处理的检查方式中所有检查结果构件总数。

【处理第×个】 目前处理构件总数中的序号。

【当前构件】 注明当前处理构件的类型。

【应用】 位置重复方式删除显示为绿色的所有构件；尚需相接方式连接显示为绿色的构件；尚需切断方式剪断显示为绿色的构件；清除短小方式删除显示为对话框设定颜色的构件；处理完后构件变为系统颜色。位置重复方式按 T 键回车可以变换删除构件。

【往下】 处理下一组序号构件，上一组序号构件保留颜色标志(保留构件为红色，删除构件为绿色)。

【恢复】 取消上次的应用操作。

21.2 回路核查

界面中的管线是将构件连接起来的，特别是电气线路。在3DM内将一条主管、线(即有编号的)称为一个回路。回路核查就是将在这个回路编号上的所有管线及构件用颜色将其区分出来，并且亮显，让用户一目了然地看到回路的走向及这条回路中的构件数量、管线长度等内容。

功能说明：利用本功能核查界面中的构件是否布置正确。

菜单位置：【快捷菜单】→【回路核查】。

命令代号：hlhc。

执行命令后弹出“回路核查”对话框(图21-3)。

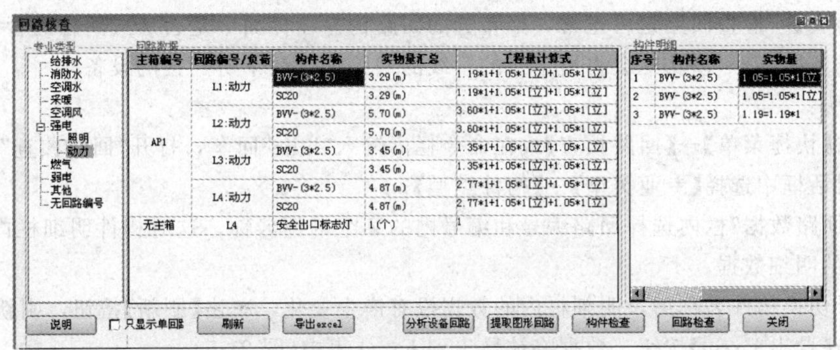

图 21-3 “回路核查”对话框

对话框选项和操作解释：

栏目说明：

【专业类型】 对应菜单内的专业类型，如果某个专业类型在界面上布置有构件，在栏目内的专业类型文字前面会有一个“+”号出现，单击这个“+”号会展开类型下一级的分项。将光标定位在下级某分项上，【回路数据】栏内就显示这个分项的所有回路编号的数据。

【回路数据】 在回路数据栏内，罗列的是一个分项(如强电专业内的“动力系统”)的所有回路编号和对应的构件名称，以及这个构件下的实物数量。双击任何一个“主箱”名称，在本主箱下面的所有管线将会在屏幕中亮显；双击其中的某条回路，本主箱下的本回路管线在屏幕中亮显(图21-4)。

其中，【主箱】列源于管线【指定主箱】属性值，当指定主箱属性值为空时，采用【所属主箱】属性值；当这两个属性值都为空时，显示“无主箱”。用户可以通过反查无主箱管线增加其【指定主箱】属性值，再执行回路核查时，就会显示有主箱了。

【构件明细】 在【回路数据】栏内选中某个回路编号的某个构件名称，本栏内就会显示该构件下计算明细。

按钮说明：

【刷新】 刷新图面的图形信息，当用户更改了构件信息，执行本命令刷新数据。

【导出Excel】 将栏目内的数据导出Excel内。

【提取图形回路】 在界面中点取或框选回路的图形。

【构件检查】 即检查出哪些构件没有回路编号属性。

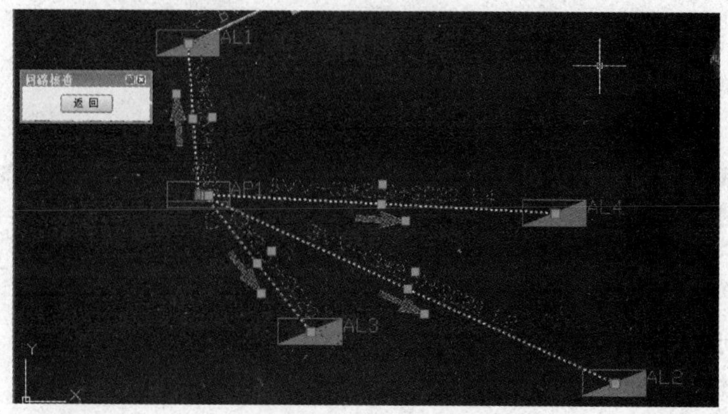

图 21-4　反查界面

【回路检查】　检查回路是否正常，如布置的回路构件在界面中是否形成闭合的管线等。

【分析设备回路】　该功能会将所连接的管线的回路编号赋予所连接的设备。

操作说明：

(1)单击【快捷菜单】→【回路核查】或在命令栏内输入“hlhc”回车，打开“回路核查”对话框。

(2)在对话框中选择【专业类型】→【构件类型】。

(3)在“回路数据”栏内选择回路编号和编号内的某个构件名称，这时构件明细栏内就会显示出这个构件的明细数据。

(4)如果切换构件名称后，明细栏内的数据没有产生变化，单击【刷新】按钮，刷新数据。

(5)单击【导出 Excel】按钮，数据将被导出到 Excel 表中(图 21-5)。

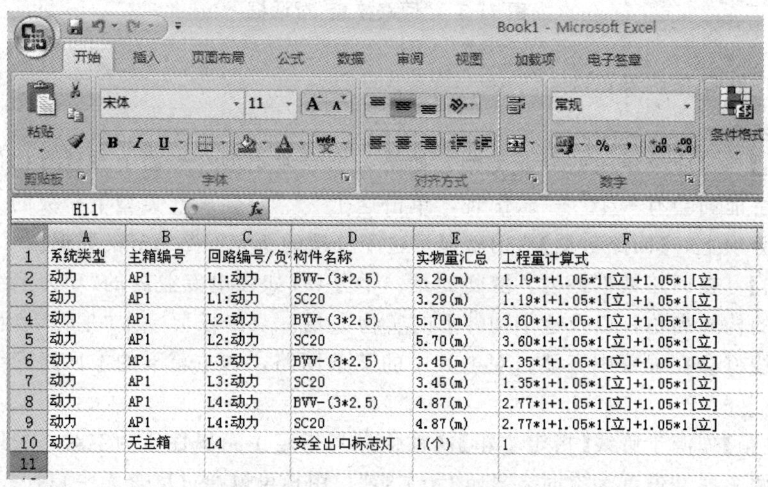

	A	B	C	D	E	F
1	系统类型	主箱编号	回路编号/负	构件名称	实物量汇总	工程量计算式
2	动力	AP1	L1:动力	BVV-(3*2.5)	3.29(m)	1.19*1+1.05*1[立]+1.05*1[立]
3	动力	AP1	L1:动力	SC20	3.29(m)	1.19*1+1.05*1[立]+1.05*1[立]
4	动力	AP1	L2:动力	BVV-(3*2.5)	5.70(m)	3.60*1+1.05*1[立]+1.05*1[立]
5	动力	AP1	L2:动力	SC20	5.70(m)	3.60*1+1.05*1[立]+1.05*1[立]
6	动力	AP1	L3:动力	BVV-(3*2.5)	3.45(m)	1.35*1+1.05*1[立]+1.05*1[立]
7	动力	AP1	L3:动力	SC20	3.45(m)	1.35*1+1.05*1[立]+1.05*1[立]
8	动力	AP1	L4:动力	BVV-(3*2.5)	4.87(m)	2.77*1+1.05*1[立]+1.05*1[立]
9	动力	AP1	L4:动力	SC20	4.87(m)	2.77*1+1.05*1[立]+1.05*1[立]
10	动力	无主箱	L4	安全出口标志灯	1(个)	1
11						

图 21-5　数据被导出到 Excel 表内

(6)单击【提取图形回路】按钮，这时光标变为“口”字形，命令栏提示：

选择构件：

在界面中单选或框选需要查看的回路构件，这时所选择的构件数据就显示在栏目内。

【构件检查】【回路检查】按钮的功能参见相关章节说明。

21.3 快速核量

功能说明：利用本功能可以快速地查看所选构件的模型是否正确。

菜单位置：【快捷菜单】→【快速核量】。

命令代号：kgcl。

执行命令后弹出“查看工程量”对话框（图 21-6）。通过切换【构件类型栏】中的构件类型，可以很清楚地在【详细信息列表】中看到构件模型实物量和做法量的详细信息。

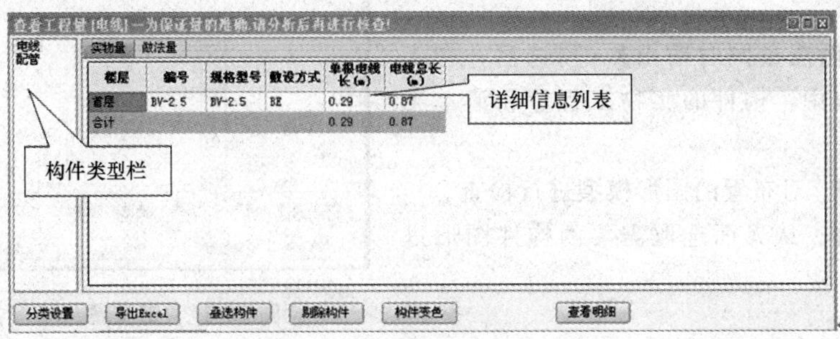

图 21-6 “查看工程量”对话框

【分类设置】 单击后可以在弹出的对话框中，选择构件属性作为信息列表的表头。

【导出 Excel】 将表格信息导到 Excel 文件中。

【叠选构件】 再选择一种构件查看工程量，原先表格中的构件工程量保留，不被覆盖。

【剔除构件】 在工程中选取构件不再查看工程量。

【构件变色】 在工程中选取已经查看工程量的构件进行颜色变化。

【查看明细】 单击此按钮后，打开工程量的详细信息。

21.4 漏项检查

功能说明：检查构件类型是否有遗漏。

菜单位置：【快捷菜单】→【漏项检查】。

命令代号：lxjc。

本命令用于对工程中所有构件模型进行检查，与对话框中的构件类型作比较，看是否有遗漏，并将检查结果显示出来。

21.5 分析、统计

根据软件默认或用户自定义好的计算规则，分析布置到界面上的构件工程量。

功能说明：对界面中的构件模型依据工程量计算规则进行工程量计算分析。

菜单位置：【快捷菜单】→【计算汇总】。

命令代号：fx。

本命令用于对所做构件模型进行工程量分析。另外，统计可以在分析后进行，也可以紧接分析一起完成。

执行命令后弹出“工程量分析”对话框(图 21-7)。

对话框选项和操作解释：

【分析后执行统计】 分析后是否紧接着执行统计，选择打“√”系统分析完后会直接进行工程量统计。

【清除历史数据】 是否清空以前分析统计过的数据。

【实物量与做法量同时输出】 勾选后，在工程量分析统计表中，构件的实物工程量和清单工程量同时呈现。

【图形检查】 对布置的图形模型进行检查。

【选取图形】 从界面选取需要的构件图形进行分析。

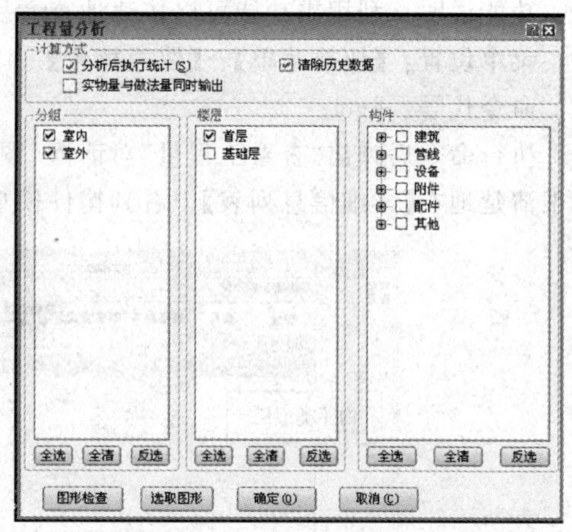

图 21-7 “工程量分析”对话框

操作说明：

在左边的楼层选择栏内选取楼层，在右边的构件名称栏内选择相应的构件名称。

【全选】 一次全部选中栏目中的所有内容。

【全清】 将栏目中已选择的内容全部放弃。

【反选】 将栏目内未选的内容和已选中的内容反置。

选好楼层和构件单击【确定】按钮就可以进行分析。

如果勾选了【分析后执行统计】，则分析统计完成后会看到预览统计界面，如果没有勾选，则分析完成后还应执行统计，才能看到计算结果。

统计的对话框内容和操作方式同上述分析内容。

21.6 预览统计

1. 预览统计

统计完成后，得到的结果在此界面中进行预览。预览结果分为实物量模式结果、定额模式结果、清单模式结果三种类型。3DM 支持在清单、定额模式不挂做法的出量模式，对挂了做法的构件出定额或清单工程量，剩余没有挂做法的构件以实物量的形式输出工程量。用户可以在实物量页面继续对工程量进行做法挂接。

功能说明：对分析统计的工程计算结果进行预览。

菜单位置：【快捷菜单】→【预览】。

命令代号：yltj。

本功能用于查看分析统计后的结果，并提供图形反查、筛选构件、导入、导出工程量数据、查看报表、将工程量数据导到 Excel 等功能。

执行命令后弹出定额“工程量分析统计”对话框(图 21-8)。

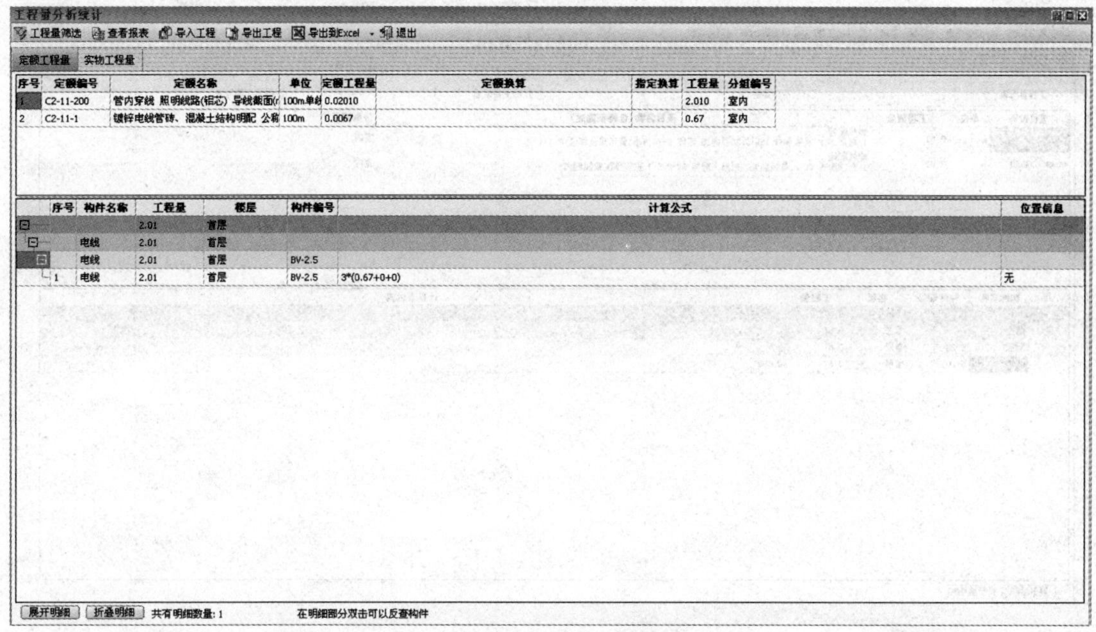

图 21-8　定额“工程量分析统计”对话框

实物“工程量分析统计”对话框如图 21-9 所示。

工程量分析统计

工程量筛选 查看报表 导入工程 导出工程 导出到Excel 退出

定额工程量 实物工程量

双击汇总条目或在右键菜单中可以在汇总条目上挂接做法

序号	构件名称	工程量名称	工程量计算式	工程量	计量单位	换算计算式	分组编号
1	电线	电线总长(m)	GS*(L+SLZ+SLF)	2.01	m	构件编号:BV-2.5;敷设方式:CC;	室内
2	配管	线缆配管总长	L+SLZ+SLF	0.67	m	构件编号:G-20;	室内

编号	项目名称	工程量	单位

序号	构件名称	楼层	工程量	构件编号	位置信息	计算表达式
		首层	2.010			
		首层	2.010	BV-2.5		
1	电线	首层	2.01	BV-2.5	无	3*(0.67+0+0)

展开明细 折叠明细

图 21-9　实物“工程量分析统计”对话框

清单“工程量分析统计”对话框如图 21-10 所示。

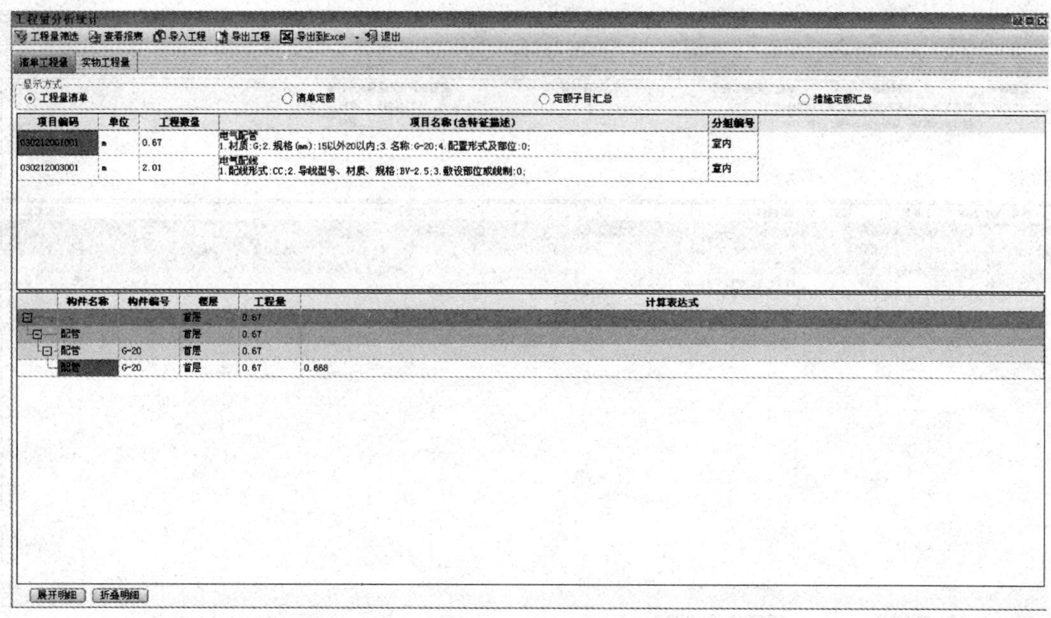

图 21-10　清单“工程量分析统计”对话框

清单、定额综合“工程量分析统计”对话框如图 21-11 所示。

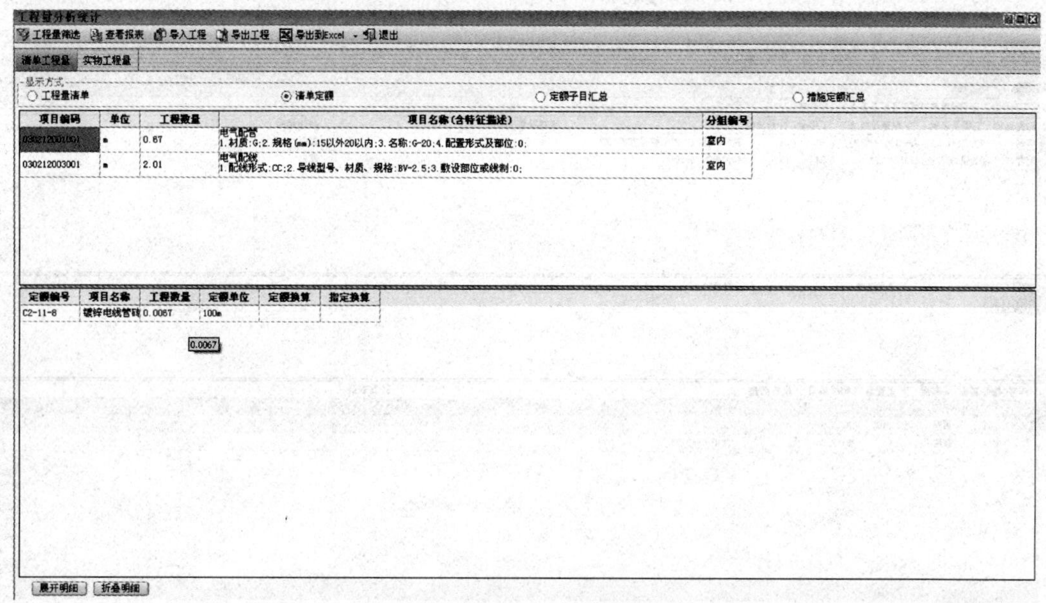

图 21-11　清单、定额综合“工程量分析统计”对话框

清单出量模式内定额“工程量分析统计”对话框如图 21-12 所示。

对话框选项和操作解释：

【工程量筛选】 选择要筛选的分组编号、专业类型、楼层，构件名称及构件编号。

【查看报表】 进入报表界面。

【导出工程】 导出当前工程，可以保存当前数据。

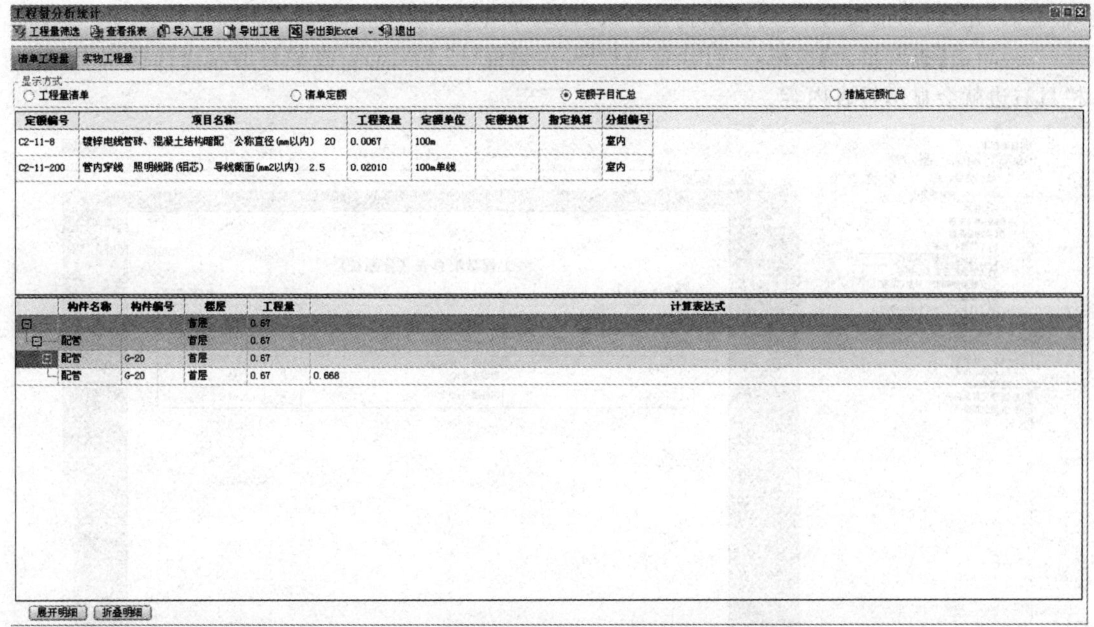

图 21-12　清单出量模式内定额“工程量分析统计”对话框

【导入工程】 导入别的工程的数据到当前工程中。

【导出到 Excel】 选取统计数据记录后导到 Excel 中。

操作说明：

(1)单击【工程量筛选】按钮，弹出“工程量筛选”对话框(图 21-13)。在对话框内对分组编号、专业类型、楼层、构件名称及构件编号进行选择，之后单击【确定】按钮，在预览统计界面上就会根据选择的范围显示结果。

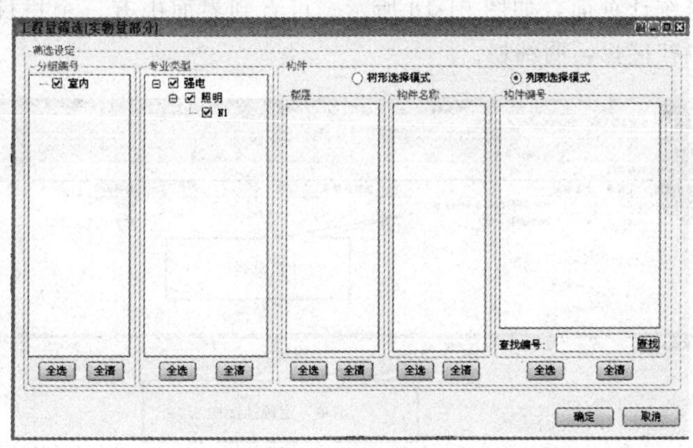

图 21-13　“工程量筛选”对话框

(2)单击【导入工程】按钮，弹出“Windows 文件选择”对话框。需要选择后缀为“jgk”的文件。单击【导出工程】按钮后会弹出 Windows 另存为对话框。同样需要选择后缀为“jdk”的文件。

导出到Excel
导出汇总表
导出明细表

图 21-14　“导出到 Excel”对话框

(3)如果要将工程数据导入 Excel 表内，单击“导出到 Excel”对话框(图 21-14)后面的下拉按钮，在弹出的选项中选择需要导出的内容。选择是导出

"汇总表"还是"明细表"，这时数据就会导入 Excel 表中。

(4)单击【查看报表】按钮，弹出"报表打印"对话框(图 21-15)，在栏目的左边选择相应的表，栏目右边就会显示报表内容。

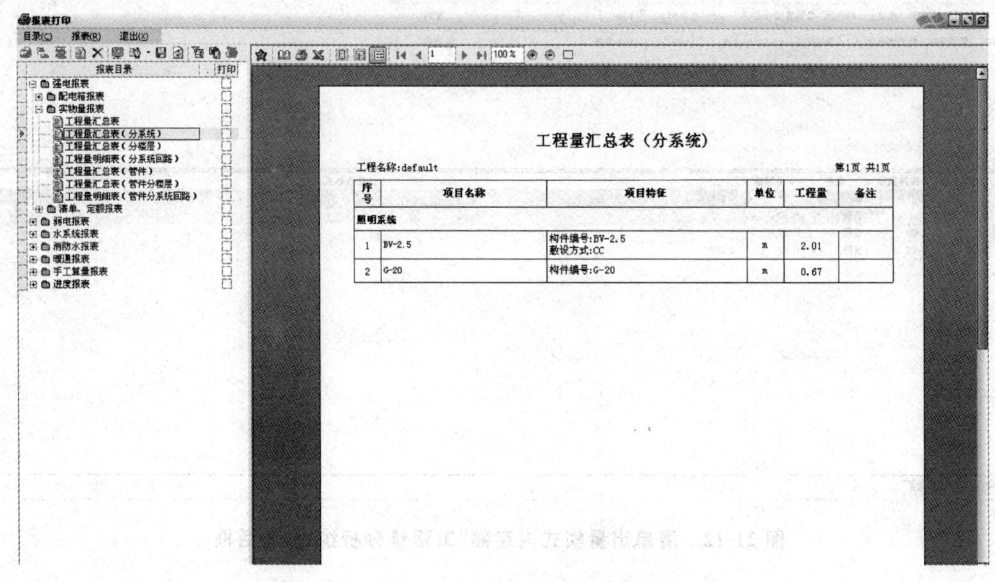

图 21-15　"报表打印"对话框

2. 浏览统计内挂做法

3DM 支持在实物量浏览统计的页面内挂接做法，用户在布置构件时可以不考虑挂接定额，待分析统计完之后，再在实物量浏览统计的页面内挂接清单或定额。

操作说明：

打开实物量浏览统计页面，如图 21-16 所示。可看到界面中有三个栏目，从上至下分别是汇总栏，清单、定额挂接栏，明细栏。

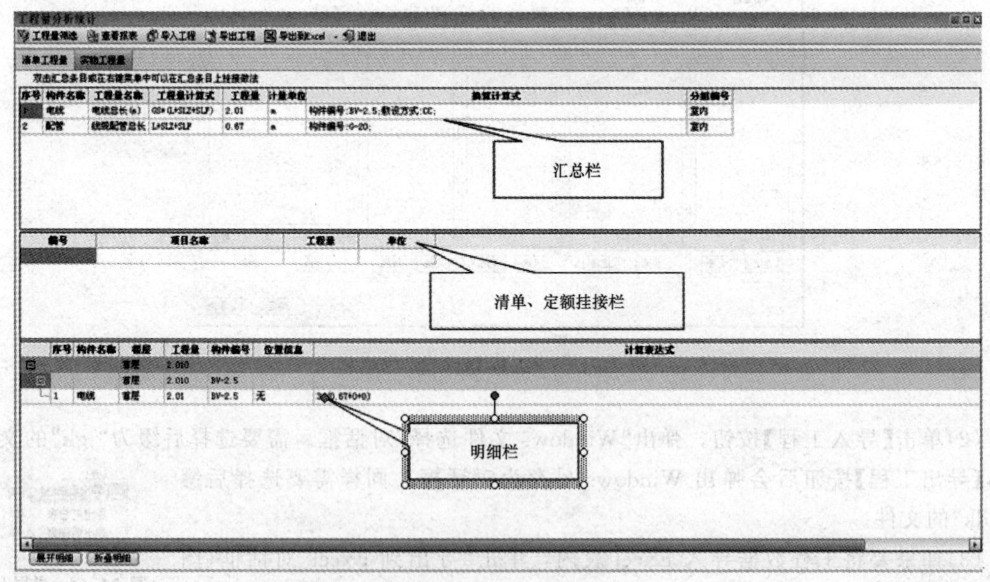

图 21-16　"工程量分析统计"对话框

在汇总栏内选择一条需要挂接定额的条目，双击这条内容，也可以右击，在弹出的右键菜单内选择“添加做法”(图 21-17)。

这时栏目的下部会弹出清单、定额选择栏(图 21-18)。

在清单和定额栏选中需要挂接的子目，双击就会将其挂接到选中的工程量条目上(图 21-19)。

添加做法
删除做法
复制做法
粘贴做法
还原工程量

图 21-17　挂接做法右键菜单

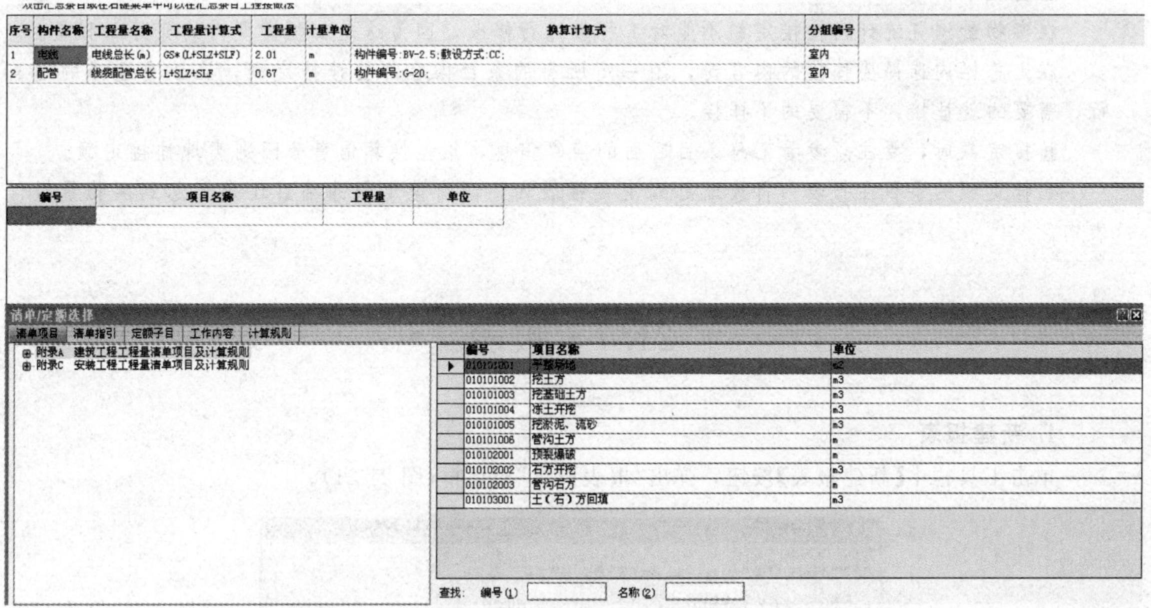

图 21-18　清单、定额选择栏

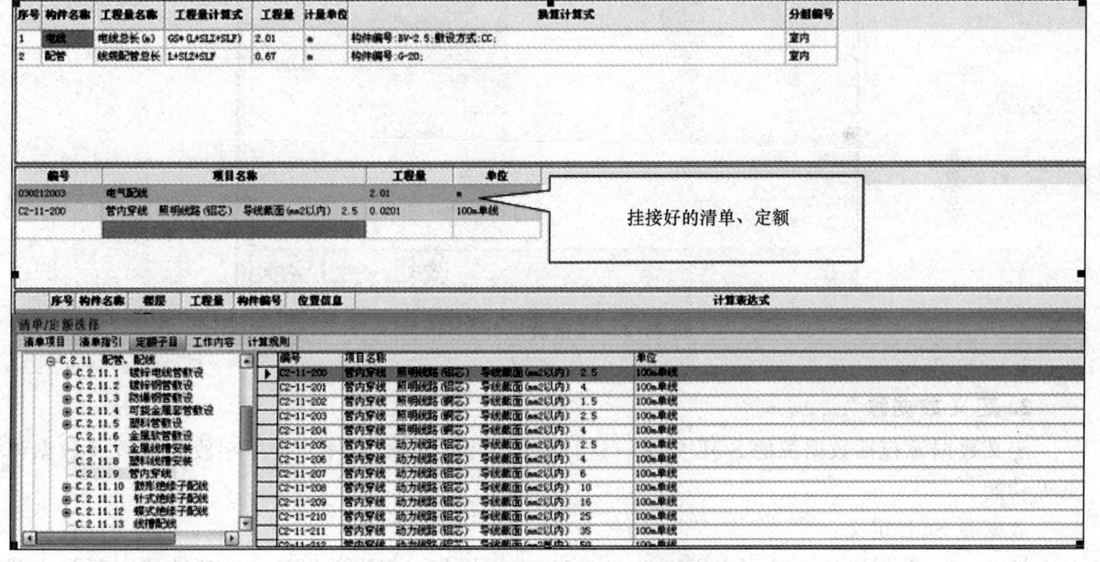

图 21-19　“工程量挂接做法”对话框

对于挂接好的做法，可以进行删除、复制、粘贴操作。当一个条目挂接完，切换条目后，已挂接定额的条目栏颜色会变为灰色(图 21-20)。

序号	构件名称	工程量名称	工程量计算式	工程量	计量单位	换算计算式	分组编号
1	电线	电线总长(m)	GS*(L+SLZ+SLF)	2.01	m	构件编号:BV-2.5;敷设方式:CC;	室内
2	配管	线缆配管总长	L+SLZ+SLF	0.67	m	构件编号:G-20;	室内

图 21-20　已挂接做法的条目颜色会变为灰色

温馨提示：

在实物量浏览统计内挂接定额不能对工程量进行修改，因为这是工程模型内的实际工程量。

在汇总栏内选择要挂接的内容时，不一定所有的条目内容都要挂接定额，应该有选择的进行，需要的就挂接，不需要的不挂接。

挂接定额时，要注意参看汇总条目后面的换算信息，根据换算信息分门别类地挂接定额。

已挂定额的条目在报表内将被汇总到定额报表内，没有挂定额的条目还是汇总到实物量报表内。

21.7　报表

1. 新建报表

单击工具栏中【新建报表】按钮，弹出“报表设计”对话框(图 21-21)。

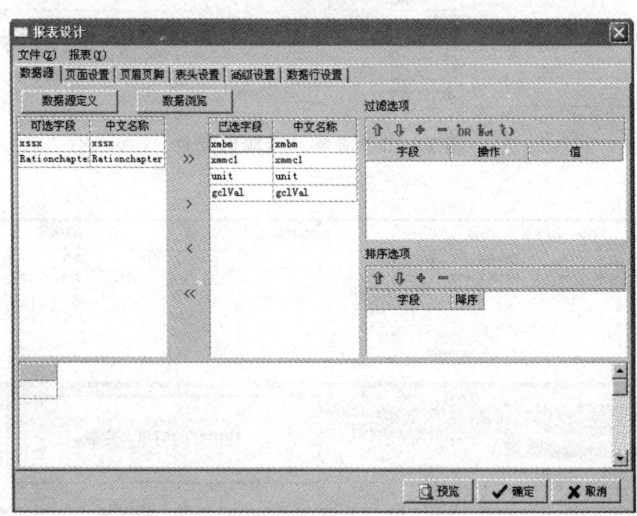

图 21-21　“报表设计”对话框

2. 定义数据源

定义数据源包括数据源的 SQL 定义、选择输出字段、过滤条件、排序字段的设置及数据浏览等功能。

数据源 SQL 定义：

按 Access 数据库的 SQL 语法标准定义 SQL 查询语句，产生数据源，此项功能主要是为开发人员和专业支持人员提供的，在此不详细说明。

为简化数据源 SQL 定义，可导入 SQL 文本，或从系统数据源列表中选择系统数据源(系统数据源包括：数据源 SQL 定义、过滤条件、排序字段的设置)。另外，在报表设计过程中，可将当前报表数据源保存为系统数据源。

3. 页面设置

页面设置包括报表显示名称、纸张选项、明细表格选项、页边距等设置(图 21-22)。

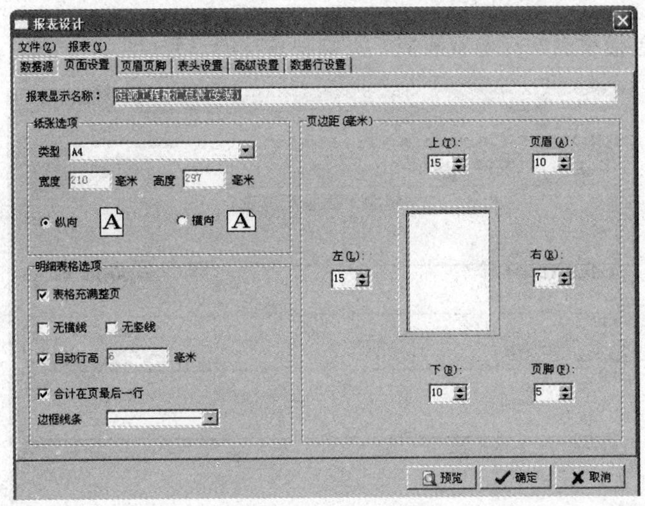

图 21-22　页面设置

操作说明：

【报表显示名称】 即报表名称。

【纸张选项】 可定义纸张类型和打印方向。

【自定义纸张】 自定义纸张需要操作系统和打印机同时提供对自定义纸张的支持，Windows 98 系统默认提供对自定义纸张的支持。但 Windows 2000/XP 默认是不支持自定义纸张的，需要手工配置操作系统的打印机选项。操作如下：

在上图操作界面中，选择纸张类型为“Customer”，定义纸张宽度和高度(对于针式打印机其纸张宽度要扣除带孔部分的宽度)。

进入到打印机设置界面。

在不选定任何打印机的情况下右击，选择服务器属性。

在弹出的对话框中勾选创建新格式，输入格式描述(可任意)，输入纸张宽度和高度；注意宽度和高度要输入一个尽量大的数值，否则在自定义纸张超出这里定义的宽度或高度时会以这里定义的为准。

【明细表格选项】 包括对报表的表格线、行高、合计行位置及表格充满页的设置。建议采用默认设置。

【自动行高】 打钩时，报表行的高度按每行文本高度自动设置，否则报表最小行高根据用户输入的高度设置，当文本需要换行，最小行高显示不全时，当前记录行高按自动行高设置。

【表格充满整页】 打钩时，当报表内容不够一页时在页尾添加空表格。

【合计在页最后一行】 打钩时，合计输出在报表最后一行，否则输出在报表明细数据的下一行。

【无横线】 打钩时，报表仅有横向边框线和纵向线条。

【无竖线】 打钩时，报表仅有纵向边框线和横向线条。

如果需要输出无表格线的报表，可以同时对【无横线】和【无竖线】打钩，并且选择边框线为空白即可。

【页边距】 页边距定义了纸张的正文不可打印区域，单位为毫米。上边距不能少于“页眉”，下边距不能少于“页脚”。否则将出现“页眉页脚”和报表正文内容重复。同时，如果在后面的“页脚”定义中输出了较多的行以至出现页脚和报表正文内容重叠的情况，可以通过加大设置下边距和页脚的差值来消除重叠。

4. 页眉页脚

页眉页脚设置包括报表的标题及表眉、页脚和备注的设置(图 21-23)。

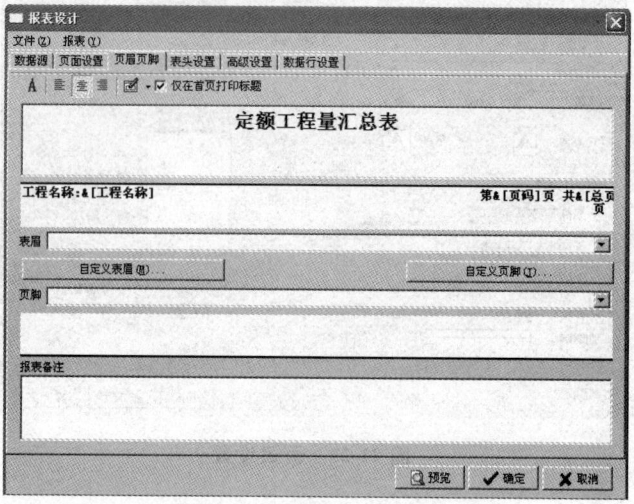

图 21-23　页眉、页脚设置

操作说明：

【报表标题和备注】 设置报表标题和备注的操作方法是一致的，可直接编辑文本和插入系统变量(单击“ ”的下拉按钮选择一个系统变量)，并且可设置其输出字体和对齐方式，如图 21-24 所示。

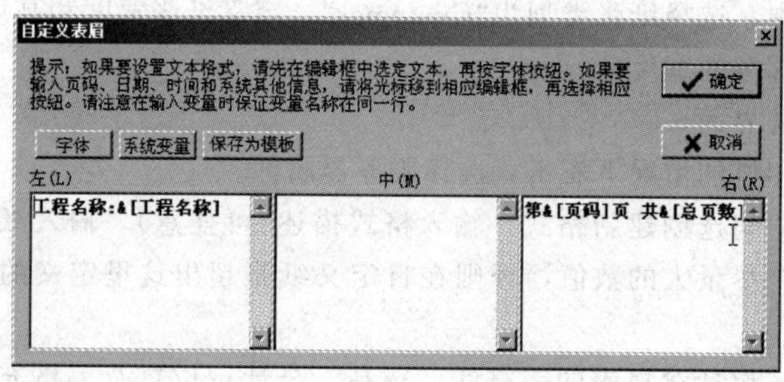

图 21-24　自定义表眉、页脚

【报表标题】 即报表名称标题，每页打印。

【报表备注】 仅在报表最后一页末尾输出。

【表眉和页脚】 设置表眉和页脚的操作方法是一致的，可从表眉或页脚的下拉列表中选择一个预设的页眉或页脚，也可以自定义表眉和页脚。

【表眉】 输出在报表标题的上面，每页都输出。

【页脚】 输出在报表的最后，每页都输出。

【自定义表眉/页脚】 单击【自定义表眉】或【自定义页脚】按钮，弹出“自定义表眉”或“自定义页脚”对话框。在文本输入框内直接输入文件或插入系统变量，设置字体后，单击【确定】按钮即可。

小技巧：

可以将设置好的表眉或页脚保存为模板，在以后的报表设计中以供选择。

5. 表头设置

表头设置包括定义报表明细列的属性，本页小计、报表总计等功能(图 21-25)。

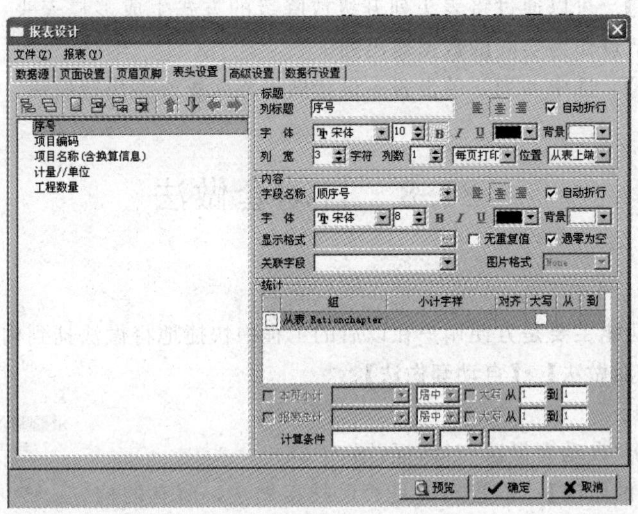

图 21-25　表头设置

对话框选项和操作解释：

【列标题】　报表的列表头名称，列标题中“//”表示换行符(如“计量//单位”，显示结果为计量单位)。在自动折行前的选择框内打“√”，过长的列标题将自动折行显示。

标题【字体】　设置列标题显示的字体。

标题【列宽】　设置输出列的宽度，以字符为单位。

【字段名称】　当前列对应在数据源的输出字段名。

【显示格式】　用于设置数字、日期类型字段的显示格式，可单击在弹出的列表中选择一种显示格式。

【无重复值】　打“√”时，如果相邻记录该字段值相等，则合并相邻记录的该列。

【关联字段】　如果相邻记录的关联字段值相等，则合并相邻记录的该列，该列输出值为第一列值。

【图片格式】　设置图片格式字段的格式：Gif、Jpeg 或 Bmp 和 script(非图片)。

【数据字体】　该列实际数据显示的字体。

【对齐方式】　列内容在该列中的对齐方式，字符串默认为左对齐，数字为右对齐。

【本页小计】　在报表每页最后添加小计行，选择需要统计列，在本页小计后面的文本列表中可选择或输入“本页小计”字样的输出名称，选择对齐方式，选择输出列的范围，如果勾选【大写】，则在本页小计后显示该列的大写。

【报表总计】　在报表的最后添加总计行。

【计算条件】　可以为合计字段制定计算的条件。如果没有指定，则统计全部记录。计算条件的第一项为字段，第二项为操作符，第三项为条件值。例如，第一项选择费用分类；第二项选择 not in；第三项输入 200，300，400。则表示不统计节小计、章小计、合计记录的值。

操作说明：

【列的基本操作】　报表列可来自数据源的定义，也可在此界面对报表列进行修改。

【新增列】 单击表头设计操作界面快捷按钮，在最后新增一列。

【插入列】 选中一列，单击表头设计操作界面快捷按钮，在当前列前面插入一个新列。

【添加子节点】 选中一列，单击表头设计操作界面快捷按钮，在当前列下面新增一个子列。

【删除列】 选中一列，单击表头设计操作界面快捷按钮，删除当前列。

【生成多栏表头】 可以通过将表头列升级或降级的方式生成多栏表头，也可以通过拖拉的方式升降级。其他节点作为实际的数据输出列。

【改变输出顺序】 选中一列，单击表头设计操作界面或快捷按钮，上下移动。

21.8 自动套做法

1. 自动套做法

功能说明：本功能主要是方便用户在以后的工程中快捷地将做法挂到构件上。

菜单位置：【智能做法】→【自动套做法】。

命令代号：zdzf。

执行命令后弹出“自动套做法”对话框(图 21-26)。

【覆盖以前所有的做法】 不管构件是否已挂接做法，所有的构件都会套上本次选择的做法。软件会将【只覆盖以前自动套的做法】设置成未选中状态，同时设置成不允许选择。

【只覆盖以前自动套的做法】 对于不存在做法或做法是前面软件自动套上的构件，都会套上本次自动选择的做法。但是前面客户自己套上的做法，本次操作不覆盖。

两个都不选：软件仅仅对未挂做法的构件自动套上本次自动选择的做法。

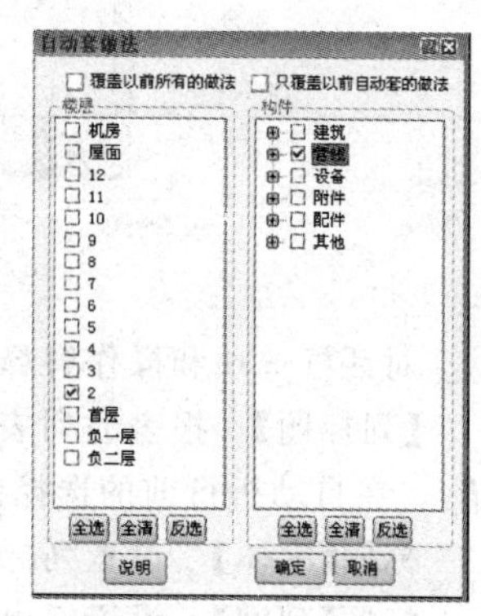

图 21-26 “自动套做法”对话框

2. 做法模板编制

自动套做法前，要在做法页面编制做法，详见 13.4 描述，并设置判定条件保存做法，如图 21-27 所示。

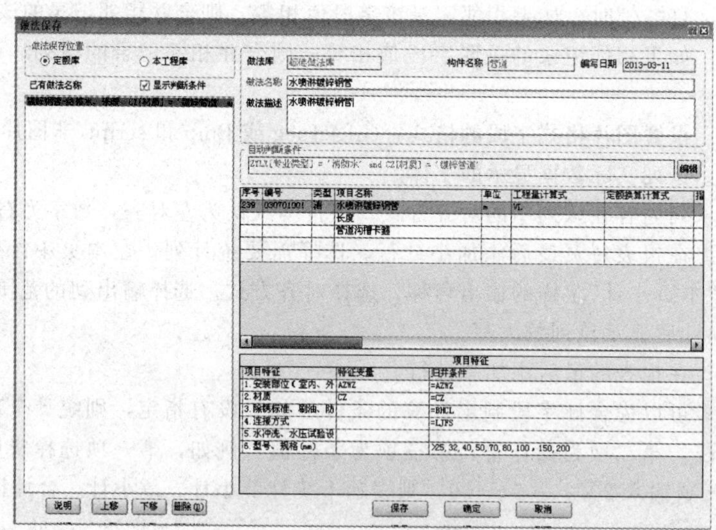

图 21-27 “做法保存”对话框

【做法保存位置】 分为定额库和本工程库两种。

【定额库】 做法保存在【工程设置】中选取的定额数据库中。当做其他工程时，只要选取上次保存的定额库，本工程中就会存在前面保存的做法。

【本工程库】 做法保存在本工程库中。

【显示判断条件】 是否在已有做法列表中显示判断条件。

【做法名称】 详见 13.4。

【做法描述】 详见 13.4。

【自动判断条件】 自动判断条件不能直接输入，需要单击【编辑】按钮进入“判断条件”对话框中设置。

【上移】和【下移】 单击【上移】和【下移】来调整做法的顺序。

【说明】 功能使用说明信息。

【删除】 删除已保存的做法。

【保存】 保存做法在左边的名称列表中。

【确定】 保存做法在左边的名称列表中，同时退出此界面。

3. 编辑自动判断条件

在做法保存界面中【自动判断条件】栏单击【编辑】按钮进入“判断条件”对话框中(图 21-28)。该对话框的功能是编辑挂接做法的判断条件，也就是说满足判断条件的构件才能挂接这条做法。

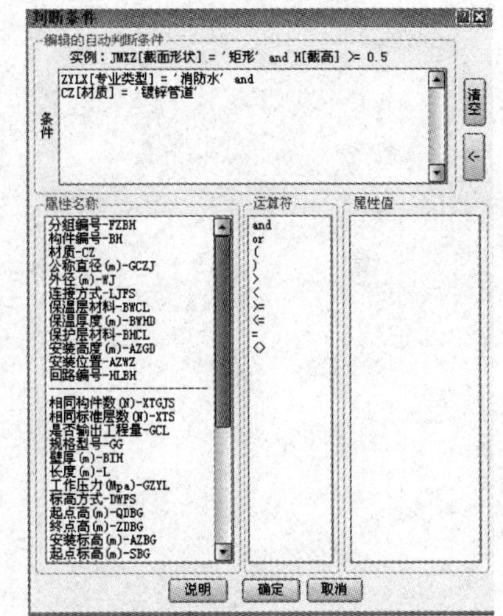

图 21-28 “判断条件”对话框

【属性名称】 是软件中相应构件的属性分类，单击【属性名称】栏的内容，相应内容就会显示在上面的条件编辑框中；如果选择的属性名称存在属性值，该属性值也会显示在最右边的属性值栏中。

如果双击某一栏的值，视为对原来值的替换【条件运算符中的“(”和“)”除外】，条件编辑完成后单击【确定】按钮，此判定条件就显示在“做法保存”对话框中。

【运算符】

and：并且，连接的两个需要同时满足，例如：GCZJ[公称直径]＝0.1 and GCZJ[公称直径]＝0.05。

or：或者，连接的两个其中之一满足，例如：GCZJ[公称直径]＝0.1or GCZJ[公称直径]＝0.05。

<>：不等于，连接的两个不相等，例如：GCZJ[公称直径]<>0.1。

举例说明条件的使用(以构件管道为例)：

条件：ZYLX[专业类型]＝‘消防水’and CZ[材质]＝‘镀锌管道’，说明：只有管道的属性专业类型是消防水专业，材质是镀锌管道的才满足该条清单的条件，该条清单才能挂到满足条件的构件管道上。

条件：CZ[材质]＝‘镀锌管道’and (ZYLX[专业类型]＝‘给排水’or ZYLX[专业类型]＝‘采暖’or ZYLX[专业类型]＝‘空调水’)，说明：只有材质是镀锌管道，专业类型是给水排水专业或采暖专业或空调水专业的管道才能满足该条清单。

条件规范格式说明：

(1)单条件格式——代码[属性名称]运算符属性值。

例如，对风管可将截面形状作为判断条件，表达为：JMXZ[截面形状]＝‘矩形’。

(2)多条件格式——条件 1 运算符条件 2 运算符条件 3……

例如，对风管可将截面形状或壁厚作为判断条件，表达为：JMXZ[截面形状]＝'矩形' or BIH(壁厚) ＝'0.002'or……

(3)多重条件格式——(条件 1 运算符条件 2 运算符条件 3……) 运算符条件 n。

例如，管道专业类型给排水或采暖，和管道的材质作为判断条件，表达为：(ZYLX[专业类型]＝'给排水'or ZYLX[专业类型]＝'采暖'or ……) and CZ[材质]＝'镀锌管道'。

手工算量

第 22 章 图量对比

本章内容

图纸对比、工程对比。

图量对比内容扫描下方二维码。

图量对比

第 23 章　碰撞检查

本章内容

碰撞检查。

本章主要介绍软件如何检查各专业模型碰撞情况、碰撞位置并能出碰撞结果报告。

功能说明：碰撞检查主要是检查各专业模型碰撞情况、碰撞位置并能出碰撞结果报告。

菜单位置：【快捷菜单】→【碰撞检查】。

命令代号：pzjc。

执行命令后弹出“碰撞检查”对话框(图 23-1)。

图 23-1　“碰撞检查”对话框

【导入工程】　单击按钮后，可以选择要导入的 .dwg 工程文件。

【检查】　单击按钮后开始检查工程模型的碰撞情况。

【选择检查构件】　选择要检查碰撞的区域模型。

【查看结果】　碰撞检查结果如图 23-2 所示。

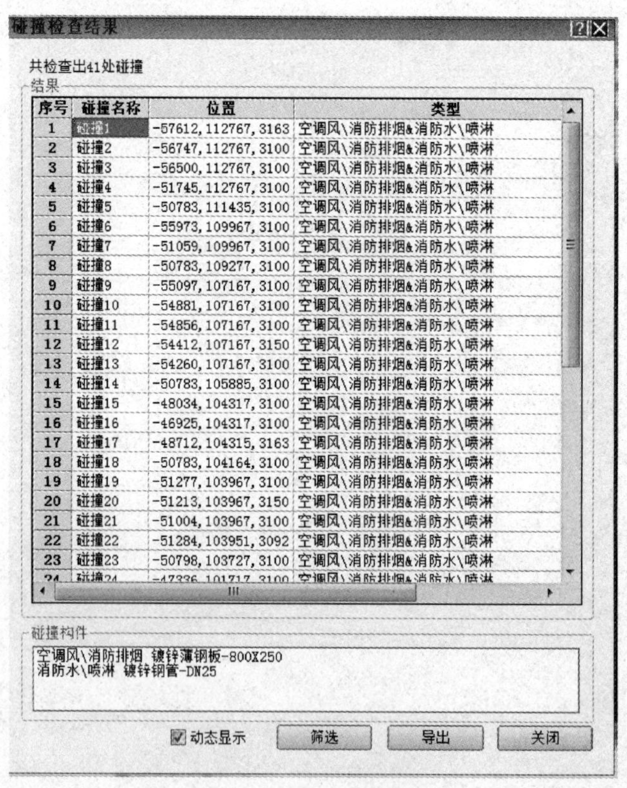

图 23-2　碰撞检查结果

碰撞检查结果包含工程中所有的碰撞点详细信息，同时双击任何一行可以反查到模型位置，如图 23-3 所示。

7	碰撞7	-50783, 109277, 3100	空调风\消防排烟&消防水\喷
8	碰撞8	-55097, 107167, 3100	空调风\消防排烟&消防水\喷
9	碰撞9	-54881, 107167, 3100	空调风\消防排烟&消防水\喷
10	碰撞10	-54856, 107167, 3100	空调风\消防排烟&消防水\喷
11	碰撞11	-54412, 107167, 3150	空调风\消防排烟&消防水\喷
12	碰撞12	-54260, 107167, 3100	空调风\消防排烟&消防水\喷
13	碰撞13	-50783, 105885, 3100	空调风\消防排烟&消防水\喷
14	碰撞14	-48034, 104317, 3100	空调风\消防排烟&消防水\喷
15	碰撞15	-46925, 104317, 3100	空调风\消防排烟&消防水\喷
16	碰撞16	-48712, 104315, 3163	空调风\消防排烟&消防水\喷
17	碰撞17	-50783, 104164, 3100	空调风\消防排烟&消防水\喷
18	碰撞18	-50798, 103727, 3100	空调风\消防排烟&消防水\喷
19	碰撞19	-47336, 101717, 3100	空调风\消防排烟&消防水\喷
20	碰撞20	-41211, 100923, 3100	空调风\消防排烟&消防水\喷
21	碰撞21	-40899, 100923, 3116	消防水\喷淋&空调风\消防排
22	碰撞22	-40737, 100923, 3100	空调风\消防排烟&消防水\喷
23	碰撞23	-43399, 99960, 3100	空调风\消防排烟&消防水\喷
24	碰撞24	-51075, 99223, 3100	空调风\消防排烟&消防水\喷

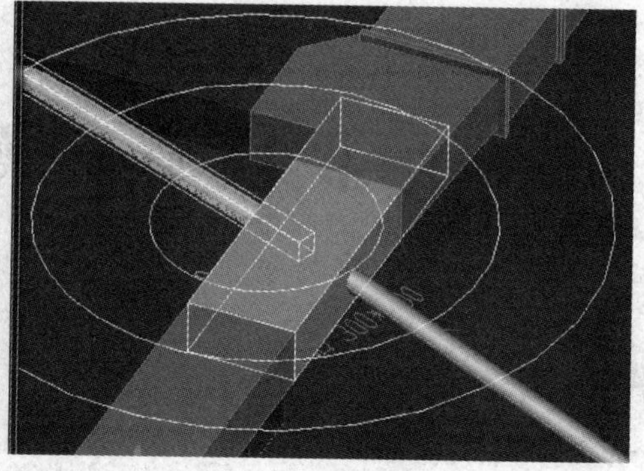

图 23-3　反查碰撞点位置图片

【导出】 导出检查结果为 Word 文件。

拓展阅读

斯维尔安装算量 2016 For CAD 教程(新功能)

穿刺线夹

灯带

剔槽

第 3 篇　清单计价软件应用

第 24 章　操作界面介绍

本章内容

工程窗口、工程项目子窗口、单项工程子窗口、单位工程子窗口、资料库窗口。

“清单计价专家”软件可通过直接双击桌面快捷图标启动，也可通过菜单启动，其菜单路径为“开始→程序→清单计价专家”。本软件采用多文档窗口界面，主窗口包括主菜单、快捷按钮及子窗口区；子窗口区分为工程项目、单项工程、单位工程及资料库四种类型。

24.1　工程窗口

程序实现了多工程与多窗体的功能，如图 24-1 所示。只启动一次软件能打开多个工程，而且打开的工程均可编辑，工程之间可进行数据的复制，也可同时显示多个子项工程窗口。

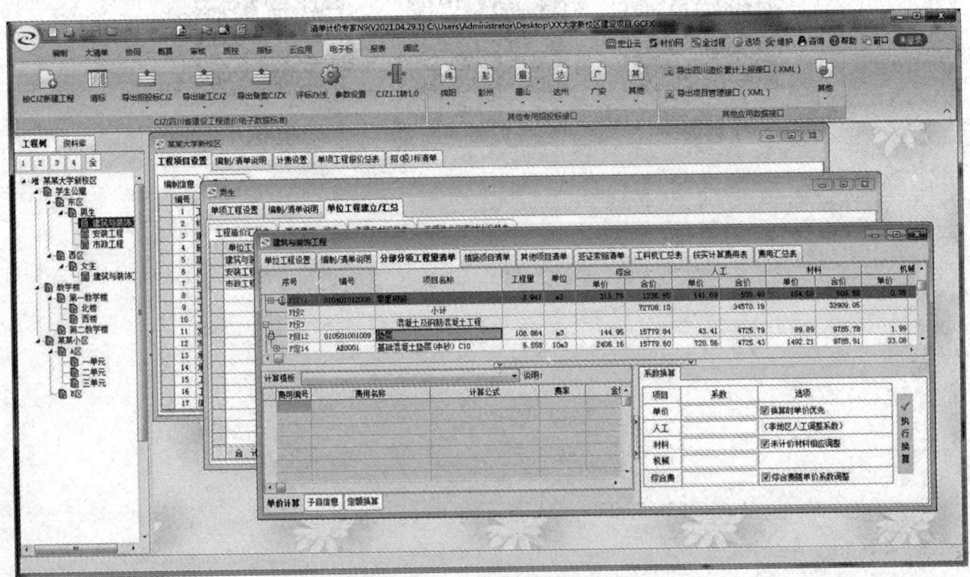

图 24-1　工程窗口

24.2　工程项目子窗口

本软件从工程项目级别上开始建立工程。工程项目子窗口正是从这一级别上对工程进行设置和管理。工程项目子窗口包括【工程项目设置】【编制/清单说明】【计费设置】【单项工程报价总表】【招(投)标清单】五个常用功能页，如图 24-2 所示。

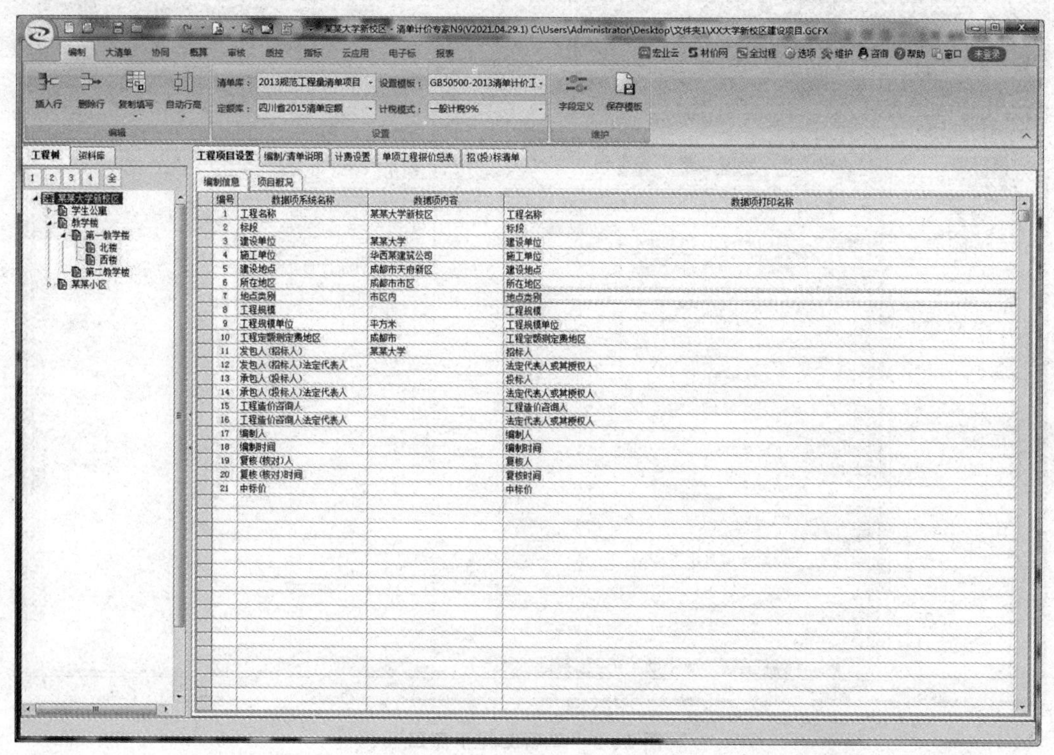

图 24-2　工程项目子窗口

第一步：在【工程项目设置】相应的数据项内容行输入或通过下拉菜单选择该工程项目的描述信息、取费设置信息等。

第二步：编辑【编制/清单说明】内容。编制/清单说明的格式同样通过系统模板进行选择调用，也可进行修改并保存为说明模板。

第三步：编辑【计费设置】内容。计费设置里面主要包含“综合单价计算模板定义”和“单位工程费用定义”两部分内容。能实现对整个工程“综合单价计算模板”和“单位工程费用”的统一设置、调整。

第四步：编辑【单项工程报价总表】内容。可以查看整个工程项目总造价的构成。

第五步：编辑【招(投)标清单】。主要用于招标方对整个工程项目提取工程量清单及投标方对整个工程项目部分清单的计价表。其由其他项目清单、招标人材料购置费清单、零星工作项目人工单价清单、规费税金清单和需评审的材料清单五个子标签功能页组成。

24.3 单项工程子窗口

单项工程属工程项目下一级别，一个工程项目可能包括一个或多个单项工程。单项工程同样包括【单项工程设置】【编制/清单说明】【单位工程建立/汇总】三个功能页，如图 24-3 所示。

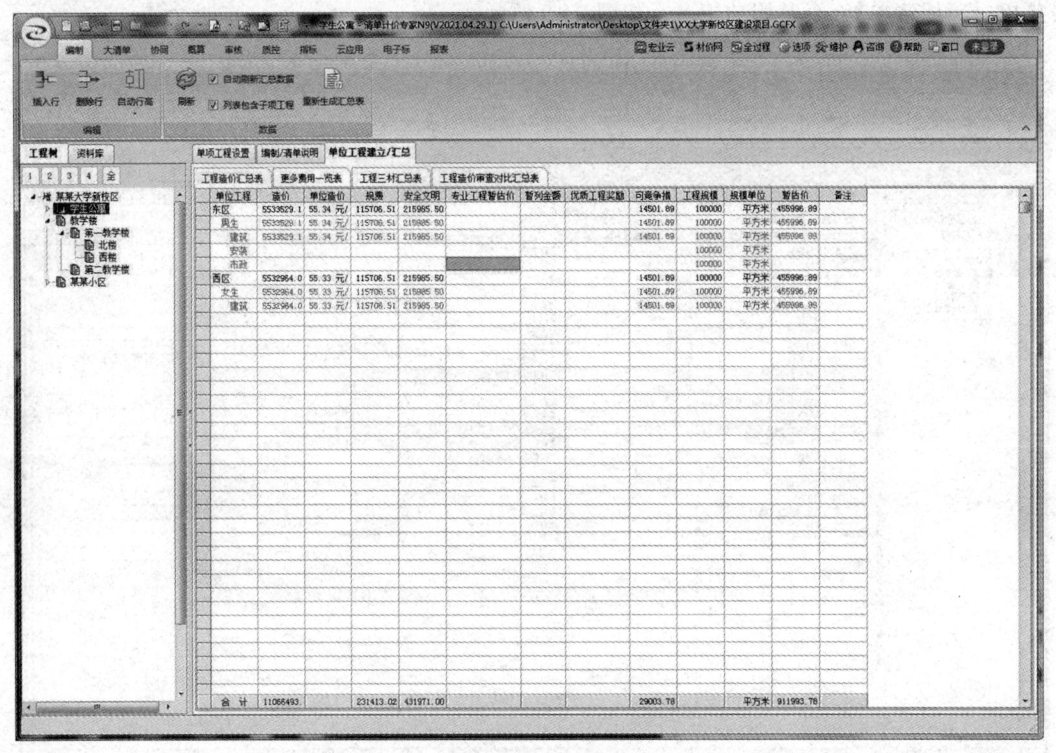

图 24-3 单项工程子窗口

程序实现了在工程项目层级无限极添加不同层级关系的单项工程。单项工程建立后，用户可直接输入单项工程数据，也可通过工具栏按读取工程项目相应内容。

24.4 单位工程子窗口

单位工程子窗口是本软件最主要的工作窗口，如图 24-4 所示。它由 11 个功能页构成。这些功能页用户可以根据工程情况选择使用，还可以按自己的使用习惯调整排列顺序、更改名称。

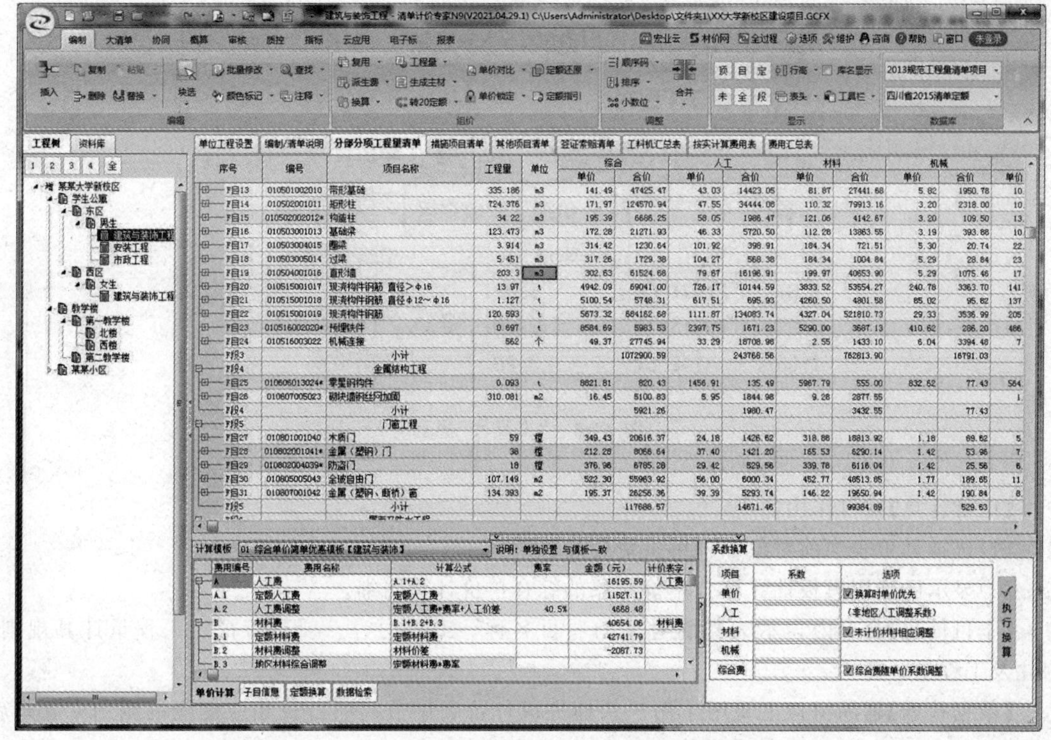

图 24-4　单位工程子窗口

单位工程的【单位工程设置】和【编制/清单说明】与工程项目及单项工程子窗口对应功能相同，其初始内容可从工程项目或单项工程子窗口继承，也可从工程项目或单项工程相应界面读取，如有区别则可进行任意修改。

在综合单价计算模板选择框内，用户可通过其下拉菜单选择需要的综合单价计算模板(可多个选择)。模板主要用于清单方式地区人工费系数的调整、综合单价包括数据内容的计算。

可根据功能区“工具栏”设置工具栏的显隐；单击“工具栏”功能下拉列表，可对其中的工程树、下部信息工程区进行显示/隐藏设置。

单击 ✓ 左侧工程树 时，显示/隐藏“工程树及资料区”窗口，在此可通过右键菜单功能对该项目中的单项工程、单位工程进行新建、重命名、复制、粘贴、删除及导出工程到文件或从文件归并工程等操作。

单击 ✓ 计价表下部信息区 ▸ 时，显示/隐藏计价表“下部信息区”窗口，下部信息区默认包括【单价计算】【子目信息】【定额换算】三个部分内容，可单击“工具栏－计价表下部信息区”中展开功能，如图 24-5 所示，显示/隐藏[单价分析][数据检索]两部分内容。

图 24-5 “工具栏”界面

【单价计算】窗口作用如下：

(1)选择计价表当前对象综合单价费用计算模板；

(2)显示已选用模板计算综合单价对象的综合单价计算明细。

【子目信息】窗口内显示为当前对象的项目名称、工程内容、项目特征、工程量计算规则、附注及工程量计算式。

【数据检索】辅助窗口主要用于用户快捷完成计价表中节、项目及相应定额的调用。展开后用户可通过“√”选所需的节、项目及项目相应的定额指引，然后利用鼠标拖动或直接双击功能将其放入计价表相应位置。直接双击时，只限于当前对象的调用并排放在【清单/计价表】当前位置。

工料机汇总表不仅是该单位工程的工料机累计分析表，还具备材料调价、材料打印设置等功能，操作界面如图 24-6 所示。

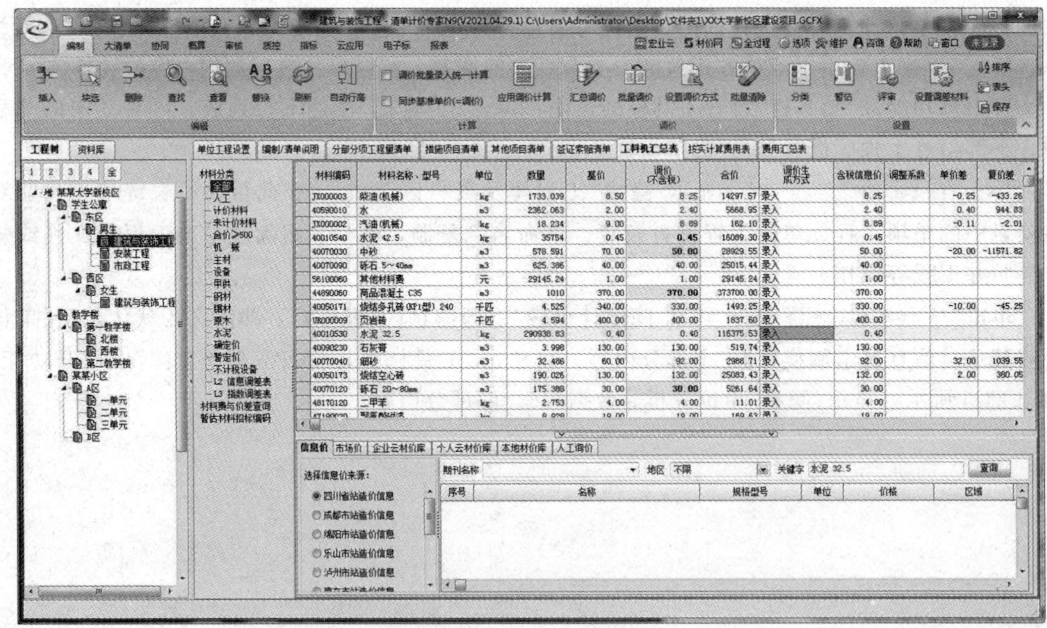

图 24-6 工料机汇总表

三材汇总表只在传统定额计价方式下汇总三材数据。

费用汇总表是单位工程的造价汇总表。费用条目、计算逻辑用户均可自行修改，同时具有模板生成与调用功能。

24.5　资料库窗口

本软件将之前发布的软件操作视频、政策文件、软件答疑、定额解释等收集完整制作成电子文档，如图 24-7 所示，分类显示在【资料库】窗口中供用户随时联网查看。

图 24-7　【资料库】窗口

第 25 章　工程及文件管理

本章内容

新建工程、工程信息及编制说明、编辑计价表、调整组价、编辑措施费用、其他项目及签证索赔、工料机汇总表、按实计算费用表、费用汇总表、其他辅助功能。

工程文件的编制主要在编制模块中完成，编制人可在该区域编辑工程信息、编制清单、套用定额、进行调价等主要操作。同时软件根据功能的属性及用户使用习惯将各功能分为不同区域，便于用户快速查找，提高编制效率。

25.1　新建工程

(1)工程项目的建立：在软件启动界面新建工程区中双击计价模式或单击【新建】按钮即可建立工程项目；单击开始菜单或快捷菜单栏中【新建工程】按钮，弹出“请选择计价模式”对话框，用户根据工程需要选择工程项目，如图 25-1 所示。本手册以“清单计价[国标 2013 规范，四川 2020 定额]”(税率 9%)为例建立工程。

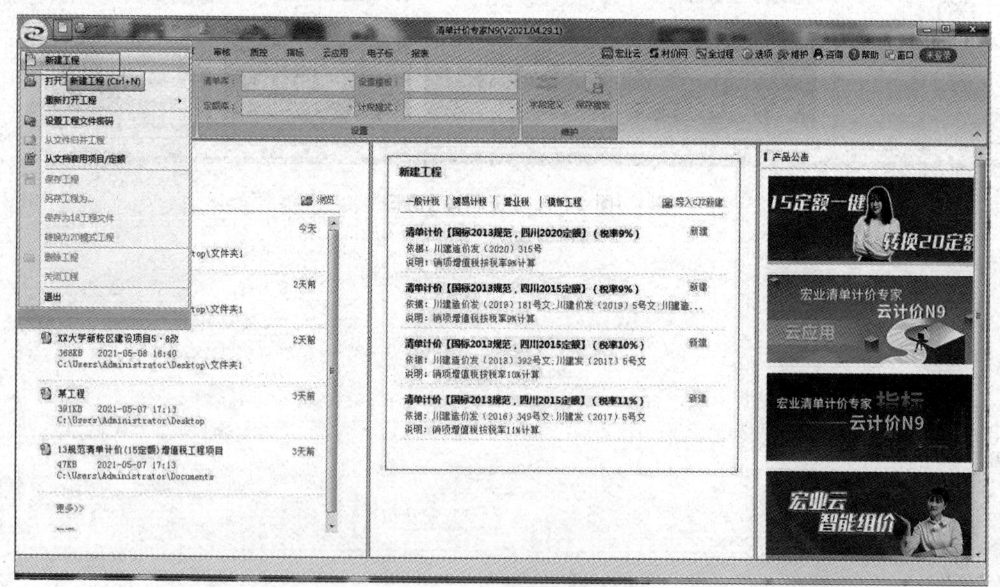

图 25-1　工程项目的建立

(2)单项工程的建立：工程项目包括一个或多个单项工程，执行“工程树及资料库”右键菜单上“新建单项工程”命令，如图 25-2 所示。程序实现了在工程项目层级无限极添加不同层级关系的单项工程，如图 25-3 所示。

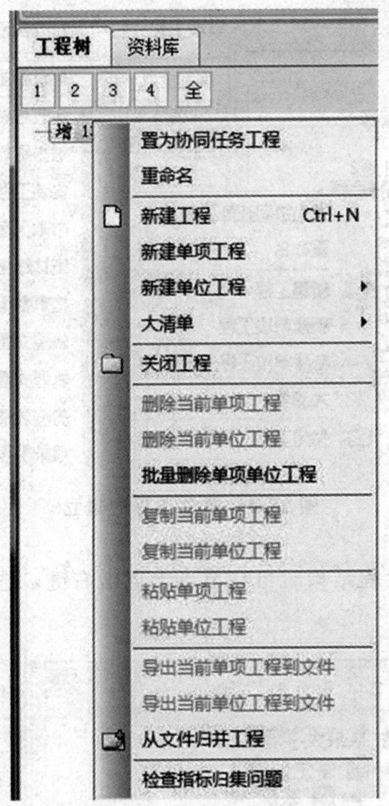

图 25-2　单项工程的建立

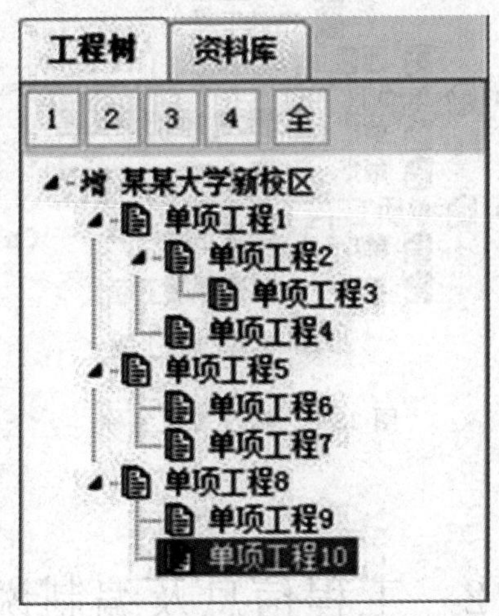

图 25-3　添加不同层级关系的单项工程

(3)单位工程的建立：执行“工程树及资料库”末级单项工程右键菜单“新建单位工程”命令，用户一次可添加若干单位工程，如图 25-4 所示。

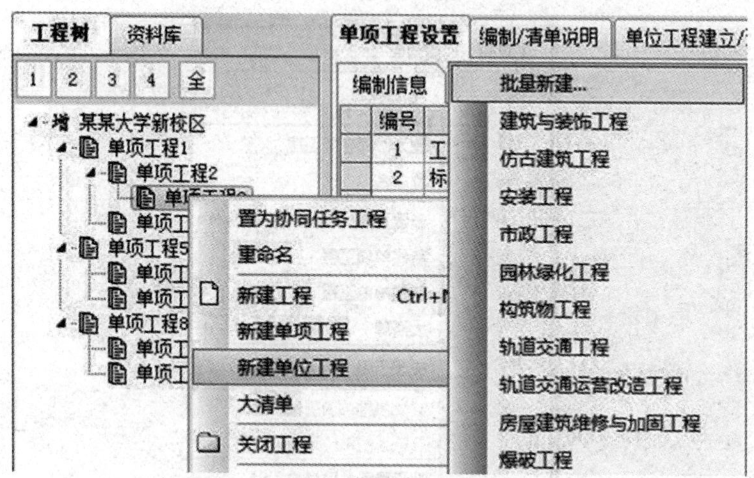

图 25-4　单位工程的建立

(4)修改工程名称：建立工程结构时可在节点上点击右键，选择“重命名”对工程名称进行修改，如图 25-5 所示。

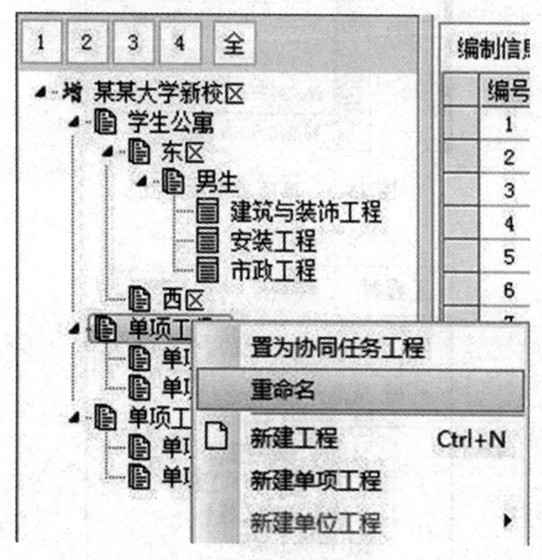

图 25-5　修改工程名称

25.2　工程信息及编制说明

在工程项目、单项工程及单位工程中，都需要编制人填写项目工程设置及编制/清单说明，以便记录工程基本信息。

(1)录入工程信息。在工程项目设置时，首先选择项目库、定额库及工程设置模板。系统缺省为 2013 规范工程量清单项目、四川省 2015 清单定额库及《建设工程工程量清单计价规范》(GB 50500-2013)清单计价工程设置模板。若有所不同时，根据下拉框进行选择调用，对工程设置模板可进行删除或增加数据项内容。然后在数据项内容列直接录入或选择调用数据项内容。

编制信息：默认模板中含常用数据项，编制人在数据项内容列填写对应内容即可；若需增加数据项，点击数据项系统名称列的空白区域，单击单元格弹出下拉窗口，选择需要的数据项名称，如图 25-6 所示。

编号	数据项系统名称	数据项内容
20	复核(核对)时间	
21	中标价	
	封面标题 封面编号 工程编号 结构类型 工资区类 有无施工场地 施工距离	

图 25-6　编制信息

在 2020 定额中，需对高海拔工程进行海拔降效处理。软件默认海拔高度为 2 km，若工程所在海拔高度＞2 km 时，在编制信息-海拔高度中输入实际海拔高度，软件将按对应系数对单位工程中所有定额进行批量处理，如图 25-7 所示。

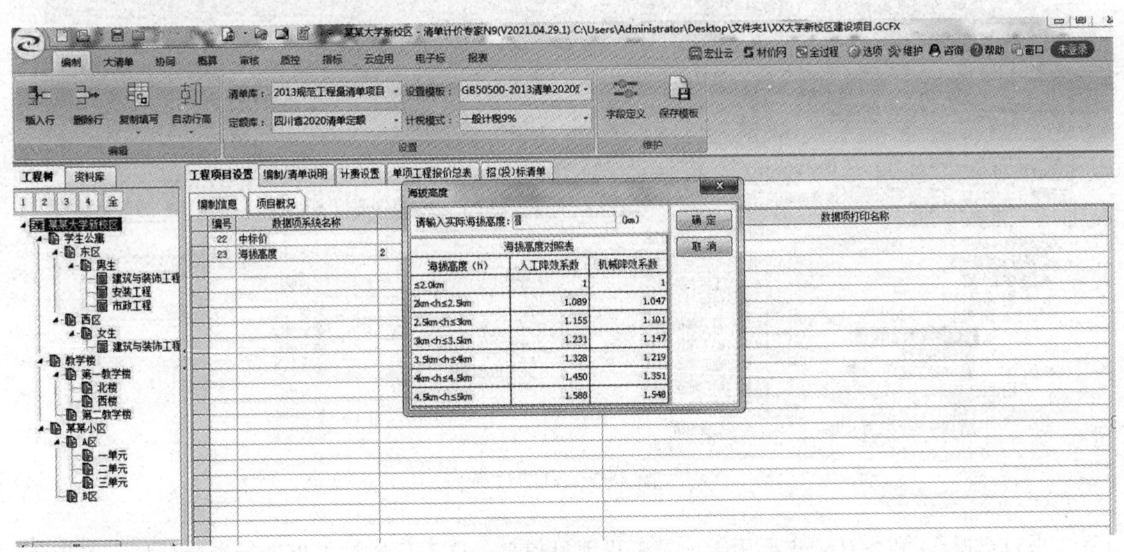

图 25-7　海拔高度

单项工程及单位工程的编制信息填写方式一致。若建立单项/单位工程前已填写工程项目/单位工程编制信息，则新建的单项/单位工程编制信息会自动继承上层节点的编制信息内容；也可使用“复制填写”下的功能，从上层节点读取内容或下传内容至下层节点，如图 25-8 所示。修改后的内容可进行保存并调用。

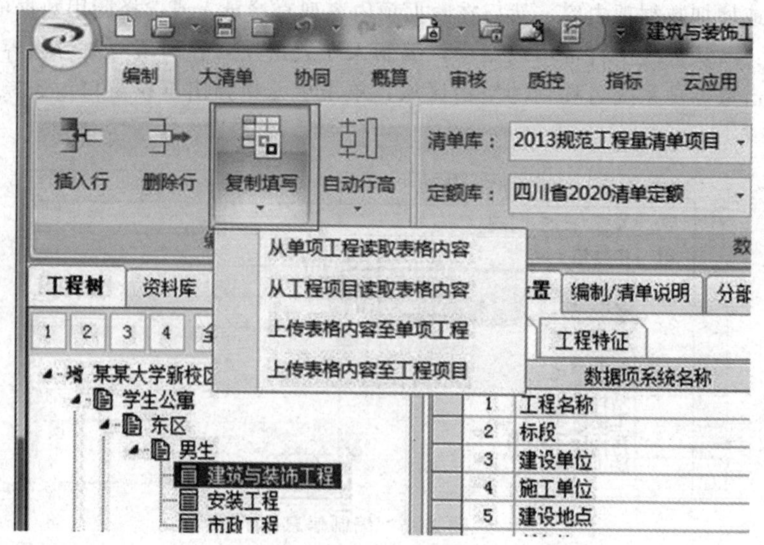

图 25-8 复制填写

自动行高：表格可根据用户填写的文字内容自适应行高，如图 25-9 所示。

图 25-9 自动行高

项目概况/工程特征：主要用于记录工程项目信息，便于后期对工程进行指标分析、工程收集及运用。同样根据名称填写描述即可。

(2)转换计税模式。当工程需要转换计税模式时，可在工程项目设置界面上方功能区下拉选择需要的计税模式即可，如图 25-10 所示。

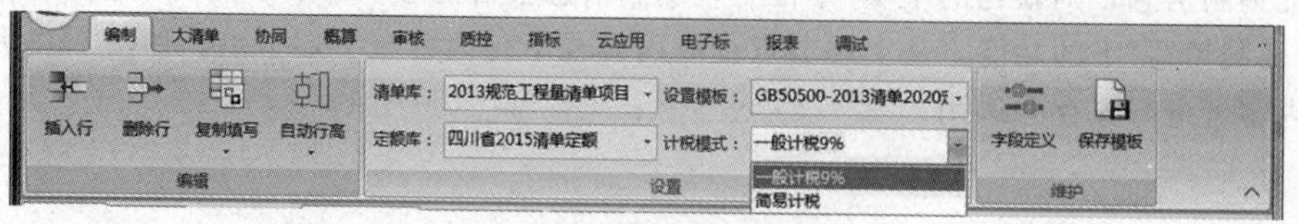

图 25-10 转换计税模式

(3)编制/清单说明。编制/清单说明根据工程情况直接在空白处填写即可。

25.3 编辑计价表

完成工程信息及编制说明的录入后，则需要对单位工程的计价表进行编辑。软件根据各计价表的计价功能和方式的不同，将计价表分为“分部分项工程量清单”“措施项目清单”“其他项目清单”“签证及索赔清单”四个独立的页签。各计价表均可进行套用清单及定额等操作。

(1)套用清单项目及定额。在四个页签中，都可以套用清单项目及定额，以分部分项工程量清单为例，软件根据不同的使用习惯设计了几种清单及定额的套用方法。

1)直接编号法。选中计价表第二列“编号”栏单元格录入编号，回车或转移光标移至其他单元格，系统就会自动到清单项目库或定额库中查找该编号的项目或定额，如果找到则调用项目或定额，否则系统将用户录入的内容清除，需要用户重新录入。

2)列表选择法。单击功能区【插入】主功能或下拉选择插入清单项目/定额，也可在计价表上右键选择插入清单/定额，弹出选择窗口，如图 25-11 所示。在该窗口中，可选用国标清单、标准定额及宏业云中的个人清单、企业清单、企业定额。双击清单/定额或单击项目，单击窗口右下角【选用】即可录入到计价表中；在取消“选用后关闭”的选项状态下，可进行连续录入。

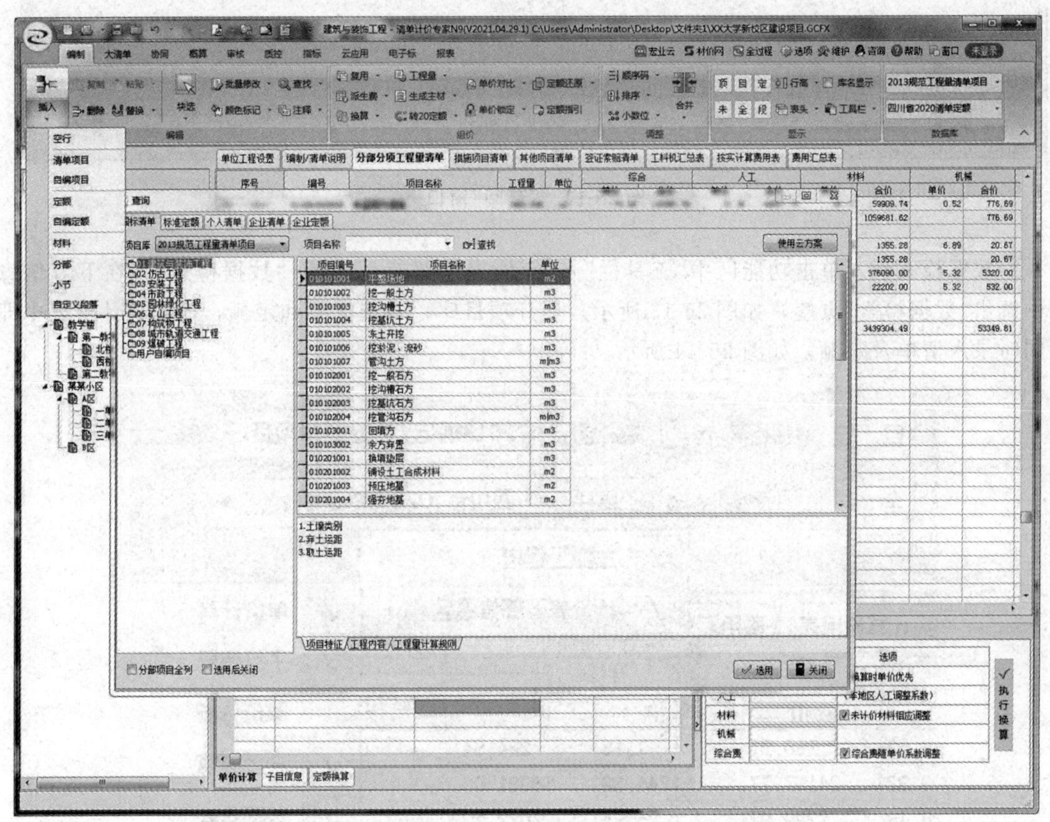

图 25-11 “分部分项工程量清单”窗口

该窗口中可对项目库和定额库进行切换，下拉选择对应数据库即可完成切换，也可输入关键字快速查找清单/定额。

双击左侧有文件夹图标的章节可将其下包含的子章节展开以便精确查找，如图 25-12 所示。勾选左下角“分部定额全列”可在当前节点上显示当前专业所有清单/定额。录入完成后单击【关闭】按钮即可关闭窗口。

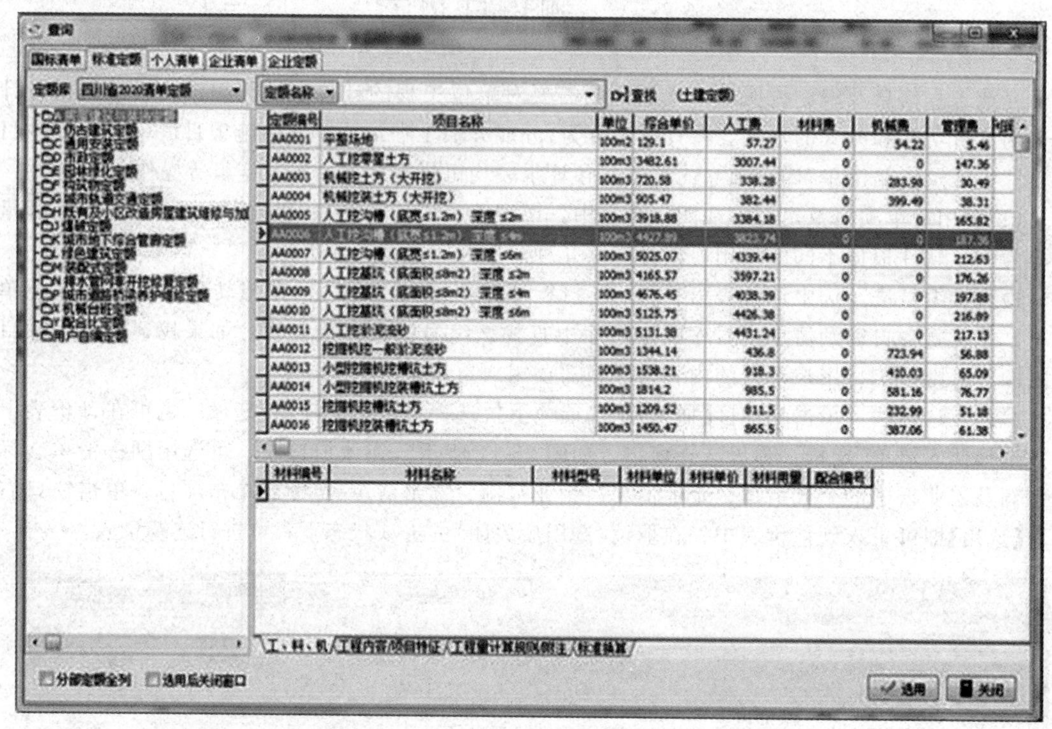

图 25-12 “查阅”窗口

3)数据检索法。单击功能区中“工具栏”→“计价表下部信息区”→“数据检索”，在下方信息区中调出“数据检索”页签，如图 25-13 所示。展开项目库，勾选清单和定额，拖动至计价表中即可同时录入清单及定额，如图 25-14 所示。

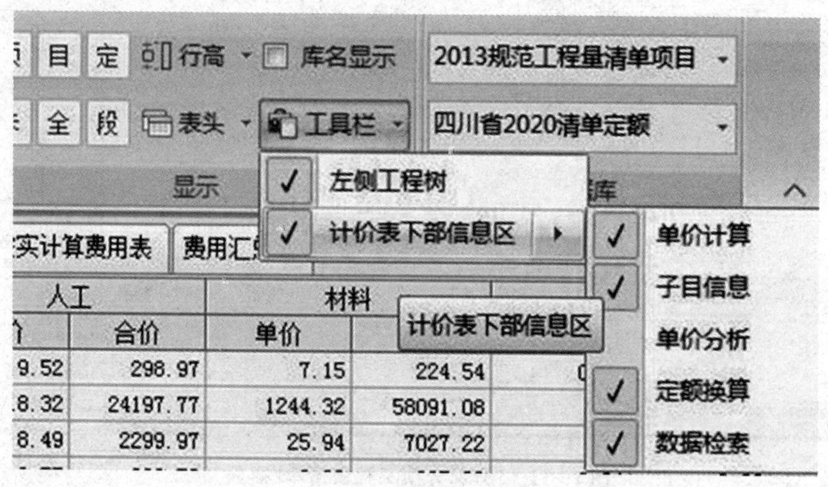

图 25-13 调出“数据检索”页签

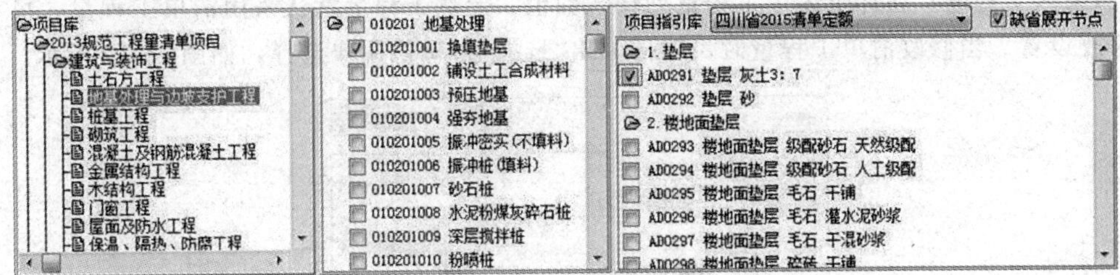

图 25-14 展开项目库

4)定额指引。在需要录入定额的清单上单击功能区【定额指引】功能或选中清单编号，单击 0101010010 右侧出现的小方块，弹出“项目指引”窗口，勾选定额后单击【确定】按钮录入定额，如图 25-15 所示。

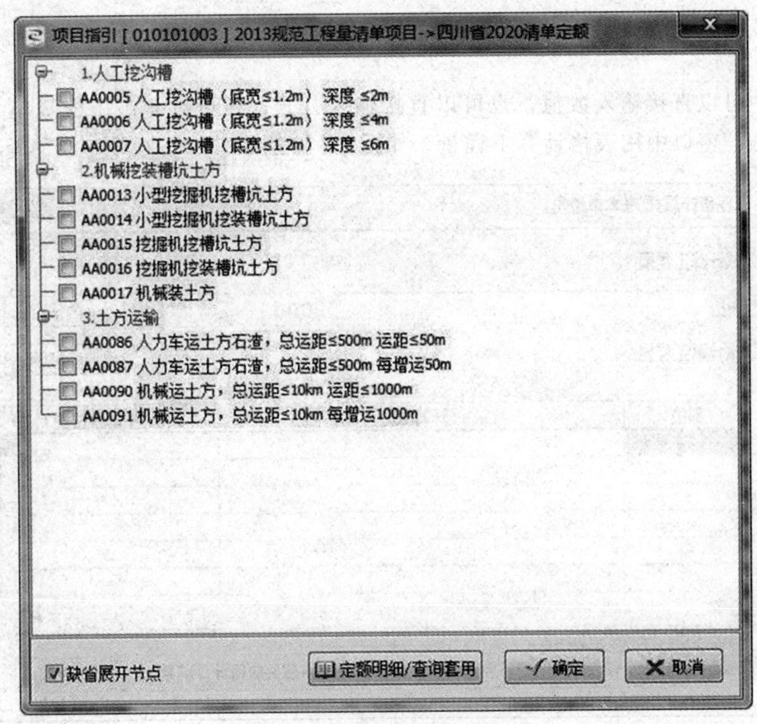

图 25-15 “项目指引”窗口

完成清单的录入后，可在下部信息区中编辑清单的工程内容、项目特征、附注等内容，如图 25-16 所示。

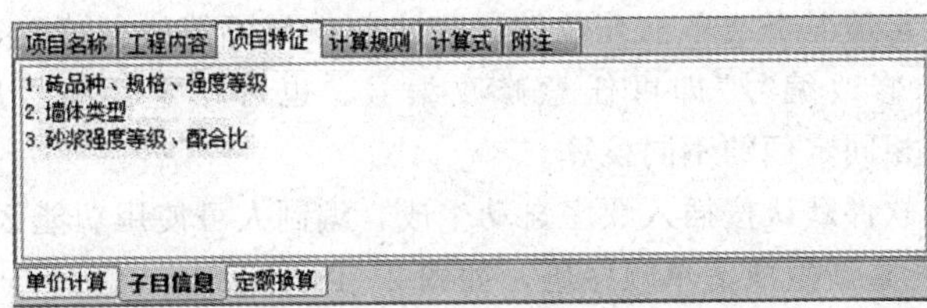

图 25-16 编辑清单的工程内容

(2)录入工程量。在计价表中工程量列输入数值，定额工程量默认采用清单工程量，可在选项中修改设置。当修改清单工程量时，软件弹出“选择”窗口供用户选择，如图 25-17 所示。

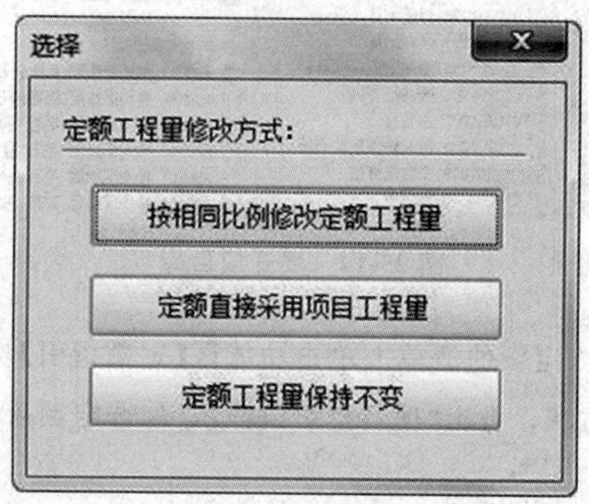

图 25-17 “选择”窗口

在工程量中可以直接输入数值，也可以直接输入公式，还可以双击工程量单元格，在弹出的“工程量计算式”窗口中用表格计算工程量，如图 25-18 所示。

图 25-18 “工程量计算式”窗口

(3)修改清单、定额内容。由于实际工程的需要，项目、定额的名称、计量单位、工程内容等需要做一定的修改。

1)修改编号。在通常情况下清单前九位编码和定额编码不能进行修改，若需强行修改可在当前行右键选择“其他-修改编号”即可任意修改编号。也可在定额编号后加“－1、－2、－补……”,这主要是区分相同定额的不同换算。

清单后三位顺序码软件默认按插入顺序自动生成，编制人可使用功能区“顺序码→当前单位工程→取消顺序码”功能重新生成清单顺序码，如图 25-19 所示。

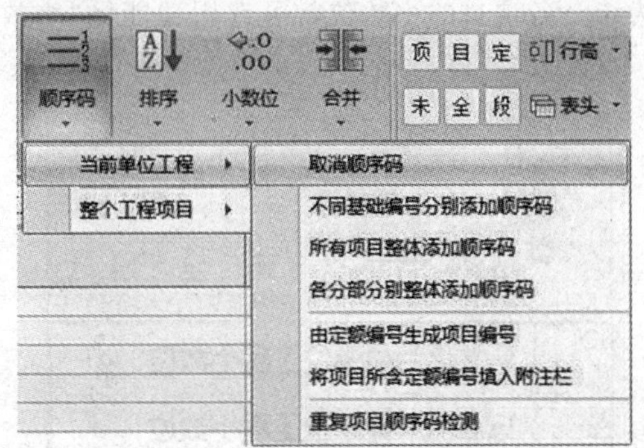

图 25-19　重新生成清单顺序码

2)调整清单/定额顺序。软件可根据清单/定额章节对清单和定额重新排序及分部，如图 25-20 所示 。

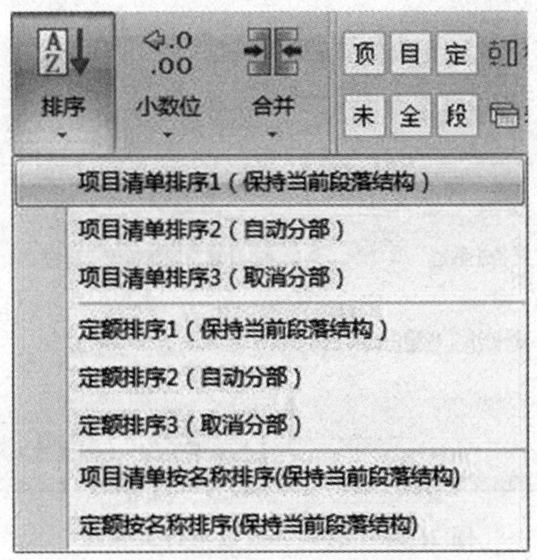

图 25-20　调整清单/定额顺序

3)批量调整工程量。根据计价不同阶段对工程量的需求，软件列有批量清除工程量、批量清除工程量计算公式、修改工程量、从 Excel 中选用工程量等功能，如图 25-21 所示。

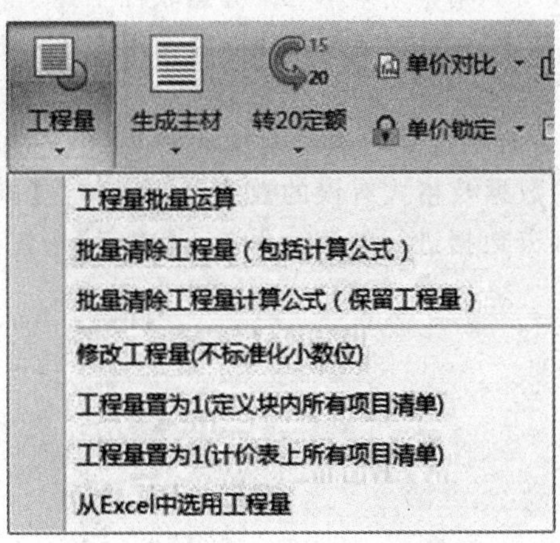

图 25-21　批量调整工程量

4)批量调整小数位。为统一各项目的小数位，可选用功能区“小数位”对工程量及金额小数位进行统一设置，如图 25-22 和图 25-23 所示。

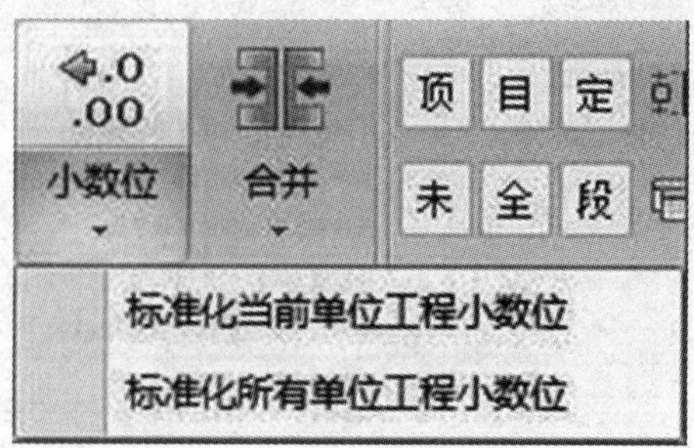

图 25-22　批量调整小数位

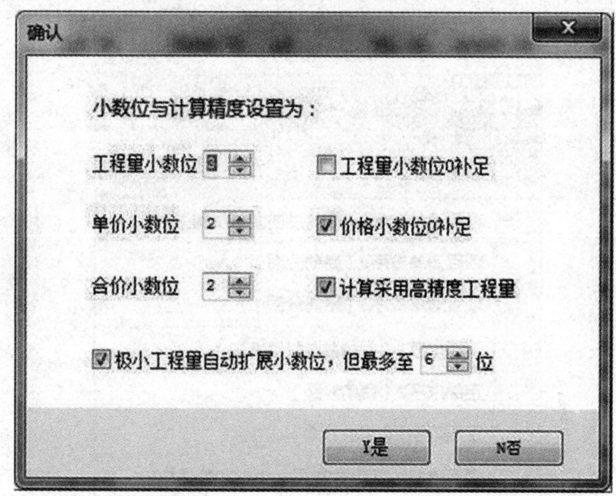

图 25-23　确认小数位与计算精度

(4)从文档套用项目/定额。当已有列好的清单项目/定额时，可将文档导入软件中进行编辑。单击程序左上角软件图标或菜单栏快捷图标，也可在计价表中右键选择“从文档套用项目/定额”功能，软件目前支持导入清华斯维尔三维算量软件工程、清华斯维尔 BIM 工程、文本文档、DB/DBF 表、Excel 文档中的清单/定额，现以最常用的导入 Excel 文档为例，打开文件，选择 Excel 表格弹出编辑窗口。

处理导入的文档：在窗口右侧选择各数据对应表格列数，完成后单击【辅助识别无效数据】，软件将识别出不需要的数据及格式有误的数据，然后单击【删除 A 类无效数据】【合并 B 类无效数据到上一行】对该部分数据进行处理，再单击【确定】按钮导入计价表中，如图 25-24 所示。

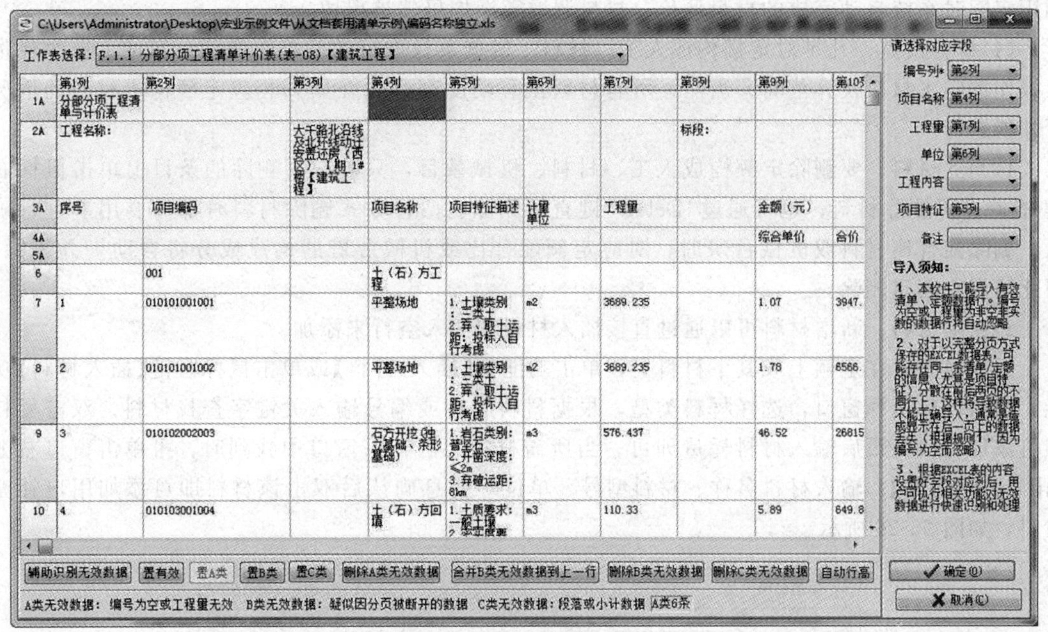

图 25-24　处理导入的文档

25.4　调整组价

完成清单及定额的录入后，编制人还需根据定额说明及工程实际情况对定额及材料进行调整。

(1)系数换算。系数换算是关于定额基价、定额人工单价、定额材料单价、定额机械单价及综合费单价乘除系数或直接加减费用的处理。系数换算放置于下部信息区-定额换算中，如图 25-25 所示。

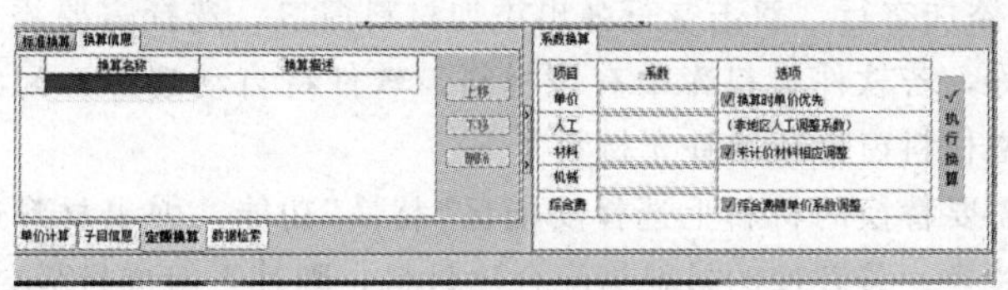

图 25-25　系数换算

定位到需要进行系数换算的定额上，在单价、材料、机械、人工系数框内输入数值回车或单击【执行换算】软件即在对应字段乘以相应数值进行运算。如在单价框内输入 1.2，单击【执行换算】则该定额单价乘以 1.2。特别注意：在综合费框内输入数值，则综合费修改为该数值。

(2)定额加减。定额加减功能用于在已经调用的定额上再加上或减去一条定额(可多条)。在定额上右键选择“定额其他-定额加减”功能，选择被加/减定额，弹出窗口选择加/减、乘/除输入条数即可。

(3)定额还原。定额还原功能用于将进行运算处理的定额恢复到其在定额库中存在的原始状态，因此在该定额上做过的一切定额换算、材料换算等操作都将被取消，而用户录入的工程量、调用定额时系统自动完成的材料调价、材料调增等操作仍然被保留。

(4)材料换算。凡是对定额构成人工、材料、机械条目进行的替换、删除、新增、更改耗量等操作都归入材料换算范畴。当然，所有材料换算功能都必须在展开相应定额构成材料的情况下才能进行。

1)删除材料。要删除定额构成人工、材料、机械条目，只需在要删除的条目上单击鼠标右键-删除即可删除材料；也可通过“Delete”键直接删除。两种方式删除材料时都需要用户进行确认。删除配合比材料或机械台班时，对应定额配合比或机械台班的构成成分将自动一并删除，因此请用户慎重删除。

2)新增材料。新增材料可以通过直接插入材料和插入空行来添加。

插入材料：在定额上或其下材料上，单击功能区【插入-材料】或单击鼠标右键【插入材料】功能，弹出材料选择窗口，选择材料类型，根据材料名称或编号输入关键字查找材料，双击材料即可添加材料，最后输入材料耗量即可。当所需材料无法在该窗口中找到时，可单击窗口右上角【添加新材料】，输入材料名称、材料型号、单位等信息确认后双击该材料即可添加用户补充材料，如图 25-26 所示。

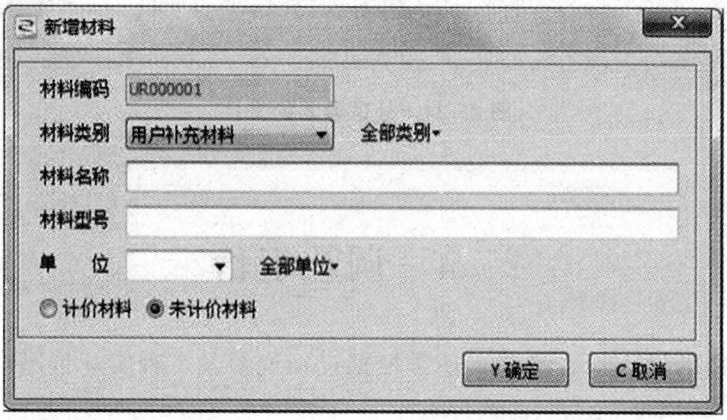

图 25-26 “新增材料”对话框

插入空行：在定额下一行上选择功能区“插入-空行”或单击鼠标右键【插入空行】功能，也可按“Insert”键在上一行添加空行，双击空行弹出添加材料窗口，选择需要添加的材料，或者直接在空行上输入材料名称，若软件材料库中有该材料，软件将自动选择匹配的材料进行添加；若无该材料，则弹出新增材料窗口新增补充材料。

3)替换材料。在需要替换的材料上选择功能区“替换”功能，弹出材料选择窗口，选择需要的材料双击即可完成替换；若替换的材料为配合比材料，则其下组成材料会一起被替换。

当需要批量替换某材料时，可选择功能区“替换-批量替换当前行所指材料”功能，选择材料后将弹出窗口询问是否需要依次确认，若需替换计价表中所有该材料选择“是”即可，若仅替换部分材料选择“否”进行依次确认。

(5)标准换算。以上功能均需编制人自行判断对定额进行换算，软件中增加自动弹出标准换算窗口，根据定额说明，当录入的定额需要进行定额换算时，自动弹出标准换算窗口供编制人选择。如图 25-27 所示 ，录入定额 AA0087，弹出“定额标准换算”窗口，当实际运距大于 1 km 小于 10 km 时，可输入运距，软件将通过计算对定额进行加减。当使用机械运淤泥时，勾选“单价 * 1.5”软件将对该条定额单价进行 * 1.5 的运算。

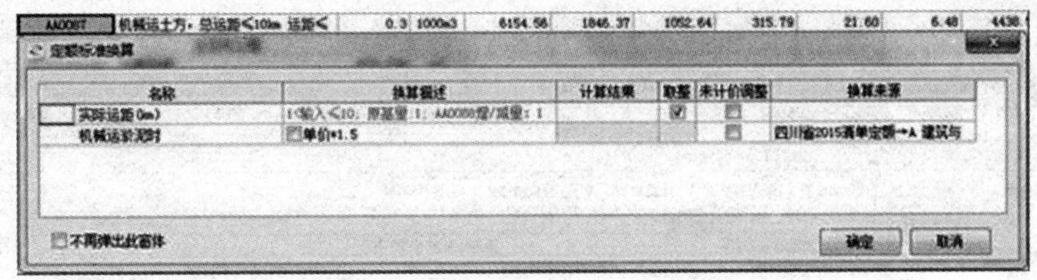

图 25-27 “定额标准换算”窗口

勾选窗口左下角“不再弹出此窗体”，再次录入定额时将不再弹出该窗口。录入定额后，编制人若想查看该条定额的标准换算，可在下部信息区“定额换算-标准换算”中进行查看和操作。取消弹出窗口后，可在功能区“换算”中下拉选择“允许自动弹出定额标准换算”即可在录入定额时弹出标准换算窗口。

(6)换算信息显示。编制人可在下部信息区“定额换算”左侧查看该条定额上进行过的换算内容，可通过上移、下移、删除修改定额的换算内容，如图 25-28 所示。

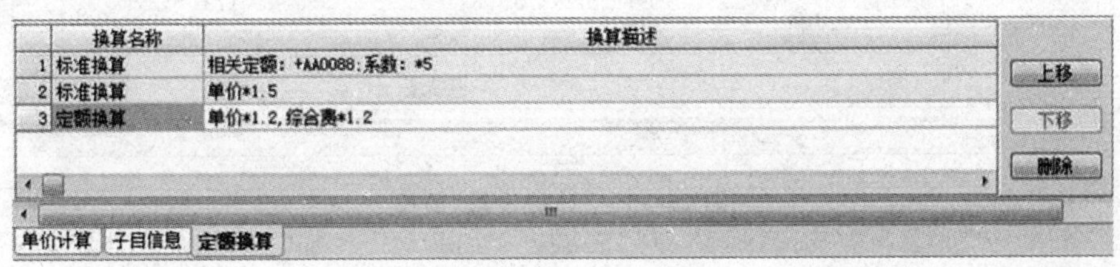

	换算名称	换算描述
1	标准换算	相关定额：+AA0088;系数：*5
2	标准换算	单价*1.5
3	定额换算	单价*1.2,综合费*1.2

图 25-28 换算信息显示

(7)换算设置。进行过换算的定额，其编号后添加“换”字，定额名称后也会增加相应的换算说明，当无需显示该类信息时，可单击【换算】功能下拉列表，对“换”字和换算说明的显隐进行设置，如图 25-29 所示。

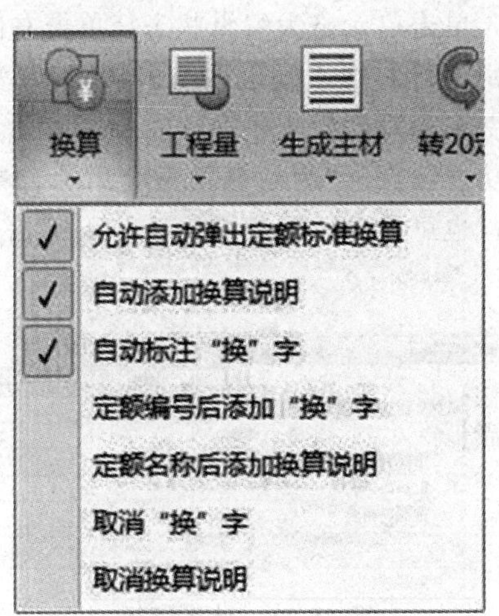

图 25-29 换算设置

(8)计费设置。计费设置主要用于对定额综合单价的计算及地区定额人工费的调整。模板的定义在工程项目的“计费设置”窗口中完成，如图 25-30 所示。

图 25-30 “计费设置”窗口

软件根据不同的综合单价计算方式、费用内容、费率等内置多个常用的费用计算模板，以便进行选择调用，如图 25-31 所示。费用计算模板选择一般有以下步骤：

定义模板：在模板名称列，单击单元格为编辑状态，单击右侧小方块弹出模板选择窗口，选择合适的模板；查阅模板内容，可对模板进行增加、删除费用项目，修改计算公式等操作；修改模板后，可保存模板供下次调用。

提取费率：在费率类别列，单击单元格为编辑状态，单击右侧小方块进入费率类别选择框，选择该工程需要运用的专业类别进行勾选，确定后点击功能区“费率提取”功能，软件自动将当前模板的各专业的人工费调整费率填写到模板中。

应用模板：可在当前界面功能区点击“为定额批量套用综合单价模板”选择单位工程及应用范围对整个工程批量应用模板；也可在单位工程定额上，下部信息区-单价计算中手动下拉列表中选择模板。

计算模板　01 综合单价简单优惠模板【建筑与装饰】　说明：单独设置 与模板一致

01 综合单价简单优惠模板【综合】
01 综合单价简单优惠模板【建筑与装饰】
01 综合单价简单优惠模板【安装】
01 综合单价简单优惠模板【市政】

费用编号	费用名称	计算公式	费率	金额（元）	计价表字段	单价分析变量
A	人工费	A.1+A.2		775.56	人工费	
A.1	定额人工费	定额人工费		552.00		
A.2	人工费调整	定额人工费*费率+人工价差	40.5%	223.56		
B	材料费	B.1+B.2+B.3			材料费	
B.1	定额材料费	定额材料费				

单价计算　子目信息　定额换算

图 25-31 计算模板

25.5 编辑措施费用

措施项目清单主要分为总价措施项目及单价措施项目。单价措施项目编辑同分部分项清单一致，本节主要介绍如何编制总价措施项目清单。

(1)调用模板。措施项目清单按新建时选择的计价模式配置有默认的措施模板，用户可直接在该模板上进行编辑，也可在段落上右键选择“调用措施项目模板”，选择需要的模板替换当前段落内容。修改后的模板也可右键保存为措施项目清单模板。

(2)修改公式。序号列中含“计”字的行为公式计算行，公式计算行的工程量列显示为公式，软件按规范等默认有计算基础，可双击公式弹出“计算公式编辑”窗口，如图 25-32 所示。

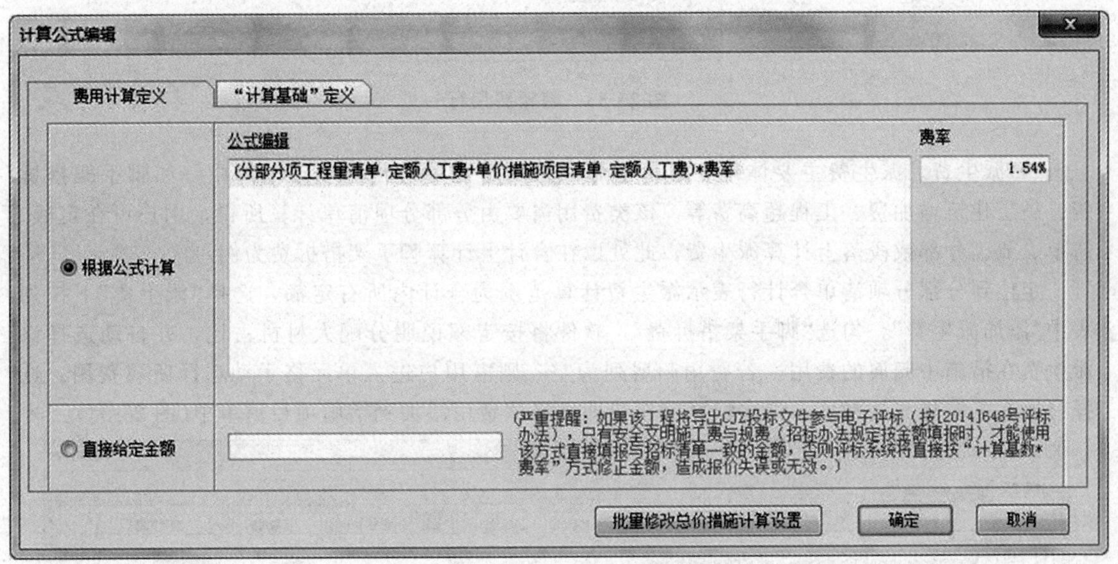

图 25-32 “计算公式编辑”窗口

当前行根据公式计算时，单击“公式编辑”，在弹出窗口中选择对象及分量进行公式编辑，编辑完成后单击【确定】按钮即可运用该公式计算费用；在公式编辑窗口中，可选择“批量修改总价措施计算设置”对当前或所有单位工程措施项目批量修改公式。

当前行直接给定金额时，选择“计算公式编辑”窗口下方“直接给定金额”输入对应金额即可。

当无需显示公式时，可选择“费用属性”下拉列表中“置为‘直接录入费用’行”。

(3)编辑费用行。序号列中含“费”字的行为费用录入行。在计价表中插入空行，在项目名称列输入费用名称，该行默认为费用录入行。公式计算行直接输入编号、工程量、单价即可。也可在费用行上选择“费用属性”下拉列表中“置为‘公式计算费用’行”，如图 25-33 所示。

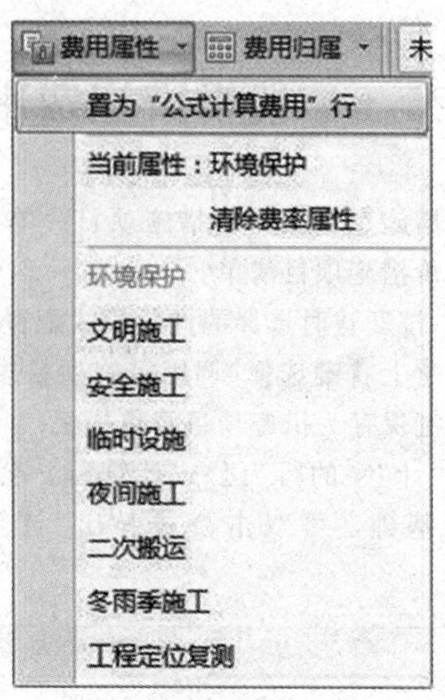

图 25-33　编辑费用行

(4)派生费。派生费主要体现在总价措施项目清单和单价措施项目清单中，如脚手架搭拆费、高层建筑增加费、工程超高费等。该类费用需要由分部分项清单计算所得，用户可在定额、清单、节、分部或段落上计算派生费，此处以在合计上计算脚手架搭拆费为例。

定位到分部分项清单合计行表示派生费计算范围为合计内所有定额，选择“派生费”下拉列表中“添加派生费”，勾选“脚手架搭拆费”，软件将按定额说明分配人材机占比，并自动选择该派生费在措施中归属的费用，若费用归属列为空，则需用户进入单元格手动选择所属费用。选择好所有需添加派生费后，单击【确定】按钮即可将该费用添加到措施项目清单中(图 25-34)。

派生费用计算

费用定义　自定义费用变量列表

费用名称	计算公式	费率(%)	人工占比(%)	材料占比(%)	机械占比(%)	计取对象	费用归属
电气 CD							
☑ 脚手架搭拆费(10KV以下架空线路除	定额人工费VG*费率/100	15	25	75		段落自身	031301017
高层建筑增加费(CD)	定额人工费VF*费率/100						
工程超高增加费(CD)	定额人工费VF*费率/100						
消防 CJ							
脚手架搭拆费(CJ)	定额人工费VL*费率/100						
高层建筑增加费(CJ)	定额人工费VL*费率/100						
工程超高增加费(CJ)	定额人工费VL*费率/100						
给排水 CK							
脚手架搭拆费(CK)	定额人工费VM*费率/100						
高层建筑增加费(CK)	定额人工费VM*费率/100						
工程超高增加费(CK)	定额人工费VM*费率/100						
空调水工程系统调试费(CK)	定额人工费VM*费率/100						
采暖工程系统调整费(CK)	定额人工费VM*费率/100						
通风 CG							
脚手架搭拆费(CG)	定额人工费VJ*费率/100						
高层建筑增加费(CG)	定额人工费VJ*费率/100						
超高增加费(CG)	定额人工费VJ*费率/100						
系统调整费(CG)	定额人工费VJ*费率/100						

公式中不使用自定义费用变量

说明：软件默认是按照“专业范围记取”计取对象派生费用，要区分自定义变量指定的定额集合！如果不按照专业范围计取派生费请将“✓”勾上。

自定义费用　确定　取消

C目25	031301017001	脚手架搭拆	1	项	940.51	940.51	235.13	235.13	705.38	705.38
C计9		脚手架搭拆费(10KV以下架空线路除外 CD)	F派1	〈费率〉	940.51	940.51	235.13	235.13	705.38	705.38

图 25-34　派生费用计算

25.6 其他项目及签证索赔

(1)其他项目清单。其他项目清单编制方式同措施项目清单一致，软件设有默认的其他项目清单模板，用户可自行编辑后进行保存及调用。

1)暂列金额。在默认配置中暂列金额由分部分项及措施项目清单合计乘以费率所得，用户可自行修改计算基础或双击公式选择直接给定金额来计算暂列金额。

2)暂估价。暂估价分为两部分：第一部分为材料(工程设备)暂估价，由工料机汇总表中设置所得，无需进行编辑，该部分不可删除。

第二部分为专业工程暂估价，软件在该段落下预留有空行，直接在项目名称列输入费用名称，填写编号、单位及单价；需要输入多条费用时在段落中插入空行进行编辑即可，如图 25-35 所示。

Q段1.2	2	2	暂估价					
Q费1 ✓	2.1		材料(工程设备)暂估价/结算价			项		
Q段1.2.	2.2		专业工程暂估价/结算价					
Q费2 ✓	2.2.1		某专业工程暂估价		1	项	10000.00	10000.00
Q段1.2.			小计					10000.00
Q段1.2			小计					10000.00

图 25-35　暂估价

3)计日工。人工计日工中默认有常用计日工类型，用户输入工程量及单价即可；计日工单价可在费用行上右键选择“零星人工单价查询”，根据工程所在地区及执行开始时间选择计日工单价，如图 25-36 所示。

零星人工单价查询

所在地区：成都市区

执行开始时间：✓2020年1月1日

工种	单价	备注	所在地区
土建、市政、园林绿化、抹灰工程、构筑	97	适用于2015清单定额	成都市区
土建、市政、园林绿化、构筑物、城市轨	119	适用于2015清单定额	成都市区
土建、市政、园林绿化、抹灰工程、构筑	127	适用于2015清单定额	成都市区
装饰普工（抹灰工程除外）-15	108	适用于2015清单定额	成都市区
装饰技工（抹灰工程除外）-15	147	适用于2015清单定额	成都市区
装饰细木工-15	169	适用于2015清单定额	成都市区
通用安装技工、普工-15	137	适用于2015清单定额	成都市区
建筑、市政、城市轨道交通、园林绿化、	97	适用于2009清单定额	成都市区
建筑、市政、城市轨道交通、园林绿化、	119	适用于2009清单定额	成都市区

选用　关闭

图 25-36　“零星人工单价查询”对话框

材料及机械根据工程实际情况录入费用。

综合费默认为公式计算行，填写计算公式及费率即可计算综合费金额。

4)总承包服务费。软件已经所含费用默认在计价表中，双击工程量列单元格，根据工程实际要求选择对应的计取模式进行填写。

(2)签证及索赔项目清单。签证及索赔项目清单的编辑同分部分项及措施项目清单一致，可根据建设工程过程中产生的签证及索赔选用清单或直接录入费用进行计算。

25.7 工料机汇总表

工料机汇总表是计价表中人工、材料及机械的综合汇总。在该表中可对工料机进行调价等批量设置。

(1)块选。在工料机汇总表中，经常需要选中多条材料进行批量设置，此时可用“块选”功能快速选中材料进行调整。

定位到需要选择的第一条材料上，单击块选下拉列表中“设置块首”或按 F5 键即选中第一条材料；定位到需要选择的最后一条材料上，单击块选下拉列表中“设置块尾”或按 F6 键即可选中两条材料间所有材料，选中的材料为黄色背景，如图 25-37 所示。

40590010	水	m3	2362.063	2.00	2.40	录入
JX000002	汽油(机械)	kg	18.234	9.00	8.89	录入
40010540	水泥 42.5	kg	35754	0.45	**0.45**	录入
40070030	中砂	m3	578.591	70.00	**50.00**	录入
40070090	砾石 5~40mm	m3	625.386	40.00	40.00	录入
56100060	其他材料费	元	29145.24	1.00	1.00	录入
44890060	商品混凝土 C35	m3	1010	370.00	**370.00**	录入
40050171	烧结多孔砖(KP1型) 240	千匹	4.525	340.00	330.00	录入
UR000009	页岩砖	千匹	4.594	400.00	400.00	录入
40010530	水泥 32.5	kg	290938.83	0.40	0.40	录入
40090230	石灰膏	m3	3.998	130.00	130.00	录入
40070040	细砂	m3	32.486	60.00	92.00	录入
40050173	烧结空心砖	m3	190.026	130.00	132.00	录入
40070120	砾石 20~80mm	m3	175.388	30.00	**30.00**	录入
48170120	二甲苯	kg	2.753	4.00	4.00	录入
47190030	聚氨酯磁漆	kg	8.928	19.00	19.00	录入
40070080	砾石 5~20mm	m3	172.48	45.00	**44.00**	录入

图 25-37　块选

单击块选下拉列表中选择“全选”或按 F4 键可选中当前界面所有行；单击块选下拉列表中选择“取消块定义”或按 F7 键可取消当前表中所有块选。

除工料机汇总表中可以使用块选外，分部分项工程量清单、措施项目清单等计价表中同样可以使用块选功能。

(2)自动行高。用户可根据自己的表格需求，选择“表格自适应行高”“表格置最小行高”，如图 25-38 所示。

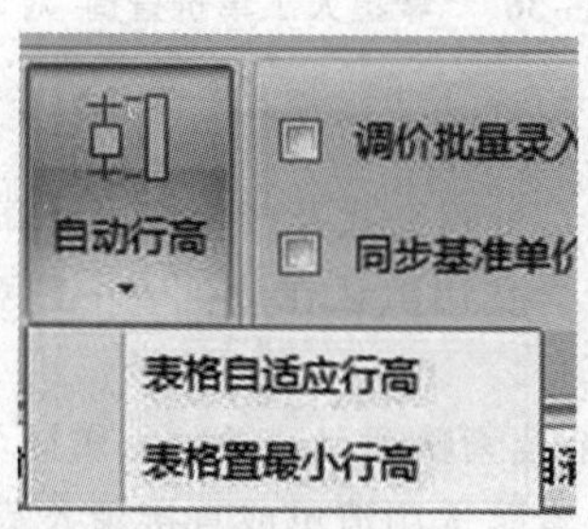

图 25-38　自动行高

(3)材料调价。

1)单条材料查价及调价。选中需查询价格的材料，在工料机汇总表下面选择价表来源，以信息价为例，选择期刊名称、地区(也可不选)，单击【查询】按钮，即可查询到当前材料在价表中的价格，双击价格或单击【采用】按钮即可对当前材料进行调价，如图 25-39 所示。

序号	名称	规格型号	单位	价格	区域	期刊	采用
1	水泥	P.O42.5R(散装) 都江堰	t	500.02 (税前)	温江区	成都市2020.04期信息价表	采用
2	水泥	P.O42.5R(袋装) 都江堰	t	508.88 (税前)	温江区	成都市2020.04期信息价表	采用
3	水泥	P.O42.5R(袋装) 都江堰	t	486.75 (税前)	都江堰市	成都市2020.04期信息价表	采用
4	水泥	P.O42.5R(散装) 都江堰	t	455.77 (税前)	都江堰市	成都市2020.04期信息价表	采用
5	水泥	P.O42.5R(袋装) 各地综合	t	548.7 (税前)	大邑县	成都市2020.04期信息价表	采用
6	水泥	P.O42.5R(袋装) 各地综合	t	513.3 (税前)	郫都区	成都市2020.04期信息价表	采用

图 25-39　单条材料查价及调价

运用市场价、企业云材价库、个人云材价库、本地材价库查询价格时步骤大致相同，其他市场价需登录四川材价网账号，企业云及个人云材价库需登录宏业云账号进行查看。

2)批量调价。

①使用调价表调价。使用调价表调价时可选择价表来源。软件中价表来源包含信息价、企业云价表、个人云价表、本地价表。信息价和本地价表内置于软件中可直接选用；企业云价表和个人云价表为宏业云保存数据，需登录宏业云账号进行使用。各价表调价方式基本一致，此处以信息价进行调价为例。

如图 25-40 所示，选择年度、地区及价表，一次可选择一个或多个价表，选择多个价表时，单击【下一步】按钮，可调整价表优先调价顺序及占比，设置好后单击【确定】按钮即可对当前单位工程所有材料进行调价。

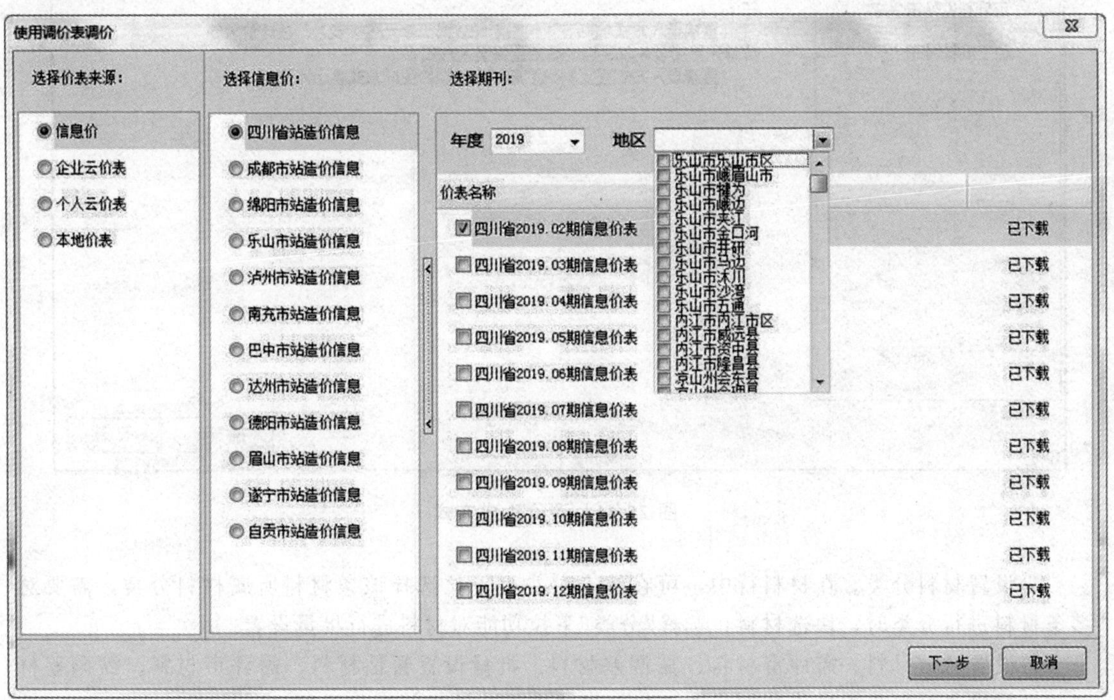

图 25-40　使用调价表调价

②使用计算式调价。块选需要调价的材料，单击该功能，弹出“材料批量调价”窗口，用户可以基价或调价为基础对材料进行批量调价。

③使用当前/其他工程内价格调价。单击该功能，弹出“单位工程工料机汇总表价格查看”窗口，单击需要借用的单位工程，软件将根据材料名称、单位、基价为依据自动进行匹配，匹配上的材料可选择右下方功能“置[调价 B]为[调价 A]”功能对当前功能进行调价，所有材料处理完毕之后单击【修改应用】即完成调价。

3)设置调价方式。在增值税中套用 2015 定额时，定额材料基价为含税价，若未查询到材料的不含税价，可通过含税价及调整系数得到不含税价。

单条材料和多条材料的调整方式大致相同。单条材料直接在材料所在行进行处理，多条材料调整可块选材料后选择“设置调价方式”下拉列表对材料进行批量调整。现以设置单条材料调价方式为例。

已知材料不含税价时，直接将价格填入调价列，此时调价生成方式为录入。

仅有材料基价时，在调价生成方式列单元格中下拉弹窗选择“定额基价除税生成”，根据材料类别，选择对应除税系数即可计算出不含税价。

已知材料含税价时，将含税价填入到含税信息价列中，在调价生成方式列单元格选择“自定系数调整”，输入调整系数，软件将自动计算出不含税价填入到调价中，如图 25-41 所示。

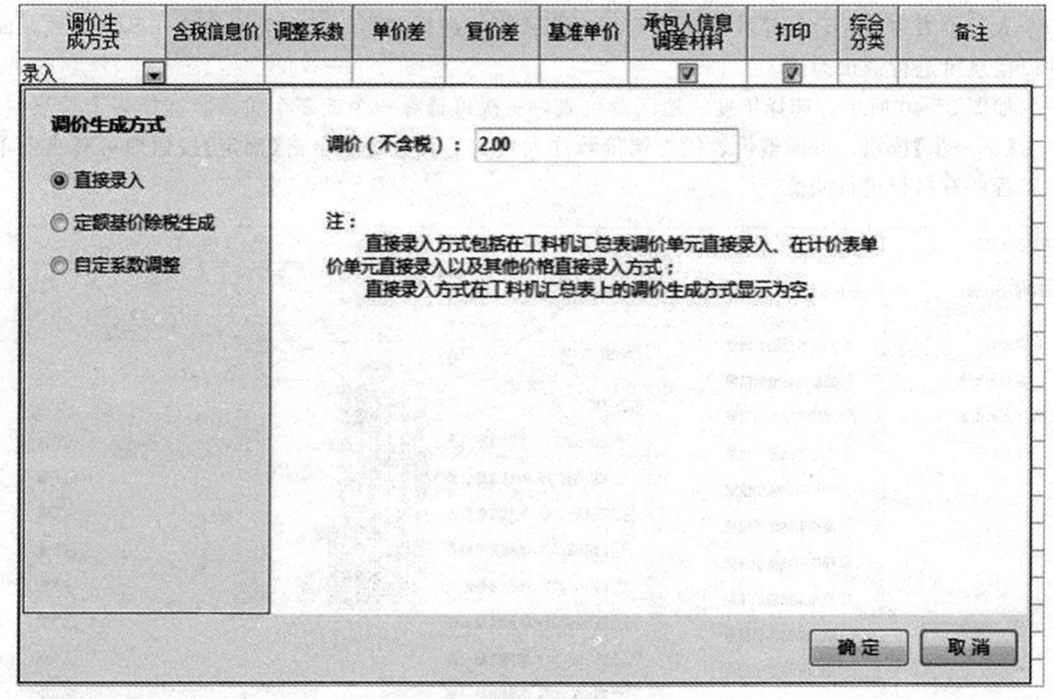

图 25-41　调价生成方式

4)设置材料分类。在材料行中，可在综合分类列下拉选择该条材料所属材料分类，需要对多条材料进行分类时，块选材料，选择“分类”下拉功能对材料进行批量设置。

5)设置暂估材料、需评审材料、需调差材料。批量设置暂估材料、需评审材料、需调差材料与批量设置材料分类操作相似，块选材料再单击该功能进行批量设置。

设置单条暂估材料，可双击该材料调价；调价背景为粉红色，字体加粗则表示该材料为暂估材料；材料整行背景为绿色表示该条材料为需评审材料，如图 25-42 所示。

	40070030	中砂	m3	578.591	70.00	50.00	录入
	40070090	砾石 5～40mm	m3	625.386	40.00	40.00	录入

图 25-42　设置单条暂估材料

整个工程的暂估材料及需评审材料需在工程项目-招(投)标清单中查看。

6)查看。选择“查看-查看当前工料相关定额”功能或双击材料名称，弹出表格可查看计价表中含有当前材料的定额，双击定额可定位到计价表中该定额的位置。

7)应用调价。在工料机汇总表中修改材料调价，计价表中材料价格也会同步修改，若在调价过程中无需计价表材料价格同步，可勾选“调价批量录入统一计算”，勾选后计价表价格不会随着材料调价进行变化，所有调价完成后，需单击【应用调价计算】，如图 25-43 所示。该功能根据调价后材料价格重新计算计价表价格。

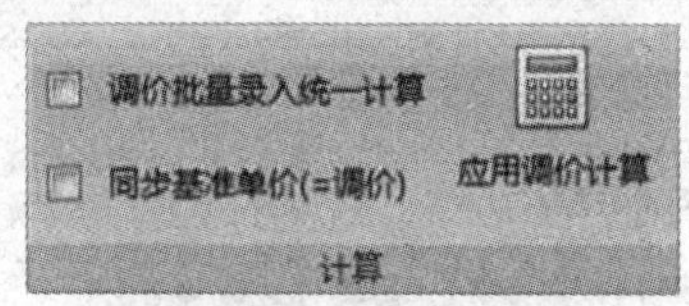

图 25-43　应用调价

8)表头设置。工料机汇总表中包含材料的各类信息，某些信息属于非必要信息，当不需要填写该类信息时，可选择“表头”功能，将不需要的信息列进行隐藏。

25.8　按实计算费用表

按实计算费用表为当前工程按实计算部分，可在该表中填写按实计算的工程项目，如图 25-44 所示。

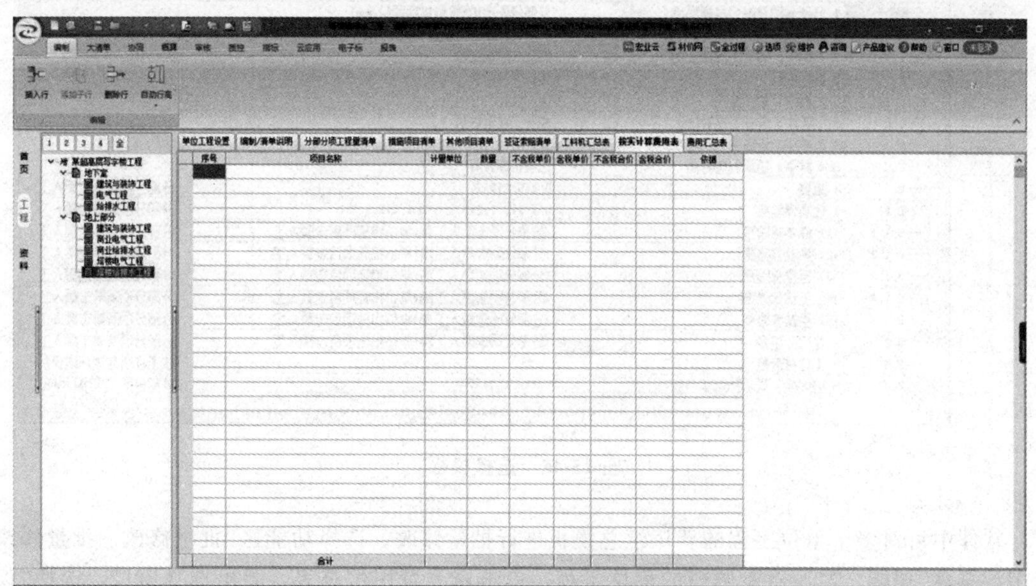

图 25-44　按实计算费用表

25.9 费用汇总表

费用汇总表为当前单位工程的金额汇总，可在该表中查看各计价表的金额并进行规费和税金等的计算。

(1)选择模板。软件根据计价模式的不同，默认的费用汇总模板也不同，用户可根据需要，在“费用汇总表模板”下拉列表中选择其他模板。也可将修改后的模板进行保存，以便下次直接调用，如图 25-45 所示。

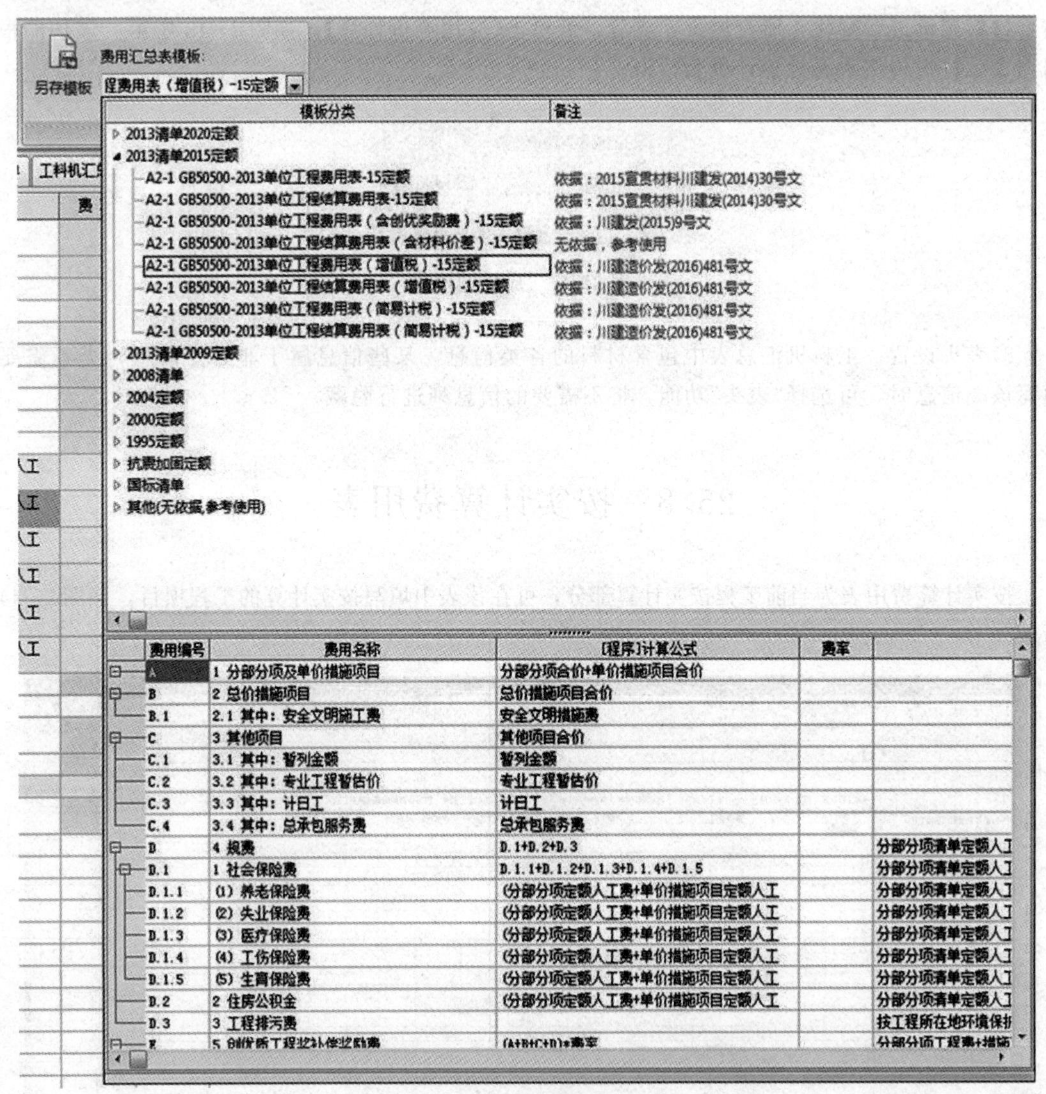

图 25-45 选择模板

软件中可对多个单位工程的费用汇总模板进行批量修改。选择功能区“批量修改—批量修改费用汇总表”功能，勾选需要调整的单位工程，单击修改费用汇总表，弹出选择窗口，选择“仅修改相关费率”输入规费税金费率即可；选择“修改模板(含费率)”需要选择模板输入费率后确定即可完成批量替换费用汇总表。

(2)编辑汇总表。当需要在表格中增加费用时，首先插入一空行，如需在D规费前新增费用，则在D上方插入空行。由于软件会根据费用编号自动排序，在表格中间插入费用时需将其后费用编号后移一位，单击【调整编号】，在弹出窗口中，调整范围选择>=D，调整方法选择后移1个字母位，单击【确定】按钮，调整内容及效果如图25-46所示。

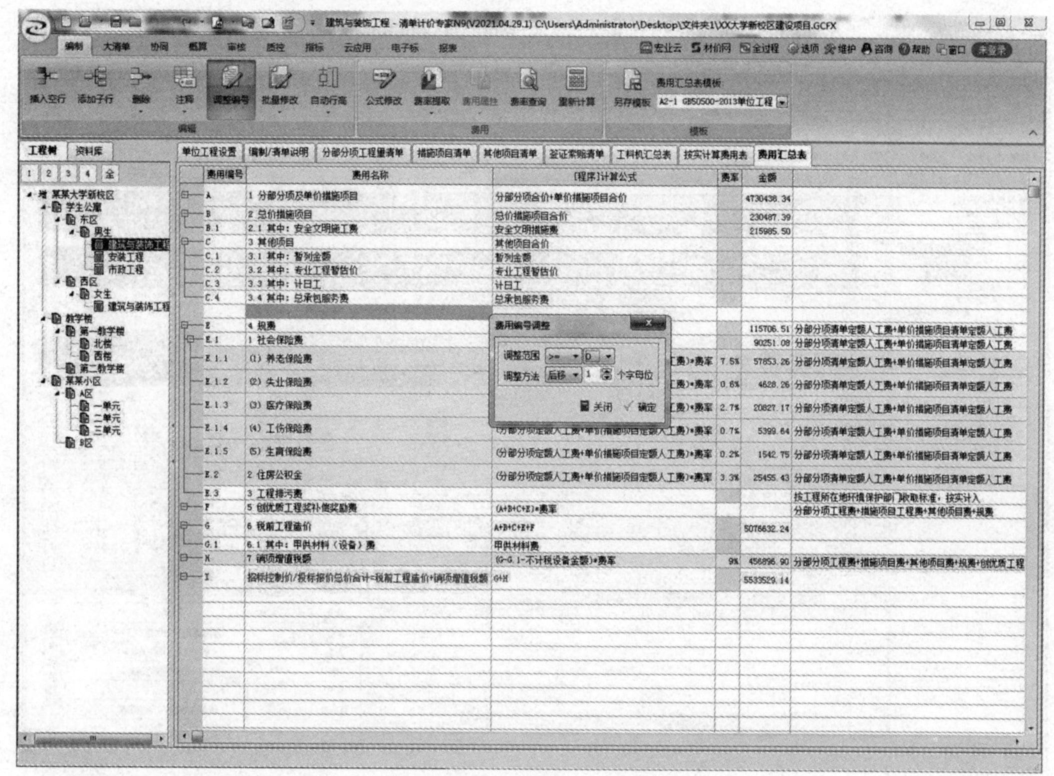

图25-46 调整内容及效果

调整编号完成后，在空行的费用编号列输入字母D，再填写费用名称及计算公式、费率等即可。

当需要批量修改所有单位工程某费用名称时，可在该费用行上选择功能区“批量修改—批量修改费用项目名称”功能，弹窗中输入修改后的费用名称即可。

费用汇总表中其他操作如公式修改、费率提取、费用属性、费率查询等与措施费用行功能基本一致。

25.10 其他辅助功能

(1)块选。块选的详细操作在工料机汇总表中已进行介绍；块选功能主要用于选中段落、清单、定额、材料等进行批量复制、删除、修改等，避免重复操作，提高用户的编制效率。

(2)批量修改。在计价表中，用户可为定额批量套用综合单价模板，也可在计费设置中为单位工程统一套用综合单价模板，可批量修改措施费率、批量修改费用汇总表、批量修改项目特征、清楚计价表所有工程量计算式、生成招标清单、去除组价内容、清除计价表备注及附注。

(3)标记颜色。在计价表中，用户可通过标记颜色功能将同类型数据进行标记以便快速找到想要的数据。

定位到需要标记的数据行，选择功能区或右键“标记颜色”功能，弹出“标记颜色”窗口，选择某一颜色即可进行标记；标记颜色共六种，用户可在“选项”功能颜色设置区域进行标记色自定义，如图 25-47 所示；标记颜色下拉列表中还包含取消标记和查找标记等功能。

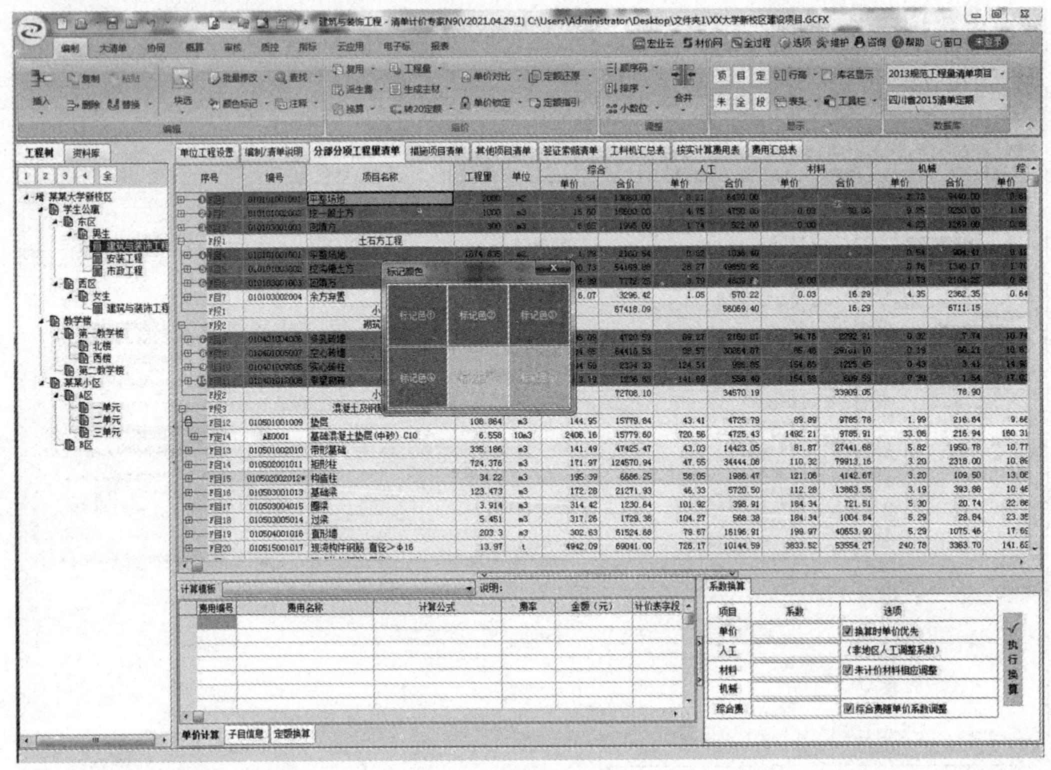

图 25-47 “标记颜色”窗口

除功能区和右键功能可以进行标记外，用户可使用快捷功能进行标记：

Ctrl＋1Ctrl＋2Ctrl＋3Ctrl＋4Ctrl＋5Ctrl＋6：为当前行(或定义块)设置对应颜色的标记；

Ctrl＋0：取消当前行(或定义块)标记设置；

Ctrl＋Shift＋0：取消计价表所有标记设置；

Alt＋1Alt＋2Alt＋3Alt＋4Alt＋5Alt＋6：从当前行开始向下查找对应颜色的标记行；

Alt＋0：从当前行开始向下查找标记行(不分标记种类)；

Ctrl＋Alt＋1…Ctrl＋Alt＋6：从当前行向上查找对应颜色标记行；

Ctrl＋Alt＋0：从当前行开始向上查找标记行(不分标记种类)。

(4)查找。单击“查找”功能或使用快捷键 Ctrl＋F，弹出查找窗口，输入需要查找的内容及查找字段、范围等信息可快速查找需要的数据。该功能在各计价表和工料机汇总表中可使用。

(5)组价复用。组价复用功能主要用于将一个清单下的组价定额(包括定额换算、综合单价模板)直接复用到另一个清单下。如一个小区，各栋楼的清单基本一致时可使用该功能。

在需要借用或被借用的计价表中单击【复用】下拉列表中选择使用范围，弹出如图 25-48 所示“获取需要复用组价内容的目的清单”窗口。若需要将当前组价内容(已组价工程)复用至其他工程，直接单击“选择目标单位工程”选择需要复用的单位工程；若当前工程(未组价工程)需要借用其他单位的组价内容时，需要单击窗口中间“换向”按钮进行换向后再选用工程；选择工程后弹出自动建立复用关联窗口，勾选匹配条件和范围后单击“确定”按钮，软件将根据选择的匹配条件进行匹配，匹配后单击“确定”按钮即可完成复用，借用了组价内容的清单将标记为绿色背景。

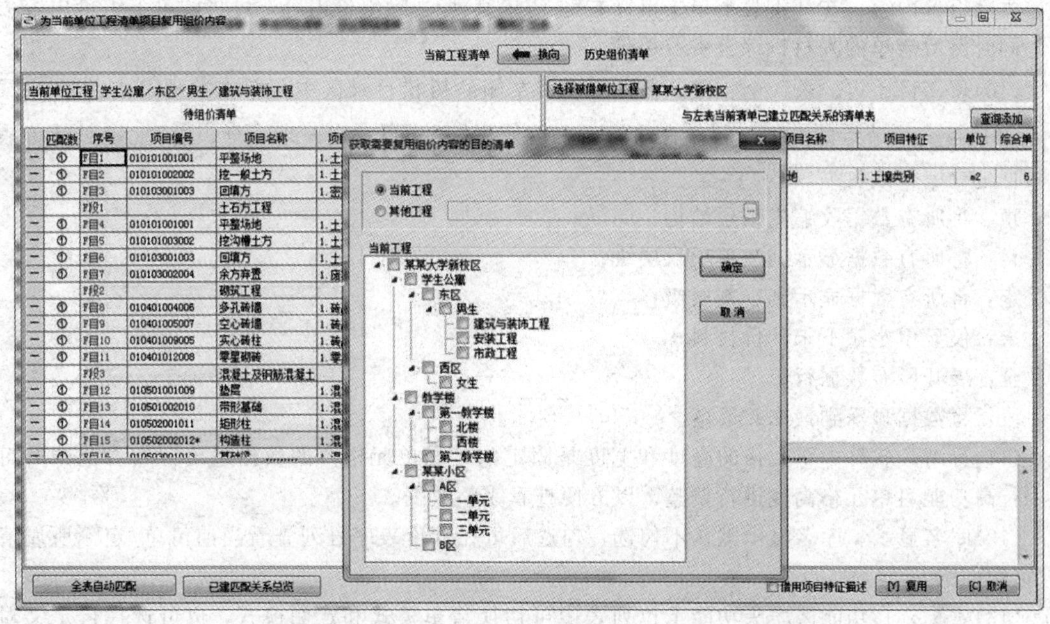

图 25-48　“获取需要复用组价内容的目的清单”窗口

(6)生成主材。生成主材功能主要用于安装工程中添加主材时，可选择按清单或定额名称自动生成主材名称，减少反复添加材料的过程；该功能仅允许在定额上使用，如图 25-49 所示 。

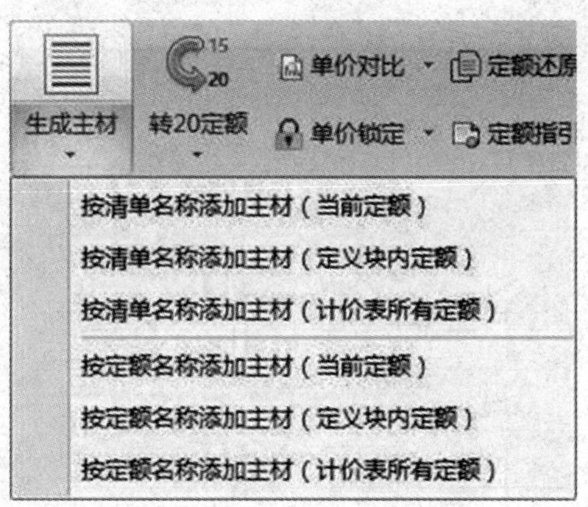

图 25-49　生成主材

(7)转 20 定额。区别于工程项目上的“转换为 20 模式工程”，该功能主要用于将选择范围内的 2015 定额转换为 2020 定额；转换后可批量删除不需要的非 20 定额。

(8)单价对比。清单综合单价及顺序码横向对比功能可将当前工程中所有基础编码相同的清单进行对比查看，便于用户对同一清单进行对比修改。

(9)单价锁定、去除组价内容。在清单结算时有一个重要原则是“综合单价不变”，而且结算通常不需要详细的组价内容，因此软件提供了“单价锁定”和“去除组价内容”两项功能。

单价锁定：在功能区“单价锁定”下拉列表中选择“单价锁定_计价表上所有项目清单”功能可将当前计价表所有清单单价进行锁定，锁定后可直接修改清单单价，软件会根据闭合字段及清单单价＝人工费＋材料费＋机械费＋综合费的规则进行闭合处理。

去除组价内容：在计价表上单击鼠标右键-清单其他-去除组价内容，可将清单下组价内容去除，同时保留清单的人材机综合费及单价。

(10)顶、目、定、未、全、段。在计价表最左侧的树状目录区中可单击数据节点前的⊞或⊟展开或折叠该节点的数据子行。在功能区中可使用“顶、目、定、未、全、段”批量对计价表的数据进行展开或收缩。

顶：将所有数据收缩到顶层结构；

目：将所有数据显示到清单项目层级；

定：将所有数据显示到定额层级；

未：仅显示定额下未计价材料；

全：展开所有数据行；

段：将数据显示到最末级段落。

(11)行高。软件中单元格的高度和宽度是固定的，当单元格内的数据超出可查看范围时可使用行高功能对单元格高度进行调整，以方便查看完整数据。

(12)库名显示。库名显示默认不勾选，勾选后可在计价表序号列查看当前清单/定额所属清单/定额库。

(13)表头。在功能区表头功能下拉列表中可切换清单模式和定额模式，也可选择自定义对计价表列进行隐藏和显示。

(14)工具栏。在工具栏下拉列表中可勾选或取消勾选工程树、下部信息区对左侧和下部工具栏进行显示和隐藏。

第 26 章　大清单

本章内容

创建大清单、母版编制、工程量填写任务分发、汇总工程量、拆分大清单。

大清单功能将大清单母版编制、工程量集中填写、任务分发汇总、大清单一键转换成小清单、指标数据分析等功能集成于一体，大大地缩短了编制时间，提高了编制效率。

26.1　创建大清单

新建工程，一级导航栏切换到大清单模块，单击【新建大清单】按钮，弹出“子项工程设置”窗口，输入单项工程、单位工程、工程规模等数据，填写完成后单击【确定】按钮即可建立大清单母版，如图 26-1 所示。不同专业大清单建议分开建立。

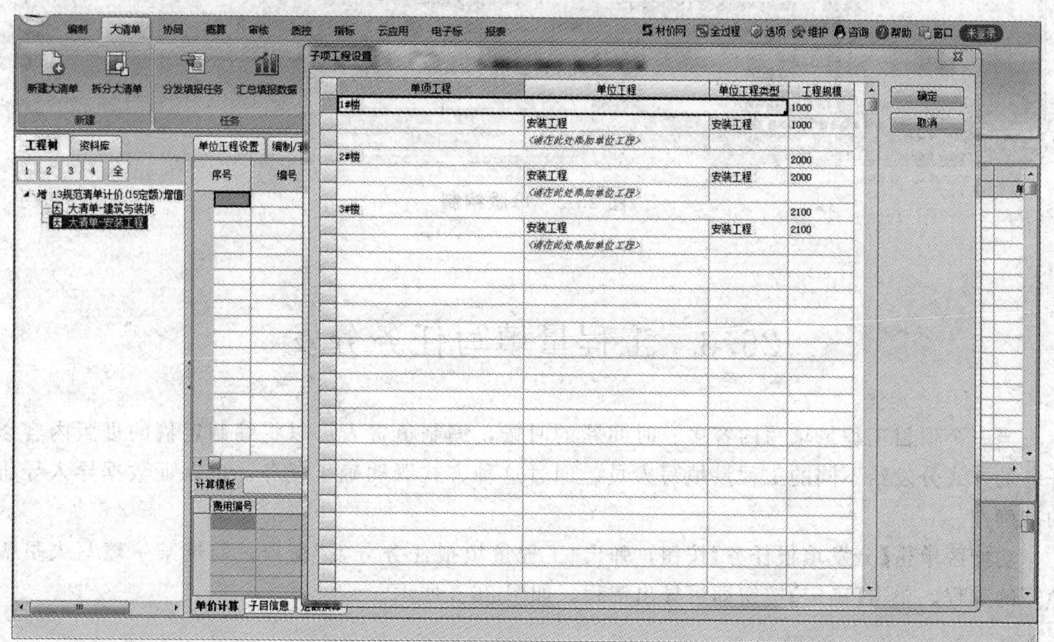

图 26-1　“子项工程设置”窗口

26.2　母版编制

母版编制主要是完成清单项目、编写清单项目特征、定额组价，通过这样的操作保证了拆分下去后的不同单位工程的清单保持一致性，如图 26-2 所示。

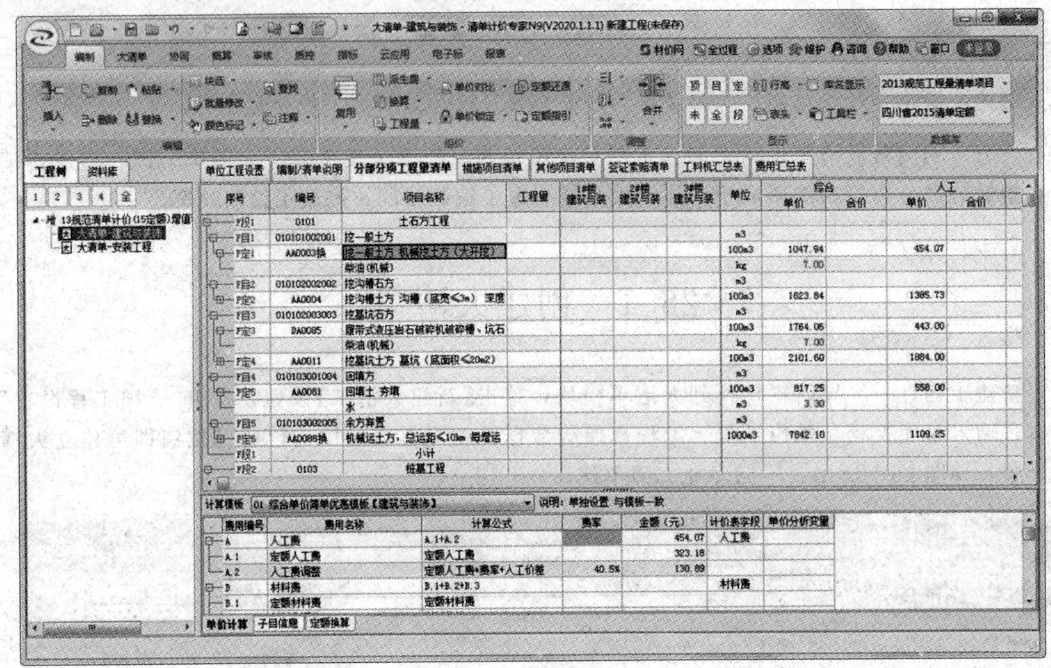

图 26-2　母版编制

26.3　工程量填写任务分发

当一个项目工程量填写内容多、时间紧的时候，编制负责人可以将编制定稿的母版内容以任务的方式分发给不同的工程量填写人员。通过这种方式既明确了任务，也保证数据导入导出的准确性。

功能区单击【分发填报任务】按钮，弹出“工程量填报任务分发”窗口，勾选某一填写人员需填写的工程，单击【确定】按钮即可导出工程，如图 26-3 所示。

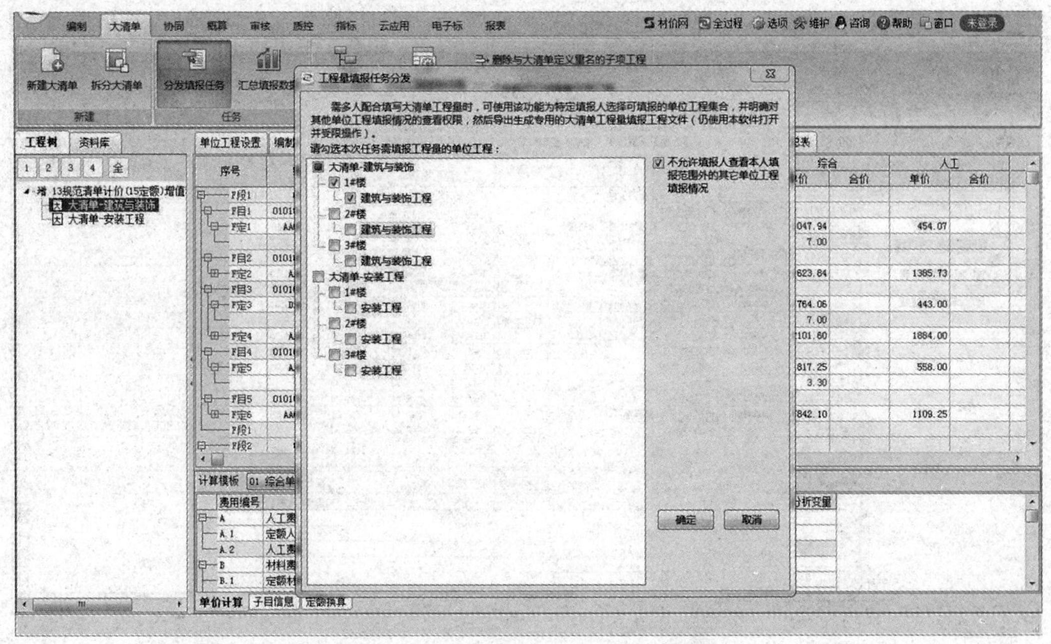

图 26-3 “工程量填报任务分发”窗口

26.4 汇总工程量

工程量填写人员填写完成后将工程返回给编制负责人，此时编制负责人需打开大清单母版工程，单击【汇总填报数据】将返回的工程导入大清单母版中来填入工程量。

26.5 拆分大清单

工程量汇总后，选择“拆分大清单”功能，将大清单拆分为普通工程即可进行招投标等后续工作，如图 26-4 所示。

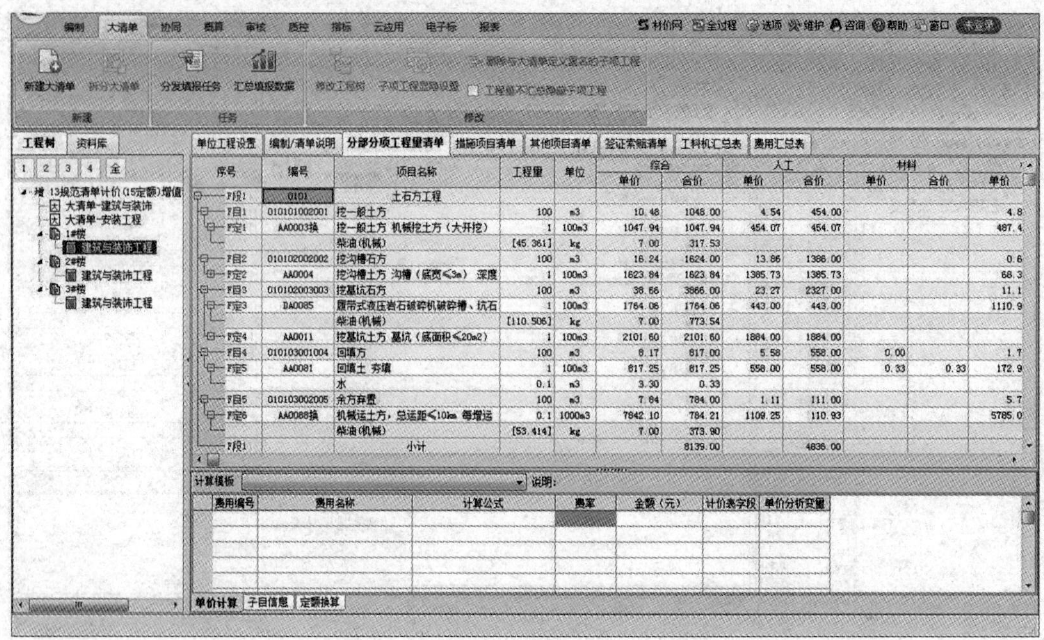
编制
大清单
协同
概算
审核
质控
指标
云应用
电子标
报表
新建大清单
拆分大清单
分发填报任务
汇总填报数据
修改工程树
子项工程显隐设置
删除与大清单定义重名的子项工程
工程量不汇总隐藏子项工程
新建
任务
修改
工程树
资料库
单位工程设置
编制/清单说明
分部分项工程量清单
措施项目清单
其他项目清单
签证索赔清单
工料机汇总表
费用汇总表
计算模板
说明:
费用编号
费用名称
计算公式
费率
金额（元）
计价表字段
单价分析变量
单价计算
子目信息
定额换算

图 26-4　拆分大清单

第 27 章　协同

负责人创建协同任务，编制人下载、编辑、上传任务，负责人下载更新工程，各角色权限说明。

27.1　负责人创建协同任务

项目负责人在软件中创建好工程树结构。单击“协同”页签，选择“置为协同任务工程”，弹出“置为协同任务”窗口，如图 27-1 所示。项目负责人需给每个工程节点分配编制人及审核人并选择可随时查看工程进度情况的知会人。注：置为协同任务工程前需在右上角登陆宏业云账号。

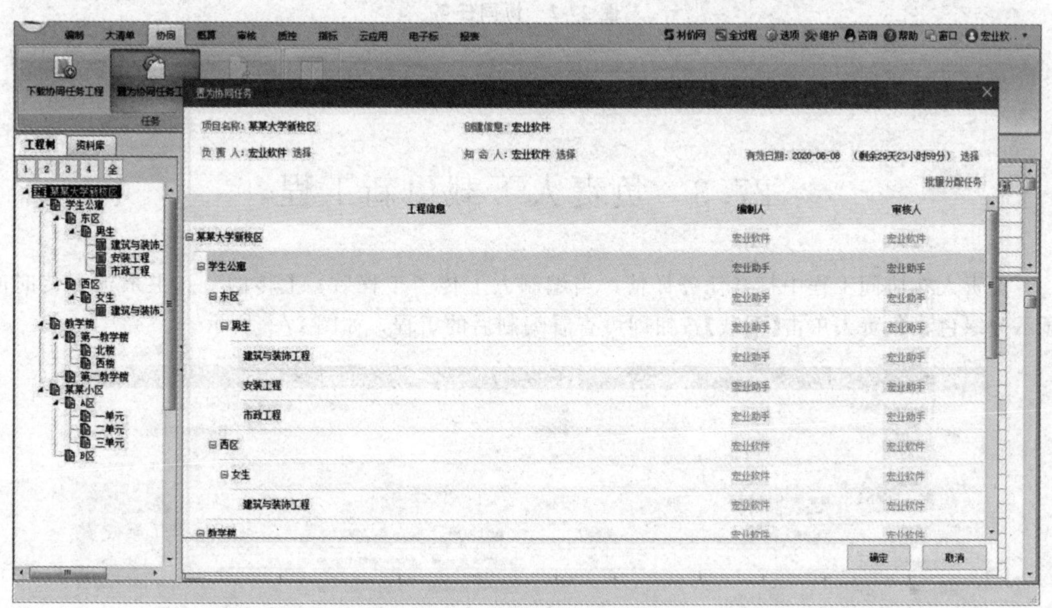

图 27-1　“置为协同任务”窗口

27.2　编制人下载、编辑、上传任务

工程置为协同任务后，协同任务中其他成员可通过“下载协同任务工程”将协同任务中自己分配到的子项工程下载到本地进行编辑。

协同工程会在项目层级添加“协同”与“灯泡”标志。“协同”表示当前工程为协同工程，单击效果与功能区中的“任务详情”相同，可查看该协同任务详细信息；“灯泡”是协同任务内的新消息提醒，当有新消息未处理时，灯泡闪烁，单击后可查看未读消息。协同任务也可以通过“转换为普通工程”独立于协同任务，如图 27-2 所示。

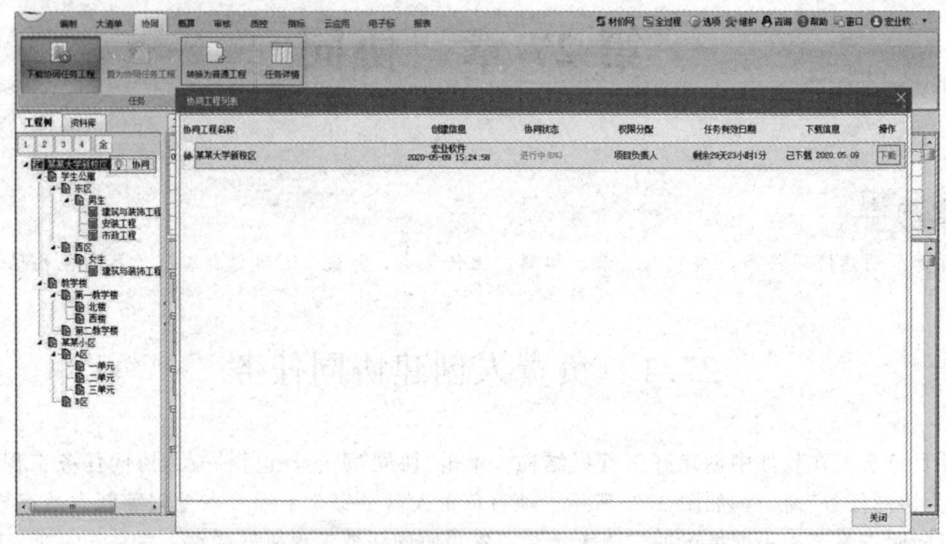

图 27-2　协同任务

编制人下载任务后对工程进行编辑，编辑完成后在任务详情中进行上传即可。

27.3　负责人下载更新工程

负责人在协同工程中打开任务详情，当编制人上传了工程后，上传的节点上最近上传时间显示为绿色，负责人单击【下载】按钮即可查看编制后的工程，如图 27-3 所示。

任务协同

项目名称：某某大学新校区　项目负责人：宏业软件　创建信息：宏业软件 2020-05-09 15:24

协同状态：进行中 (0%)　项目知会人：宏业软件　有效日期：2020-06-08 (剩余29天22小时36分)　编辑

批量分配任务　新增子项工程　删除子项工程　删除协同任务

数据同步 | 任务分配 | 留言板 | 协同日志 | 工程造价　刷新

工程信息	形象进度	最近上传时间	最近下载时间	锁定人	操作
某某大学新校区	0%	2020-05-09 15:24:58	2020-05-09 15:24:58		锁定 上传 下载
学生公寓	0%	2020-05-09 15:24:58	2020-05-09 15:24:58		锁定 上传 下载
东区	0%	2020-05-09 15:24:58	2020-05-09 15:24:58		锁定 上传 下载
男生	0%	2020-05-09 15:24:58	2020-05-09 15:24:58		锁定 上传 下载
建筑与装饰工程	0%	2020-05-09 15:40:58	2020-05-09 16:39:04		锁定 上传 下载
安装工程	0%	2020-05-09 15:24:58	2020-05-09 15:24:58		锁定 上传 下载
市政工程	0%	2020-05-09 15:24:58	2020-05-09 15:24:58		锁定 上传 下载
西区	0%	2020-05-09 15:24:58	2020-05-09 15:24:58		锁定 上传 下载
女生	0%	2020-05-09 15:24:58	2020-05-09 15:24:58		锁定 上传 下载
建筑与装饰工程	0%	2020-05-09 15:24:58	2020-05-09 15:24:58		锁定 上传 下载
教学楼	0%	2020-05-09 15:24:58	2020-05-09 15:24:58		锁定 上传 下载
第一教学楼	0%	2020-05-09 15:24:58	2020-05-09 15:24:58		锁定 上传 下载

图 27-3　任务协同

27.4 各角色权限说明

协同任务详情中包含工程项目信息、数据同步、任务分配、留言板、协同日志、工程造价六个部分，协同任务中包含项目负责人、知会人、编制人、审核人四种角色，各个角色在各个板块的权限稍有不同。

工程项目信息部分：

项目负责人可以修改项目名称、负责人、知会人、任务有效期，开启、关闭协同任务，批量分配任务，新增、删除子项工程和删除协同任务。

任务有效期是指协同任务在云端储存的时间长短，可以由项目负责人修改、延长，超时的任务将自动删除。

关闭协同任务是暂时禁止非项目负责人对协同任务进行任何修改，可由项目负责人重新开启。

数据同步部分：

编制人、审核人可以对自己分配的子项工程进行锁定、上传、下载操作。

锁定后的子项工程只有锁定人可以将本地数据上传到服务器，锁定后的子项工程只有锁定人和项目负责人可以解锁。

任务分配部分：

项目负责人可以对子项工程的编制人、审核人进行修改。

留言板：

项目负责人、知会人、编制人、审核人都可以留言和回复。

操作日志：

记录所有成员的操作日志，所有人可见。

工程造价：

项目负责人和知会人可以查看整个项目的造价信息，编制人、审核人只能查看所分配子项工程的造价信息。

第 28 章　概算

本章内容

建立概算工程、编辑工程费用(Ⅰ类)、编辑工程建设其他费用、概算其他费用编辑。

工程预算文件编制完成后，可根据预算工程建立概算工程，以加强建设项目的投资经济效益管理，合理安排和控制工程造价。

28.1　建立概算工程

打开一个预算工程，切换到概算页签，单击【新建概算】按钮，弹出“新建概算工程”窗口。软件目前提供了五种概算模板：天府新区评审中心概算模板、金牛区评审中心概算模板、通用概算模板、青羊区评审中心概算模板和高新区评审中心概算模板，如图 28-1 所示。用户可根据需要选择相应的模板，此手册以通用概算模板为例建立概算工程。

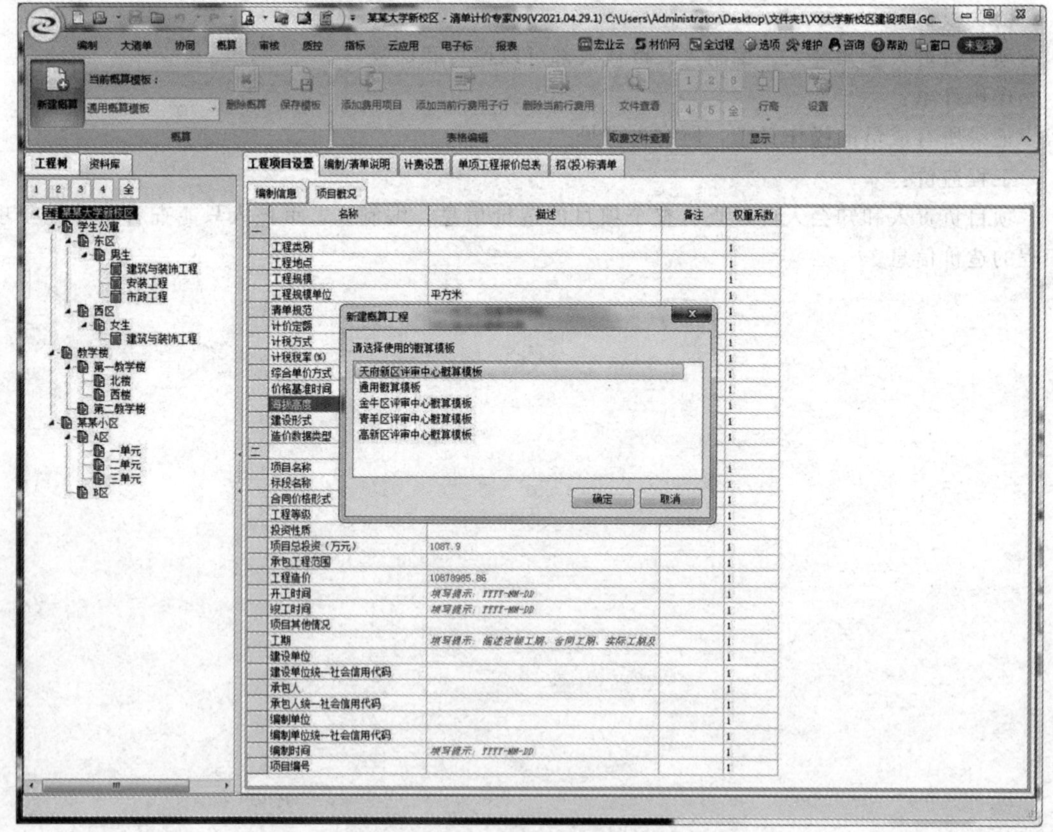

图 28-1　“新建概算”窗口

新建概算工程进行保存时，将会弹出保存位置选择窗口，概算工程后缀名为GCFG。

28.2 编辑工程费用(Ⅰ类)

(1)建筑安装工程费。在工程总概算表中，工程费用(Ⅰ类)子项费用“建筑安装工程费”由综合概算表中数据所得，切换到综合概算表。综合概算表中包含各单位工程总金额，软件根据单位工程所属专业将单位工程金额自动填入建筑工程费与装饰工程或安装工程费列，若分类有异议，勾选需要归入专业列中勾选框即可。

该表中还可查看各单项单位工程技术经济指标和费用占比，便于了解各子项工程费用是否合理并进行调整。

(2)设备购置费。专业分类完成后回到工程总概算表中，设备购置费从“设备购置费”表中提取所得，切换到“设备购置费”表格。该表左下方“国内采购设备”及“国外采购设备”根据实际情况填写即可。填写完成后，设备购置费汇总表中还需输入计算其他费用的费率，即完成设备购置费的编辑。

(3)零星工程费。根据实际情况输入费率即可按照建筑安装工程费和设备购置费计算出零星工程费。

28.3 编辑工程建设其他费用

在工程总概算表中，工程建设其他费用由“工程建设其他费用”表中所得，切换到“工程建设其他费用”表。

工程建设其他费用表已将常用费用列于表格中，用户可使用上方功能区“添加费用项目”功能添加费用。

该表中，软件主要提供了三种费用计算方式：

(1)直接录入金额的方式：单击计算方式单元格中小方块，弹出“费用计算”窗口，在该窗口中选择直接录入，输入金额即可。

(2)设置公式计算的方式：如计算公式是单价×数量，只需要输入相应的单价和数量，软件会自动计算相应的金额，如图28-2所示。

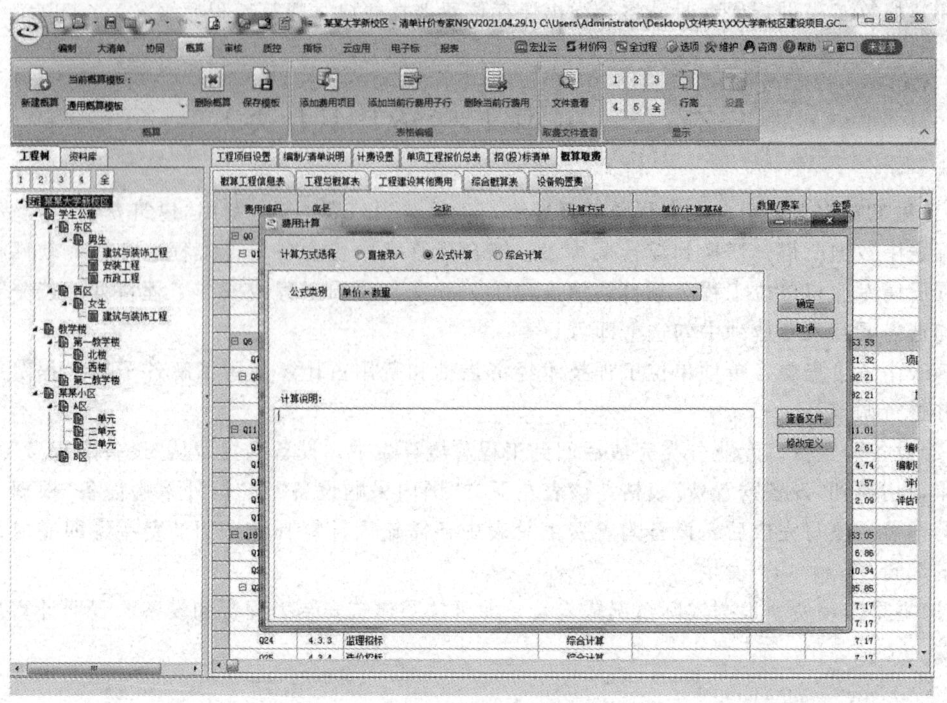

图 28-2　设置公式计算

(3)综合计算的方式：在“费用计算”窗口中选择综合计算，软件根据相应的规范文件内置了插值计算及分段累进计算公式，用户也可根据工程实际的要求，自行对计算公式做相应的调整，如图 28-3 所示。

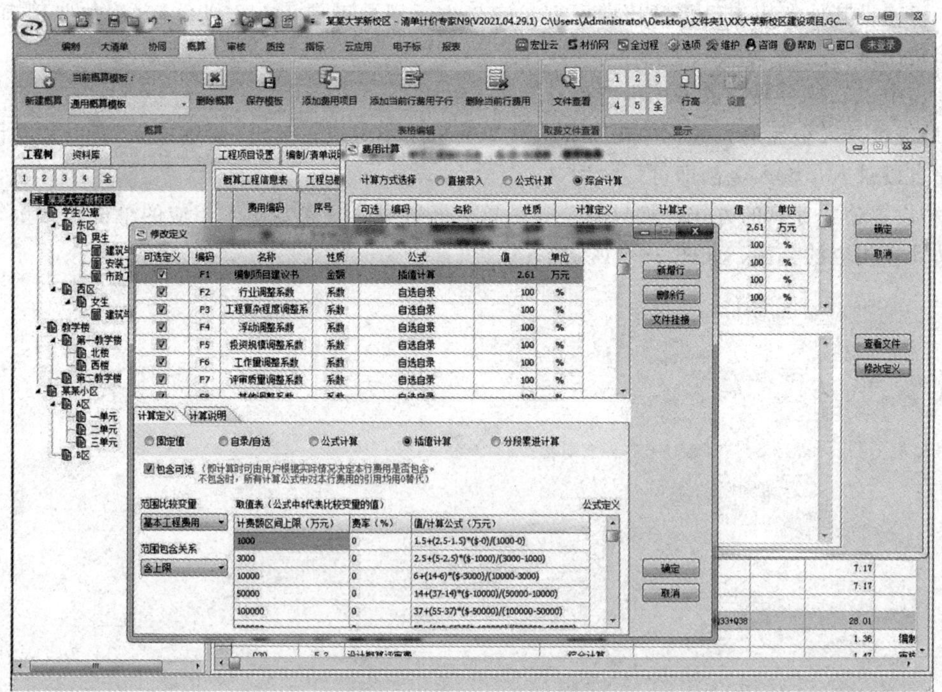

图 28-3　综合计算的方式

单击功能区【文件查看】按钮可实时查看链接的规范文件。

28.4 概算其他费用编辑

(1)工程总概算表中“预备费用”“建设期贷款利息”费用根据实际情况输入费率或填写金额即可。

(2)所有费用录入完成后，可在工程总概算表中查看建设投资金额、概算投资金额及项目总投资金额；还可在表格右侧查看各项费用的技术经济指标和占比，可对各费用进行评估调整。

单击功能区【设置】按钮，可在综合概算表中查看各单项工程的分部分项、单价措施的建筑安装工程费、技术经济指标及费用占比。

第 29 章 审核

本章内容

新建审核工程、编辑审结工程数据、导出审结工程、导入审结工程。

在审核功能中，用户可将送审和审结数据进行对比，差异项一目了然，协助审核人员提高工作效率，也便于送审人查看修改内容。

29.1 新建审核工程

打开工程，切换到“审核”页签，单击【新建审核工程】按钮，输入审核版本描述信息，确定后可看到主工作区分为两部分：左侧为送审工程数据，不可编辑；右侧为审结工程数据，可进行修改，如图 29-1 所示。

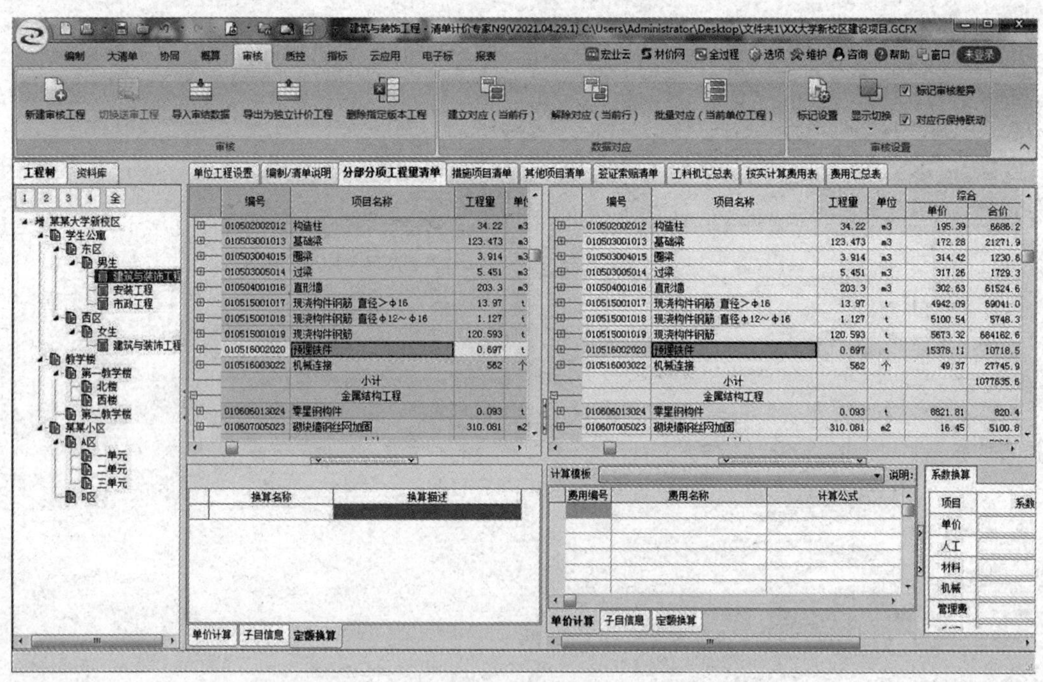

图 29-1　新建审核工程

29.2 编辑审结工程数据

(1)标记设置。修改审结数据，清单/定额进行了删除、新增、替换、修改在软件中都会有标记，如图 29-2 所示。单击功能区【标记设置】下拉列表，可设置标记的显示和隐藏，也可“标记颜色配置”查看和修改标注色。

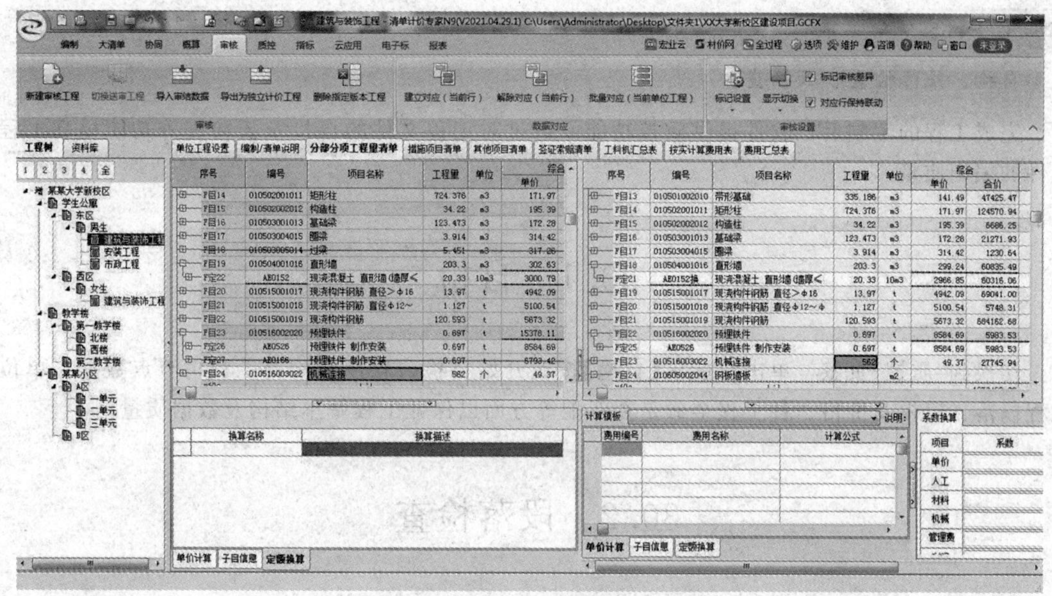

图 29-2 修改审结数据

(2)显示设置。送审和审结数据按左右并排排列，各占区间大小可通过拖拉中间分割线调整，也可单击功能区【显示切换】进行调整；当隐藏送审工程数据后，整个操作界面与正常工程计价完全一致。

(3)对应关系设置。送审和审结数据可根据其对应关系联动，即送审/审结数据当前行改变时，送审/审结数据当前行也同时定位到其对应数据行上。可用功能区中数据对应区功能解除/建立行之间的对应关系。

29.3 导出审结工程

完成审结工程的修改后需要保存，审核工程的后缀名为 SGCFX，区别与普通工程。

保存工程后，单击功能区【导出为独立计价工程】，弹出选择版本窗口，第一行为送审工程，选择第二行审结工程单击【确定】按钮即可导出右侧审结工程为普通工程供送审单位查看。

29.4 导入审结工程

送审人员拿到审结工程后，可直接打开进行查看，也可在原送审工程上建立审核工程，然后单击功能区【导入审结数据】选择返回的审结工程即可查看审结在送审基础上修改的内容。

第 30 章　质控

本章内容

自检、段落检查、云检查。

完成工程的编制后，软件提供质控功能，通过对工程文件的自检及云检查等功能提高工程文件的编制质量。

30.1　自检

切换到“质控”页签，单击功能区【自检】按钮开始自检，软件将检查工程树节点数据、单位工程段落、模板及价格、各工程金额是否匹配等方面以保证工程基本结构及数据质量。

30.2　段落检查

段落检查仅针对单位工程计价表中数据的段落结构进行检查，避免因段落结构错误导致的金额缺失等问题。

30.3　云检查

单价云检查、指标云检查、材价云检查主要根据宏业云、企业云、个人云中的历史整理数据对当前工程进行检查，根据历史数据了解当前工程编制的合理性，具体操作在云应用章节进行详细说明。

第 31 章　指标

本章内容

新建、修改、删除指标，编辑指标，指标对比，导出。

31.1　新建、修改、删除指标

(1)新建。打开已经编制好的工程，功能区切换到指标页签，单击功能区“新建指标分析”，弹出“指标模板选择”窗口，软件目前提供三种指标模板：四川指标宏业专用标准、高新区指标模板(不含市政)和高新区指标模板(市政)，如图 31-1 所示。当有新模板时，可单击【下载新模板】进行下载，也可单击【删除】删除不需要的模板。

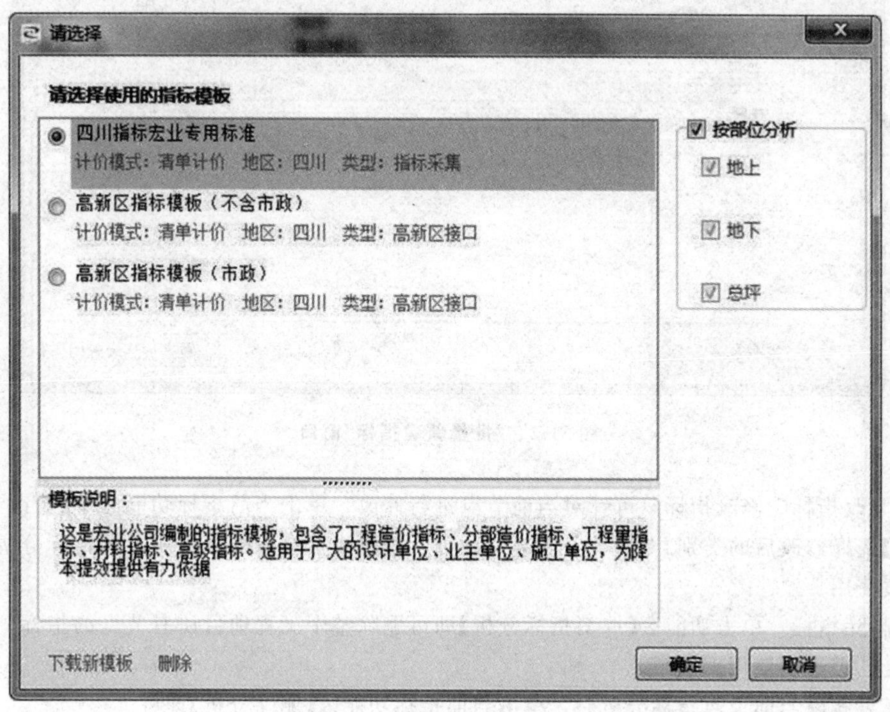

图 31-1　“指标模板选择”窗口

本节以四川指标宏业专用标准为例，选择第一个模板，单击【确定】按钮弹出“批量新建指标”窗口。单击工程类别/分析专业列单元格中小方块，选择当前工程节点所属工程类别/专业。分析部位默认为地上，可下拉选择地上、地下、总坪。可块选工程节点批量选择类别/专业。软件默认单位工程名称相同的进行同步批量设置专业，可取消“智能匹配专业选择”即取消同步设置。选择完毕后单击【新建】按钮即可给选择的工程节点批量建立指标分析，如图 31-2 所示。

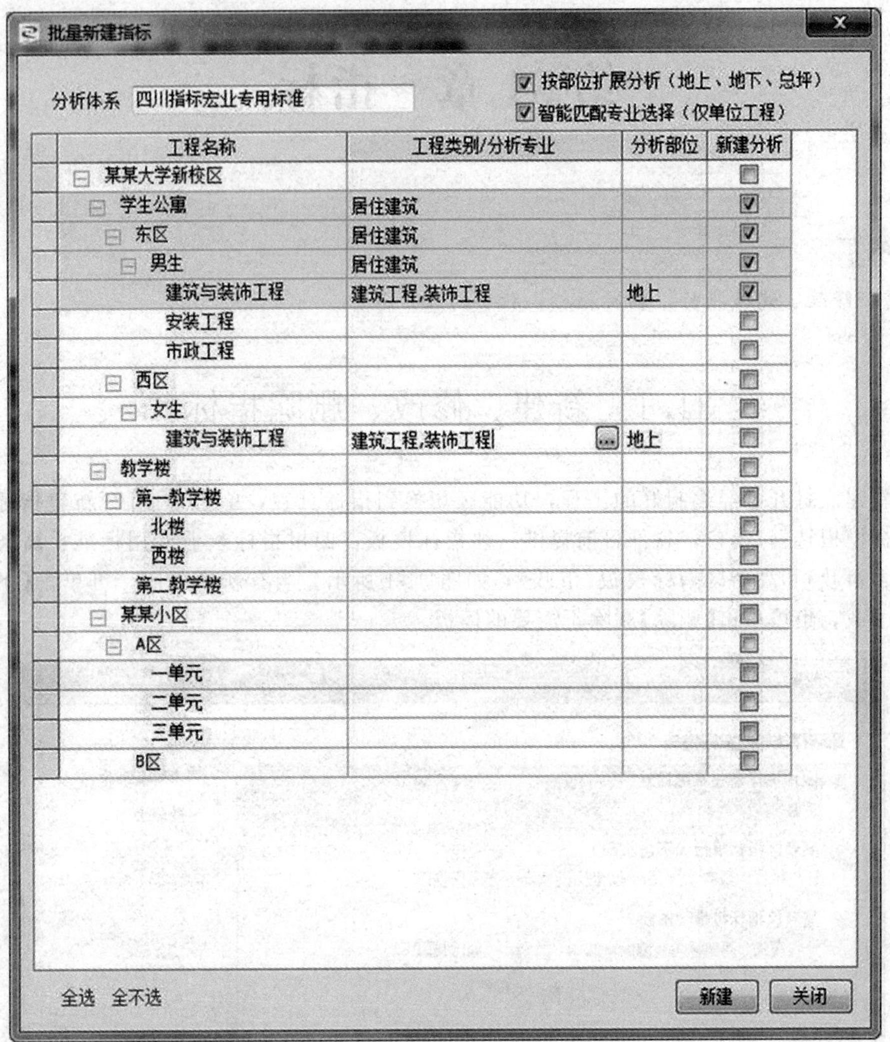

图 31-2 “批量新建指标”窗口

(2)修改指标。修改指标只可针对当前节点进行修改，单击当前指标功能区中【修改专业/类别/部位】选择修改后的类别/专业、分析部位即可。修改指标会清除之前所做的指标分析，该功能需谨慎使用。

(3)删除指标。单击功能区【取消指标分析】即可删除整个工程项目所有节点的指标，删除后不可恢复，需谨慎使用。

当仅需删除当前节点指标分析时，单击当前指标功能区【删除分析】即可。

(4)重新加载指标。当模板名称未变化，但内容发生变化时，单击重新加载指标可按最新的模板更新指标分析，同时不会清除已填写、分析过的内容。

31.2 编辑指标

编制指标分析工程需先编辑单位工程指标。

单位工程中工程规模页签为工程规模及造价显示，是指标和占比的计算基础。该部分由软件从单位工程设置-编制信息中提取所得，无需修改。

工程特征中工程名称、工程专业、工程造价、工程规模、规模单位为自动提取项，从单位工程设置-编制信息中提取，无需修改，其中工程造价和工程规模是指标和占比的计算基础。其他特征项由用户根据工程实际情况进行填写，单位工程中可勾选"显示项目特征"显示当前单位工程所有清单及组价信息，辅助工程特征的填写。工程特征的完整性关系到指标云检查时与其他指标工程的匹配度，也是工程积累中指标查询的依据。单项及工程项目同样需要填写详细的工程概况。

工程造价指标中能看到工程各费用的金额、指标及占比等，该部分由软件自动提取，无需修改。

分部造价指标中列举了常用的分部造价指标项，并且软件根据内置清单与指标项的对应关系自动进行指标分类，用户只需检查已分类清单指标是否符合当前工程要求，当需要修改清单归属时，单击右侧清单，左侧将自动定位到所属指标，取消清单前勾选即可取消当前对应关系。当需要建立关系时，左侧定位到指标，右侧勾选清单前选择框即可，如图 31-3 所示。

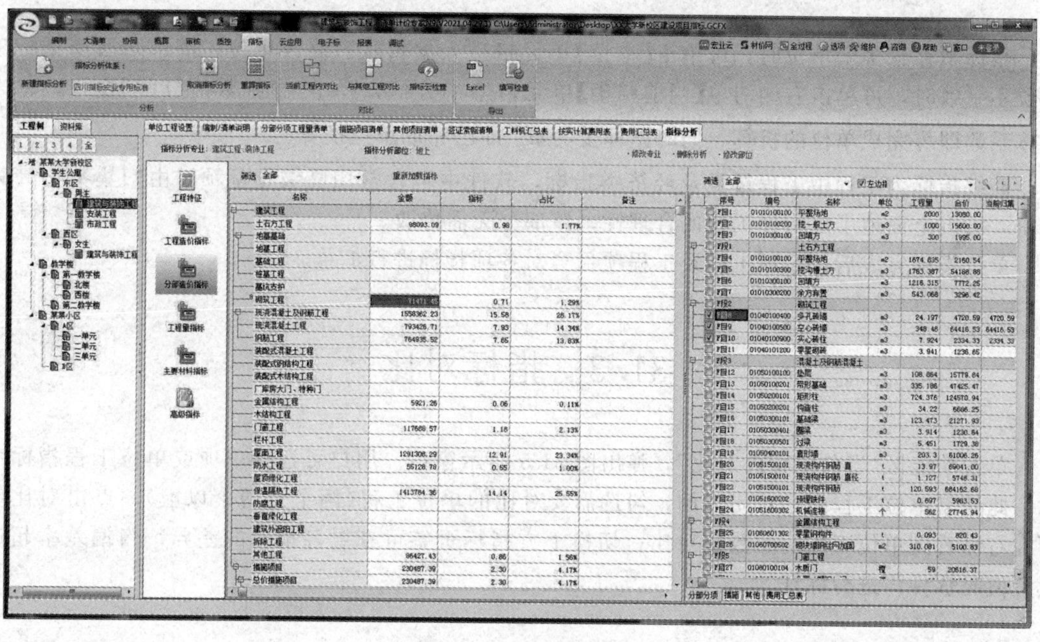

图 31-3　编辑指标(1)

工程量指标、主要材料指标的操作及查看与分部造价指标一致。当有归集的指标项单位不唯一或清单项与其所属指标项单位不一致时，指标项的单位列、清单的当前归集列中出现"?"标记，如图 31-4 所示。

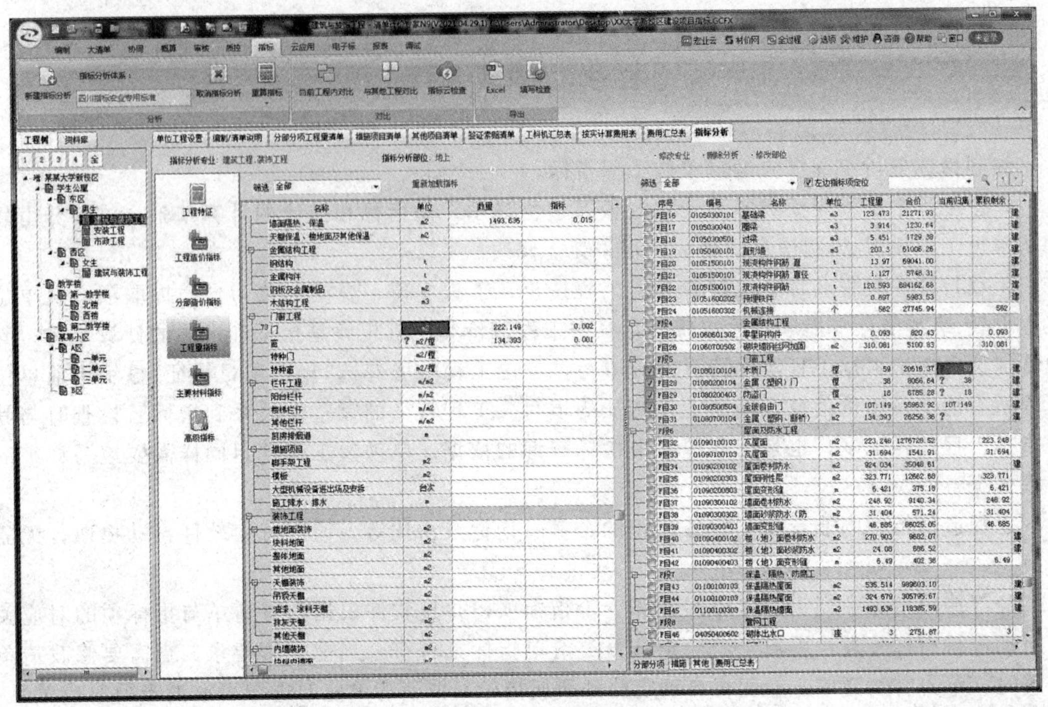

图 31-4　编辑指标(2)

指标项存在多个单位时，可单击【单位】单元格进入编辑状态修改单位；清单与所属指标项单位不一致时，可单击右侧清单【当前归集】单元格中小方框，弹出“指标数值分配”窗口，输入折算系数即可完成单位的折算，同时图标变为 折 即已完成单位换算。

高级指标为工程中工程量类及经济类指标，软件中包含常用高级指标项，由归集数据计算所得，可以全面地了解指标工程的合理性，该部分无需修改。

单位指标完成后，单项工程及工程项目会对各项指标进行汇总。

31.3　指标对比

单击功能区“当前工程内对比”，弹出图 31-5 所示窗口。用户可选择单项或单位工程指标对比，此处以单位工程指标对比为例，勾选需要对比的单位工程(两个及两个以上)，点击对比即可在右侧看到单位工程间的数据对比；切换上方指标页签可查看各指标的差异，当偏差率超过设置值时软件将进行标红。

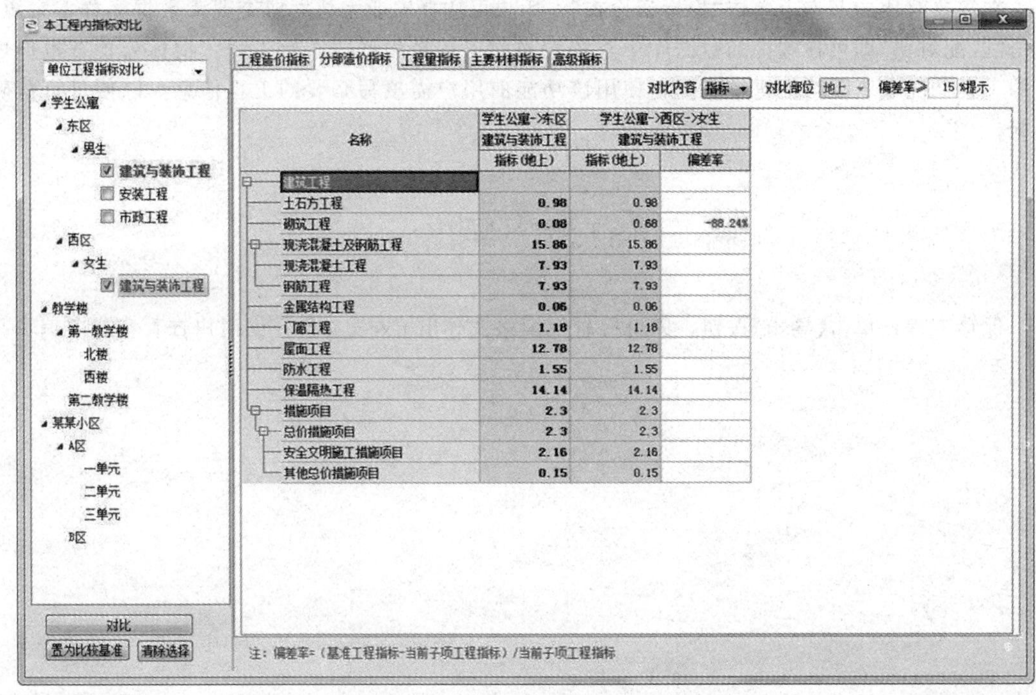

图 31-5 “本工程内指标对比”窗口

“与其他工程对比”功能与“当前工程内对比”功能使用基本一致，与其他工程进行指标对比时可从本地选择工程或从我的企业大数据选择工程，如图 31-6 所示。

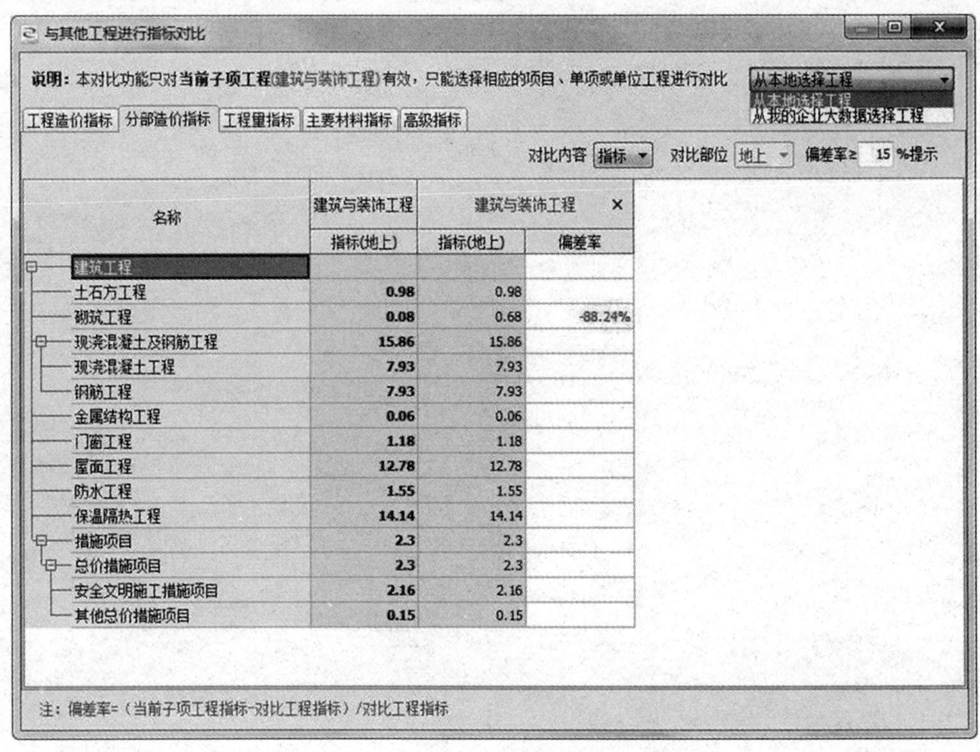

图 31-6 “与其他工程进行指标对比”窗口

在需要对比的节点上单击“指标云检查”，用户可选择宏业大数据或企业大数据为样本来源，单击“匹配对比”即可在选择的数据库中查找与当前工程最相似的指标工程。指标云检查根据填写的工程概况及工程特征进行匹配，使用该功能前用户需填写必要的工程信息，以便进行精确匹配。

31.4 导出

保存工程，单击【导出】按钮，即可按软件内格式导出 Excel 文件，供用户查看和二次编辑。

第 32 章　云应用

云存储、云应用。

32.1　云存储

云存储是将当前工程数据存储到个人云或企业云中，为智能特征、智能组价等做数据基础。

(1)保存组价。该功能保存的内容包含清单对应的组价内容及清单的项目特征。在计价表功能区“保存组价”下拉列表中可选择保存内容范围，如块选中需要保存的数据，单击下拉列表中“保存组价-定义块内所有项目清单”，选择保存路径为个人云或企业云，软件将选中数据保存到所选云数据库中，用户可登录宏业云，在个人中心-数据管理-个人组价库或企业大数据-数据管理-组价方案库中查询；宏业云中组价内容仅供查看不可修改。

(2)保存特征。保存特征的操作方式与保存组价一致，某清单若保存了组价，无需再保存特征。保存后可在宏业云中个人特征库或企业项目特征库中查看和修改项目特征。

(3)保存材价。使用保存材价功能时需点击到工料机汇总表中，选中需要保存的有调价的材料选择功能即可保存，操作与保存组价及特征一致。当选中材料价格为基价无调价时，该部分材料将不会保存到云数据中。

32.2　云应用

云应用主要运用宏业云数据及用户保存的个人云和企业云数据对清单进行一键组价、填写特征、检查等快速操作。

(1)智能特征。智能特征是选用云数据库中与当前清单符合度最高的项目特征填写到清单中。该功能主要根据清单库、清单编号、项目名称及单位工程特征描述进行匹配，工程特征描述越详细，取用的项目特征越准确。

云应用中单条清单与多条清单运用操作不同。当仅为一条清单选用特征时，单击功能区“智能特征-当前项目清单”或清单项目特征窗口中的“特征描述指南”，弹出“工程量清单项目特征描述指南”窗口，如图 32-1 所示。

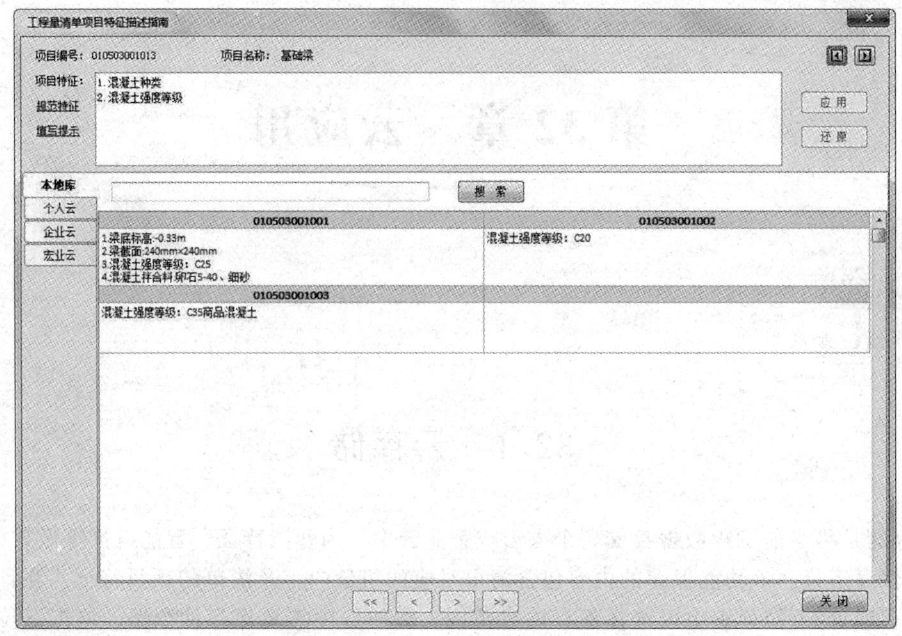

图 32-1 “工程量清单项目特征描述指南”窗口

本地库为软件内置的项目特征指南和用户保存的本地特征；个人云、企业云为用户保存到云数据库中的特征；宏业云为宏业公司收集、提供的工程数据。如图 32-2 所示，选择宏业云，下方宏业指南为软件根据工程特征及清单选用的特征，可单击工程实例查看宏业云工程中该类清单的项目特征。双击需选用的特征，再单击右侧【应用】按钮即可将该特征应用到清单中。窗口右上角按钮可进行清单的切换。

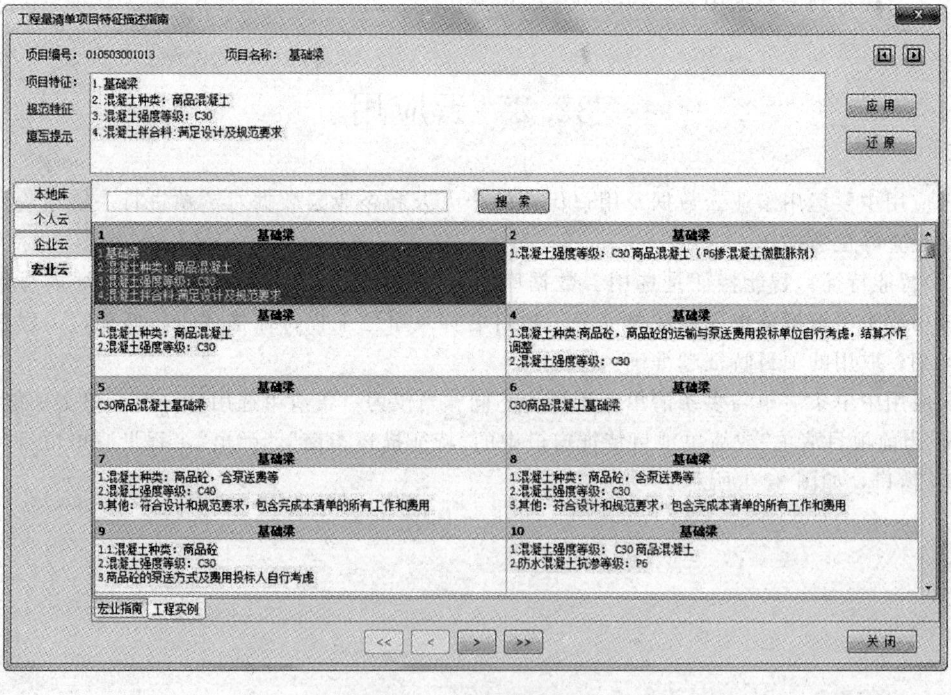

图 32-2 选择宏业云

当需要批量为多条清单进行智能特征时，选中清单，单击智能特征工程，选择特征来源(宏业云、企业云、个人云)，注意窗口右下角，软件默认当清单已有单价时不对该条清单进行智能组价，也可取消勾选。选择完成后单击【确定】按钮软件将自动为清单填写项目特征，无需依次选用。填写完成后将弹出窗口显示应用成功的清单条数，应用成功的清单会标记上颜色进行显示，如图 32-3 所示。

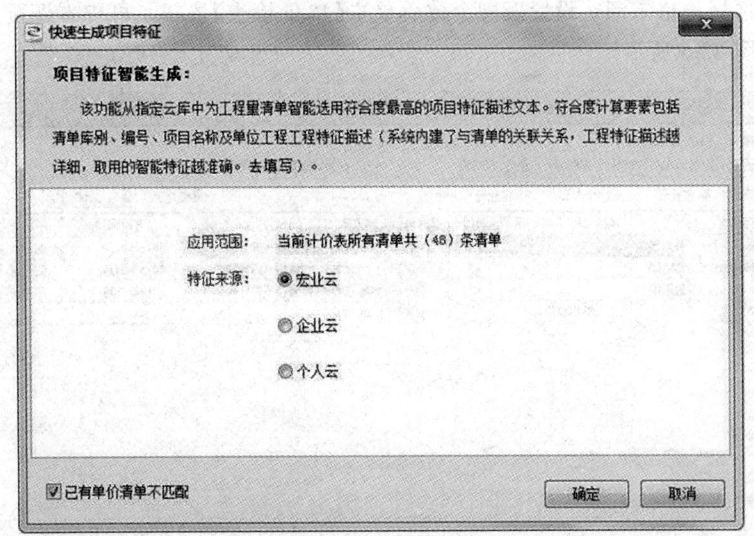

图 32-3 “快速生成项目特征”窗口

(2)智能组价。智能组价根据清单编号、单位、项目特征、项目名称、计价方式、清单性质、定额类别等要素从指定的组价来源库中，自动选择应用匹配度最高的组价内容。

对多条清单使用智能组价与使用智能特征操作一致。单条清单智能组价时，选择组价来源单击【组价匹配】按钮，单击查询结果中某条清单可查看该清单的项目特征、组价内容及对应的综合单价计算模板。选择符合当前工程的组价内容，单击清单后【选用】按钮即可对当前清单进行组价，如图 32-4 所示。

云应用

当前清单 项目编号：010503005014 项目名称：过梁
智能组价 组价来源：宏业云 个人云 企业云 组价匹配

选用	序号	项目编号	项目名称	单位	综合单价	操作
	1	010503005	过梁	m3	464.01	选用
	2	010503005	过梁	m3	435.08	选用
	3	010503005	过梁	m3	476.54	选用
	4	010503005	过梁	m3	432.84	选用
	5	010503005	过梁	m3	486.54	选用
	6	010503005	过梁	m3	437.34	选用
	7	010503005	过梁	m3	431.63	选用
	8	010503005	过梁	m3	501.49	选用
	9	010503005	过梁	m3	395.24	选用
	10	010503005	过梁	m3	385.19	选用

项目特征 组价内容

定额编号	定额名称	工程量	单位	综合		单价计算程序
				单价	合价	
AE0145换	现浇混凝土 过梁(中砂) C25	0.062	10m3	4640.10	287.69	查看
	塑性混凝土(中砂) 碎石最大粒径:40mm C	0.626	m3	320.52	200.85	
	水泥 32.5	[217.291]	kg	0.44	95.20	
	粗石粉	[0.282]	m3	130.00	36.66	
	碎石 5~40mm	[0.551]	m3	125.00	68.88	
	水	0.673	m3	3.80	2.56	
	其他材料费	0.898	元	1.00	0.90	

图 32-4 云应用

(3)单价云检查。单价云检查是根据工程建设时间、地点及海拔等工程概况信息，在云数据库中找到与当前工程信息相近的工程中的相似清单进行匹配，以达到检查清单组价内容是否合理的目的。

当仅对当前清单进行单价云检查时，检查窗口与单条清单智能组价内容相似。窗口上方为工程匹配影响因素，该部分内容从工程概况中提取所得，单击右上方的【修改】按钮可修改时间、地点等信息。选择价格来源，设置匹配个数后单击【单价检查】按钮，可查看匹配到的清单信息及偏差率，如图 32-5 所示。

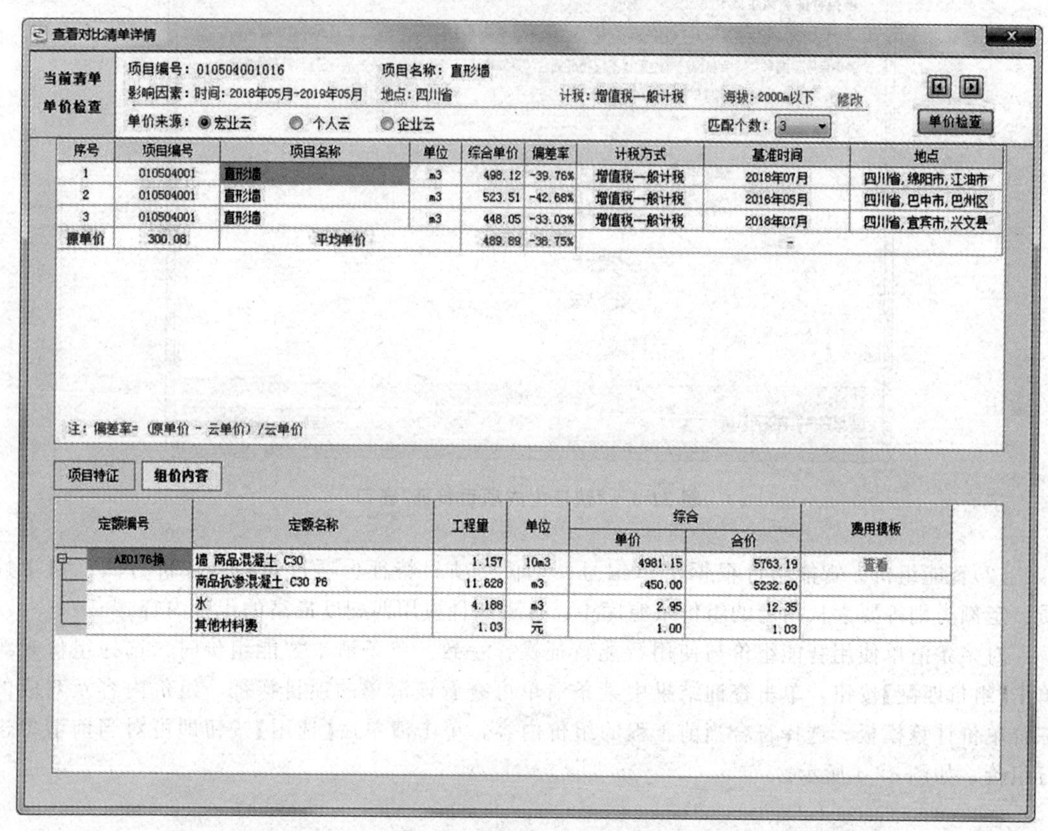

序号	项目编号	项目名称	单位	综合单价	偏差率	计税方式	基准时间	地点
1	010504001	直形墙	m3	498.12	-39.76%	增值税一般计税	2018年07月	四川省,绵阳市,江油市
2	010504001	直形墙	m3	523.51	-42.68%	增值税一般计税	2016年05月	四川省,巴中市,巴州区
3	010504001	直形墙	m3	448.05	-33.03%	增值税一般计税	2018年07月	四川省,宜宾市,兴文县
原单价	300.08	平均单价		489.89	-38.75%		-	

定额编号	定额名称	工程量	单位	综合		费用模板
				单价	合价	
AE0176换	墙 商品混凝土 C30	1.157	10m3	4981.15	5763.19	查看
	商品抗渗混凝土 C30 P6	11.828	m3	450.00	5232.60	
	水	4.188	m3	2.95	12.35	
	其他材料费	1.03	元	1.00	1.03	

图 32-5　查看对比清单详情

当多条清单进行单价云检查时，同样需要选择影响因素和单价来源，进行匹配时可选择最相似清单或几条相似清单平均值，匹配完成后将在计价表后增加云检查结果列，可清晰地查看各清单的检查结果，超过偏差率的标记为红色。也可在单价云检查下拉列表中修改偏差率。

(4)材价云检查。材价云检查是根据个人云材价库、企业云材价库、企业工程积累、宏业云工程积累的材价信息进行匹配检查。

单条材料与多条材料检查操作一致，选择需要进行材价云检查的材料，单击材价云检查功能，修改影响因素及材价来源。当选择宏业云和企业云中案例工程价时，软件根据工程概况信息查找最相近工程中相同材料进行匹配。当选择企业云中材价库和个人云时，软件直接在材价库中查找相同材料进行匹配。选择确定后弹出“检查结果”窗口，如图 32-6 所示。该窗口中可查看匹配上的材料及在云数据库中的单价及偏差率，可单击【查看详情】查看该条材料价格基准时间及工程地点等信息。勾选材料后选用框，可将云单价运用到当前工程中。

检查结果

序号	材料名称	规格型号	单位	产地	厂家	调价(不含税)	云单价	偏差率	查看详情	选用
4	水泥	42.5	kg			0.67	0.67	0.00%	查看详情	☐
5	中砂		m3			50	80.00	-37.50%	查看详情	☑
6	砾石	5～40mm	m3			40	78.55	-49.08%	查看详情	☐
7	其他材料费		元			1	1.00	0.00%	查看详情	☐
8	商品混凝土	C35	m3			370	465.60	-20.53%	查看详情	☐
9	烧结多孔砖(KP1型)	240×115×90	千匹			330	920.00	-64.13%	查看详情	☐
10	页岩砖		千匹			400	470.00	-14.89%	查看详情	☐
11	水泥	32.5	kg			0.4	0.52	-23.08%	查看详情	☐
12	石灰膏		m3			130	121.50	7.00%	查看详情	☐
13	细砂		m3			92	80.00	15.00%	查看详情	☐
14	烧结空心砖		m3			132	437.96	-69.86%	查看详情	☑
15	砾石	20～80mm	m3			30	105.00	-71.43%	查看详情	☐
16	二甲苯		kg			4	4.00	0.00%	查看详情	☐
17	聚氨酯磁漆		kg			19	19.00	0.00%	查看详情	☐
18	砾石	5～20mm	m3			44	78.55	-43.98%	查看详情	☐
19	钢筋	直径＞φ16	t			3590	4231.64	-15.16%	查看详情	☐
20	焊条	综合	kg			5.5	4.45	23.60%	查看详情	☐
21	钢筋	直径φ12～φ16	t			3940	3689.00	6.80%	查看详情	☑
22	三级螺纹钢		t			4000	4370.00	-8.47%	查看详情	☐
23	焊条		kg			5.5	4.45	23.60%	查看详情	☐
24	预埋铁件		kg			5	4.80	4.17%	查看详情	☐
25	钻头		根			12	11.14	7.72%	查看详情	☐
26	植筋胶泥		kg			15	13.93	7.68%	查看详情	☐

注：偏差率=（原单价 - 云单价）/云单价

确 定　取 消

图 32-6 “检查结果”窗口

第 33 章　电子标

本章内容

招标、投标。

软件电子标中包含四川通用招投标接口 CJZ、各地市州招投标接口及四川造价累计上报接口等。本章主要以四川通用招投标接口 CJZ 的招投标为例，其他接口招投标流程大致相同。

33.1　招标

(1)设置招标编码。招标工程的编制同普通工程编制操作一致，创建工程结构并编制清单。编制完成后需设置随机抽取评审的材料清单及价格表和暂估材料(工程设备)清单的招标编码。

工程项目层级-招(投)标清单需随机抽取评审的材料清单及价格表。当需要按金额价值设置评审材料时，单击【汇总工程材料】将所有材料汇总到表格中，单击排序下拉按金额大小对材料进行排序，排序完成后单击批量删除下拉功能，可删除前 30/60 行后的材料，也可自定义行数。设置好需评审材料后，单击【生成序号与招标编码】为材料填写招标编码。除按金额、数量等排序设置外，也可在单位工程工料机汇总表中设置材料为需评审材料，再在工程项目需评审材料表中设置招标编码，如图 33-1 所示。

图 33-1　编码字段

在暂估材料(工程设备)清单中，单击【汇总工程暂估材料】将在工料机汇总表中设置的暂估材料汇总至表中，再选择“生成序号与招标编码”即可。需评审材料和暂估材料的招标编码是拉通整体设置编码的，用户可在汇总需评审及暂估材料后再统一设置招标编码。

(2)填写评标参数。导出招标文件前还需填写评标办法参数，单击功能区【评标办法、参数设置】功能，按工程实际情况进行填写即可(若为其他地市州接口无需填写该部分内容)。

(3)导出招标接口文件。保存工程，单击【导出招投标 CJZ】，其中包括两个接口：“导出招投标 CJZ1.1 接口”适用于 2015 模式的工程；“导出招投标 CJZ2.0 接口”适用于 2020 模式的工程，用户根据工程模式选择对应接口。下面以导出 CJZ1.1 模式为例：选择“招标接口文件导出”根据实际情况勾选招标控制价导出内容；若该工程未单击【生成规费计算基础数据文本】导出文档，可供投标人在清标时进行规费是否合理的计算。单击【下一步】按钮到工程信息填写窗口，填写打钩必填项即可。正式导出招标文件时软件将对工程文件进行是否符合招投标文件格式要求的检查，当有不符合要求的，软件将用警告项提示用户，单击【工程复核与修正】按钮，双击警告项可定位到具体错误位置进行修改，黄色感叹号是必须修改项，如图 33-2 所示。

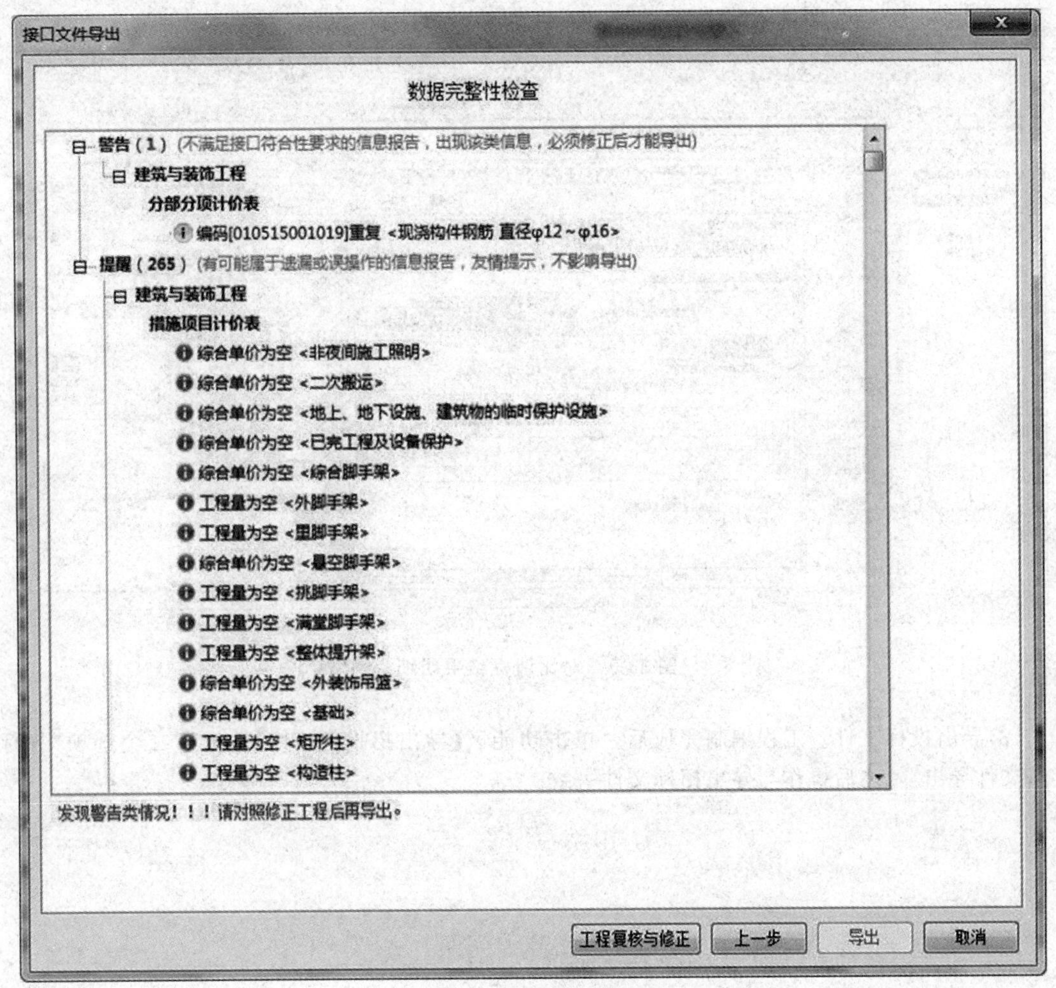

图 33-2 “接口文件导出”窗口

修正完成后保存工程重新导出 CJZ 接口，导出的接口包含三个文件：招标清单、控制价不含组价和控制价。导出后需将三个文件导入至招标书制作工具中制作招标书。

33.2 投标

(1)导入招标清单。在初始界面中，新建工程区选择“导入 CJZ 新建”；在打开工程状态下，切换到电子标页签，选择“按 CJZ 新建工程”，选择计税模式及需导入的招标清单 CJZ 即完成招标清单的导入。导入招标清单 CJZ 后根据工程实际情况进行编制即可。

(2)清标。编制完成后，单击功能区【清标】按钮可将当前工程文件与招标控制价进行对比，发现差异项及不符合评标要求的地方，以便进行修改。单击【清标】按钮，选择当前工程的控制价不含组价 CJZ 进行导入对比。软件会根据招标控制价检查当前工程的清单单价遗漏、不平衡报价、规费计算基础、暂估材料等是否符合评标要求，与招标文件有差异时，软件将在工程树节点名称前进行标记，单击异常信息弹出详情窗口，可双击信息定位到差异项进行修改，界面如图 33-3 所示。

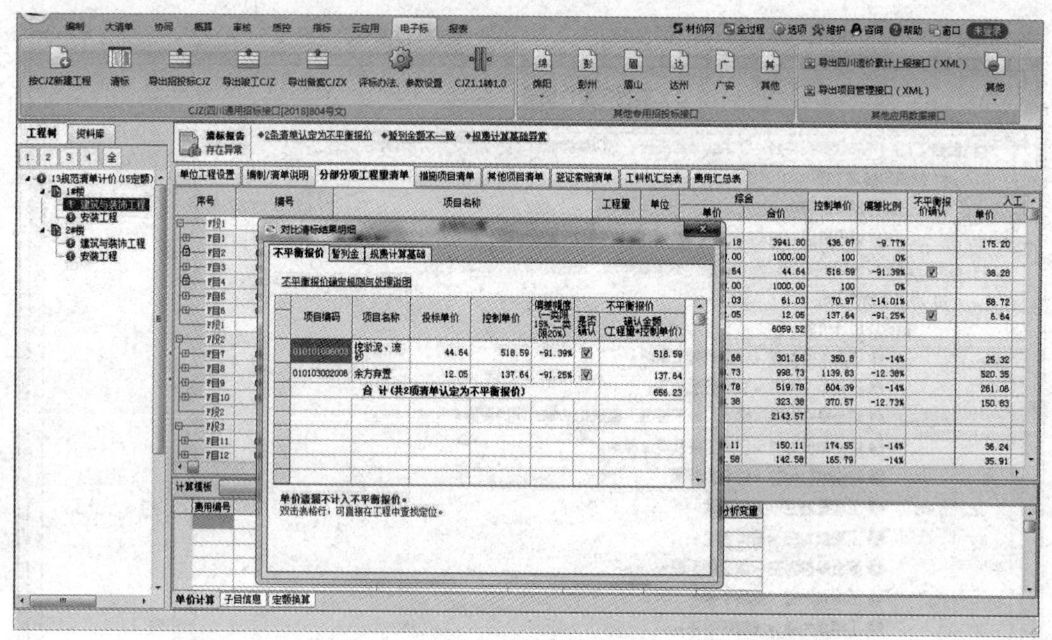

图 33-3　对比清标结果明细

(3)导出投标文件。工程编制完成后，单击功能区【导出招投标 CJZ】选择第二个选项“投标接口文件导出”，之后操作与导出招标文件一致。

第 34 章　报表

本章内容

报表组、修改报表、报表参数、输出。

在报表模块中可将软件中的数据以 Excel、PDF 等形式导出。软件根据材料及用户实际需求，在软件中内置多种报表供用户使用，也可自行修改为需要的样式。

34.1　报表组

软件根据清单、定额、地区、计价模式等将报表分类放于不同报表组，用户可根据工程情况选择报表组。功能区“报表组选择”下拉即可选择报表组。

当需要修改报表或将需要的报表进行整合时，需要先创建报表组。在功能区或右键选择“报表组维护-创建新报表组”，输入报表名称，即可在报表组选择中找到该报表组。

报表组创建完成后，鼠标定位到需要进行复制/移动的报表上，选择功能区或右键功能“报表复制”“报表移动”可将报表复制/移动到创建的报表组中。

34.2　修改报表

由于修改的报表无法进行还原，建议在修改报表前先将该报表复制至个人报表组中。选中需要修改的报表，选中功能区或右键功能“修改报表”弹出报表设计器窗口，在窗口中可在一定范围内修改表格样式，修改单元格提取数据。在数据提取单元格单击鼠标右键，选择【单元格属性】，在单元格数据中下拉选择需要的数据名称，保存报表后即可进行提取，如图 34-1 所示。

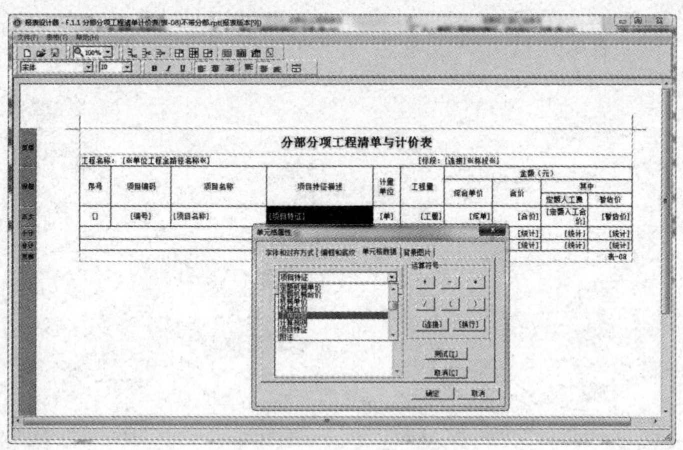

图 34-1　修改报表

34.3 报表参数

在导出报表前可对报表格式及打印内容等进行快速设置。选择报表，在软件右侧显示有可快速设置的“当前报表参数设置”，该设置收集了客户的不同需求，将常用的修改放置于表格中，用户可直接下拉选择需要的打印范围及报表格式等，如图 34-2 所示。

图 34-2　报表参数设置

34.4 输出

在输出报表前，可双击报表，或勾选好工程项目/单项/单位工程，选中报表，单击功能区【预览】查看报表输出内容。软件中提供多种成果输出方式：直接打印、导为 Excel 格式、导为 PDF 格式，用户根据实际情况选择对应的输出成果样式即可。